Wasserstoff und Brennstoffzelle

Johannes Töpler · Jochen Lehmann

Herausgeber

Wasserstoff und Brennstoffzelle

Technologien und Marktperspektiven

Mit einem Geleitwort von Ernst Ulrich von Weizsäcker

Herausgeber
Johannes Töpler
Deutscher Wasserstoff- und
   Brennstoffzellenverband (DWV)
Berlin, Deutschland

Hochschule Esslingen
Esslingen, Deutschland

Jochen Lehmann
Deutscher Wasserstoff- und
   Brennstoffzellenverband (DWV)
Berlin, Deutschland

Fachhochschule Stralsund
Stralsund, Deutschland

Zusatzmaterialien zu diesem Buch finden Sie auf
http://extras.springer.com/2014/978-3-642-37414-2

ISBN 978-3-642-37414-2   ISBN 978-3-642-37415-9   (eBook)
DOI 10.1007/978-3-642-37415-9

Die Deutsche Nationalbibliothek verzeichnet diese Publikation in der Deutschen Nationalbibliografie;
detaillierte bibliografische Daten sind im Internet über http://dnb.d-nb.de abrufbar.

Springer Vieweg
© Springer-Verlag Berlin Heidelberg 2014

Gedruckt auf säurefreiem und chlorfrei gebleichtem Papier

Springer Vieweg ist eine Marke von Springer DE. Springer DE ist Teil der Fachverlagsgruppe
Springer Science+Business Media
www.springer-vieweg.de

Geleitwort

Nachhaltigkeit ist überlebenswichtig. Die Lebensbasis künftiger Generationen muss erhalten bleiben. Die Energiewende, für die sich Deutschland nach der Atomkatastrophe von Fukushima entschieden hat, ist zum Kernstück der aktuellen Nachhaltigkeitspolitik geworden.

Sichtbar sind dabei vor allem die erneuerbaren Energien. Das Erneuerbare Energien Gesetz – EEG – hat ihnen einen unerhörten Aufschwung ermöglicht. Doch sie sind bekanntlich abhängig von Tageszeiten, Jahreszeiten, räumlicher Lage und Wetter. Und so ist das Land auf einmal mit einem fluktuierenden Stromangebot konfrontiert. Zwei verschiedene Infrastrukturkapazitäten müssen erheblich ausgebaut werden: Stromleitungen und Energiespeicher.

Die chemische Speicherung ist die Eleganteste: Auf kleinem Raum können große Mengen von Energie gespeichert werden. Eine extrem hohe Speicherfähigkeit hat der Wasserstoff. Ihm ist dieses Buch gewidmet. Sobald der größte Teil des Wasserstoffs aus erneuerbaren Energien hergestellt wird, wird er auch zum idealen Speicher im Rahmen einer nachhaltigen Energiewirtschaft, einschließlich des Transportsektors.

Technische Herausforderungen liegen in der Entwicklung der erforderlichen Komponenten und der Systemintegration in das ökologische Gesamtkonzept. Dabei kann in verschiedenen Fällen auch das bestehende Erdgasnetz für Verteilung und Speicherung eingesetzt werden. Je nach Anwendungsfall ist auf die Optimierung der gesamten Nutzungskette zu achten.

Das vorliegende Buch stellt all diese Sachverhalte sowie den technischen Stand einzelner Entwicklungen dar und bewertet. Alternativen werden einbezogen und analysiert. Damit liefert das Buch eine Übersicht über Technologien und Perspektiven des Wasserstoffs im Rahmen der künftigen nachhaltigen Energieversorgung. Fachleute und Entscheidungsträger in Wirtschaft, Industrie und Politik werden in dem Buch eine verlässliche Grundlage für ihre Überlegungen und Strategien finden.

Ich wünsche diesem Buch viele interessierte Leser und den Lesern ein gutes Gelingen ihrer durch dieses Buch angeregten und selbst weiter entwickelten Gedanken und Entscheidungen!

Juni 2013   Ernst Ulrich von Weizsäcker

Vorwort

Seit den 70er Jahren des vergangenen Jahrhunderts wird in der Öffentlichkeit als Alternative zu den bis dahin fast ausschließlich genutzten fossilen Energieträgern eine nachhaltige Energieversorgung auf Basis der Nutzung erneuerbarer Energiequellen diskutiert. Ausgangspunkt dieser Überlegungen war das gewachsene Bewusstsein über die Begrenztheit der fossilen Ressourcen, ausgelöst durch die damalige Rohölkrise, durch Beschaffungs- und Transportprobleme („Suezkrise").

Darüber hinaus machte der Bericht des „Club of Rome" auf die Umweltschäden durch die fossilen Energieträger aufmerksam, wobei die Klimaveränderung durch CO_2-Emissionen im Vordergrund stand. Auch wenn sich bei den fossilen Ressourcen dank des Findens neuer – zumeist aufwändiger erschließbarer – Lagerstätten zwischenzeitlich Entspannungen gezeigt haben, bleibt doch die Grundaussage über die Begrenztheit der fossilen Energierohstoffe richtig. Dieser Tatbestand wird immer gravierender, weil die Weltbevölkerung wächst und immer größere Gruppen am „Energiewohlstand" teilhaben. Zudem zeigten Untersuchungen, dass die wirtschaftlichen Schäden durch die CO_2-Emission beim Verbrauch der fossilen Energieträger bei weitem teurer würden, als es der Klimaschutz heute wäre.

Die Lösung dieser Problematik kann grundsätzlich nur in der Nutzung erneuerbarer Energiequellen liegen. Diese sind jedoch zumindest im Fall von Wind und Sonnenstrahlung erheblichen zeitlichen und auch statistischen Schwankungen unterworfen und stehen selten bedarfsgerecht zur Verfügung. Nur großtechnische Speicherung wird diese Unstetigkeit ausgleichen können, muss sie doch einen Energieausgleich über Tage oder gar Wochen ermöglichen. Zwar kann ein besserer Ausbau der Netze einen Beitrag zum lokalen – nicht aber zum zeitlichen – Ausgleich schaffen, doch hat sich bereits gezeigt, dass schon eine Netzerweiterung, um in Deutschland Windstrom von Nord nach Süd zu bringen, schwierig ist. Als umso schwerer wird sich ein Netzausbau über ganz Europa erweisen.

Großtechnische Stromspeicherung wurde in Deutschland durch Pumpspeicherwerke und in einem Falle durch ein Druckluftspeicherkraftwerk realisiert. Hierbei wird potenzielle Energie gespeichert. Die großtechnische Speicherung über längere Zeiträume wird nur bei erheblich höherer Energiedichte im Speicher durch Nutzung von Trägern chemischer Energie möglich. Dabei bietet Wasserstoff mit Einsatz der Brennstoffzelle eine hohe Effizienz der Rückverstromung.

Seit der politisch beschlossenen Energiewende in Deutschland werden all diese Diskussionen erheblich intensiviert. Man darf „Energiewende" allerdings nicht als „Stromwende" auffassen, sondern als Erneuerung bei allen Energieformen begreifen, bei Strom, Wärme und Kraftstoff. Energienutzung wird sich künftig mehr und mehr vernetzen und, wie zum Beispiel über die Wärme-Kraft-Kopplung, mit einem Umwandlungsprozess mehrere Gebiete abdecken. Dabei wird Wasserstoff eine zentrale Rolle spielen, denn er ist auf vielfältige Weise und aus allen regenerativen Energien herstellbar, lässt sich auf unterschiedliche Weisen speichern und ohne Schadstoffemission direkt in Strom und darüber in Bewegungsenergie sowie in Wärme umwandeln. Dank dieser Vielseitigkeit relativieren sich auch die Kosten des Einsatzes von Wasserstoff. Seine saisonale Speicherung wird nur selten gebraucht und würde relativ teuer. Da er aber gleichzeitig als Kraftstoff im Verkehr, in Produktionsprozessen u. a. von Chemie- und Lebensmittelindustrie als Rohstoff, zur Hausenergie- und Notstromversorgung und zur Bereitstellung von Regelleistung im elektrischen Netz benutzt werden kann, lässt sich sein wirtschaftlicher Einsatz absehen. All dies erfordert eine kontinuierliche Produktion, also eine großtechnische Elektrolyse, die entsprechend dem schwankenden Stromangebot aus regenerativen Quellen skalierbar betrieben werden sollte. In dieser Verknüpfung wird ein künftiges Energiesystem komplexer als die herkömmlichen werden, sollte aber auch mit der Vernetzung von Erzeugern und Verbrauchern als Grundlage für eine generelle Energieeinsparung die besten Voraussetzungen schaffen.

In diesem Zusammenhang ist bemerkenswert, dass bei Ausnutzung der ausreichend vorhandenen regenerativen Energie zur Stromerzeugung, bei Gebrauch von Wasserstoff als Speichermedium für den erzeugten Strom und bei dessen Verteilung zur Rückverstromung oder in stofflicher Form alle Glieder der Wertschöpfungskette der eigenen Volkswirtschaft erhalten bleiben.

Eine besondere Bedeutung kommt dabei der Wechselwirkung zwischen den Strom- und Gasnetzen zu. Ein Gasnetz ist in der Lage, bedeutende Energiemengen aufzunehmen, zu transportieren und zu speichern. Wasserstoff kann dem Erdgas zugemischt werden, wobei er dann allerdings nur noch thermisch nutzbar ist. Für die Nutzung mit hohem exergetischen Wirkungsgrad, beispielsweise als Kraftstoff für die Elektromobilität mit langer Reichweite, wird Wasserstoff in reiner Form benötigt. Kapitel 4 dieses Buches beschreibt dazu die Details. Einige andere Anwendungen von Wasserstoff bis hin zur Nutzung der sauerstoffarmen Abluft von Brennstoffzellen in sicherheitsrelevanten Systemen werden in weiteren Abschnitten behandelt.

Nicht alle Verfahren zur Nutzung bzw. die dazu notwendigen Geräte befinden sich auf gleichem Entwicklungsstand. Einige sind serienreif oder bereits auf dem Markt wie z. B. die Mobilität oder eine unterbrechungsfreie Stromversorgung, andere befinden sich in der Felderprobung wie z. B. die Hausenergieversorgung. Aber mit der weiteren Entwicklung werden Synergieeffekte ebenso erwartet wie die Verbesserung einer Wasserstoff-Infrastruktur.

Für die wirtschaftliche Nutzung des Wasserstoffs sind natürlich die Gestehungspreise von ausschlaggebender Bedeutung. Ein Kostenvergleich bei verschiedenen Erzeugungsverfahren erfolgt in Kap. 13. Die für die Energiewende wichtigsten Verfahren zur

Produktion von Wasserstoff aus erneuerbaren Primärenergien über die Wasserelektrolyse beschreiben die Kap. 11 und 12. Dabei eröffnet der Großelektrolyseur im Bereich einiger zig-Megawatt für eine zentrale Wasserstofferzeugung völlig neue Dimensionen. Stand und Zukunft der Brennstoffzellen und ihrer Anwendungen werden abschließend in Kap. 14 betrachtet.

Selbstverständlich erhebt das vorliegende Buch keinen Anspruch auf Vollständigkeit. Die Anwendungsmöglichkeiten von Wasserstoff sind breit gefächert; zukünftig werden gewiss weitere Potentiale erschlossen werden. Aber die Schwelle der Markteinführung von Wasserstoff als Energieträger ist überschritten. Die Autoren, Herausgeber und der Verlag wollen mit diesem Buch Ingenieuren, Technikern und Managern die Möglichkeit geben, den Einstieg in diese Technologie zu bedenken, Kooperationsmöglichkeiten zu eruieren und ihr Wissen über das gesamte Gebiet zu verbreitern.

Wasserstoff wird sicherlich kein Allheilmittel einer Wende zu einer endgültig nachhaltigen Energieversorgung sein, aber er wird wesentliche Beiträge liefern, um die Energiewende in Deutschland zu einem Erfolgsmodell zu gestalten. Das Buch möchte Informationen geben und Denkanstöße vermitteln. Der Leser möge selbst entscheiden, wie er sich auf diesem Wege einbringen und beteiligen kann.

Esslingen und Berlin, August 2013   Johannes Töpler, Jochen Lehmann

Inhaltsverzeichnis

Wasserstoff als strategischer Sekundärenergieträger

Thomas Hamacher

1.1 Die Rahmenbedingungen

Technischer Wandel wird gerne mit der Evolution verglichen. Innovationen stellen die Mutationen dar, die sich dann auf einem Markt durch eine Selektion durchsetzen oder in den meisten Fällen wieder verschwinden [1]. Im Gegensatz zur Mutation sind die Innovationen in der Technik nicht das Ergebnis eines Zufallsprozesses, sondern gesteuert durch ein Problem oder eine besondere Herausforderung. Trotzdem muss eine neue Technologie sich auf dem Markt und in der Gesellschaft durchsetzen. Neuheit allein reicht dafür als Grund sicher nicht aus. Die Technikgeschichte kennt deswegen bedeutend mehr Innovationen, die nur kurz aufgeflammt sind und dann wieder vergessen wurden. Die Nutzung von Wasserstoff als Energieträger wäre sicher eine herausragende Innovation mit erheblichen Auswirkungen auf Wirtschaft und Gesellschaft. Die Rahmenbedingungen der Energiewirtschaft haben sich in der Vergangenheit immer wieder geändert und damit den Aufstieg neuer Techniken begünstigt bzw. das Überleben alter Technologien gefährdet. An dieser Stelle sollen einige Trends diskutiert werden, die in den nächsten Jahrzehnten zu erwarten sind und damit für das Schicksal des Wasserstoffs als Energieträger entscheidend sind.

Die folgenden Diskussionen beschränken sich auf einführende Überlegungen zu den allgemeinen Randbedingungen, die für das Energiesystem insgesamt in Zukunft von großer Bedeutung sein werden. Die erste Entwicklung betrifft den Anstieg der Energienachfrage, die zweite die Verfügbarkeit und die Kosten der fossilen Energieträger. Der dritte Bereich handelt vom Zusammenhang zwischen Energie und Umwelt und hier insbesondere die weltweite Politik zur Reduktion der Treibhausgasemissionen. Der letzte Bereich

T. Hamacher (✉)
Lehrstuhl für Energiewirtschaft und Anwendungstechnik, Technische Universität München,
Arcisstraße 21, 80333 München, Deutschland
e-mail: thomas.hamacher@tum.de

J. Töpler und J. Lehmann (Hrsg.), *Wasserstoff und Brennstoffzelle*,
DOI: 10.1007/978-3-642-37415-9_1, © Springer-Verlag Berlin Heidelberg 2014

dreht sich um den Ausbau der erneuerbaren Energien, die ganz neue Anforderungen insbesondere an die Infrastruktur eines nachhaltigen Energiesystems stellen.

Die weitere Entwicklung der Energie- und insbesondere auch Stromnachfrage kann natürlich nicht einfach prognostiziert werden. Bis heute wird ein starker Zusammenhang zwischen Wirtschaftsleistung und Energie- und insbesondere Stromnachfrage beobachtet [2]. Der starke Anstieg der Energienachfrage zu Beginn des 21. Jahrhunderts wurde insbesondere durch die aufstrebenden Länder in Asien verursacht. Hier sollen nur ein paar ganz einfache Überlegungen angeführt werden, um zu verdeutlichen, was hier in den nächsten Jahren noch zu erwarten ist. In Deutschland wurde im Jahr 2012 13500 PJ Primärenergie verbraucht [3]. Wenn im Jahr 2050 oder einige Jahre später 9 Mrd. Menschen einen ähnlichen Verbrauch hätten, dann würde sich die weltweite Nachfrage von heute 505 EJ auf etwa 1500 EJ verdreifachen. Ein solcher Anstieg wird natürlich einen erheblichen Druck auf den gesamten Energiemarkt ausüben. Inwieweit langfristig Steigerungen in der Effizienz diesen Anstieg dämpfen können, ist sicher sehr schwer abzuschätzen. Die gleiche Abschätzung für den Strombereich lässt auch eine Verdreifachung der Stromerzeugung erwarten. Zusammenfassend lässt sich feststellen, dass eine weltweite Versorgung mit kommerziellen Energiedienstleistungen selbst bei stark wachsender Energieeffizienz nur mit einem starken Anstieg des Energieangebotes möglich ist.

Die Kosten und die Verfügbarkeit fossiler Energieträger sind Gegenstand vieler Studien und auch erheblicher Spekulationen [4]. Die kurzfristigen Schwankungen der Preise unterliegen vielfältigen Einflüssen, die kaum zu prognostizieren sind. Engpässe entlang der ganzen Erzeugungskette von der Förderung über den Transport bis zur Verfeinerung in Raffinerien können zu erheblichen Preisschwankungen führen. Die Investitionen in Kapazitäten entlang der gesamten Kette sind aber wieder von der alten Struktur der Preise abhängig und unterliegen daher einer Zeitverzögerung. Der starke Anstieg der Ölnachfrage in den ersten Jahren des 21. Jahrhunderts führte deswegen zu erheblichen Preisanstiegen. Diese hohen Preise haben dann dazu geführt, dass auch nicht konventionelle Ölvorkommen, wie Schweröl und Ölsande, für Investoren von Interesse sind. Wenn, wie in einer Studie von der Citygroup [5] prognostiziert und von der IEA [6] bestätigt, in den nächsten Jahrzehnten die USA zum größten Ölproduzenten in der Welt aufsteigt, hätte dies sicher erhebliche Auswirkungen auf die Preise und Verfügbarkeit von Erdöl im Rest der Welt. In welchem Umfang nicht konventionelle fossile Energieträger zu den konventionellen Lagerstätten genutzt werden können und werden, ist sicher eine der Schlüsselfragen für die kommenden Jahre, die insbesondere über den Erfolg alternativer Technologien mitentscheiden werden. Eine massive Nutzung nicht konventioneller fossiler Ressourcen wird die Erreichung des 2°-Klimaziels auf alle Fälle verhindern.

Die weitere Entwicklung der Klimaverhandlungen und mögliche nationale oder internationale Ziele und Werkzeuge zur Reduktion der Treibhausgasemissionen werden entscheidende Rahmenbedingungen für den technologischen Wandel im Energiebereich darstellen. Dabei wurden in den letzten Jahren sehr verschiedene politische Werkzeuge entwickelt und angewandt. Wichtige Beispiele sind Ökosteuern, Einspeisetarife oder auch der Emissionshandel. Die Vielfalt der Werkzeuge und auch der politischen Einflussnahme macht wiederum eine Prognose sehr schwierig. Trotzdem sprechen

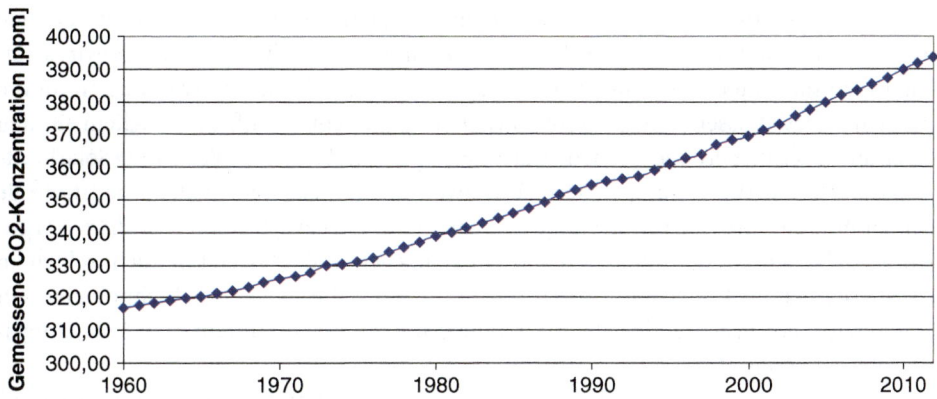

Abb. 1.1 Entwicklung der CO_2-Konzentration in der Atmosphäre. Die Daten wurden seit 1959 auf dem Mauna Loa gemessen [7]. Dabei ist ein stetiger Anstieg zu beobachten

die wissenschaftlichen Untersuchungen alle dafür, dass die unbegrenzten Emissionen von CO_2 mittel- und langfristig zu erheblichen negativen Auswirkungen für Mensch, Umwelt und Klima führen werden (Abb. 1.1). Das Intergovernmental Panel on Climate Change (IPCC) sammelt seit Anfang der neunziger Jahre des letzten Jahrhunderts in vielen Berichten die wissenschaftlichen Grundlagen zur Klimaveränderung.

Damit ist davon auszugehen, dass sich früher oder später eine breite Allianz in der Welt finden wird, die durch internationale Regelungen die Emissionen beschränken wird. Insofern darf man damit rechnen, dass irgendwann in der ersten Hälfte des 21. Jahrhunderts die Nutzung von Kohlenstoff bzw. Kohlewasserstoffen begrenzt wird. Die dann angewandten politischen Werkzeuge werden darüber entscheiden, wie schnell und welche neuen Technologien in den Markt kommen.

Die erneuerbaren Energien führen zu einer erheblichen Veränderung des gesamten Energiesystems. Die besten Standorte der Erzeugung sind oft weit von den Zentren des Verbrauchs entfernt, ebenso fallen Erzeugung und Verbrauch zeitlich nicht zusammen. Hier muss eine neue Balance geschaffen werden, die Erzeugung und Verbrauch wieder zusammenbringt. Dies kann auf sehr verschiedene Weise erfolgen. Insgesamt werden mehrere Optionen intensiv diskutiert. Dabei spielen die Schaffung neuer Energieverbünde und die Etablierung neuer Speichertechnologien eine entscheidende Rolle. Wasserstoff ist sowohl für den weltweiten Transport als auch für die Speicherung von Energie eine wichtige Option.

1.2 Wasserstoff und Energiewirtschaft

Wasserstoff ist das leichteste und häufigste Element im Universum. Auf der Erde kommt Wasserstoff nur in gebundener Form, also in Wasser, in Kohlenwasserstoffen oder in Mineralien vor. Wasserstoff ist ein wichtiger Grundstoff in der chemischen und petrochemischen Industrie.

Schon lange wird Wasserstoff als neuer Endenergieträger diskutiert, der an der Seite oder auch anstelle von Strom den Durchbruch zu einer nachhaltigen Energiewirtschaft garantieren soll. Dabei wird immer wieder eine Reihe von ähnlichen Argumenten für die Einführung des Wasserstoffs genannt. Das erste Argument betrifft die Möglichkeit, den Strom aus intermittierenden erneuerbaren Energiewandlern wie Wind und Solarkraftwerken auf diese Weise zu speichern. Das zweite Argument betrifft die schadstofffreie oder zumindest -arme Umwandlung in Wärme, Kraft bzw. Strom. Das dritte Argument bezieht sich auf den Einsatz von Brennstoffzellen und Wasserstoff auch in kleinen Leistungseinheiten. Dabei wird durch die Einführung dieser beiden Technologien ein paradigmatischer Wechsel der Stromerzeugung hin zu kleinen dezentralen Erzeugungstechnologien erwartet.

Dabei hat es immer wieder Versuche gegeben, Wasserstoff in die Energiewirtschaft einzuführen. Hier sind insbesondere die Bemühungen der Autoindustrie zu nennen, wasserstoffgetriebene Brennstoffzellenautos auf den Markt zu bringen.

Trotzdem spielt Wasserstoff schon heute in der chemischen Industrie als Grundstoff eine bedeutende Rolle. Bis heute wird der Wasserstoff vornehmlich aus fossilen Energieträgern wie Erdgas gewonnen. Langfristig müssen hier neue Optionen erschlossen werden.

Ausgehend von einer einführenden Darstellung über die Erzeugung, Verteilung und tatsächliche sowie mögliche Nutzung des Wasserstoffes soll in einem abschließenden Überblick die Breite der möglichen Bedeutung des Wasserstoffs als Grundstoff und als Endenergieträger diskutiert werden. Dabei sollen drei mögliche Entwicklungspfade diskutiert werden. Wasserstoff kommt über seine Bedeutung als chemischer Grundstoff nicht hinaus; Wasserstoff dringt in einzelne Sektoren wie z. B. die Stahlerzeugung oder den Flugverkehr ein oder Wasserstoff wird als Endenergieträger allgemein verfügbar wie heute Erdgas. Die drei Bilder können als Alternativen oder auch als zeitliche Entwicklung gesehen werden. Abschließend sollen die drei alternativen Entwicklungen für den Wasserstoff in eine allgemeine Entwicklung der Energiewirtschaft eingebunden werden.

1.2.1 Eigenschaften des Wasserstoffes

Wasserstoff wurde im Jahre 1766 von dem englischen Naturforscher Henry Cavendish entdeckt.

Nach gängigen kosmologischen Theorien war Wasserstoff das einzige Element nach dem Urknall. In Fusionsreaktionen sind dann die weiteren Elemente aus dem Wasserstoff entstanden [8]. In der festen Erdkruste ist der Anteil des Wasserstoffes 0,88 Gew.-%. Wasserstoff kommt auf der Erde quasi nur in Form von Wasser, Kohlenwasserstoffen oder in Mineralien vor.

Wasserstoff ist farb- und geruchloses Gas. Im Normalzustand liegt Wasserstoff als zweiatomiges Molekül vor. Es gibt drei Isotope des Wasserstoffs. Einfacher Wasserstoff und der schwere Wasserstoff, auch Deuterium genannt, sind dabei stabil, während der superschwere Wasserstoff, sprich Tritium, radioaktiv zerfällt und damit quasi nicht in der Natur vorkommt.

Tab. 1.1 Grundlegende Eigenschaften des Wasserstoffs aus [9]

Eigenschaft	Wert	Einheit
Dichte gasförmig	0,899	kg/Nm^3
Dichte flüssig	70,79	kg/m^3
Schmelztemperatur	14,1	K
Siedetemperatur	21,15	K
Unterer Heizwert	3,00	kWh/Nm^3 (volumetrisch)
	33,33	kWh/kg (gravimetrisch)
	2,79 (verflüssigt)	kWh/l
Oberer Heizwert	3,5	kWh/Nm^3

Verglichen mit anderen Brennstoffen ist der gravimetrische Heizwert hoch, während der volumetrische Heizwert niedrig ist. Die physikalischen Eigenschaften werfen schon ein Bild auf die Probleme bei der Speicherung und dem Transport von Wasserstoff (Tab. 1.1).

1.2.2 Herstellung des Wasserstoffs

Wasserstoff wird aus Kohlenwasserstoffen oder direkt aus Wasser gewonnen. Kohlenwasserstoffe können in Form von fossilen Energieträgern oder als Biomasse vorliegen. Aus Wasser kann Wasserstoff durch Elektrolyse, thermochemisch oder durch photobiologische oder photokatalytische Verfahren gewonnen werden. Die Abtrennung aus den Kohlenwasserstoffen erfolgt hauptsächlich über Dampfreformierung. Daneben gibt es aber auch andere Verfahren wie partielle Oxidation. Auf alle Fälle wird neben dem Kohlenwasserstoff oder Wasser Energie benötigt, die in Form von Strom, Wärme oder Licht bereit gestellt werden muss. Dabei kann der Strom und auch die Wärme sehr unterschiedlich bereit gestellt werden. Das Herstellungsverfahren entscheidet über den Preis des Wasserstoffs. Emissionen und Umweltauswirkungen dieses Vorprozesses müssen dann dem Wasserstoff zugerechnet werden.

Heute ist die Erzeugung aus fossilen Energieträgern die dominante Erzeugungstechnologie (Abb. 1.2). Elektrolyse spielt nur eine untergeordnete Rolle. Thermochemische, photokatalytische oder photobiologische Verfahren sind noch im Entwicklungsstadium. Langfristig scheiden die fossilen Energiequellen als Quelle für den Wasserstoff aus, weil sie langfristig in der Verfügbarkeit begrenzt sind und weil bei der Herstellung CO$_2$ als Kuppelprodukt erzeugt wird.

1.2.3 Produktion von Wasserstoff aus fossilen Energieträgern und Biomasse

Im Jahre 2010 wurden 96 % des Wasserstoffes aus fossilen Energieträgern gewonnen. Das heute mit Abstand gebräuchlichste Verfahren ist die Dampfreformierung.

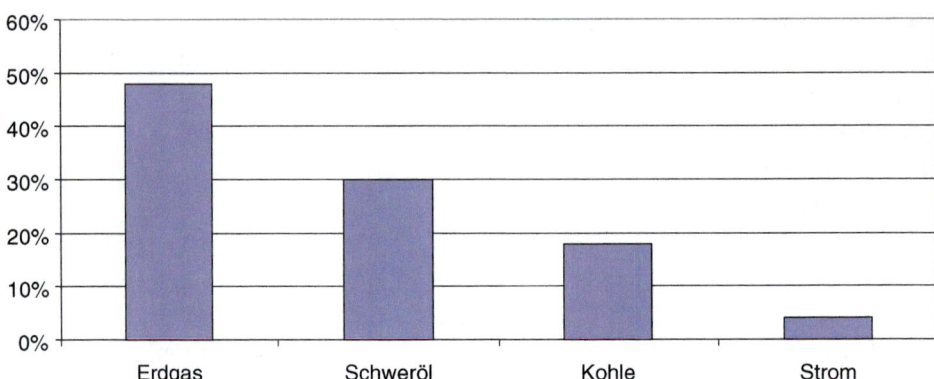

Abb. 1.2 Weit mehr als 90 % des Wasserstoffes werden aus fossilen Energieträgern hergestellt. Nur 4 % werden aus Strom über Elektrolyse gewonnen. [14]

Die Dampfreformierung von Erdgas erfolgt in zwei Schritten. Im ersten Schritt wird aus Methan und Wasser bei hohem Druck (15–25) bar und hoher Temperatur (750 °C–1000 °C) Kohlenmonoxid und Wasserstoff erzeugt. Die Reaktion wird durch einen Katalysator beschleunigt. Im zweiten Schritt wird dann wieder durch die Zufuhr von Wasser aus dem Kohlenmonoxid Kohlendioxyd und Wasserstoff hergestellt (Shift-Reaktion).

$$CH_4 + H_2O + \text{Wärme} => CO + 3\,H_2 \quad \Delta H = 206{,}2\,kJ/mol$$

$$CO + H_2O => CO_2 + H_2 + \text{Wärme} \quad \Delta H = -41{,}2\,kJ/mol$$

Der Gesamtwirkungsgrad liegt bei 70 % bezogen auf den Heizwert des Erdgases. Die Kosten sinken dabei deutlich mit der Größe der Anlage [10]. Dieses Verfahren wird heute in vielen großtechnischen Anlagen eingesetzt. Dabei werden heute Anlagen in den verschiedensten Größen angeboten von 1000 Nm³/h bis hin zu 120 000 Nm³/h (Abb. 1.3).

Die partielle Oxidation stellt ein weiteres Verfahren dar. Dabei wird dem fossilen Ausgangsstoff, sei es Kohle, Erdöl oder Erdgas, Sauerstoff und Wärme zugeführt. Die Sauerstoffmenge ist dabei unterstöchiometrisch, damit es nicht zu einer vollständigen Verbrennung kommt. Die Reaktionsprodukte sind Kohlenmonoxid und Wasserstoff. Durch eine Shift-Reaktion wird dann aus dem Kohlenmonoxid wieder Wasserstoff und Kohlendioxid gewonnen.

Damit kann Wasserstoff im Prinzip aus allen Kohlewasserstoffen oder auch aus Kohle gewonnen werden. Die Kosten des Wasserstoffes hängen dabei entscheidend von den Kosten des Ausgangsstoffes ab. Eine Preisuntergrenze ergibt sich aus dem Quotienten aus Preis des Ausgangsstoffes und dem Nutzungsgrad des Herstellungsprozesses. Dazu kommen die Kapitalkosten und Betriebskosten der Anlage.

Da, wie schon erwähnt, die Betriebs- und Anlagenkosten mit der Größe der Anlage sinken, gibt es Bestrebungen große Anlagen zu bauen und mehrere Verbraucher über ein Pipelinesystem dadurch zu versorgen.

Abb. 1.3 Wasserstoff wird durch Dampfreformierung aus Erdgas gewonnen. Das Photo zeigt eine Anlage der Firma Linde. (*Bild* Linde AG)

1.2.4   Wasserspaltung durch Wärmeenergie

Die Spaltung von Wasser durch thermische Energie erfolgt erst bei sehr hohen Temperaturen um die 2000 °C. Da eine einfache Prozessführung bei diesen Temperaturen nicht möglich ist, scheidet dieses Verfahren als praktische Lösung aus. Erst durch die Einführung von geeigneten Katalysatoren kann die Prozesstemperatur soweit gesenkt werden, dass eine sinnvolle Prozessführung möglich wird.

Als Ausweg bieten sich thermochemische Kreisprozesse an, die unter Einsatz von besonderen Katalysatoren und Wärme Wasser spalten können. Als Beispiel soll das Schwelsäure-Iod-Verfahren kurz besprochen werden. Unter Wärmezufuhr wird Schwefelsäure in Schwefeldioxid, Wasser und Sauerstoff getrennt. In einem zweiten Schritt wird dann aus Iod, Schwefeldioxid und Wasser wieder unter Wärmezufuhr Wasserstoffiodid und Schwefelsäure erzeugt. Unter Zugabe von Wärme wird dann aus dem Wasserstoffiodid wieder Iod und Wasserstoff erzeugt. Iod und Schwelsäure können dann dem Prozess wieder zugeführt werden.

$$2\,H_2SO_4 \Longrightarrow\ 2\,SO_2 + 2\,H_2O\ +\ O_2\left(830\,^\circ C\right)$$

$$I_2 + SO_2 + 2\,H_2O\ \Longrightarrow\ 2\,HI\ +\ H_2SO_4\left(120\,^\circ C\right)$$

$$2\,HI\ \Longrightarrow\ I_2 + H_2\left(320\,^\circ C\right)$$

Diverse andere Kreisläufe wurden in der Vergangenheit entwickelt.

Die Etablierung dieser Verfahren wurde insbesondere im Zusammenhang mit der Entwicklung von Hochtemperaturreaktoren und solarthermischen Anlagen diskutiert. Die Wirkungsgrade der Prozesse liegen mit 50 % deutlich niedriger als Dampfreformierung und Elektrolyse. Die direkte Nutzung der Wärme führt aber dann im Gesamtsystem zu einem hohen Nutzungsgrad.

Trotz erheblicher Forschungsanstrengung hat sich bisher keines der Verfahren etabliert und es bleibt ein Gegenstand der Forschung.

1.2.5 Wasserspaltung durch elektrische Energie (Elektrolyse)

Die Elektrolyse steht ganz am Anfang der Elektrochemie. Praktische und theoretische Untersuchungen wurden schon zu Beginn des neunzehnten Jahrhunderts durchgeführt.

Die Thermodynamik chemischer Reaktion ist durch die Gibbs-Helmholtz-Gleichung $dG = dH - T\, dS$ gegeben. Ist bei einer Reaktion die freie Enthalpie dG negativ, dann kommt es zu einer spontanen Reaktion. Im Fall der Spaltung von Wasser ist dH positiv und auch dS positiv, es kommt also nur bei sehr großen T zur spontanen Zersetzung des Wassers. Wie oben schon erwähnt, ist dies erst bei Temperaturen um 2000 °C der Fall. Bei der Elektrolyse wird ein elektrisches Potential entsprechend zur freien Enthalpie dG angelegt, um damit die Reaktion zu ermöglichen. Wie man der Gleichung entnehmen kann, sinkt die notwendige Spannung bei höheren Temperaturen.

Die Elektrolyse erlaubt durch den Einsatz elektrischer Energie die direkte Erzeugung von Wasserstoff und Sauerstoff aus Wasser. Elektrolytische Verfahren werden in der chemischen Industrie zur Synthetisierung verschiedenster Substanzen eingesetzt. Beispiele hierfür sind die Aluminium- und Natriumproduktion.

Elektrolyseure bestehen aus einer Kathode, einer Anode, einem Separator und einem Elektrolyten. Dabei wird an der Anode das Wasser zu Wasserstoff und OH- reduziert und an der Kathode dann das OH-Molekül zu Wasser und Sauerstoff oxidiert. Der Transport des OH-Moleküls erfolgt durch den Elektrolyten, der Ionen leitet.

Die Elektrolyseverfahren unterscheiden sich durch die eingesetzten Elektrolyten, den Betriebsdruck und die Betriebstemperatur. Als Elektrolyten kommen alkalische Lösungen bzw. Feststoffelektrolyten zum Einsatz. Im Folgenden wird kurz auf die folgenden vier Verfahren eingegangen:

- Alkalische Elektrolyse
- Alkalische Druckelektrolyse
- PEM-Elektrolyse
- Hochtemperaturelektrolyse auf Basis von keramischen Feststoffelektrolyten

Die alkalischen Elektrolyseverfahren sind heute die am weitesten verbreitete Technik. Bei der alkalischen Elektrolyse wird eine Kalilauge (KOH) als Elektrolyt eingesetzt. Die

Elektroden sind durch ein Diaphragma getrennt, dass nur einen Ionentransport erlaubt und damit den notwendigen Ladungsaustausch möglich macht.

Durch die Erhöhung des Systemdrucks lässt sich eine einfachere Anpassung an die Periphere des Systems erreichen und auch eine kompaktere Baugröße herstellen. Heute sind Drücke in der Gegend von 120 bar im Labor erreicht und 30 bar bei kommerziellen Anlagen.

Die Polymer-Elektrolyt-Membran PEM-Elektrolyse arbeitet im Temperaturbereich (zwischen 30–100 °C). Der Elektrolyt ist ein Polymer. An den Elektroden kommt Platin als Katalysator zum Einsatz. Die PEM-Elektrolyse wird heute intensiv in einigen Industrieunternehmen entwickelt. Bis heute sind noch nicht die Wirkungsgrade der alkalischen Elektrolyseure erreicht worden. Dabei wird erwartet, dass diese Anlagen auch für kleine Leistungseinheiten geeignet sind.

Die Erzeugung von Wasserstoff durch Elektrolyseure ist eine erprobte Technik mit Wirkungsgrad von 70 %, wenn der Heizwert des Wasserstoffes auf die Leistung des Stromes bezogen wird. Die Technik findet in diversen Nischenanwendungen schon heute Anwendung.

Um aber die Probleme der Elektrolyse darzustellen, soll eine einfache Wirtschaftlichkeitsrechnung durchgeführt werden. Dabei werden vier Szenarien unterstellt:

Eigenschaft	Szenario 1	Szenario 2	Szenario 3	Szenario 4
Stromkosten	0,05 €/kWh	0,05 €/kWh	0,15 €/kWh	0,15 €/kWh
Investitionskosten des Elektrolyseurs	300 €/kW	1000 €/kW	300 €/kW	1000 €/kW
Annuität	30 €/kW/a	100 €/kW/a	30 €/kW/a	100 €/kW/a
Betriebsstunden	5000	2000	5000	2000
Nutzungsgrad	75 %	75 %	70 %	70 %
Kosten des Wasserstoffs	0,072 €/kWh(H2)	0,011 €/kWh(H2)	0,22 €/kWh(H2)	0,26 €/kWh(H2)

Der Einfluss der Stromkosten auf die Wasserstoffkosten ist dabei unverkennbar. Investitionskosten und Betriebsstunden sind natürlich ebenso von Bedeutung. Insbesondere bei niedrigen Betriebsstunden werden die Investitionskosten bedeutend. Auf alle Fälle wird deutlich, dass Wasserstoff teurer wird als Strom. Damit ist der Einsatz des Wasserstoffes nur dann sinnvoll, wenn der Strom nicht direkt genutzt werden kann. Auch kehrt sich die Reihenfolge bei den Energiekosten dadurch um. Heute liegen die Stromgestehungskosten irgendwo in der Gegend von 0,05 €/kWh. Die Kosten des chemischen Energieträgers Kohle liegen bei 0,01 €/kWh und die von Gas bei 0,02 €/kWh. Strom wird dann für die Energiewirtschaft zum „Grundstoff", Wasserstoff oder andere synthetische chemische Energieträger kommen nur dann zum Einsatz, wenn kein Strom bereit steht oder die Energiewandlungsaufgabe nicht sinnvoll erfüllen kann. Dies ist anders, wenn der Wasserstoff in Gegenden erzeugt wird, die einen sehr niedrigen Strompreis garantieren, aber nicht über eine entsprechende Nachfrage verfügen.

1.2.6 Wasserspaltung durch Sonnenlicht (Photokatalyse)

In der Photosynthese wird durch Photolyse aus Licht und Wasser, Wasserstoff und Sauerstoff erzeugt. Die Nutzung dieses oder ähnlicher Prozesse ist heute Gegenstand intensiver Forschung. Dabei werden zwei gänzlich unterschiedliche Richtungen verfolgt:

1) Die erste Richtung versucht die biologischen Prozesse in den Algen so abzuändern, dass die Energie des Sonnenlichtes nur in die Produktion von Wasserstoff fließt.
2) Die zweite Richtung versucht durch die Schaffung eines „künstlichen Blattes" die Wasserstoffproduktion durch Photokatalyse voranzutreiben.

Einige Algen produzieren bei einem Entzug von Schwefel Wasserstoff anstelle von Sauerstoff. Dieses Phänomen wurde schon in den dreißiger Jahren beobachtet. Der Prozess wird aber durch die Anwesenheit von Sauerstoff wieder gestoppt [11]. Erhebliche Anstrengungen wurden in den letzten Jahren durchgeführt, um Algen so zu konditionieren, dass die Wasserstoffproduktion aufrecht erhalten bleibt.

Wasserstoff kann auch an Katalysatoren durch die Bestrahlung mit Licht erzeugt werden. Erste Reaktionen dieser Art wurden in Japan mit Titandioxyd erreicht. Dabei wurde aber nur sehr kurzwelliges Licht eingesetzt. In den letzten Jahren gab es eine Vielzahl von vielversprechenden Ansätzen. Das Ziel diese Arbeiten wird oft als „Künstliches Blatt" bezeichnet [12].

Diese beiden Schlaglichter machen deutlich, dass in Zukunft durchaus alternative Pfade zur Erzeugung von Wasserstoff gefunden werden können, die eventuell eine deutlich bessere Wettbewerbsfähigkeit des Wasserstoffs versprechen.

1.3 Transport und Speicherung des Wasserstoffs

Wasserstoff kann in flüssigem oder gasförmigem Zustand gespeichert, transportiert und verteilt werden. Die Art und Weise des Transportes hängt entscheidend von den transportierten Mengen und den Strecken ab. Bis heute gibt es nur regionale Wasserstoffmärkte. Dabei werden einige industrielle Zentren über Pipelines versorgt. Ansonsten wird der Wasserstoff in Chargen entweder in Druckflaschen oder verflüssigt in Tanklastwagen transportiert.

Neben der Möglichkeit den Wasserstoff zum Transport zu speichern, bieten Salzkavernen, die heute zur Speicherung von Erdgas genutzt werden, die Möglichkeit, erhebliche Mengen von Wasserstoff langfristig zu speichern. Diese Möglichkeit erlaubt eine saisonale Speicherung des Wasserstoffes. (s. Kap. 2)

Auf alle Fälle stellen die chemischen Eigenschaften des Wasserstoffs besondere Anforderungen an die verwandten Materialien.

1.3.1   Transport des gasförmigen oder flüssigen Wasserstoffes

Wasserstoff kann wie Erdgas als Gas oder Flüssigkeit transportiert werden. Im Unterschied zu Erdgas ist beim Wasserstoff für beide Wege ein größerer Energieaufwand notwendig, was zum einen an der niedrigeren volumetrischen Energiedichte und zum anderen an der niedrigeren Verflüssigungstemperatur liegt.

Erdgas wird heute zum größten Teil über Pipelines von den Förderorten zu den Verbrauchsschwerpunkten transportiert. Dabei werden in den Leitungen typische Verluste von 0,1 bar/km erreicht, die in Kompressorstationen kompensiert werden müssen. Der Druck in den Leitungen soll dabei 100 bar nicht übersteigen. Die zur Kompression benötigte Leistung ergibt sich aus dem Volumenstrom $\dot{V}_1$ und dem Verhältnis des Druckes Ψ nach und vor der Kompression.

Das Produkt aus dem Volumenstrom und dem Energieinhalt des Wasserstoffes gemessen durch den unteren bzw. oberen Heizwert ergibt dann einen Leistungsfluss des transportierten Mediums. Das Verhältnis aus Kompressionsleistung für eine Transportstrecke zum Leistungsfluss des transportierten Mediums ist dann ein gutes Maß für die energetischen Transportverluste. Unterstellt man, dass die Druckverluste für Wasserstoff und Erdgas in etwa gleich sind, dann kommt es insbesondere durch die deutlich niedrigere volumetrische Energiedichte des Wasserstoffs spezifisch zu deutlich höheren Verlusten beim Wasserstoff.

Bei dem Verflüssigen des Wasserstoffs wird die volumetrische Energiedichte etwa um den Faktor 100 erhöht. Dadurch ergeben sich ganz andere Transportmöglichkeiten. Der Transport verflüssigten Erdgases (Liquified Natural Gas, LNG) ist schon heute eine viel eingesetzte Form des Erdgastransportes. Japan und Südkorea werden fast ausschließlich in dieser Weise mit Erdgas versorgt. Sollte es je zu einem transkontinentalen Wasserstofftransport über viele tausend Kilometer Entfernung kommen, dann würde sich diese Form des Transportes anbieten. Wasserstoff verflüssigt erst bei −252,9 °C. Die Verflüssigung erfolgt dabei meistens in mehreren Stufen. Im Euro-Hydro-Quebec Wasserstoff-Projekt wurde die Möglichkeit betrachtet, Wasserstoff in Kanada durch sehr günstigen Strom aus Wasserkraft zu erzeugen und dann verflüssigt mit Schiffen nach Europa zu transportieren (Abb. 1.4).

1.3.2   Wasserstoff-Verteilung durch Pipelines

In industriellen Zentren kommt es zu einem erheblichen Wasserstoffverbrauch. Die Kosten der Wasserstoffproduktion sinken insbesondere bei der Dampfreformierung erheblich mit der Größe der Erzeugungsanlage. Deswegen ist es oft vorteilhaft, eine

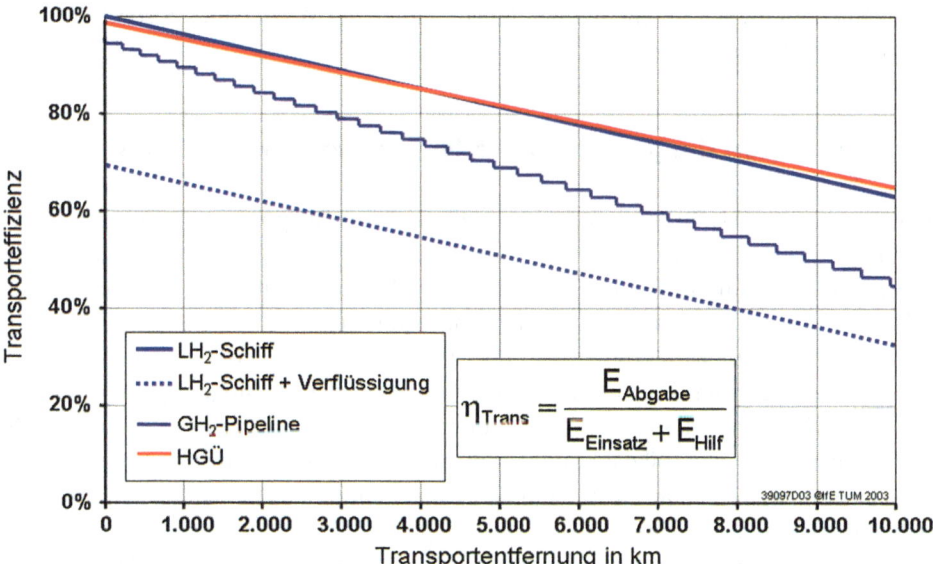

Abb. 1.4 Der Stromtransport ist selbst bei weiten Strecken effizienter als der Wasserstofftransport. (nach [13])

große Erzeugungsanlage über ein Pipelinenetz mit verschiedenen Verbrauchern zu verbinden.

Deswegen hat sich in vielen industriellen Zentren ein Wasserstoffverteilnetz etabliert, das eine Vielzahl von Kunden mit Wasserstoff versorgt.

Netze dieser Art finden sich im Ruhrgebiet in Deutschland mit einer Länge von etwa 240 km, in Isebergues in Frankreich mit etwa 30 km Länge. Dieses Netzwerk wurde später erst bis Zeebrugge in Belgien und dann bis nach Rotterdam ausgedehnt.

Das längste Pipelinenetz für Wasserstoff befindet sich in Texas und versorgt dort Raffinerien und Ammoniakproduzenten mit Wasserstoff.

Diese Beispiele belegen, dass auch eine Verteilung von Wasserstoff machbar ist.

1.3.3 Speicherung des Wasserstoffs in Salzkavernen

Die großtechnische Speicherung von Wasserstoff kann in Salzkavernen erfolgen (Abb. 1.5). Salzkavernen werden seit vielen Jahren erfolgreich zur Speicherung von Erdgas und Rohöl eingesetzt. Mit Speichervolumen von 500.000 m³ können bei Drücken zwischen 60 und 180 bar an die 5 Mio. kg Wasserstoff gespeichert werden. Die spezifischen Investitionskosten für den Speicher liegen dabei bei 0,09 €/kWh und sind damit deutlich niedriger als die spezifischen Speicherkosten für andere Technologien, insbesondere anderer Stromspeicher. Wasserstoff kann durch Elektrolyse erzeugt werden und

Abb. 1.5 Die Kavernen können in Salzformationen künstlich durch eine Ausspülung hergestellt werden. (*Bild* KBB Underground Technologies)

nach der Speicherung in Kombikraftwerken wieder verstromt werden. Die niedrigen Speicherkosten erlauben eine saisonale Speicherung. Damit kann diese Art des Speichers Kurzzeitspeicher wie Pumpspeicherkraftwerke, Druckluftspeicher oder auch Batterien sinnvoll ergänzen.

1.4 Einsatz des Wasserstoffes als chemischer Grundstoff und in Energiewandlungstechniken

Wasserstoff ist ein wichtiger Grundstoff in der chemischen und petrochemischen Industrie und hat eine Vielzahl von anderen Anwendungen in der Industrie. Im Jahr 2007 wurden etwa 600 Mrd. m^3 Wasserstoff erzeugt. Abbildung 1.6 zeigt die Verteilung auf die einzelnen Bereiche.

Die Herstellung von Ammoniak und die petrochemische Industrie sind die größten Wasserstoffverbraucher.

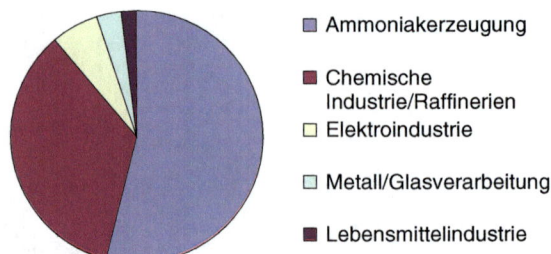

- Ammoniakerzeugung
- Chemische Industrie/Raffinerien
- Elektroindustrie
- Metall/Glasverarbeitung
- Lebensmittelindustrie

Abb. 1.6 Bis heute wird Wasserstoff hauptsächlich in der Ammoniakerzeugung und der Petrochemischen Industrie benötigt [14]

Als Energieträger wird Wasserstoff bis heute nicht eingesetzt. Trotzdem gibt es Ideen und Bemühungen in quasi allen Endenergiesektoren Wasserstoff einzusetzen. Hier sollen einige Beispiele genannt werden, die in Zukunft an Bedeutung gewinnen können.

1.4.1 Die Herstellung von Ammoniak

Ammoniak ist ein wichtiger Grundstoff in der chemischen Industrie, nicht zuletzt zur Herstellung von Düngemitteln. Die Nachfrage ist in den letzten Jahrzehnten drastisch gestiegen. Der zunehmende Wohlstand in Schwellenländern und die damit verbundenen Veränderungen des Lebensstils und der Ernährungsgewohnheiten führen mit großer Wahrscheinlichkeit auch langfristig zu einem weiteren Anstieg der Ammoniaknachfrage.

Ammoniak wird nach dem sogenannten Haber-Bosch-Verfahren produziert. Die Reaktion erfolgt nach dem Schema $N_2 + 3H_2 => 2\,NH_3$. Die Ammoniakproduktion ist in den letzten sechzig Jahren dramatisch gestiegen und es werden noch erhebliche Steigerungsraten für die Zukunft erwartet (Abb. 1.7).

Wie der Reaktionsgleichung zur Erzeugung von Ammoniak entnommen werden kann, ist Wasserstoff ein wesentlicher Grundstoff bei der Erzeugung.

1.4.2 Wasserstoff in der petrochemischen Industrie

Raffinerien haben einen steigenden Bedarf an Wasserstoff. Dies ist bedingt durch strengere Umweltauflagen, hier insbesondere die Abtrennung von Schwefel und Stickstoff, und der verstärkte Einsatz von Schwerölen mit einem höheren Anteil an Kohlestoff.

Wasserstoff wird in Raffinerien an mehreren Stellen eingesetzt. Zwei sollen hier explizit erwähnt werden. In modernen Hydrocrackern werden aus Schwerölen unter dem Einsatz von Wärme und Wasserstoff leichtere Ölsorten erzeugt. Langkettige Kohlewasserstoffe mit einem niedrigen Anteil an Wasserstoff zu Kohlenstoff werden zu kurzkettigen Kohlenwasserstoffen mit einem höheren Anteil von Wasserstoff zu Kohlenstoff umgewandelt. Dem Prozess muss zusätzlicher Wasserstoff von außen zugeführt werden.

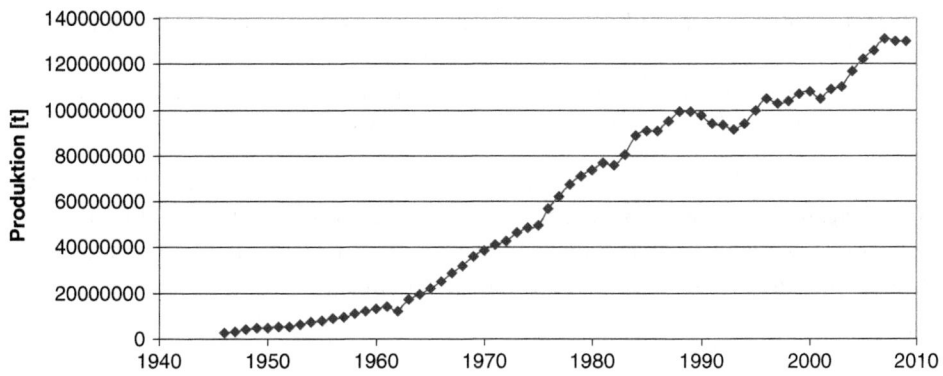

Abb. 1.7 Entwicklung der Produktion von Ammoniak in den letzten sechzig Jahren

Die Anforderungen an den Schwefelgehalt in Treibstoffen steigen stetig und verlangen immer effizientere Methoden zur Schwefelabtrennung. In Raffinerien wird der Schwefel meist durch die Zuführung von Wasserstoff entfernt. Der Wasserstoff verbindet sich mit dem Schwefel zu Schwefelwasserstoff und kann dann dem Prozessstrom entnommen werden. Meistens wird dann in einem zweiten Schritt der Wasserstoff zum Teil wieder gewonnen.

Die Bereitstellung von Wasserstoff wird damit zu einem sehr wichtigen Schritt bei der Optimierung des Betriebes einer Raffinerie.

1.4.3   Wasserstoff und Brennstoffzellen

In Brennstoffzellen kann chemische Energie mit einem hohen Wirkungsgrad in elektrische Energie und Wärme umgewandelt werden. Wasserstoff bietet sich dabei in vielen Fällen als einziger Brennstoff an. Der entscheidende Vorteil der Brennstoffzelle gegenüber effizienten Großkraftwerken ist die Tatsache, dass der hohe Wirkungsgrad auch in kleinen Leistungseinheiten erreicht wird. Brennstoffzellen bieten sich damit als Versorgungsoptionen in vielen stationären und mobilen Anwendungen an.

Der theoretische erreichbare Wirkungsgrad der Brennstoffzellen ist der Quotient aus freier Gibbsscher Reaktionsenthalpie des Brennstoffes und der Enthalpie der Reaktion. Für die Reaktion von Wasserstoff zu Wasser ergibt sich damit ein Wirkungsgrad von 83 %. Verschiedene Verlustmechanismen reduzieren diesen Wert deutlich.

Brennstoffzellen bestehen aus eine Kathode und einer Anode, die durch einen Elektrolyten getrennt sind. Der Elektrolyt leitet die Ionen und blockiert die Elektronen. Die verschiedenen Brennstoffzellen unterscheiden sich hinsichtlich der Elektrolytmaterialien und als Folge davon in der Operationstemperatur der Zellen. Die am meisten diskutierten Brennstoffzellentypen sind die folgenden:

- AFC Alkaline Fuel Cell (Alkalische Brennstoffzelle)
- PAFC Phosphoric Acid Fuel Cell (Phosphorsaure Brennstoffzelle)

- PEMFC Proton Exchange Membrane Fuel Cell (Polymer-Elektrolyt-Membran-Brennstoffzelle)
- MCFC Molten Carbonate Fuel Cell (Schmelzcarbonat-Brennstoffzelle)
- SOFC Solid Oxid Fuel Cell (Oxidkeramische Brennstoffzelle)

PEMFC und alkalische Brennstoffzellen arbeiten bei Temperaturen unterhalb von 100 °C. Die anderen Brennstoffzellen erreichen nur bei höheren Temperaturen eine für den Betrieb akzeptable Ionenleitfähigkeit im Elektrolyten. Die Betriebstemperaturen entscheiden nicht zuletzt auch über die Flexibilität der Anlagen.

Brennstoffzellen Typ	AFC	PEMFC	PAFC	MCFC	SOFC
Elektrolyt	KOH	Festpolymer-Membrane	H_3PO_4	Karbonat-Schmelze	Dotiertes Zirkonoxid
Transport-Ion	OH^-	H^+	H^+	CO_3^{2-}	O_2^+
el. Wirkungsgrad (H2) (%)	70 (O2) 55 (Luft)	70 (O2) 50 (Luft)	53 (Luft)	55–65 (Luft)	52–55 (Luft)
el. Wirkungsgrad (Erdgas) (%)	36	40	40–45	53–57	52–55
Betriebsweise	variabel	Variable	eher stationär	stationär	Eher stationär

Insbesondere die PEMFC kann nur mit Wasserstoff betrieben werden. Dies führt dazu, dass in heutigen Anwendungen erst durch einen aufwendigen Reformationsprozess aus Erdgas Wasserstoff in einer hinreichenden Güte hergestellt werden muss.

1.4.4 Wasserstoff als Treibstoff für Autos

Der Einsatz von Wasserstoff in Autos wird schon sehr lange diskutiert. In vielen Testfahrzeugen ist die technische Machbarkeit dieser Lösung vielfach unter Beweis gestellt worden. Dabei sind zwei Ansätze zu unterscheiden. In einem evolutionären Ansatz wurde der Wasserstoff in Verbrennungsmotoren eingespeist. Damit trotz des beschränkten Nutzungsgrades trotzdem ansehnliche Reichweiten erreicht werden konnten, musste der Wasserstoff verflüssigt und in Kryotanks gespeichert werden. Dieser Ansatz wurde insbesondere von BMW verfolgt. Dabei wurden Autos der Siebener-Baureihe als Wasserstoffautos umgebaut. Die Entwicklung wurde aber beendet, da insbesondere in den USA Fahrzeuge mit Verbrennungsmotor unabhängig vom Treibstoff nicht als Zero-Emission-Vehicles angesehen wurden.

Die alternative Entwicklung setzte auf einen alternativen Antriebsstrang beim Auto. Das Auto wird elektrisch angetrieben und der Strom wird über eine Brennstoffzelle bereit gestellt. Bei der Brennstoffzelle handelt es sich meist um eine PEM-Zelle. Der Wasserstoff kann dabei direkt aus Drucktanks bereitgestellt werden. In ersten Überlegungen sollte er an Bord durch Reformierung aus Methanol gewonnen werden. Diese Alternative wird aber heute nicht mehr intensiv weiterverfolgt.

Die Anwendung des Wasserstoffs in Fahrzeugen für den Straßenverkehr wird in Kap. 4 dieses Buches noch detailliert beschrieben.

1.4.5 Wasserstoff als Treibstoff für Flugzeuge

Im Luftverkehr gibt es nur wenige Alternativen zum Kerosin. Flüssige Treibstoffe aus Biomasse mögen nicht ausreichen, deswegen ist Wasserstoff eine wichtige Alternative.

Als besonderer Nachteil ergibt sich hier, dass insbesondere zur Speicherung von flüssigem Wasserstoff besondere Aufwendungen getroffen werden müssen, die zu einem höheren Platz- und Gewichtsaufwand führen. Daneben gelten im Flugverkehr ganz besondere Sicherheitsstandards. Der Brand des mit Wasserstoff gefüllten Luftschiffs Hindenburg hat gerade im Flugverkehr zu besonderen Empfindlichkeiten geführt.

Da im Luftverkehr ein sehr starker internationaler Wettbewerb herrscht, sind auch die Treibstoffkosten von erheblicher Bedeutung. Nur wenn Wasserstoff hier mit anderen Alternativen konkurrieren kann, ist ein Einsatz denkbar.

Neben diesen erheblichen Hürden bietet sich aber insbesondere im Flugverkehr ein großer Vorteil gegenüber vielen anderen Anwendungen. Die Infrastruktur zur Wasserstoffversorgung muss in einem ersten Schritt nur an wenigen großen internationalen Flughäfen installiert werden. Im Prinzip würde es reichen, wenn zwei große Flughäfen sich zu diesem Schritt entschlössen.

Details zur Anwendung des Wasserstoffs in Flugzeugen finden sich in Kap. 5.

1.4.6 Wasserstoff als Zwischenprodukt in CCS-Kraftwerken

Eine Möglichkeit die CO_2-Emissionen insbesondere bei der Verstromung von Kohle zu reduzieren besteht in der Abtrennung und nachfolgenden Speicherung des CO_2. Bei der Abtrennung werden unterschiedliche Verfahren diskutiert. Eine Möglichkeit besteht darin, die Kohle erst zu vergasen und dann anschließend in einer Shift-Reaktion aus dem Synthesegas Wasserstoff und CO_2 zu erzeugen. Das CO_2 wird dann abgetrennt und einem unterirdischen Speicher zugeführt. Im Normalfall wird dann der Wasserstoff in einer umgebauten Gasturbine verbrannt. Der Gaskreislauf wird mit einem Dampfkreislauf gekoppelt, um einen hohen elektrischen Wirkungsgrad zu erreichen. Kraftwerke, sogenannte Internal Gasification Combined Cylce (IGCC)-Plants, wurden schon gebaut und betrieben. Im Prinzip sind alle Komponenten für ein solches Kraftwerk vorhanden, auch wenn der Betrieb existierender IGCC-Kraftwerke nicht ohne Problem ist.

1.4.7 Wasserstoff in der Industrie am Beispiel der Stahlerzeugung

Ein weiteres Beispiel, bei dem Wasserstoff in einer Art Zwischenkreis eine große Bedeutung gewinnen kann, ist die Eisenerzeugung in Hochöfen. In Hochöfen wird aus Eisenerz unter der Zugabe von Kohle und Koks Roheisen gewonnen. Dabei kommt dem

Kohlenstoff eine doppelte Bedeutung zu: zum einen als Brennstoff zur Erreichung der notwendigen Prozesstemperaturen, zum anderen als Reduktionsmittel zur Bindung des Sauerstoffs im Eisenerz. Beide Aufgaben könnten im Prinzip auch durch Wasserstoff erfüllt werden. Dabei muss natürlich eine neue Prozessführung entwickelt werden.

Für die Einführung von Wasserstoff ist eine solche Möglichkeit aber trotzdem von großer Bedeutung. Die Hochöfen nehmen schon heute am Emissionshandel teil. Neben den Brennstoffkosten werden langfristig auch Emissionskosten anfallen, die die Wirtschaftlichkeit der Erzeugung in Frage stellen können. Die Nutzung von Wasserstoff kann hier eine Alternative bereit stellen und den Unternehmen eine Möglichkeit schaffen, die Emissionen deutlich zu reduzieren. Damit eine solche Möglichkeit realistisch wird, müssen erhebliche Elektrolysekapazitäten bereit stehen. Aber hier ergibt sich wieder wie im Flugverkehr der Vorteil, dass die Wasserstoffinfrastruktur nur in einem beschränkten Betriebsbereich aufgebaut werden muss.

1.4.8 Wasserstoff als Grundstoff zur Methan- und Methanolerzeugung

Die Probleme bei der Speicherung und dem Transport von Wasserstoff haben immer wieder zu Überlegungen geführt, den Wasserstoff weiter zu verarbeiten und entweder Methan oder Methanol zu erzeugen. Dazu ist neben dem Wasserstoff eine Kohlenstoffquelle notwendig. Bei dieser Quelle darf es sich natürlich nicht um konventionelle fossile Energieträger handeln, da dann zumindest für den Klimaschutz kein Mehrwert erzeugt würde. Deswegen muss Kohlenstoff aus einem geschlossenen System bereit gestellt werden. Dabei bieten sich zwei Möglichkeiten besonders an.

1) Der Kohlenstoff wird aus dem CO_2 in der Atmosphäre gewonnen. Dies ist im Prinzip möglich, aber sehr aufwendig und mit erheblichen Kosten verbunden.
2) Der Kohlenstoff wird aus der Verbrennung von Biomasse gewonnen. Dieser Kohlenstoff ist von der Pflanze vorher aus der Atmosphäre entzogen worden, damit ist hier auch ein geschlossener Kreislauf gewährleistet.

Die Erzeugung von Methan erfolgt dabei in zwei Schritten. In einem ersten Schritt wird Wasserstoff erzeugt. In einem zweiten Schritt wird dann aus dem Wasserstoff durch die Zugabe von CO_2 in einer katalytischen Reaktion Methan produziert. Die einzelnen Prozessschritte sind hinlänglich bekannt. Die Methanolerzeugung erfolgt analog.

Der Vorteil besteht nun darin, dass im Fall von Methan die existierende Erdgasinfrastruktur genutzt werden kann, um das Erdgas zu transportieren, zu speichern und bei verschiedenen Endverbrauchern zu nutzen. Methanol könnte im Prinzip wie Benzin verteilt und genutzt werden. Der erhebliche Nachteil dieser Verfahren ist der niedrige Nutzungsgrad bei der Erzeugung von Methan und Methanol und die Bereitstellung der CO_2-Quelle.

1.5   Wasserstoffwirtschaft: Konkurrenten und mögliche Einbindung

Erdölprodukte sind noch immer die dominanten Endenergieträger, gefolgt von Strom und Erdgas. Wasserstoff wird als Konkurrent für alle drei Endenergieträger diskutiert.

Die Einführung der Wasserstoffwirtschaft wird oft als zentraler Schritt auf dem Weg zu einer nachhaltigen Energiewirtschaft gesehen. Statt hier eine Prognose abzuliefern, welche Bedeutung Wasserstoff in Zukunft spielen wird, sollen hier drei mögliche Entwicklungspfade diskutiert werden:

- Wasserstoff behält die Bedeutung als Grundstoff in der chemischen Industrie, weitere bedeutende Anwendungen kommen nicht dazu.
- Wasserstoff dringt in einzelne Bereiche wie die Stromspeicherung, die Stahlerzeugung oder den Flugverkehr ein.
- Wasserstoff wird ein Endenergieträger wie heute Erdgas und wird sowohl über Pipelines und mit Schiffen weiträumig transportiert als auch in der Fläche verteilt, damit viele private, gewerbliche und industrielle Kunden Zugang zu Wasserstoff bekommen.

Dabei können diese Entwicklungspfade auch nur drei verschiedene Zeitpunkte beschreiben, die nacheinander realisiert werden. Die drei Varianten sollen kurz diskutiert werden und dabei in einen größeren Zusammenhang gestellt werden. Um eine bessere Einordnung in mögliche Zukunftsentwicklungen darzustellen, sollen Alternativen zu einer Wasserstoffwirtschaft diskutiert werden. Dabei sollen vier wesentliche Alternativen betrachtet werden:

- Erhebliche Steigerungen in der Energieeffizienz verbunden mit Einschränkungen an Komfort und Lebensstil erlauben ein zweites Leben der fossilen Energien. Die Abtrennung von CO_2 in Kohlekraftwerken erlaubt eine langfristige Stromerzeugung aus Kohle.
- Strom wird der dominante Endenergieträger. Ein rasanter Ausbau der erneuerbaren Energien, insbesondere von Wind und Solarenergie, führt zu einer überwiegenden Produktion von Strom. Transkontinentale Stromverbünde und moderne Smart-Grid-Technologien mit einer erheblichen Ausweitung der Elektrothermie in der Industrie erlauben eine überwiegende Versorgung des Endenergiesektors mit Strom.
- Der Ausbau der erneuerbaren Energien erfolgt auf nationaler und regionaler Ebene. Eine erhebliche Nachfrage nach Speichern führt zur Einführung von Wasserstoff erst als Sekundärenergieträger in Speichern, dann auch als Endenergieträger z. B. im Verkehr.
- Wasserstoff wird zum bedeutenden Sekundärenergieträger, wird aber dann zu Methan oder Methanol verarbeitet. Damit muss keine weitere Infrastruktur aufgebaut werden.

Die Entwicklung dieser Alternativen wird natürlich darüber entscheiden, welche der drei Alternativen für die Wasserstoffwirtschaft sich durchsetzen wird. Im Folgenden soll insbesondere am Beispiel des Verkehrs beschrieben werden, wie eine solche Entwicklung aussehen kann.

1.5.1 Wasserstoff und Verkehr

Der Wettstreit zwischen den vier sehr plakativ formulierten Alternativen soll hier am Beispiel des Verkehrs erläutert werden. Dabei soll der Straßen-, der Schienen- und der Langstreckenflugverkehr betrachtet werden. Die Beschreibung ist sehr qualitativ und muss deswegen mit der nötigen Vorsicht betrachtet werden.

Auto Die Entwicklung im Straßenverkehr kann sich in den nächsten Jahren in sehr verschiedene Richtungen entwickeln. Es sollen drei mögliche prototypische Entwicklungen kurz angesprochen werden, die ganz verschiedene Auswirkungen auf die Wahl der Endenergie hätten.

1) Die Hybridtechnik setzte sich durch. Verbrennungs- und Elektromotor verbinden in dieser Technik ihre Vorteile. Nachteil sind höhere Anschaffungskosten und eine höhere Komplexität. Neben der neuen Antriebstechnik setzten sich neue Materialien und reduzierte Raum- und Leistungsangebote durch. Der Verbrauch dieser Fahrzeuge ist deutlich niedriger als heute. Im Grenzbereich sind (1–2) l/(100 km) Autos möglich. Die drastische Reduktion des Verbrauches macht weltweit einen deutlichen Anstieg der Fahrleistung möglich, ohne dass der Verkehrssektor eine stärkere Energienachfrage verursachen würde. Eine neue Infrastruktur muss dafür nicht geschaffen werden, bis auf eine Möglichkeit, die Batterien der Plug-In-Hybride auch zu Hause wieder aufzuladen.
2) Elektroautos setzen sich auf kurzen Strecken < 150 km durch. Hochgeschwindigkeitszüge decken einen erheblichen Anteil der längeren Strecken ab bzw. konventionelle Autos mit Verbrennungsmotor stehen bereit und können über moderne Vermietungssysteme schnell und effizient genutzt werden. In diesem Fall muss sukzessive eine Ladeinfrastruktur aufgebaut werden, wobei dies nur nach und nach geschehen muss, da die Autos zuerst immer zu Hause geladen werden. In großen Ballungszentren entwickeln sich Parkhäuser mit günstigen Lademöglichkeiten.
3) Die Brennstoffzelle setzt sich als Antriebstechnik durch. Die Kosten werden deutlich reduziert und die Lebensdauern verlängert. Der Aufbau der Wasserstoffinfrastruktur geschieht erst in wenigen Zentren und entlang viel befahrener Autobahnen. Der Aufbau der Wasserstoffwirtschaft geschieht dabei nicht aus dem Nichts. Wasserstoff wurde schon vorher genutzt, um saisonale Stromspeicherung zu ermöglichen. Die Infrastruktur wird zuerst aus diesen Speicherzentren beliefert.
4) Bei der letzten Alternative sind die Veränderungen weniger markant. Nur langsam setzen sich neue Treibstoffe durch, dabei spielt Erdgas eine zunehmende Rolle

im Verkehr. Durch langfristig steigende Preise bei Treibstoffen und Erdgas wird es immer attraktiver, das Erdgas durch Methan aus Biomasse oder synthetisch über den Umweg der Wasserstofferzeugung zu erzeugen. Die Infrastruktur ändert sich dabei nur langsam, bis auf die stärkere Durchdringung mit Erdgasautos.

Für alle vier Entwicklungen gibt es heute Beispiele in der deutschen Autoindustrie. VW setzt mit der Kleinserie XL 1 auf die Effizienzsteigerung, BMW mit dem i3 auf das rein elektrische betriebene Auto, Daimler mit dem Mercedes Benz F-Cell auf das Brennstoffzellenauto und Audi mit dem Windgas-Projekt auf die Erzeugung synthetischer Brennstoffe.

Im Straßenverkehr zeichnen sich drei Richtungen ab: rein elektrisch betriebene Autos, Hybridautos mit der Möglichkeit zum rein elektrischen Betrieb und wasserstoffbetriebene Autos mit Brennstoffzelle. Kurz sollen drei Fahrzeuge vorgestellt werden, die prototypisch für jede der Entwicklungen steht: der BMW i3, der VW XL1 und der Mercedes Benz F-Cell. Alle drei Autos stehen vor der Markteinführung.

Flugzeug Der Kurz- und Mittelstreckenflugverkehr dominiert in Europa den Flugverkehr. Doch das Beispiel Frankreichs zeigt, dass ein Ausbau der Hochgeschwindigkeitszüge die Nachfrage nach Flugverkehr wieder senkt. Daraus lassen sich zwei sehr unterschiedliche Entwicklungen ableiten. Langfristig wird der Kurz- und Mittelstreckenflugverkehr durch die Hochgeschwindigkeitszüge ersetzt. Flugverkehr beschränkt sich dann auf die transkontinentalen Flüge. Oder der Flugverkehr wird auf nachhaltige Treibstoffe umgestellt und kann auch in Zukunft die Kurz- und Mittelstrecken optimal bedienen. Bei Flugzeugen wird nur eine evolutionäre Entwicklung der Wirkungsgrade durch z. B. die konsequente Ausweitung des Leichtbaus und eine bessere Anpassung der Flugzeuggröße an die Bedürfnisse erwartet.

Wie könnten sich solche Entwicklungen auf die Nachfrage nach Wasserstoff auswirken? Die logistische Bereitstellung von Wasserstoff für den Flugverkehr stellt sich dabei deutlich einfacher dar, als z. B. im Straßenverkehr, da hier in einem ersten Schritt nur wenige große Flughäfen mit der Tankinfrastruktur ausgerüstet werden müssten. Es müssen aber erst die technischen Hürden der Speicherung überwunden werden, die Sicherheitsbedenken, die gerade im Flugverkehr besonders hoch sind, überwunden werden und Wasserstoffkosten erreicht werden, die wettbewerbsfähig sind.

Dann könnte man aber sehr wohl an eine Ausweitung der Wasserstoffnutzung auf Fahrzeuge auf dem Flughafen und eventuell Taxis denken.

1.5.2   Wasserstoff und Fusion: ein Seitenblick

Am Ende soll noch eine mögliche Bedeutung des Wasserstoffs in der Energiewirtschaft ganz kurz erwähnt werden, nämlich in der Kernfusion. Bei der Kernfusion wird durch die Verschmelzung von den beiden Wasserstoffisotopen Deuterium und Tritium Energie freigesetzt. Bei der Reaktion werden ein Heliumkern und ein Neutron erzeugt. Das Neutron wird unter anderem genutzt, um aus Lithium Tritium zu erbrüten. Die Kernfusion ist eine sehr langfristig angelegte Forschungsanstrengung. Mit dem Bau von ITER besteht die Möglichkeit, dass die prinzipielle Machbarkeit der Fusion bald bewiesen wird.

Die Kernfusion hat langfristig die Möglichkeit einen ganz besonderen Beitrag zur Energieversorgung zu leisten. Sollte dies gelingen, dann wäre Wasserstoff nicht nur eine Sekundärenergieträger, sondern auch ein Primärenergieträger.

1.6   Zusammenfassung und Ausblick

Wasserstoff war, ist und bleibt ein wichtiger Grundstoff für die chemische Industrie. Allein die Bereitstellung des Wasserstoffes für die Ammoniakherstellung wird langfristig außerordentliche Anstrengungen verlangen. Dabei müssen neue Herstellungsverfahren entwickelt werden bzw. die Elektrolyse muss deutlich mehr als 4 % des Wasserstoffes bereit stellen können.

Die fossilen Energieträger scheiden langfristig als Wasserstoffquelle aus. Deswegen müssen neue Quellen gefunden werden. Dabei kommt zuerst der Elektrolyse mit Strom aus erneuerbaren Energien eine Schlüsselrolle zu. Im Gegenzug kann die vermehrte Nutzung der Elektrolyse die Einführung fluktuierender erneuerbarer Energien deutlich erleichtern. Hier kann sich langfristig ein neues technisches Paradigma herausbilden.

Neben der Elektrolyse gibt es aber noch andere vielversprechende Ansätze zur Erzeugung von Wasserstoff, seien es thermochemische Verfahren, sei es das „künstliche Blatt" oder die Herstellung mit Hilfe von Algen.

Die Nutzung von Wasserstoff kann in vielen Bereichen, sei es im Verkehr, in der Industrie oder im Haushalt die Nachhaltigkeit des Energiesystems steigern. Das Brennstoffzellenauto ist ein deutliches Beispiel dafür.

Literatur

1. Grübler, A.: Technological Change, International Institute of Applied System Analysis. Cambridge University Press, Laxenburg (1998)
2. Erdmann, G., Zweifel, P.: Energieökonomik: Theorie und Anwendung. Springer, Berlin (2008)
3. BMWi: Zahlen und Fakten, Energiedaten, BMWi (2013)
4. BGR: Reserven, Ressourcen, Verfügbarkeit. Bundesanstalt für Geowissenschaften und Rohstoffe, Hannover (2009)
5. Energy 2020: North America, the New Middle East. Citi GPS: Global Perspectives & Solutions (2012)
6. FAZ: Die neuen Scheichs aus Amerika, FAZ, 24. Nov. 2012
7. Tans, P.: NOAA/ESRL. www.esrl.noaa.gov/gmd/ccgg/trends/
8. Blaum, K., Schatz, H.: Kernmassen und der Ursprung der Elemente. Phys. J. **5**(2) (2006)

9. Geitmann, S.: Wasserstoff und Brennstoffzellen, Die Technik von Morgen. Hydrogeit Verlag, Kremmen (2004)
10. Stoll, R.E., von Linde, F.: Hydrogen – what are the costs? Hydrocarbon processing, December 2000
11. Melis, A., Happe, T.: Hydrogen production. green algae as a source of energy. Plant Physiol. **127** (2001)
12. Robert, F.: Service. Turning over a new leaf Science **334** (2011)
13. Angeloher, J., Dreier, Th., Langgassen, W., Saller, A.: Erzeugung und Anwendung von Wasserstoff aus Solarenergie. Interner Bericht der TU-München und der Forschungsstelle für Energiewirtschaft, München (1999)
14. Wawrzinek, K., Keller, C.: Industrial Hydrogen Production & Technology. FuncHy-Workshop, Karlsruhe (2007)

Rolle des Wasserstoffs bei der großtechnischen Energiespeicherung im Stromsystem

Philipp Kuhn, Maximilian Kühne und Christian Heilek

2.1 Einleitung/Motivation [1]

Elektrische Energie wird in Industrieländern wie Deutschland überwiegend in Großkraftwerken und zunehmend auch in dezentralen kleineren Anlagen erzeugt und über ein Verbundnetz an die Verbraucher verteilt. Das Stromnetz führt dabei zu einer Vergleichmäßigung der Last und einer erhöhten Versorgungssicherheit. Es besitzt jedoch keine Speicherwirkung, wie es beispielsweise im Gasnetz der Fall ist. Folglich muss elektrischer Strom praktisch immer zum Zeitpunkt des Verbrauchs erzeugt werden.

Die Einführung des Erneuerbare-Energien-Gesetzes (EEG) führte in Deutschland in den letzten Jahren zu einem massiven Zubau von Anlagen zur Erzeugung von Strom aus erneuerbaren Energien. Ihre Stromproduktion ist insbesondere bei Windenergie- und Photovoltaikanlagen stark fluktuierend und in erster Linie von den Wetterbedingungen und der Tageszeit abhängig. Die gesetzliche Regelung garantiert eine vorrangige Einspeisung des elektrischen Stroms aus erneuerbaren Energien sowie aus wärmegeführten Kraft-Wärme-Kopplungsanlagen ins Stromnetz, wodurch die frei disponierbaren thermischen Kraftwerke lediglich die restliche Lastanforderung, die sogenannte residuale Last, decken müssen. Um die nationalen und internationalen Klimaschutzziele zu erreichen und die Abhängigkeit von fossilen Brennstoffen zu reduzieren, wird der Ausbau der erneuerbaren

P. Kuhn (✉) · M. Kühne · C. Heilek
Lehrstuhl für Energiewirtschaft und Anwendungstechnik, Technische Universität München,
Arcisstraße 21, 80333 München, Deutschland
e-mail: pkuhn@tum.de

M. Kühne
e-mail: maxkuehne@tum.de

C. Heilek
e-mail: heilek@tum.de

J. Töpler und J. Lehmann (Hrsg.), *Wasserstoff und Brennstoffzelle*,
DOI: 10.1007/978-3-642-37415-9_2, © Springer-Verlag Berlin Heidelberg 2014

Energien (EE) und der Kraft-Wärme-Kopplung (KWK) in Zukunft noch weiter ver-stärkt werden. Diese Zielsetzung wird die Integration hoher Anteile angebotsabhängiger Erzeugung und deshalb eine Flexibilisierung des Stromsystems zwingend erfordern. Für diese Aufgabe stehen im Prinzip drei Möglichkeiten zur Verfügung:

- Netzausbau zum örtlichen Ausgleich von Erzeugung und Verbrauch
- Speicherausbau zum zeitlichen Ausgleich von Erzeugung und Verbrauch
- Lastmanagement zur zeitlichen Anpassung des Verbrauchs an die Erzeugung

Der zeitnahe Ausbau der Stromnetze in Deutschland gilt als vordringliche Maßnahme, um die Integration zunehmender Anteile dezentraler und fluktuierender Erzeugung in das Stromsystem zu ermöglichen [2]. Durch eine Anpassung der gesetzlichen Rahmenbe-dingungen wurde deshalb versucht, den Ausbau der Netzinfrastruktur zu erleichtern [3]. Ab einem gewissen Anteil fluktuierender erneuerbarer Energien an der Erzeugung reicht jedoch auch der örtliche Ausgleichseffekt eines ideal ausgebauten Stromnetzes nicht mehr aus, um die erzeugten Energiemengen zu jedem Zeitpunkt durch das Stromnetz aufneh-men zu können. Für die Nutzung der überschüssigen Energiemengen ist dann ein zeitli-cher Ausgleich von Erzeugung und Verbrauch notwendig.

Anlagen zur großtechnischen Speicherung von Strom werden in Deutschland bereits seit Jahrzehnten in Form von Pumpspeicherwerken (PSW) eingesetzt. Allerdings sind sowohl die insgesamt installierte Leistung mit ca. 6,5 GW im Turbinenbetrieb als auch die verfügbare Speicherkapazität mit ca. 77 GWh stark begrenzt [1]. Da bei der Speiche-rung elektrischer Energie stets Verluste auftreten, ist ein Speichereinsatz zur Lastglättung (Peak-Shaving) nur dann sinnvoll, wenn die dadurch erzielte Kostenreduktion mindes-tens so hoch ist wie die durch die Speicherung entstehenden Mehrkosten. Des Weiteren können Speicher durch die Substitution konventioneller Kraftwerksleistung sowie die Bereitstellung von Reserveleistung die Kosten des Stromsystems reduzieren.

Neben der erzeugerseitigen Energiespeicherung stellen auch Lastmanagement bzw. zusätz-liche variable Lasten eine Möglichkeit zur Flexibilisierung des Stromsystems dar. Die Erzeu-gung von Wasserstoff mit Hilfe der Elektrolyse bietet sich als neue Möglichkeit für eine zusätzliche variable Last im Stromsystem an. Zu Zeitpunkten mit überschüssigem Stroman-gebot aus erneuerbaren Energien könnten Elektrolyseure den speicherfähigen und vielseitig einsetzbaren Energieträger Wasserstoff erzeugen. Bei vielen Anwendungen wird die Substitu-tion der bisherigen fossilen Energieträger durch Wasserstoff angedacht und erprobt. Um dem Nachhaltigkeitsgedanken in diesen Überlegungen zu genügen, muss Wasserstoff vorzugsweise emissionsfrei und folglich regenerativ erzeugt werden. Diese Forderung lässt die gemeinsame Betrachtung des Stromsektors mit einer möglichen Wasserstoffwirtschaft sinnvoll erscheinen.

2.2   Untersuchungsgegenstand

Im Rahmen dieses Kapitels soll die Frage erörtert werden, inwieweit der angestrebte Ausbau der Stromerzeugung aus erneuerbaren Energien und die damit strukturell ver-bundenen Integrationsanforderungen den Ausbau großtechnischer Speicher sowie die elektrolytische Erzeugung von Wasserstoff wirtschaftlich ermöglichen könnten.

Neben der wirtschaftlich optimalen Dimensionierung des Speicherportfolios ist eine wesentliche Frage, unter welchen Rahmenbedingungen der Verkauf von elektrolytisch erzeugtem Wasserstoff an andere Anwendungsbereiche volkswirtschaftlich sinnvoll ist. Der Verkauf des Wasserstoffs konkurriert dabei mit einer möglichen Nutzung innerhalb des Stromsystems als Speichermedium (vgl. Abschn. 2.3), da in beiden Fällen Wasserstoff erzeugt werden muss. In einer Sensitivitätsanalyse werden die Elektrolyseurkosten und der am Markt erzielbare Wasserstoffpreis variiert. Anhand dieser Untersuchung sollen die wesentlichen Treiber für das Potential elektrolytisch erzeugten Wasserstoffs bis zum Jahr 2050 abgeleitet werden.

2.3   Großtechnische Speichertechnologien [4]

Für die großtechnische Speicherung elektrischer Energie stehen verschiedene Technologien zur Verfügung, die sich in ihrer Kostenstruktur, in ihren Potentialen und ihrer Effizienz teilweise erheblich unterscheiden. Wie bereits erwähnt werden in Deutschland für die Speicherung hauptsächlich PSW eingesetzt. Zusätzlich wird lediglich ein diabates Druckluftspeicherkraftwerk (CAES) in Huntorf [5] für die Flexibilisierung im Stromsystem genutzt.

Für zukünftige Speicheranwendungen stehen neben diesen Technologien möglicherweise noch andere Konzepte zur Verfügung, wie beispielsweise adiabate Druckluftspeicherkraftwerke (AA-CAES), Wasserstoff- und Methanspeichersysteme. Diese Technologien sind aktuell Gegenstand von Forschung und Entwicklung und könnten im Laufe der nächsten Jahre bis Jahrzehnte eine Option zur Speicherung elektrischer Energie darstellen. Im Folgenden werden die wesentlichen Eigenschaften der unterschiedlichen Speichertechnologien kurz erläutert.

2.3.1   Pumpspeicherwerke (PSW) [4]

Bei PSW wird Strom in Form von potentieller Energie gespeichert. Dabei wird bei der Einspeicherung Wasser von einem Unterbecken in ein höher gelegenes Oberbecken gepumpt. Die Rückwandlung in Strom geschieht auf dem umgekehrten Weg. Die Energie des zurückfließenden Wassers wird mit Hilfe von Turbinen in Rotationsenergie und anschließend mit einem Generator in Strom gewandelt. Früher wurden in PSW für den Ein- und Ausspeichervorgang separate Pumpen und Turbinen verwendet. In modernen Anlagen kommen Pumpturbinen zum Einsatz [5]. Die Technologie erfordert eine Höhendifferenz zwischen Ober- und Unterbecken und somit topographische Voraussetzungen, die in Deutschland nur in einem begrenzten Umfang erfüllt werden. Zum einen sind diese Potentiale größtenteils schon ausgeschöpft. Zum anderen stellen die oft künstlich angelegten Becken einen erheblichen Eingriff in die Landschaft dar, weshalb PSW im Hinblick auf Ökologie und Tourismus umstritten sind. Das Ausbaupotential für PSW ist in Deutschland aus diesen Gründen eher beschränkt [5, 6]. Zugleich handelt es sich bei

PSW jedoch um die einzige Speichertechnologie, die bereits seit Jahrzehnten die wirtschaftliche Speicherung von Strom im großen Maßstab zulässt und deshalb auch weltweit Einsatz findet. Der Speichernutzungsgrad moderner Anlagen beträgt etwa 80 % [5].

2.3.2 Diabate Druckluftspeicherkraftwerke (CAES) [4]

Diese Technologie wird in Deutschland bereits seit 1978 im Kraftwerk Huntorf eingesetzt. Weltweit gibt es nur noch in McIntosh (USA) eine weitere Anlage. CAES-Speicher nutzen die Kompressibilität der Luft, um dadurch ebenfalls in Form von potentieller Energie elektrischen Strom zu speichern. Technisch wird dabei zunächst mit Hilfe eines Kompressors Luft verdichtet und anschließend gekühlt und in ein unterirdisches Reservoir, z. B. in Salzkavernen, eingeleitet. Für den Entladevorgang wird die gespeicherte Druckluft zur Verbrennung von Erdgas in eine konventionelle Gasturbine geleitet. Der notwendige Einsatz von Erdgas wirkt sich nachteilig auf die Emissionen und die energetische Effizienz der Speicherung aus. Der Nutzungsgrad eines CAES-Speichers wird ermittelt, indem der zur Verdichtung eingesetzte Strom und das verwendete Erdgas ins Verhältnis zur Stromerzeugung aus der Gasturbine gesetzt werden. Für den Gesamtspeichervorgang ergibt sich ein Nutzungsgrad von etwa 50 %.

2.3.3 Adiabate Druckluftspeicherkraftwerke (AA-CAES) [4]

Eine Weiterentwicklung der diabaten Druckluftspeicherkraftwerke sind adiabate Druckluftspeicherkraftwerke. Im Gegensatz zu CAES-Speichern wird die bei der Kompression anfallende Wärme nicht ungenutzt abgeleitet, sondern einem Wärmespeicher zugeführt. Bei der Entspeicherung wird diese Wärme wieder an die Druckluft abgegeben, die dann zur Energiewandlung in eine Heißlufturbine geleitet wird. Eine Zufeuerung von Erdgas ist daher nicht mehr notwendig, wodurch bei der Standortwahl auf einen Erdgasanschluss verzichtet werden kann. Die Nutzung der Kompressionswärme verbessert den Nutzungsgrad der Speicherung, der in Zukunft bei etwa 70 % liegen soll. Bisher wurde weltweit noch keine Anlage mit dieser Technologie realisiert. Konkrete Entwicklungsprojekte sind jedoch bereits im Planungsstadium (vgl. [7]). Im Wesentlichen ist diese Technologie erforscht, wobei bei der Konzeption des Wärmespeichers sowohl technisch als auch kostenseitig noch der höchste Entwicklungsbedarf besteht [5, 6].

2.3.4 Wasserstoffspeichersysteme [4]

Die Nutzung von Wasserstoff zur Speicherung elektrischer Energie verspricht einige Vorteile. Wasserstoff kann mittels verschiedener Elektrolyseverfahren aus Strom hergestellt werden. Die im Vergleich zu den Formen potentieller Energiespeicherung hohe

volumenspezifische Energiedichte von Wasserstoff lässt die Speicherung großer Energiemengen zu (siehe Abschn. 2.5.1). Die Rückumwandlung in elektrische Energie ist
durch Verbrennung in speziellen Gas-und-Dampf-Kraftwerken (GuD) oder durch
die sogenannte kalte Verbrennung in Brennstoffzellen denkbar. Während der gesamten Umwandlungskette fallen keine klimaschädlichen Emissionen an. Analog zur Erd-
gas- oder Druckluftspeicherung können als Speichervolumina Salzkavernen verwendet
werden. Der Gesamtnutzungsgrad des Wasserstoffspeichersystems wird aus den Nut-
zungsgraden der Einzelkomponenten bestimmt. Wird bei alkalischer Elektrolyse nähe-
rungsweise von 65 % ausgegangen, für den GuD-Prozess 60 % zu Grunde gelegt und bei
der Verdichtung eine Effizienz von 97 % veranschlagt, beträgt der Gesamtwirkungsgrad
des Speichersystems etwa 38 %. Durch weitere Entwicklungsschritte ist eine Erhöhung
auf gut 45 % denkbar (Elektrolyse 75 %, GuD 62 %) [5, 8].

2.3.5   Methanspeichersysteme

Eine weitere Variante der Speicherung von Strom in Form von chemisch gebundener
Energie stellen Methanspeichersysteme dar. Die Grundlage für diese Technologie bildet
ebenfalls die elektrolytische Erzeugung von Wasserstoff. Allerdings stellt der erzeugte
Wasserstoff in diesem Fall nicht das endgültige Speichermedium dar, sondern wird in
einem zusätzlichen Prozess in Methan umgewandelt. Obwohl in diesem Umwandlungs-
schritt zusätzliche Verluste auftreten, würde die Methanisierung von Wasserstoff den
Vorteil bieten, dass die vorhandene Erdgasinfrastruktur zur Verteilung und Speicherung
des Methans genutzt werden kann. Demgegenüber ist eine Zumischung von Wasserstoff
im Erdgasnetz derzeit maximal mit 5 Volumenprozent möglich [9]. Ein wichtiger Aspekt
der Methanisierung von Wasserstoff ist die Frage, wie das benötigte Kohlenstoffdioxid in
der notwendigen Reinheit bereitgestellt werden kann.

2.4   Modellbeschreibung

Zur Bestimmung des volkswirtschaftlich sinnvollen Potentials großtechnischer erzeu-
gerseitiger Speicher in Deutschland wurde ein Modell des deutschen Stromsystems
entwickelt, das eine Optimierung des Einsatzes und Ausbaus von konventionellen Kraftwerken und Speichern erlaubt [1, 10]. Mit dem Ziel, die Stromnachfrage zu volkswirtschaftlich minimalen Kosten zu decken, bestimmt das Modell IMAKUS – ausgehend
vom Bestand – den Ausbau der Kraftwerke und Speicher im Hinblick auf Technologie,
Leistung, Kapazität und Bauzeitpunkt. Die Erzeugung aus erneuerbaren Energien und
KWK wird dabei für den Betrachtungszeitraum vorgegeben und aufgrund der vorrangigen Einspeisung von der Stromnachfrage abgezogen. Nur die residuale Last ist für den
Einsatz der konventionellen Kraftwerke und Speicher relevant. Netzrestriktionen werden nicht modelliert. Stattdessen wird von einer größtmöglichen Flexibilität durch eine

ideal ausgebaute Netzinfrastruktur ausgegangen. Eine Bereitstellung von Reserveenergie durch Kraftwerke und Speicher wird nicht betrachtet.

Das Modell IMAKUS gliedert sich in mehrere auf Linearer Programmierung basierende Teilmodelle, die iterativ gekoppelt sind. Während in einem ersten Teilmodell der Kraftwerksausbau intertemporal ermittelt wird, optimiert ein zweites Teilmodell den Kraftwerks- und Speichereinsatz sowie den Speicherausbau anhand der chronologischen, stündlich aufgelösten Lastkurve für jedes einzelne Jahr. Kraftwerks- und Speicherausbau konvergieren zu einer stabilen und optimalen Lösung [11]. Um die Deckung der Jahreshöchstlast mit einer gewissen Zuverlässigkeit zu gewährleisten, wird bei der Bestimmung der notwendigen Kraftwerkskapazitäten außerdem die gesicherte Leistung des Stromsystems berücksichtigt.

Die Abbildung der Konkurrenzsituation zwischen der Speicherung und Rückverstromung elektrolytisch erzeugten Wasserstoffs und dem Verkauf des Wasserstoffs an andere Anwendungsbereiche wird im Rahmen der Speichermodellierung realisiert. So können alle für den Aufbau des Wasserstoffspeichersystems notwendigen Komponenten – Elektrolyseur für den Ladevorgang, Kaverne zur Zwischenspeicherung und GuD-Anlage für den Entladevorgang – unabhängig voneinander dimensioniert werden. Der Speichernutzungsgrad teilt sich dabei annahmegemäß gleichmäßig auf die beiden Teilprozesse Laden und Entladen auf. Der erzeugte Wasserstoff kann entweder für die spätere Rückverstromung zwischengespeichert oder direkt verkauft werden. Die beim Verkauf erzielten Erlöse gehen kostendämpfend in die Zielfunktion der Optimierung ein. Im Modell besteht damit die Möglichkeit, den erzeugten Wasserstoff auf volkswirtschaftlich optimale Weise den konkurrierenden Verwendungszwecken zuzuführen. Eine eventuell notwendige Infrastruktur für die Verteilung des Wasserstoffs sowie eine konkrete Wasserstoffnachfrage werden in diesem Zusammenhang nicht berücksichtigt.

2.5   Beschreibung der untersuchten Szenarios

2.5.1   Allgemeine Datengrundlage und Annahmen

Die im Folgenden beschriebenen Rahmendaten stellen die Grundlage für sämtliche im Rahmen des Kapitels untersuchten Szenarios dar und wurden nicht variiert.

Die Eingangsdaten für den Kraftwerksbestand sind aus [1] entnommen. Sie enthalten nahezu alle konventionellen Kraftwerke der öffentlichen Versorgung in Deutschland (inkl. Kraftwerke in Bau). Für die deutschen Kernkraftwerke werden die Laufzeiten entsprechend der aktuellen Gesetzeslage angenommen [12]. Demnach gehen die letzten drei Kernkraftwerke im Jahr 2022 vom Netz. Der erzeugte KWK-Strom aus Kohle- und Gas-Anlagen wird im Modell IMAKUS als gesetzte Einspeisung in Form charakteristischer Einspeisezeitreihen vorgegeben.

Für den Kraftwerksneubau stehen dem Modell sechs verschiedene Technologien zur Verfügung: Gasturbinen- und GuD-Kraftwerke, Steinkohle- und Braunkohle-Kraftwerke sowie ab dem Jahr 2020 Steinkohle- und Braunkohle-Kraftwerke mit 700 °C-Technologie.

Aufgrund der besseren verfügbaren Technik wird angenommen, dass ab dem Jahr 2020 konventionelle Steinkohle- bzw. Braunkohlekraftwerke nicht mehr genehmigungsfähig sind. Ab diesem Zeitpunkt steht dem Modell deshalb nur noch die 700 °C-Technologie zur Verfügung. Eine in Zukunft mögliche Verfügbarkeit von Carbon-Capture-and-Storage-Technologien (CCS) wird im Rahmen der Szenarios nicht betrachtet. Die technischen und ökonomischen Daten für Neubaukraftwerke sind aus [1] entnommen. Zur Abschätzung der technischen Verfügbarkeit werden statistische Werte für die unterschiedlichen Kraftwerkstypen herangezogen [13].

Die Entwicklung der Preise für fossile Brennstoffe und CO_2-Emissionszertifikate bezieht sich auf Preispfad B der Studie [14], der von einem mäßigen Preisanstieg fossiler Energieträger ausgeht.

Sowohl die Stromnachfrage als auch die gesetzte Einspeisung aus erneuerbaren Energien und KWK werden in Form charakteristischer, normierter Zeitreihen der mittleren stündlichen Leistung für jeweils ein Jahr vorgegeben. Diese werden dann durch Skalierung an die je nach Betrachtungsjahr unterschiedlichen Jahresstrommengen angepasst. Die im Rahmen der Berechnungen verwendeten charakteristischen Zeitreihen stammen aus [15]. Diese basieren auf einem kohärenten Datensatz, dem Lufttemperatur-, Sonneneinstrahlungs- und Windgeschwindigkeitswerte der Testreferenzjahre des Deutschen Wetterdienstes (DWD) zugrunde liegen. Die im Modell IMAKUS angewandte Methodik erlaubt nur die Betrachtung deterministisch vorgegebener Zeitreihen der Last, der EE und der KWK. Dabei ist zu beachten, dass die Qualität der Ergebnisse, insbesondere im Hinblick auf den Speicherausbau und -einsatz, in hohem Maße von der Qualität der vorgegebenen Zeitreihen abhängt, d. h. inwieweit diese tatsächlich als typisch angesehen werden können.

Die Entwicklung des Strombedarfs für Deutschland entspricht den Annahmen zum gesamten elektrischen Endenergieverbrauch aus Szenario 2011 A in [14], das einen Rückgang des Strombedarfs um etwa 25 % im Zeitraum von 2010 bis 2050 beschreibt. Zur Berücksichtigung der Netzverluste werden pauschal 15 TWh pro Jahr über den gesamten Betrachtungszeitraum angesetzt. Die Annahmen zu den regenerativ erzeugten Strommengen aus Onshore- und Offshore-Windenergie, Photovoltaik, Wasserkraft, Biomasse und Geothermie sowie zum fossil erzeugten Anteil aus KWK stammen ebenfalls aus Szenario 2011 A in [14]. Im Jahr 2050 steht damit ein Angebot von 427 TWh aus erneuerbaren Energien einem Strombedarf von 393 TWh gegenüber.

Als mögliche Optionen für den Zubau von großtechnischen Speichertechnologien im Stromsystem stehen dem Optimierungsmodell IMAKUS drei Technologien zur Verfügung. Ab Beginn des Betrachtungszeitraums können neue PSW mit einem Nutzungsgrad von 80 % gebaut werden. Aufgrund des eingeschränkten Potentials in Deutschland wird der Zubau der Speicherkapazität auf 40 GWh beschränkt. Weiterhin wird angenommen, dass ab dem Jahr 2020 AA-CAES mit 70 % und Wasserstoffspeichersysteme mit 40 % Nutzungsgrad verfügbar sind. Für die Annahmen der technischen und ökonomischen Parameter der einzelnen Speichertechnologien werden die Daten aus [1] verwendet. In Abb. 2.1 sind die hier verwendeten spezifischen Investitionskosten vergleichend mit der in der VDE-Studie angegebenen Entwicklung der Investitionskosten für

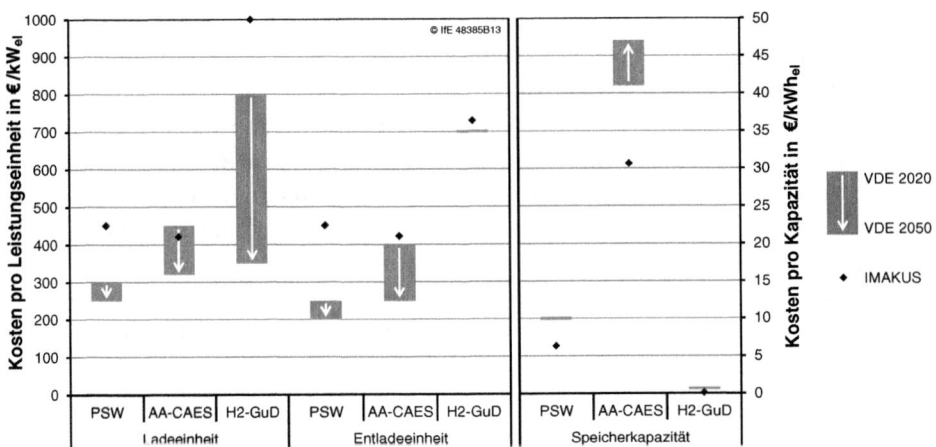

Abb. 2.1 Spezifische Investitionskosten für die Ladeeinheit, die Entladeeinheit und die Speicherkapazität der betrachteten Speichertypen im Modell IMAKUS [1] und in der VDE-Studie [16]

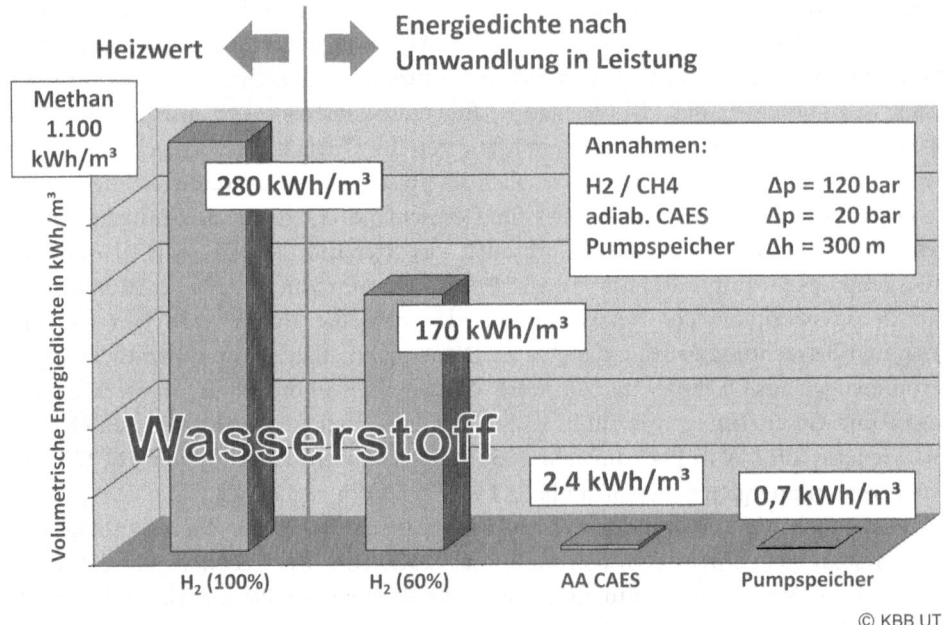

Abb. 2.2 Vergleich der volumetrischen Energiedichten einzelner Speichertechnologien [17]

den Zeitraum von 2020 bis 2050 [16] dargestellt. Hierbei ist der Anstieg der spezifischen Kapazitätskosten bei Kavernenspeichern in der VDE-Studie auf eine zunehmende Nutzungskonkurrenz im betrachteten Zeitraum zurückzuführen. Aufgrund des im Vergleich

zu AA-CAES schlechteren Wirkungsgrades und der notwendigen Zufeuerung von Erdgas werden die in Abschn. 2.3 ebenfalls vorgestellten diabaten CAES dem Modell nicht
als mögliche Speicheroption zur Verfügung gestellt. Des Weiteren wird auch auf eine
Betrachtung der Methanisierung von Wasserstoff verzichtet, die zwar im Hinblick auf
die vorhandene Verteilungsinfrastruktur vorteilhaft ist, jedoch angesichts der zusätzlichen Verluste und der Bereitstellung des Kohlenstoffdioxids auch Nachteile mit sich
bringt. Die verwendeten Daten für die spezifischen Energiedichten der einzelnen Speichertechnologien werden in Abb. 2.2 dargestellt.

Der bereits zu Beginn des Betrachtungszeitraums existierende Bestand an PSW [1]
wird im Modell ebenfalls berücksichtigt.

2.5.2 Beschreibung der Sensitivitätsanalyse

Die in diesem Kapitel vorgestellte Untersuchung basiert auf der Variation eines Basisze-
narios im Hinblick auf die Kosten der Elektrolyse und den am Markt erzielbaren Erlös
für elektrolytisch erzeugten Wasserstoff. Das Basisszenario ist durch die in Abschn. 2.5.1
beschriebenen allgemeinen Rahmenbedingungen definiert. Ein Zubau von neuen Ener-
giespeichern, darunter Wasserstoffspeichersystemen, wird zugelassen. Dabei werden für
den Elektrolyseur Investitionskosten von 1000 €/kW angenommen. Der alternative Verkauf elektrolytisch erzeugten Wasserstoffs wird im Basisszenario hingegen nicht betrachtet. In den weiteren Szenarios werden zum einen die angenommenen Investitionskosten
des Elektrolyseurs verändert (300 €/kW und 1000 €/kW). Zum anderen wird der Verkauf elektrolytisch erzeugten Wasserstoffs zugelassen, wobei die möglichen Erlöse in
Schritten von 5 € zwischen 0 und 50 €/MWh$_{H_2}$ variiert werden.

2.6 Ergebnisse

2.6.1 Basisszenario

Durch die Betrachtung des Basisszenarios wird zunächst ermittelt, welches volkswirt-
schaftliche Potential für den Ausbau der Speicherkapazitäten unter den gewählten Rah-
menbedingungen in Deutschland besteht. Da in diesem Szenario noch kein Verkauf von
Wasserstoff an andere Anwendungsbereiche betrachtet werden soll, wird ein spezifischer
Erlös von 0 €/MWh$_{H_2}$ unterstellt. Das System hat folglich keine Anreize, über die für die
Speicherung von Strom wirtschaftlich sinnvolle Menge hinaus Wasserstoff zu produzieren.

In Abb. 2.3 ist die Entwicklung der Stromerzeugung in Deutschland bis zum Jahr
2050 für das Basisszenario dargestellt. Um die nicht durch erneuerbare Energien oder
KWK gedeckte Residuallast zu befriedigen, investiert das Optimierungsmodell in die
notwendigen konventionellen Kraftwerke. Der Ausbau großtechnischer Speicher ist
aufgrund der stark ansteigenden Stromproduktion aus erneuerbaren Energien und den

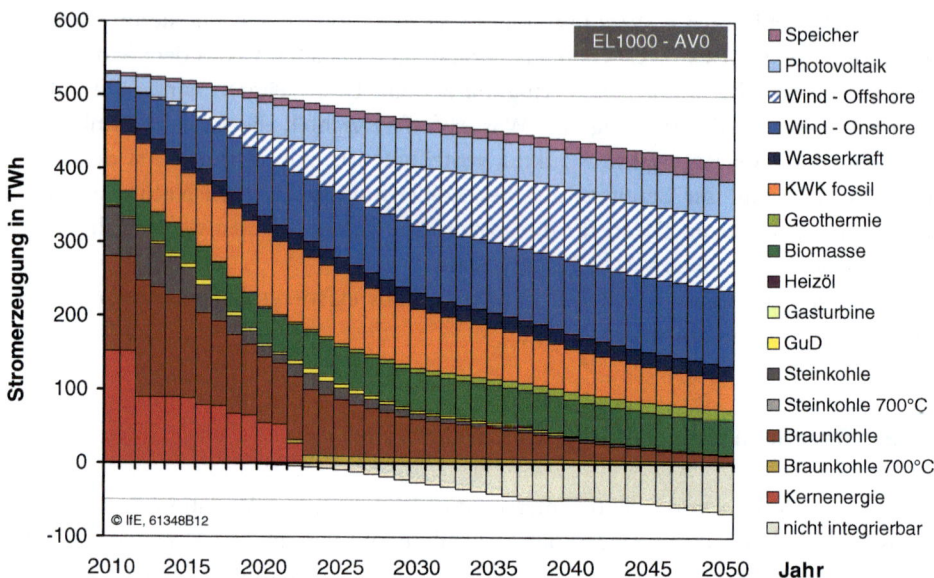

Abb. 2.3 Entwicklung der Stromerzeugung im Basisszenario

damit verbundenen Überschüssen wirtschaftlich. So werden alle drei zur Verfügung stehenden Speichertechnologien im Verlauf des Betrachtungszeitraums zugebaut. Während der Ausbau der Pumpspeicherkapazitäten bereits ab dem Jahr 2019 beginnt, erfolgt der Zubau von AA-CAES und Wasserstoffspeichern erst nach dem Jahr 2038. Das insgesamt neu zugebaute Speichervolumen erreicht im Jahr 2050 etwa 4,6 TWh, wobei Kavernen zur Wasserstoffspeicherung den Großteil davon einnehmen. Verglichen mit dem heutigen Speicherbestand ergibt sich leistungsseitig eine deutlich geringere Steigerung als im Bereich der Speicherkapazität. Die insgesamt neu installierte Ladeleistung erreicht im Jahr 2050 ca. 10 GW, die Entladeleistung ca. 8 GW.

Trotz der zur Verfügung stehenden Speicheroption wird das Angebot an Stromerzeugung aus erneuerbaren Energien und KWK nicht vollständig genutzt, da zum einen die Integration sämtlicher Überschüsse die Investitionskosten für Speichertechnologien überproportional erhöhen würde und zum anderen die Nutzungsmöglichkeit – also die Substitution konventioneller Erzeugung – sukzessive abnimmt. Wie in Abb. 2.3 zu erkennen, wächst die Menge der nicht integrierbaren Überschüsse im Basisszenario bis zum Jahr 2050 kontinuierlich auf etwa 67 TWh an.

2.6.2 Sensitivitätsanalyse

Angesichts der großen Mengen ungenutzter überschüssiger Energie stellt sich die Frage, ob die verbleibenden Überschüsse aus erneuerbaren Energien und KWK durch eine flexible Wasserstoffproduktion wirtschaftlich genutzt werden könnten. Dabei ist sowohl vorstellbar, dass die bereits im Rahmen der großtechnischen Speicherung installierten Elektrolyseeinheiten zur Wasserstoffproduktion genutzt und damit stärker ausgelastet werden, als auch, dass ein weiterer Zubau von Elektrolyseuren stattfindet. Ein volkswirtschaftlicher Anreiz, den elektrolytisch erzeugten Wasserstoff an andere Anwendungsbereiche zu verkaufen anstatt zur Stromerzeugung einzusetzen, ergibt sich nur, wenn dem erzeugten Wasserstoff ein Marktwert zugeordnet wird. Innerhalb der Optimierung wird dann zwischen dem wirtschaftlichen Nutzen einer Rückverstromung des Wasserstoffs und dem Verkauf am Wasserstoffmarkt abgewogen.

In Abb. 2.4 sind die Ergebnisse der Sensitivitätsanalyse bezüglich des Marktwerts des elektrolytisch erzeugten Wasserstoffs und der Investitionskosten für Elektrolyseure dargestellt. Die oberen beiden Diagramme zeigen die Situation für das Jahr 2040, die unteren beiden für das Jahr 2050. In den beiden linken Diagrammen wurden Investitionskosten von 1000 €/kW für das Elektrolysesystem unterstellt, in den rechten beiden von 300 €/kW. Dargestellt ist die jährliche Wasserstoffproduktion in Abhängigkeit des unterstellten Wasserstofferlöses. Die Produktionsmenge lässt sich in einen zur Rückverstromung genutzten Anteil und einen am Markt verkauften Anteil untergliedern. Der Marktwert des Wasserstoffs wurde in den Szenarios jeweils über den gesamten Betrachtungszeitraum als konstant angenommen.

Auf eine Darstellung früherer Jahre wurde verzichtet, da bei Elektrolyseurkosten von 1000 €/kW sowohl die Speicherung als auch der Verkauf von Wasserstoff im Wesentlichen erst nach dem Jahr 2030 eine Rolle spielen. Bei Investitionskosten von 300 €/kW wird die Wasserstoffnutzung hingegen bereits im Zeitraum zwischen 2020 und 2030 relevant.

In allen Diagrammen zeigt sich bei steigendem Marktpreis ein Übergang der Wasserstoffnutzung von der Speicherung mit Rückverstromung zum Verkauf am Markt. Ebenfalls entsteht ein mehr oder weniger breiter Mischbereich, in welchem Wasserstoff sowohl gespeichert als auch verkauft wird. Die geringe am Markt platzierte Wasserstoffmenge bei niedrigeren Erlösen (z. B. bei Elektrolyseurkosten von 1000 €/kW im Jahr 2040 in einem Bereich des Wasserstoffpreises von 5 bis 30 €/MWh$_{H2}$) resultiert aus der Modellierung in Jahresschritten. Obwohl bei den in diesen Fällen unterstellten Wasserstoffpreisen die Rückverstromung des Wasserstoffs prinzipiell rentabler ist, kann es mangels geeigneter Entlademöglichkeiten am Jahresende sinnvoll sein, überschüssige Mengen Wasserstoff am Markt zu verkaufen. Dies hat jedoch keine grundsätzliche Aussagekraft im Hinblick auf die Konkurrenzsituation zwischen Wasserstoffspeicherung und -verkauf.

Die Ergebnisse decken sich in ihrer Grundaussage mit den Resultaten in der Studie der NOW [18]. Auch hier werden für die Integration der Überschüsse aus erneuerbaren Energien sowohl der Speicherpfad im Stromsystem als auch die Vermarktung gegenübergestellt.

Bei angenommenen Investitionskosten von 300 €/kW für Elektrolyseure ergibt sich wie zu erwarten ein deutlich höheres Niveau der Wasserstoffproduktion als im Fall von 1000 €/kW. So ist die Menge des gespeicherten und zur Rückverstromung eingesetzten Wasserstoffs im Jahr 2050 im Fall ohne Verkauf (0 €/MWh$_{H2}$) bei niedrigerem Investitionskostenniveau etwa doppelt so groß. Des Weiteren wird Wasserstoff bereits zu

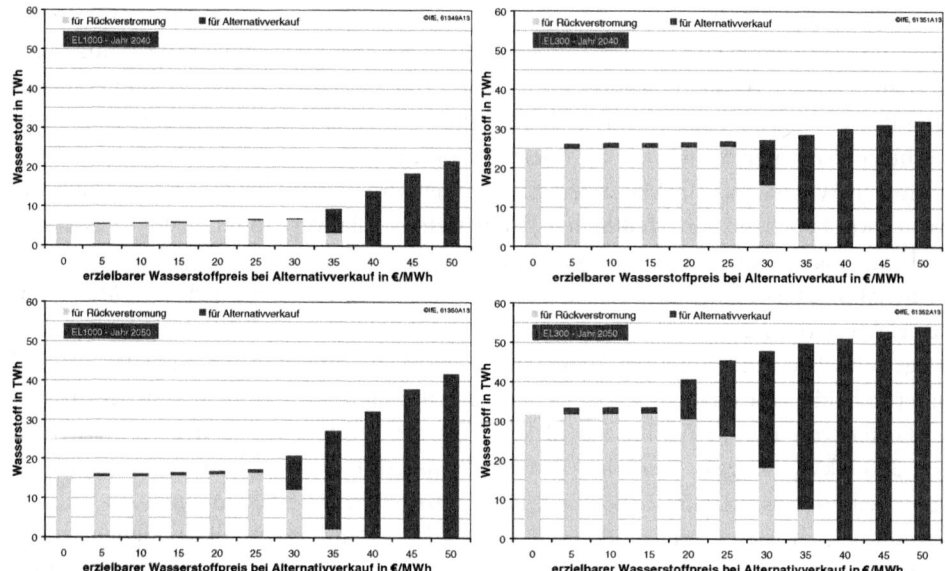

Abb. 2.4 Vergleich der erzeugten Wasserstoffmengen für die Jahre 2040 (*oben*) und 2050 (*unten*) bei Variation der Elektrolyseurkosten (*links* 1000 €/kW, *rechts* 300 €/kW) und des erzielbaren Wasserstoffpreises

niedrigeren Marktpreisen verkauft und der Mischbereich von Rückverstromung und Verkauf ist breiter. Ab einem Marktpreis von 40 €/MWh$_{H2}$ wird der erzeugte Wasserstoff bei beiden Investitionskostenniveaus ausschließlich am Markt platziert.

Aus dem Vergleich der Diagramme für die Jahre 2040 und 2050 wird ersichtlich, dass der Verkauf von Wasserstoff im Verlauf des Betrachtungszeitraums tendenziell stärker zunimmt als die Speicherung. Bei geringeren Kosten für die Elektrolyseeinheit ist dieses Verhalten stärker ausgeprägt. Des Weiteren ist ein Verkauf von Wasserstoff im Jahr 2050 zu Preisen wirtschaftlich, welche im Jahr 2040 noch keinen ausreichenden Anreiz bieten.

Um diese Ergebnisse besser verstehen zu können, müssen zunächst die Entwicklungen im Stromsystem betrachtet werden. So führt der starke Ausbau an erneuerbaren Energien zu Überschüssen, die volkswirtschaftlich als nahezu kostenloses Stromangebot betrachtet werden können. Die anfallenden Kosten für die Wasserstoffproduktion werden somit im Wesentlichen durch die Investitionskosten für die Elektrolyseanlage bestimmt. Bei der Substitution konventioneller Stromerzeugung durch Wasserstoffrückverstromung sind zwei Effekte zu beobachten. Zum einen nehmen die Erlösmöglichkeiten für die Speicherung im Laufe des Betrachtungszeitraums zu, da die unterstellten steigenden Brennstoff- und Emissionszertifikatspreise die variablen Kosten der konventionellen Erzeugung verteuern und somit die wirtschaftliche Attraktivität für die Speicherung steigt. Allerdings führt der wachsende Anteil an erneuerbaren Energien auch zu einer Abnahme der potentiell zu ersetzenden Erzeugung, da das Volumen der konventionellen Strommenge immer geringer wird. Zusammengefasst bedeutet dies, dass zwar die spezifischen Erlöse je elektrischer Energieeinheit für die Speicherung steigen, die Anzahl der Zeitpunkte, zu welchen Speicher konventionelle Erzeugung ersetzten können, jedoch deutlich abnimmt. Damit wird im Verlauf des Betrachtungszeitraums eine weitere Investition in die Wasserstoffspeicherung, mit den dafür zusätzlich zum Elektrolyseur benötigten Komponenten für Speicherung und Rückverstromung, immer weniger sinnvoll. Ein steigendes Niveau des am Markt erzielbaren Wasserstoffpreises verstärkt diesen Effekt, da kein Speichereinsatz mit spezifischen Erlösen unterhalb des Wasserstoffpreises realisiert wird. Ab einem Marktpreis von 40 €/MWh$_{H2}$ reichen die Einsatzzeitpunkte mit höheren Erlösmöglichkeiten für den Wasserstoffspeicher nicht mehr aus, um die Investitionskosten zu decken. Der Wasserstoff wird folglich ausschließlich am Markt verkauft.

2.6.3   Saisonalität und Strommix der Wasserstoffnutzung

Für eine nähere Untersuchung der Zusammenhänge von Erzeugung, Speicherung und Verkauf von Wasserstoff ist in Abb. 2.5 der elektrolytisch erzeugte Wasserstoff und dessen Nutzung im saisonalen Verlauf für das Jahr 2050 dargestellt. Betrachtet wird hier exemplarisch das Szenario mit Elektrolyseurkosten von 1000 €/kW und einem Wasserstoffpreis von 30 €/MWh$_{H2}$, da bei dieser Parameterkombination sowohl die Speicherung mit Rückverstromung als auch der Verkauf von Wasserstoff realisiert werden.
Zwei wesentliche Effekte werden in Abb. 2.5 deutlich. Zum einen ist die Wasserstofferzeugung im Sommer insgesamt deutlich geringer als im Winter. Dieses Verhalten spiegelt die Saisonalität der Überschüsse wider, die in erster Linie auf das höhere Windangebot und die höhere KWK-Erzeugung im Winter zurückzuführen sind. Die beiden gegenläufigen Tendenzen – eine niedrigere Last und eine höhere Photovoltaik-Einspeisung im Sommer – gleichen diesen Effekt nicht aus.
Zum anderen wird das überschüssige Energieangebot im Winter zum einen Teil in Form von Wasserstoff gespeichert und im Sommer als Erzeugung in der Grundlast zur Verfügung gestellt, während der andere Teil umgehend als Wasserstoff an andere Anwendungsbereiche verkauft wird. Im Sommer spielt der Verkauf hingegen keine Rolle, da die Überschüsse geringer ausfallen und im Wesentlichen von den kurzfristigen Zyklen der Photovoltaik verursacht sind, welche jeweils in der folgenden Nacht mit Hilfe kurzfristiger Speicher (z. B. PSW) genutzt werden können.
Die Erzeugung von Wasserstoff erfolgt aus wirtschaftlichen Gründen zu Zeitpunkten mit geringen Stromerzeugungskosten. Die günstigsten sind dabei Zeitpunkte mit überschüssiger Energie aus vorrangig ins Netz eingespeister Stromerzeugung aus erneuerbaren Energien und KWK. Die Kosten zu allen weiteren Zeitpunkten werden von konventionellen Kraftwerken und deren Brennstoffkosten bestimmt. In Abb. 2.6 ist für das Szenario mit Elektrolyseurkosten von 1000 €/kW und einem Wasserstoffpreis von 30 €/MWh$_{H2}$ rechts der Strommix der Elektrolyseure für das Jahr 2050 dargestellt.

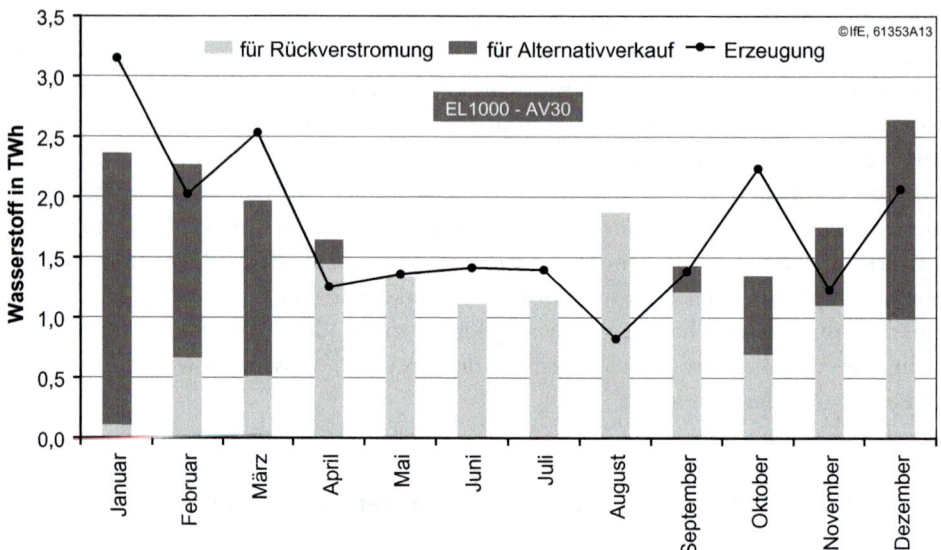

Abb. 2.5 Saisonaler Verlauf der Wasserstoffproduktion und -nutzung im Jahr 2050 bei Elektrolyseurkosten von 1000 €/kW und einem erzielbaren Wasserstoffpreis von 30 €/MWh$_{H2}$

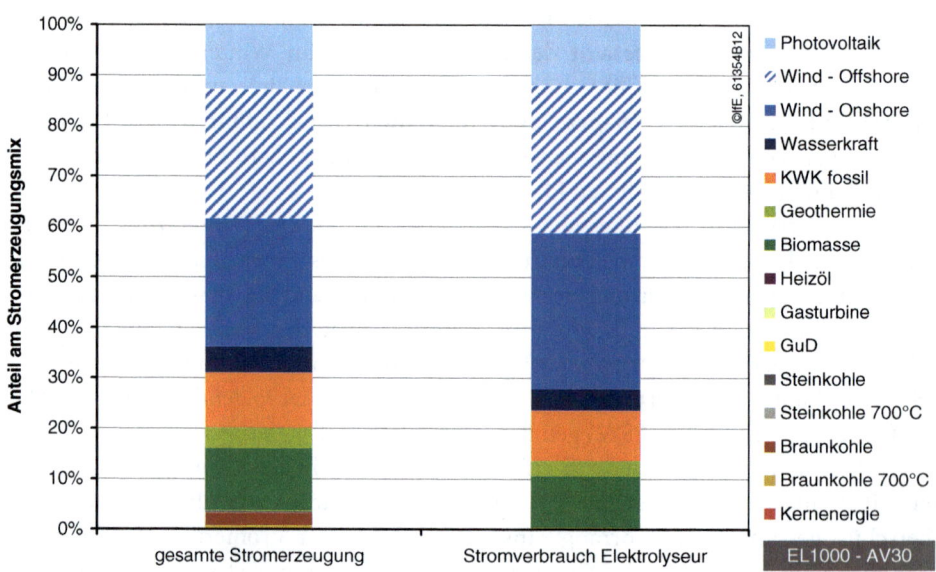

Abb. 2.6 Vergleich der Erzeugungsanteile an der gesamten Stromerzeugung und am Stromverbrauch der Wasserstoffproduktion im Jahr 2050 bei Elektrolyseurkosten von 1000 €/kW und einem erzielbaren Wasserstoffpreis von 30 €/MWh$_{H2}$

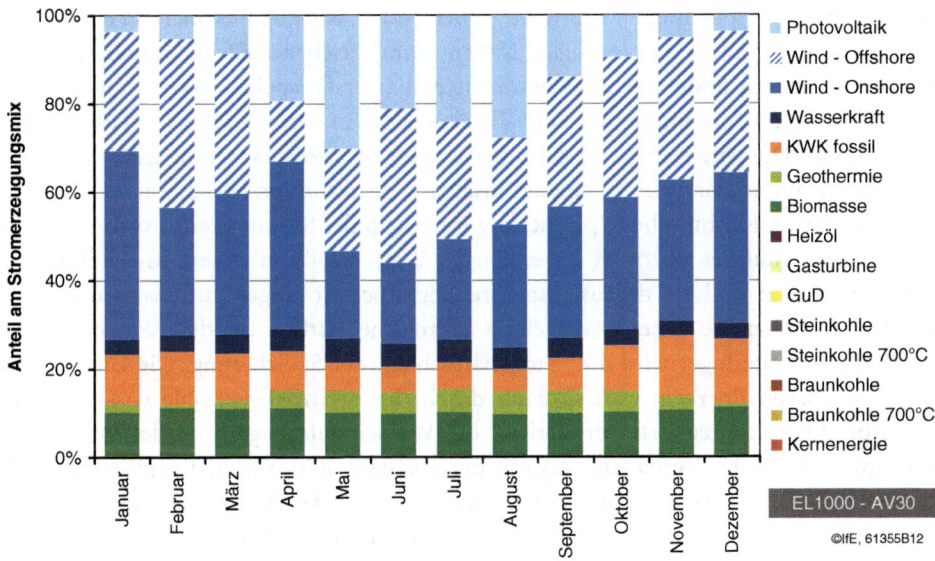

Abb. 2.7 Saisonaler Verlauf der Erzeugungsanteile am Stromverbrauch der Wasserstoffproduktion im Jahr 2050 bei Elektrolyseurkosten von 1000 €/kW und einem erzielbaren Wasserstoffpreis von 30 €/MWh$_{H2}$

Zum Vergleich dienen die Erzeugungsanteile der gesamten Stromerzeugung in diesem Jahr (links). Der Gesamtstrommix besteht zu etwa 95 %, der von den Elektrolyseuren genutzte Strom zu 100 % aus vorrangiger Erzeugung aus erneuerbaren Energien und KWK. Im Modell wird Wasserstoff – abgesehen von KWK-Erzeugung – nicht mit Strom aus konventionellen Kraftwerken produziert. Der Mix der vorrangigen Erzeugung, der für die Wasserstoffproduktion genutzt wird, unterscheidet sich jedoch vom Gesamtmix. So trägt die Windenergie überproportional zur Wasserstoffproduktion bei, wohingegen alle anderen Erzeugungstechnologien geringfügig an Anteilen verlieren.

Eine genauere Darstellung des Strommix für die Wasserstofferzeugung in monatlicher Auflösung zeigt Abb. 2.7. Hier wird noch einmal das bereits erwähnte Erzeugungsprofil des Windes mit einer höheren Erzeugung während der Wintermonate deutlich. Ebenso stellt sich in den Sommermonaten ein höherer Anteil an Photovoltaikstrom ein.

2.7   Fazit und Zusammenfassung

Der in den Betrachtungen unterstellte massive Ausbau an erneuerbaren Energien lässt die großtechnische Speicherung elektrischen Stroms als wirtschaftliche Zukunftsoption erscheinen. Wesentlicher Treiber der Wirtschaftlichkeit von Speichertechnologien sind dabei die strukturell bedingten Erzeugungsüberschüsse aus den fluktuierend einspeisenden Wind- und Photovoltaik-Anlagen. Neben Pumpspeicherkraftwerken und adiabaten Druckluftspeichern findet auch das betrachtete Wasserstoffspeichersystem mit Elektrolyse und Rückverstromung mittels GuD-Kraftwerk einen wirtschaftlichen Platz im Speicherportfolio. Die vergleichsweise geringen Kosten für die Speicherkapazität bei dieser Technologie führen vor allem zu einem Einsatz in der saisonalen Speicherung.

Neben der großtechnischen Speicherung innerhalb des Stromsystems wurde auch ein möglicher Verkauf des elektrolytisch erzeugten Wasserstoffs an andere Anwendungsbereiche untersucht und die daraus resultierenden Rückwirkungen auf das Stromsystem ermittelt. Je höher die dabei unterstellten spezifischen Erlöse für den Wasserstoffverkauf sind, desto geringer wird die Wirtschaftlichkeit der Speicherung. Die Überschüsse aus erneuerbaren Energien werden dann durch die zusätzliche flexible Last der Wasserstoffproduktion integriert. Der Verkauf des Wasserstoffs zeigt unter den getroffenen Annahmen saisonales Verhalten, was mit der ebenfalls stark saisonal geprägten Windstromeinspeisung korreliert. Die Kostenannahmen für die Elektrolyseanlagen wirken sich stark auf das Volumen der Wasserstoffnutzung aus, verschieben jedoch nur in geringem Maße das Verhältnis zwischen Rückverstromung und Verkauf des erzeugten Wasserstoffs.

Die Menge an außerhalb des Stromsystems nutzbarem Wasserstoff beträgt je nach betrachteter Parameterkombination zwischen etwa 10 und 50 TWh, was etwa 3 bis 17 Mrd. m_n^3 entspricht. Derzeit werden in Deutschland jährlich etwa 8 Mrd. m_n^3 produziert [19]. Die Untersuchungen in diesem Kapitel legen nahe, dass der heute in Deutschland genutzte Wasserstoff im Rahmen der Integration erneuerbarer Energien in das Stromsystem auch durch Elektrolyse bereitgestellt werden könnte.

Literatur

1. Kuhn, P., Kühne, M., Heilek, C.: Integration und Bewertung erzeuger- und verbraucherseitiger Energiespeicher. Abschlussbericht, Verbundprojekt im Rahmen der Forschungsinitiative Kraftwerke des 21. Jahrhunderts (KW21) Phase II, Teilprojekt BY 1 E. Lehrstuhl für Energiewirtschaft und Anwendungstechnik, Technische Universität München. http://mediatum.ub.tu m.de/node?id=1115629 (2012)
2. Bundesministerium für Wirtschaft und Technologie (BMWi), Bundesministerium für Umwelt, Naturschutz und Reaktorsicherheit (BMU): Energiekonzept für eine umweltschonende, zuverlässige und bezahlbare Energieversorgung. Berlin (2010)
3. Gesetz über Maßnahmen zur Beschleunigung des Netzausbaus Elektrizitätsnetze (NABEG) vom 28. Juli 2011. Bundesgesetzblatt Jahrgang 2011 Teil I Nr. 43, S. 1690–1702 (2011)
4. Kuhn, P.: Speicherbedarf im Stromnetz. In: Energieeffizienz – eine stete Herausforderung an Wissenschaft und Praxis. Tagungsband zur FfE-Fachtagung 2011, FfE-Schriftenreihe – Bd. 30, München (2011)
5. Energietechnische Gesellschaft im VDE (ETG): Energiespeicher in Stromversorgungssystemen mit hohem Anteil erneuerbarer Energieträger – Bedeutung, Stand der Technik, Handlungsbedarf. Frankfurt (2009)

6. DEWI, 50Hertz Transmission, EWI, Amprion, EnBW Transportnetze, Fraunhofer IWES, TenneT: Integration erneuerbarer Energien in die deutsche Stromversorgung im Zeitraum 2015–2020 mit Ausblick auf 2025 (dena-Netzstudie II). Studie im Auftrag der Deutschen Energie-Agentur GmbH (dena). Berlin (2010)
7. RWE Power AG: ADELE – der adiabate Druckluftspeicher für die Elektrizitätsversorgung. Essen/Köln, Januar 2010. www.rwe.com/rwepower. Zugegriffen: Januar 2010.
8. Raksha, T.: Untersuchung von Wasserstoffsystemen zur großtechnischen Speicherung elektrischer Energie. Diplomarbeit am Lehrstuhl für Energiewirtschaft und Anwendungstechnik der Technischen Universität München, München (2010)
9. Bajohr, S., Götz, M., Graf, F., Ortloff, F.: Speicherung von regenerativ erzeugter elektrischer Energie in der Erdgasinfrastruktur. In: gwf – Gas/Erdgas, S. 200–210 (2011)
10. Kuhn, P.: Iteratives Modell zur Optimierung von Speicherausbau und -betrieb in einem Stromsystem mit zunehmend fluktuierender Erzeugung. Dissertation an der Fakultät für Elektrotechnik und Informationstechnik der Technischen Universität München, München (2012)
11. Kuhn, P., Kühne, M.: Optimierung des Kraftwerks- und Speicherausbaus mit einem iterativen und hybriden Modell. In: Optimierung in der Energiewirtschaft. VDI-Berichte 2157, 9. Fachtagung Optimierung in der Energiewirtschaft, Nürtingen, 22.–23. November 2011, S. 305–317. VDI-Verlag, Düsseldorf (2011)
12. Dreizehntes Gesetz zur Änderung des Atomgesetzes vom 31. Juli 2011 (13.AtGÄndG). Bundesgesetzblatt Jahrgang 2011 Teil I Nr. 43, S. 1704–1705
13. VGB Power Tech e.V. (VGB): Technisch-wissenschaftliche Berichte „Wärmekraftwerke" – Verfügbarkeit von Wärmekraftwerken 2000–2009. Essen (2010)
14. DLR, IWES, IFNE: Langfristszenarien und Strategien für den Ausbau der erneuerbaren Energien in Deutschland bei Berücksichtigung der Entwicklung in Europa und global. Schlussbericht BMU – FKZ 03MAP146. Stuttgart, Kassel, Teltow (2012)
15. Gobmaier, T., et al.: Simulationsgestützte Prognose des elektrischen Lastverhaltens, Endbericht. Verbundprojekt im Rahmen der Forschungsinitiative Kraftwerke des 21. Jahrhunderts (KW21) Phase II, Teilprojekt KW21 BY 3E. Forschungsstelle für Energiewirtschaft e.V. (FfE), München (2012)
16. Adamek, F., Aundrup, Th., Glaunsinger, W., Kleimeier, M., et al.: Energiespeicher für die Energiewende – Speicherungsbedarf und Auswirkungen auf das Übertragungsnetz für Szenarien bis 2050 (Gesamttext). Verband der Elektrotechnik Elektronik Informationstechnik e.V. (VDE), Frankfurt am Main (2012)
17. KBB UT, Donadei S.: Wasserstoffspeicherung in Salzkavernen – Erfahrungen, Anforderungen, Aktivitäten. DBI-Fachforum Energiespeicher-Hybridnetze, Berlin (2012)
18. Präsentationen zum Workshop zur NOW-Studie „Integration von Wind-Wasserstoff-Systemen in das Energiesystem", Berlin, 28. Januar 2013. http://www.now-gmbh.de/de/presse/2013/studie-zur-integration-von-wind-wasserstoff-systemen.html. Zugegriffen: 12. März 2013
19. Pressemitteilung zur „18th World Hydrogen Energy Conference 2010": Der Energieträger Wasserstoff: Emissionsarme und effiziente Mobilität. The Linde Group. Essen, 17. Mai 2010. http://www.whec2010.com/fileadmin/Content/Press/Press_Conference/WHEC2010PM_Linde_Papier_H2_dt.pdf. Zugegriffen: 12. März 2013

Sicherheit in der Anwendung von Wasserstoff

3

Ulrich Schmidtchen und Reinhold Wurster

3.1 Allgemeines

Es gibt keine absolute Sicherheit. Alles, was wir in unserem Leben tun, ist mit irgendwelchen Gefahren verbunden. Vielfach können wir diese Gefahren durch vernünftiges und sachgemäßes Verhalten vermindern, aber ganz beseitigen können wir sie nie.

Auch der Umgang mit Energieträgern welcher Art auch immer (Öl, Gas, Kohle, Uran, Strom, …) ist stets mit Gefahren verbunden. Es liegt in der Natur der Sache, dass die unbedachte Freisetzung von Energie zu Schäden führen kann. Das ist bei Wasserstoff nicht anders.

Wenn es um mit der Nutzung von Wasserstoff als Energieträger verbundene Sicherheitsfragen geht, hat es also keinen Sinn, die Ausschaltung jeglicher Gefahr zu verlangen. Vielmehr muss die Frage lauten: wie gefährlich ist Wasserstoff im Vergleich zu anderen, etablierten Energieträgern wie etwa Kohle, Öl oder Erdgas? Sind die Risiken unzumutbar hoch, oder kann man sie bewältigen? Wenn ja, wie macht man das? Wie groß ist der Nutzen im Verhältnis zum Risiko?

Dabei muss bedacht werden, dass diese Beurteilung nicht nur eine wissenschaftlich-technische Seite hat, sondern auch eine soziale und psychologische. Bei der Einführung neuer Technologien wie der Eisenbahn oder der Straßenfahrzeuge mit Verbrennungsmotor wurden in der Vergangenheit oft Sicherheitsbedenken dagegen geltend gemacht. Wegen des überwiegenden gesellschaftlichen Nutzens wurden diese Technologien aber trotz der unstreitig damit verbundenen Gefahren akzeptiert. Heute haben wir die Situation, dass jeden Tag etwa zehn

U. Schmidtchen (✉)
BAM Bundesanstalt für Materialforschung und -prüfung,
Unter den Eichen 87, 12205 Berlin, Deutschland
e-mail: ulrich.schmidtchen@bam.de

R. Wurster
Ludwig-Bölkow-Systemtechnik GmbH, Ottobrunn, Deutschland
e-mail: reinhold.wurster@lbst.de

J. Töpler und J. Lehmann (Hrsg.), *Wasserstoff und Brennstoffzelle*,
DOI: 10.1007/978-3-642-37415-9_3, © Springer-Verlag Berlin Heidelberg 2014

Menschen bei Verkehrsunfällen auf Deutschlands Straßen sterben, aber dennoch fühlen sich die meisten Leute in ihrem Auto weit sicherer als in einem Flugzeug, obwohl es nach den Statistiken eigentlich umgekehrt sein müsste. Auch gibt es immer wieder Explosionsunglücke in Verbindung mit dem Einsatz von Erdgas oder Flüssiggas, aber beide Energieträger werden weiterhin verwendet. Beide Beispiele zeigen, dass der Mensch Gefahren, die er zu kennen glaubt, als akzeptabel bzw. hinnehmbar einordnet. Sicherheit ist also nicht zuletzt auch eine Frage der Wahrnehmung, was keineswegs bedeutet, dass man nicht weitere Anstrengungen unternehmen muss, um die Benutzung von PKW und Erdgas oder Flüssiggas noch sicherer zu machen.

Der Schlüssel zur gesellschaftlichen Akzeptanz des Energieträgers Wasserstoff ist die praktische Erfahrung des sicheren Umgangs damit. Dies setzt allerdings solide Kenntnisse über seine Eigenschaften voraus, besonders die mit der Sicherheit in Verbindung stehenden. Denn das größte Risiko in Verbindung mit jeglicher Technik ist und bleibt der Mensch, der sie möglicherweise unsachgemäß benutzt.

3.2   Gefahrenmerkmale von Wasserstoff

Sowohl hinsichtlich seiner chemischen als auch seiner physiologischen Eigenschaften ist Wasserstoff kein ungewöhnlich gefährlicher Stoff. Sein wichtigstes Gefahrenmerkmal ist seine Brennbarkeit. Sicherheitstechnisch relevant kann auch die Tatsache sein, dass das Wasserstoffatom das kleinste aller Atome ist und dass daher auch das Molekül (H_2) das kleinste überhaupt mögliche ist.

In der chemischen Industrie wird Wasserstoff seit mehr als hundert Jahren mit exzellenten Sicherheitserfahrungen verwendet. Wie bei allen chemischen Medien, die brennbar oder explosionsfähig sind, geschehen auch bei der Verwendung von Wasserstoff Unfälle. Dennoch gibt es keinerlei Hinweise darauf, dass die Gefährdung durch Wasserstoff höher ist als die durch irgendein anderes vergleichbares brennbares Medium.

Der meiste Wasserstoff wird von der chemischen Industrie produziert und wird auch von dieser an Ort und Stelle verbraucht. Jedes Jahr liefert die chemische Industrie (also hauptsächlich die Gasefirmen) darüber hinaus in Deutschland etwa 200 Mio. Nm³ Wasserstoff in flüssiger oder in hoch komprimierter Form über die Straße an Kunden. Auch hier ist die Sicherheitserfahrung exzellent und die Handhabung ebenso sicher wie bei anderen Gefahrstoffen (Benzin, Diesel, Flüssiggas, usw.). Alle diese Stoffe werden von speziell geschulten Fahren in besonderen Gefahrguttransporten bewegt und geliefert.

3.2.1   Brennbarkeit

Die Brennbarkeit von Wasserstoff ist einfach ein Ausdruck der Tatsache, dass er ein Energieträger ist. Als solcher ist er auch schon seit langer Zeit verwendet worden, etwa als wesentlicher Bestandteil von Stadtgas („Leuchtgas").

Mischungen von brennbaren Gasen mit Luft (oder anderen oxidierenden Gasen wie reinem Sauerstoff oder Chlor) können explodieren, wenn die Konzentration in einem bestimmten Bereich liegt und wenn genug Energie zugeführt wird, um die Reaktion zu starten.

Tab. 3.1. Vergleich von Wasserstoff mit anderen Gasen

		Wasserstoff	Methan	Propan
Untere Explosionsgrenze	%	4.0	4.4	1.7
Stöchiometrisches Gemisch	%	29.5	9.5	4.0
Obere Explosionsgrenze	%	77.0	17.0	10.9
Mindestzündenergie	mJ	0.017	0.290	0.240
Selbstentzündungstemperatur	K	833	868	743
Dichte bei 273,15 K und 101325 Pa	kg/m³	0.090	0.718	2.011

Reiner Wasserstoff ist weder explosionsfähig noch sonst reaktiv. Er benötigt stets einen Verbindungspartner. Die in den Trivialmedien oft vorkommende Bezeichnung von Wasserstoff als „explosives Gas" ist unzutreffend und bezieht sich auf Mischungen mit oxidierenden Gasen wie Luft.

Tabelle 3.1 zeigt einen Vergleich von Wasserstoff mit anderen Gasen hinsichtlich ihrer sicherheitsrelevanten Eigenschaften [1].

Wasserstoff hat einen sehr viel breiteren Explosionsbereich als die anderen Gase, was in erster Linie an der hohen oberen Explosionsgrenze liegt. Die untere Grenze ist mit den Werten für die anderen Gase vergleichbar. Auch liegt die Mindestzündenergie etwa eine Größenordnung niedriger als bei den Kohlenwasserstoffen, doch ist die dazu gehörende Konzentration mit etwa 23 % deutlich höher als bei diesen und dürfte bei einer unbeabsichtigten Freisetzung nur selten erreicht werden. In der Nähe der unteren Explosionsgrenze, wo sich die meisten Zündungen abspielen, sind die Werte für die Zündenergie für alle Gase ähnlich. Eine elektrostatische Aufladung des menschlichen Körpers setzt in einem schwachen Funken bereits 10 mJ Zündenergie frei und würde damit jede Gas/Luftmischung zünden.

Sicherheitstechnische Kenngrößen wie Explosionsgrenzen oder Zündenergien sind keine wissenschaftlich wohldefinierten Eigenschaften des Stoffs. Vielmehr sind es Vergleichsgrößen, die immer mit einem ganz bestimmten, genau festgelegten Messverfahren unter genau definierten Bedingungen (Druck, Temperatur, Luftfeuchte usw.) verbunden sind. Andere Messverfahren liefern andere Ergebnisse, und eine Unfallsituation ist wieder ganz anders. Die Größen dienen in erster Linie dem sicherheitstechnischen Vergleich und der Charakterisierung verschiedener Stoffe.

Die Fähigkeit, explosive Gasgemische zu bilden, ist das wichtigste Gefahrenmerkmal von Wasserstoff. Wie man dem begegnet, wird weiter unten behandelt.

3.2.2 Kleines Molekül

Das Wasserstoffatom ist das kleinste Atom, das es gibt, und auch das Molekül H_2 ist das kleinste aller Moleküle. Es gibt keinen leichteren Stoff als Wasserstoff. Auch aus der obigen Tabelle geht hervor, wie sehr sich Wasserstoff bei der <u>Dichte</u> von den brennbaren Kohlenwasserstoffen unterscheidet.

Das hat wichtige Folgen auch für die Sicherheit seiner Handhabung. Ein Gemisch aus Wasserstoff und Luft ist immer leichter als Luft. Eine Gemischwolke hat also einen Auftrieb und wird aufsteigen. Bei einer Freisetzung von Wasserstoff im freien Gelände ist das in der Regel ein Vorteil. Zündquellen befinden sich meist am Boden oder dicht darüber. Durch die Bewegung nach oben vermindert sich die Fläche am Boden, auf der die untere Explosionsgrenze überschritten werden kann.

In einem Gebäude allerdings besteht die Gefahr, dass sich Gas unter dem Dach oder einer Decke fängt und eine Gefahrenquelle bleibt. Auch kann es dort Zündquellen in Gestalt von Deckenlampen usw. geben, wenn keine Vorkehrungen für den Explosionsschutz (siehe dort) getroffen worden sind.

Eine andere Folge der Kleinheit des Moleküls ist die geringe <u>Viskosität</u> des Gases. Es lässt sich daher leichter durch Rohre fördern als andere Gase. Allerdings treten bei einem Leck auch größere Mengen Wasserstoff aus (volumetrisch) als etwa Luft oder Erdgas. Sicherheitstechnisch wird das in einem gewissen Umfang dadurch ausgeglichen, dass die volumetrische Energiedichte von Wasserstoff geringer ist als die von anderen Brenngasen.

Eng mit der Viskosität verbunden ist die <u>Diffusion</u>. Auch auf diesem Gebiet nimmt Wasserstoff eine Sonderstellung ein. Er vermischt sich bei einer Freisetzung besonders schnell mit anderen Gasen, d. h. also, dass eine Gemischwolke sich besonders schnell ausbreitet. Dabei ist zu beachten, dass die Diffusion nicht dem Dichte-, sondern dem Konzentrationsgradienten folgt und daher in alle Richtungen erfolgt – auch nach unten. Daher ist bei einer Freisetzung von Wasserstoff generell damit zu rechnen, dass sich das Gas in alle Richtungen ausbreitet, nicht nur nach oben.

Wasserstoff kann mittels Diffusion auch in feste Werkstoffe wie Metalle eindringen. Bei manchen Werkstoffen findet eine Wechselwirkung zwischen atomarem Wasserstoff (entstanden z. B. durch Dissoziation) und dem Metallgitter statt, die zu Verschlechterungen der mechanischen Eigenschaften des Metalls führt. Risse wachsen schneller, und der Werkstoff wird spröde. Wie stark dieser Effekt ist und ob er sicherheitstechnisch berücksichtigt werden muss, ist zunächst eine Eigenschaft des Kristallgitters. Als grobe Regel kann gelten, dass kubisch-raumzentrierte Gitter (ferritischer Stahl) anfälliger sind als kubisch-flächenzentrierte (austenitischer Stahl, Aluminium). Streng genommen tritt dieser Effekt bei allen Metallen auf, aber es gibt große Unterschiede im Ausmaß. Daher gibt es keine absolut geeigneten oder ungeeigneten Werkstoffe; weitere Parameter für die Gefährdung durch Versprödung sind der Druck und die im Werkstück herrschenden Spannungen.

Organische Werkstoffe, wie man sie für neuartige Hochdrucktanks oder für Dichtungen verwendet, werden von Wasserstoff überhaupt nicht angegriffen. Hier muss man allenfalls die Permeation berücksichtigen, also den Verlust von Gas aus einem völlig intakten Tank durch Diffusion durch die Tankwand oder Dichtung, ohne dass diese dabei Schaden nimmt. Wenn man Wasserstoff für längere Zeit (Monate, Jahre) in einem solchen Tank aufbewahren will, muss man möglicherweise mit einem merklichen Verlust rechnen. Auch hier gibt es jedoch bereits hochvernetzte temperaturstabile Materialien, die inzwischen die Permeationsraten von Aluminium erreichen.

3.2.3   Tiefe Temperaturen

Die beiden wichtigsten Formen der großtechnischen Speicherung von Wasserstoff sind das komprimierte Gas und die tiefkalte Flüssigkeit. Der Siedepunkt von Wasserstoff unter atmosphärischem Druck beträgt 20 K, also –253 °C. Eine Flüssigkeit dieser Temperatur kann nur in aufwändig isolierten Behältern aufbewahrt werden.

Diese tiefe Temperatur bewirkt Gefahren, die nicht speziell mit dem Wasserstoff zusammenhängen, sondern mit tiefkalt verflüssigten Gasen allgemein. Der unmittelbare Kontakt mit der tiefkalten Flüssigkeit ist selbstverständlich schädlich für lebendes Gewebe, kommt aber selten vor. Schon eher besteht die Möglichkeit, Rohre oder andere Metallteile zu berühren, die durch die Flüssigkeit oder das Gas sehr kalt geworden sind. Das kann zu Gewebeschädigungen führen, die denen bei einer Verbrennung ähnlich sind (darum wird dieser Vorgang auch als „Kaltverbrennung" bezeichnet).

Nicht nur der Zutritt von Wärme muss unterbunden werden, sondern auch der von Verunreinigungen wie Luft. Bei 20 K sind alle anderen Stoffe außer Helium fest und lagern sich am Boden ab, auch Sauerstoff. Ein Gemisch aus festem Sauerstoff und flüssigem Wasserstoff kann aber bei geeigneter Anregung detonativ reagieren.

Weiterhin ist die Veränderung der mechanischen Eigenschaften der Werkstoffe zu beachten. Generell nimmt ihre Elastizität mit sinkender Temperatur ab. Speziell organische Werkstoffe haben in diesem Temperaturbereich schon längst die Temperatur unterschritten, bei der sie glashart werden und unter mechanischen Beanspruchungen leicht brechen.

Lässt man flüssigen Stickstoff oder noch kältere Flüssigkeiten durch eine nicht oder nur unzureichend isolierte Leitung fließen, kann an deren Außenseite Luft kondensieren. Da Sauerstoff eine höhere Siedetemperatur hat als Stickstoff (90 bzw. 77 K), ist bei der Verdampfung des Kondensats Sauerstoffanreicherung möglich. Damit wiederum ist eine erhöhte Brandgefahr verbunden.

3.2.4   Andere

Verglichen mit vielen anderen Substanzen, denen wir im Alltag begegnen, ist Wasserstoff nicht besonders gefährlich. So ist er nicht explosiv, obwohl es immer wieder behauptet wird (er kann höchstens explosive Gemische bilden). Bei der Vermischung von Wasserstoff mit Luft entsteht nicht das aus dem Chemieunterricht bekannte „Knallgas", sondern bei diesem handelt es sich um das Gemisch von Wasserstoff mit reinem Sauerstoff im stöchiometrischen Verhältnis. Auch ätzend oder brandfördernd ist er nicht (er ist brennbar – das ist das Gegenteil von brandfördernd). Ebenso wenig gehört Selbstentzündlichkeit zu seinen Eigenschaften. Im Gegensatz etwa zu Acetylen ist das Molekül auch nicht zerfallsfähig.

Physiologisch ist Wasserstoff völlig neutral. Er ist weder giftig, noch hat er andere schädliche Auswirkungen auf den Körper (krebserregend, fruchtschädigend, …), so lange er nicht den Sauerstoff verdrängt. Er stellt auch keine Gefahr für das Oberflächen- oder Grundwasser oder sonst für die Umwelt dar.

3.3 Explosionsschutz

Unter „Explosionsschutz" versteht man zunächst alle Vorkehrungen, die dazu dienen sollen, dass es erst gar nicht zu einer Explosion kommt, im erweiterten Sinne auch solche, die ihre Auswirkungen mindern sollen. Man teilt diese Maßnahmen gewöhnlich in die folgenden Gruppen ein:

1. „Primärer Explosionsschutz" besteht darin, möglichst zu verhindern, dass explosionsfähige Mischungen überhaupt entstehen.
2. „Sekundärer Explosionsschutz" besteht darin, durch Vermeidung von Zündquellen die Reaktion von dennoch entstandenen Mischungen zu verhindern.
3. „Tertiärer" oder „konstruktiver Explosionsschutz" umfasst bauliche und andere Maßnahmen, durch die die Folgen einer Explosion vermindert werden sollen.

Kaum irgendwo wird Wasserstoff in Innenräumen zu privaten Zwecken verwendet, sondern dies geschieht in aller Regel in Labors oder in industriellen Einrichtungen. Hier werden die Arbeitnehmer, die mit Wasserstoff umgehen oder sich sonst im gefährdeten Bereich aufhalten, regelmäßig im richtigen Umgang und über das Verhalten im Gefahrenfall unterwiesen.

Gerade auf diesem Gebiet existieren auch umfangreiche Regelwerke, die natürlich zu beachten sind (mehr dazu unten unter „Gesetzliche Rahmenbedingungen).

3.3.1 Zonen

Welche Explosionsschutzmaßnahmen an einem bestimmten Ort angemessen und notwendig sind, hängt stets von den herrschenden Gefahren ab. Bei einer gewerblichen explosionsgefährdeten Anlage ist der Arbeitgeber verpflichtet, sog. „Explosionsschutzzonen" auszuweisen. Zu welcher Zone ein Ort gehört, hängt davon ab, mit welcher Häufigkeit oder Wahrscheinlichkeit dort im normalen Betrieb die Gegenwart eines explosionsgefährlichen Gasgemischs in gefahrdrohender Menge zu erwarten ist. Es gibt die folgenden Zonen:

- Zone 0: ständig oder oft;
- Zone 1: häufig oder für längere Zeit;
- Zone 2: selten und nur für kurze Zeit.

(Es gibt analoge Zonen 20 bis 22 für das Auftreten explosionsgefährlicher Stäube.) Orte, an denen man normalerweise mit dem Auftreten gefährlicher Gasgemische überhaupt nicht zu rechnen braucht, gehören zu keiner Zone. Dort sind dann auch keine besonderen Explosionsschutzmaßnahmen erforderlich.

Detaillierte Hinweise und Anleitungen für die Festlegung dieser Zonen findet der Anwender außer in den einschlägigen Verordnungen auch in den jeweils anwendbaren Veröffentlichungen der Berufsgenossenschaften.

Geräte oder Systeme, die für den Einsatz in explosionsgefährdeten Bereichen gedacht sind, müssen gekennzeichnet sein. Der Benutzer muss erkennen können, für welche Zone sie geeignet sind und welches spezielle Risiko sie zu vermeiden helfen.

3.3.2 Primärer Explosionsschutz

Primärer Explosionsschutz (Vermeidung explosionsfähiger Gemische) besteht darin, die Bildung unerwünschter Gasgemische überhaupt zu unterbinden. Ein Weg, das zu erreichen, besteht darin, den ungeplanten Austritt von Gasen aus ihren Behältern oder Rohrleitungen zu verhindern. Dies strebt man an, indem man die Anlagen technisch dicht ausführt, lösbare Verbindungen auf ein Minimum beschränkt, Rohrleitungen möglichst in geschweißter Form ausbildet usw. Auch die regelmäßige Kontrolle der Anlagen, planmäßiger Austausch von Dichtungen und anderen Verschleißteilen sowie vergleichbare Maßnahmen fallen unter diesen Punkt.

Primärer Explosionsschutz kann weiterhin darin bestehen, im Falle eines unerwünschten Austritts von Gas diesen rechtzeitig zu entdecken und das Gas so schnell wie möglich gefahrlos abzuleiten, etwa durch sich automatisch öffnende Fenster oder durch technische Lüftung, bevor die Gemischkonzentration die untere Explosionsgrenze überschreitet. Das erforderliche Belüftungsvolumen ergibt sich aus der Menge von Gas, die bei Störfällen wie z. B. Leckagen oder Leitungsbrüchen austreten kann. Ebenfalls berücksichtigt werden sollten diffuse Undichtigkeiten. Zumindest für solche Leckagen oder für etwa beim Anlagenstillstand eingeschlossene Gasmengen sollte eine für die zu erwartenden Freisetzungsvolumina ausreichende Lüftung vorgesehen werden.

Weiter sollte durch rasches (möglichst automatisches) Unterbinden der Gaszufuhr die Gasmenge, die austreten kann, auf ein Minimum beschränkt werden.

Da Wasserstoff keinerlei charakteristische Farbe oder Geruch besitzt und eine solche Überwachung auch ständig passieren muss, sind Sensoren unerlässlich. Sie sollten einerseits in der Nähe der möglichen Austrittsstellen angeordnet sein, andererseits unter Berücksichtigung der Eigenschaften von Wasserstoff an der höchsten Stelle des Raumes oder so hoch wie möglich.

An Orten, wo man gewerblich mit Wasserstoff umgeht und dessen Austritt nicht auszuschließen ist, sind die Einrichtungen meist durch stationäre Gaswarnanlagen überwacht. Sie lösen typischerweise bei etwa 10 % der unteren Zündgrenze, also bei 0,4 % H_2 in Luft, einen Voralarm und bei 25 % der unteren Zündgrenze, also 1 % H_2 in Luft, den Hauptalarm aus (diese Grenzen sind nicht vorgeschrieben und liegen im Ermessen des Betreibers). Es bleibt also ausreichend Zeit für Gegenmaßnahmen oder Evakuierung.

Welches genau die geeigneten Maßnahmen sind, muss stets auf der Grundlage der örtlichen Bedingungen bestimmt werden. Von Bedeutung ist dabei, wie viel Wasserstoff überhaupt im Spiel ist, in welcher Form er gelagert und verwendet wird, wie groß der Raum bzw. das Gebäude ist, ob sich darin andere gefährliche Vorrichtungen befinden, wie die Umgebung des Gebäudes beschaffen ist usw.

3.3.3   Sekundärer Explosionsschutz

Sekundärer Explosionsschutz besteht darin, die Zündung eines etwa vorhandenen Gemischs zu vermeiden, indem man dafür sorgt, dass keine Zündquellen anwesend sind, die die erforderliche Energie liefern könnten. Es gibt eine ganze Reihe von möglichen Zündquellen. Elektrische Funken gehören zu den wichtigsten, aber auch heiße Oberflächen oder mechanisch erzeugte Funken können zünden. Entsprechend vielfältig sind die Möglichkeiten für den sekundären Explosionsschutz. Er besteht im Wesentlichen in der explosionsgeschützten Auslegung der elektrischen und sonstigen Anlagen in Räumen, in denen die Entstehung eines Gemischs (trotz primären Explosionsschutzes) nicht ganz ausgeschlossen werden kann.

Die elektrische Anlage steht gewöhnlich im Mittelpunkt der Betrachtungen. Normale Schalter, Steckdosen oder Beleuchtungseinrichtungen sind in einem explosionsgefährdeten Bereich nicht erlaubt. Wenn möglich, sollten elektrische Komponenten überhaupt vermieden und durch andere ersetzt werden. Zum Beispiel können pneumatische Ventile statt Magnetventilen verwendet werden.

Von besonderer Bedeutung ist der Explosionsschutz, wenn im gefährdeten Bereich Pumpen oder Kompressoren verwendet werden. Dies sind nicht nur in aller Regel elektrische Geräte mit teilweise ansehnlicher Leistung von mehreren 100 kW oder auch MW, sondern hier können auch durch Reibung heiße Oberflächen entstehen.

Elektrische Funken entstehen nicht nur in der elektrischen Anlage, sondern auch durch die Entladung statischer Elektrizität. Sie sind nicht minder zündwirksam. Daher gehört die fachgerechte Erdung aller relevanten Teile der Einrichtung zu diesem Kapitel. Nicht nur die eigentliche Gas führende Anlage muss geerdet werden, sondern z. B. auch die Heizkörper, Wasser- und Gasleitungen und andere metallische Teile. Sehr hilfreich sind auch leitfähige Fußböden.

Zündwirkung geht auch von mechanisch erzeugten Schlag- und Reibfunken aus. Selbst nicht funkenschlagende Werkzeuge sind kein völlig sicheres Mittel dagegen. Wenn sich in einer explosionsgefährdeten Zone ein Lüfter befindet, der bei Bedarf zündfähiges Gasgemisch aus dem Raum befördern soll, spielt dieser Punkt bei der Konstruktion des Lüfters eine wichtige Rolle. Sollte es bei einer Fehlfunktion des Geräts zu einem Kontakt zwischen Rotorblättern und Gehäuse kommen, kann das bei ungünstiger Materialpaarung zu Funken führen. Eine der möglichen Gegenmaßnahmen besteht darin, die Spitzen der Rotorblätter mit organischem Material zu ummanteln oder diese ganz daraus herzustellen.

3.3.4   Konstruktiver Explosionsschutz

Beim konstruktiven (oder auch „tertiären") Explosionsschutz geht es nicht um die Vermeidung der Explosion selbst, sondern um die Beschränkung des durch sie angerichteten Schadens.

Er kann darin bestehen, die Anlagen, in denen sich eine Explosion ereignen könnte, hinreichend druckfest auszuführen. Ob das möglich ist, hängt vom Betriebsdruck unter normalen Umständen ab. Im Fall einer Explosion muss man damit rechnen, dass der Druck in einem solchen Behältnis, falls es verschlossen ist, um mindestens den Faktor 10 ansteigt. Bei Detonationen kann auch der Faktor 20 erreicht oder überschritten werden.

Dieses Verfahren ist aber in der Regel nur für kleine Reaktionsgefäße oder Leitungen praktikabel, nicht für größere Behälter oder gar für Räume und Gebäude. Für diese muss eine Möglichkeit vorgesehen werden, den Überdruck abzuleiten, so dass er keinen Schaden anrichtet oder zumindest nicht mehr als zumutbar.

Bei Behältern oder Leitungen wird das in der Regel durch Druckentlastungseinrichtungen (Sicherheitsventile, Berstscheiben) gewährleistet. Ansprechdruck und Durchfluss sind entsprechend der Gefahr zu wählen, der man begegnen will. Der Auslass muss so gestaltet sein, dass die austretenden Fluide keinen weiteren Schaden anrichten. Das gilt besonders, wenn sie heiß, brennbar, gesundheitsschädlich oder auf andere Art gefährlich sind.

Bei Räumen oder Gebäuden besteht konstruktiver Explosionsschutz in der Regel darin, bestimmte Bauteile (Fenster, Außentür, Wand) so zu gestalten, dass sie schon bei geringer Druckerhöhung öffnen oder herausfallen und der Druck entweichen kann. Auch hier ist zu beachten, dass durch die Druckwelle, durch Fragmente oder Fluide die Umgebung nicht gefährdet wird.

3.3.5 Gesetzliche Rahmenbedingungen

Da Wasserstoff keine außergewöhnlichen Sicherheitsprobleme aufwirft, gibt es keine stoffspezifischen Regelwerke. Anwendbar sind jeweils die Vorschriften für die Anwendung.

Der Explosionsschutz ist in den Ländern der EU durch zwei Richtlinien geregelt, nämlich 94/9/EG (ATEX 95) und 99/92/EG (ATEX 137).

Die Richtlinie 94/9/EG (ATEX 95) „zur Angleichung der Rechtsvorschriften der Mitgliedstaaten für Geräte und Schutzsysteme zur bestimmungsgemäßen Verwendung in explosionsgefährdeten Bereichen" regelt die Beschaffenheitsanforderungen an Produkte zum bestimmungsgemäßen Einsatz in explosionsgefährdeten Bereichen. Die Richtlinie 99/92/EG (ATEX 137) „über Mindestvorschriften zur Verbesserung des Gesundheitsschutzes und der Sicherheit der Arbeitnehmer, die durch explosionsfähige Atmosphären gefährdet werden können" regelt die Mindestanforderungen an die Sicherheit vor Explosionsgefahren am Arbeitsplatz bzw. die Mindestanforderungen an den sicheren Betrieb von Produkten. Die ATEX 95 beschäftigt sich also mit den Eigenschaften der Produkte, die in explosionsgefährdeten Bereichen zum Einsatz kommen, die ATEX 137 mit ihrem Betrieb und den anderen betrieblichen Maßnahmen zum Explosionsschutz.

Die Übernahme ins deutsche Recht geschah in erster Linie durch die *Explosionsschutzverordnung* (ExVO), eine Rechtsverordnung auf der Grundlage des *Produktsicherheitsgesetzes* (GPSG), sowie durch die *Betriebsicherheitsverordnung* (BetrSichV), eine Rechtsverordnung auf der Grundlage des *Arbeitsschutzgesetzes* (ArbSchG). Technische Einzelheiten findet der Anwender in den *Technischen Regeln für die Betriebssicherheit* (TRBS) bzw. in den älteren Regelwerken, die nach und nach durch die TRBS ersetzt werden. Ebenfalls nützlich sind die

Veröffentlichungen der Berufsgenossenschaften, die sich jeweils mit den bei einer bestimmten Anwendung drohenden Gefahren und ihrer Vermeidung auseinandersetzen.

Die beiden ATEX-Richtlinien bzw. ihre nationale Umsetzung sind die wichtigsten Vorschriften, aber nicht die einzigen. Da Wasserstoff brennbar ist, fällt er auch unter die Vorschriften für Handhabung und Transport von Gefahrstoffen. Weiterhin sind die Vorschriften für Druckbehälter und Druckgeräte anwendbar, denn Systeme für Wasserstoff arbeiten in der Regel unter einem Überdruck von mehr als 50 kPa.

Je nach den Gegebenheiten am Arbeitsplatz können auch die Maschinenrichtlinie, die Niederspannungsrichtlinie oder die Agenzienrichtlinie zur Anwendung kommen.

3.4 Speicherung

In der Energiewirtschaft stellt sich oft das Problem, dass das Angebot an Primär- oder Sekundärenergie (Energieträgern) und die Nachfrage der Endverbraucher weder zeitlich noch räumlich zusammenpassen. Zur Überbrückung der zeitlichen Unterschiede ist es notwendig, die Energie in genügender Menge zu speichern, bis sie gebraucht wird. Das ist bei verschiedenen Energieträgern unterschiedlich schwierig. Relativ einfach und effizient ist die Speicherung von Mineralöl, Methanol oder anderen Flüssigkeiten. In Form von elektrischem Strom dagegen lässt sich Energie in großen Mengen und über längere Zeit nur schwer aufbewahren.

Gase nehmen unter diesem Gesichtspunkt eine Mittelstellung ein. Hier stellt sich das Problem der geringen volumetrischen Energiedichte. Man muss sie daher entweder komprimieren oder tiefkalt verflüssigen, um die Speicherdichte zu erhöhen. Beide Verfahren werden seit langer Zeit großtechnisch verwendet. Es gibt aber auch noch andere, die hier kurz beleuchtet werden sollen.

3.4.1 Komprimiertes Gas

Die älteste und einfachste Methode der Speicherung von Wasserstoff ist die Kompression des Gases. Druckbehälter gibt es in den verschiedensten Varianten hinsichtlich Größe und Druck, von der kleinen Sprühdose für den Laborgebrauch bis zum stationären Großbehälter mit einem geometrischen Volumen von 100 m³ oder mehr. Dementsprechend ist auch die Sicherheitstechnik dafür Allgemeingut.

Die Lagerung von Wasserstoff in dieser Form unterscheidet sich nicht wesentlich von der anderer Gase. Bei der Wahl des Werkstoffs ist die Möglichkeit der Versprödung zu berücksichtigen. Ansonsten gilt der Stand der Technik, wie er in den einschlägigen Regelwerken dargestellt ist. Diese stützen sich auf die europäischen Richtlinien für ortsfeste bzw. transportable Druckgeräte (PED, TPED). Deren Umsetzung in deutsches Recht erfolgte durch die *Druckgeräteverordnung* (14. ProdSV), eine Rechtsverordnung auf der Grundlage des *Produktsicherheitsgesetzes*, sowie die *Verordnung über ortsbewegliche Druckgeräte* (ODV), eine Rechtsverordnung auf der Grundlage des *Gefahrgutbeförderungsgesetzes*.

Neuartige technische Anforderungen entstehen durch die kurz bevor stehende Anwendung von Wasserstoff als Kraftstoff für Straßenfahrzeuge. Die volumetrische Energiedichte von Wasserstoff ist noch geringer als die der meisten anderen brennbaren Gase. Selbst wenn man Wasserstoff auf 20 oder 25 MPa komprimieren würde, wie man es etwa mit Erdgas als Kraftstoff tut, würden die in einen PKW passenden Tanks eine Menge an Energie enthalten, die bei den heutigen Brennstoffzellenantrieben für eine Reichweite von lediglich deutlich weniger als 200 km genügen würde. Bei 35 MPa würde man etwa 300 km erreichen können. Solche Autos hätten beim Kunden keine Chance. Daher favorisieren die Autohersteller die Speicherung des Wasserstoffs als Gas unter einem maximalen Druck von 70 MPa, was bereits heute je nach Fahrzeugtyp für Reichweiten von 400 bis 600 km ausreichend ist. Solche Behälter sind neu. Sie müssen zumindest überwiegend aus Komposit-Werkstoffen unter Verwendung von (meist) Kohlefasern hergestellt werden, weil Metallbehälter die Zuladung eines PKW bereits für sich alleine erschöpfen würden.

Solche Behälter gibt es mittlerweile. Meistens sind es solche vom Typ IV (polymerer Innenliner, vollumwickelt). Auch rechtlich anerkannte Prüfverfahren liegen inzwischen vor (EC 406/2010), so dass Fahrzeuge mit solchen Tanks für den Verkehr auf öffentlichen Straßen mittels einer Typprüfung zugelassen werden können. Es lässt sich zeigen, dass diese Behälter sicherheitstechnisch auf dem gleichen Niveau liegen wie metallische bzw. Metall-Verbundbehälter. Naturgemäß liegt bisher noch nicht die langjährige Erfahrung vor, wie man sie bei Metallbehältern hat.

3.4.2 Tiefkalte Flüssigkeit

Tiefkalt verflüssigter Wasserstoff hat eine noch höhere Dichte als selbst unter 70 MPa komprimiertes Gas. Sicherheitstechnisch ist hier die extrem tiefe Temperatur zu beachten, wie oben schon näher ausgeführt.

Diese Form der Speicherung hat verschiedene Nachteile:

- Der Energieaufwand für die Verflüssigung entspricht etwa einem Drittel der Energie, die man aus dem dann im Tank gespeicherten Wasserstoff gewinnen kann
- Die Behälter müssen aufwändig wärmeisoliert sein
- Dennoch gibt es ständig einen (wenn auch kleinen) Verlust an Gas. Er wird umso fühlbarer, je kleiner der Behälter ist (weil er relativ zur gespeicherten Menge mit dem Behältervolumen abnimmt). Man geht davon aus, dass nur Fahrzeuge im geregelten Flottenbetrieb damit kundenfreundlich betrieben werden können.

Dem stehen folgende Vorteile gegenüber:

- Die schon erwähnte höhere Dichte. Beim Transport schlägt sich das in einem geringeren Aufwand nieder, beim stationären Lagertank in einem größeren Abstand zwischen den erforderlichen Auffüllungen.

- Der Tank steht unter einem nur geringen Druck, weil flüssiger Wasserstoff nur bis zu einem Druck von etwa 1,3 MPa existiert (kritischer Punkt)
- Das durch Verdampfung der flüssigen Phase gewonnene Gas hat eine hohe Reinheit, weil bei 20 K praktisch alle Verunreinigungen auskondensieren. Für manche Anwendungen ist das wichtig.

Vor- und Nachteile müssen also stets für den konkreten Anwendungsfall gegeneinander abgewogen werden. Vom Standpunkt der Sicherheit aus ist zu sagen, dass die damit verbundenen Probleme gut beherrschbar sind und dass man seit dem Ende des 19. Jahrhunderts, als die Verflüssigung von Wasserstoff erstmals gelang, mit seiner Speicherung in dieser Form keine außergewöhnlichen Probleme gehabt hat.

3.4.3 Slush

Eine noch höhere Dichte als flüssiger Wasserstoff hat fester Wasserstoff. Für bestimmte Spezialanwendungen (Raumfahrt) verwendet man daher manchmal „Slush", eine Mischung von flüssigem mit festem Wasserstoff. Dieses Gemisch existiert nur am Tripelpunkt des Wasserstoffs (13,8 K, 7040 Pa) oder in seiner Nähe. Wegen des hohen Aufwands für seine Herstellung und Handhabung (Lagerung bei Unterdruck) spielt Slush keine technische Rolle.

3.4.4 Überkritisches Fluid

Die Speicherung von Wasserstoff als tiefkalte Flüssigkeit in PKW wird heute nicht länger verfolgt, nachdem lange Zeit intensiv daran gearbeitet worden war. Das Zwei-Phasen-System erwies sich am Ende als technisch zu aufwändig. Derzeit wird an einem Verfahren gearbeitet, Wasserstoff als überkritisches Fluid in einem wärmeisolierten Drucktank zu speichern ($T_c = 33$ K, $p_c = 1,3$ MPa). Der Aufwand für die Isolation wäre geringer als bei einem Tank für Flüssigkeit, weil eine langsame Aufwärmung des Fluids erlaubt wäre. Hier werden also die Eigenschaften eines vakuumsuperisolierten Tanks mit denen einen Komposit-Drucktanks für 35 MPa verknüpft, was geringere bis keine Produktverluste ermöglichen soll und damit auch für einen normalen Alltagsbetrieb eines Fahrzeugs geeignet sein soll. Das System befindet sich derzeit noch in der Entwicklung. Sicherheitstechnische Erfahrungen in nennenswertem Umfang liegen noch nicht vor.

3.4.5 Unterirdisch

Eine im Zusammenhang mit Energie neue Anwendung ist die Möglichkeit, Wasserstoff in großen Mengen in unterirdischen Lagerstätten zu speichern. Dies ist im Gespräch im Zusammenhang mit der Verwendung von Wasserstoff als Puffer zwischen dem schwankenden Angebot an erneuerbaren Energien und der Nachfrage des Verbrauchers. Die unterirdische Lagerung von Wasserstoff in Salzkavernen findet in drei Speichern seit teilweise mehr als 3 Jahrzehnten erfolgreich statt (UK und Texas, USA). Die Speicherkavernen haben geometrische Volumina von zwischen 70.000 und 580.000 m³, und die jährlichen Produktverluste liegen bei unter 0,01 % und damit niedriger als bei Erdgasporenspeichern.

Eingesetzt wird dieses unterirdische Speicherverfahren allerdings bereits im recht großen Maßstab für Erdgas sowie für andere Gase (Propan) und auch Flüssigkeiten (Erdöl), und die sicherheitstechnischen Erfahrungen sind gut.

3.4.6   Chemische Verbindungen

Manche chemischen Verbindungen bieten eine höhere Speicherdichte von Wasserstoff als das reine Gas. Damit besteht die Möglichkeit, solche Verbindungen als Wasserstoffspeicher zu verwenden.

Das gilt vor allem für Kohlenwasserstoffe wie etwa Methan, dessen Molekül zu 80 % aus Wasserstoff besteht. Noch interessanter sind unter diesem Gesichtspunkt Flüssigkeiten wegen ihrer hohen Dichte. Insbesondere Methanol, Ethanol und Carbazol sind in diesem Zusammenhang vorgeschlagen worden. Dabei ging es vielfach um den Einsatz als Kraftstoff im Straßenverkehr, denn bei der stationären Speicherung ist die hohe Dichte meist von geringerer Bedeutung. Sicherheitstechnisch würde das etwa auf dem gleichen Niveau liegen wie die Speicherung von Benzin oder Diesel.

Falls der Verbraucher reinen Wasserstoff benötigt, etwa für eine Brennstoffzelle, müsste dieser dann zunächst durch einen chemischen Prozess („Reformierung") unter Energieaufwand aus der Speicherverbindung abgetrennt werden. Weiter müsste geklärt werden, welche weiteren Stoffe bei der Reaktion entstehen, welche Eigenschaften diese haben und wie mit ihnen zu verfahren ist. Es hat in Verbindung mit Methanol umfangreiche Arbeiten auf diesem Gebiet gegeben, die am Ende zu dem Ergebnis führten, dass ein solches System an Bord eines Straßenfahrzeugs zwar machbar, aber energetisch, ökonomisch und ökologisch nicht sinnvoll ist. Für Ethanol ist das in noch stärkerem Maße der Fall, weil die Reformierung schwieriger ist. Für Carbazol liegen bisher keine praktischen Erfahrungen vor.

Eine andere Möglichkeit sind Hydride, also binäre Verbindungen von Wasserstoff mit einem anderen Stoff. Vor allen Dingen Metallhydride bieten sich als Speicher an. Ihre Vorteile sind:

- Hohe Speicherdichte
- Lagerung unter nur geringem Überdruck (sicherheitstechnisch vorteilhaft).

Die Nachteile:

- Die Behälter sind sehr schwer, weil sie mit Metallpulver gefüllt sind.
- Beladung und Entladung sind mit Temperaturveränderungen verbunden.

- Zahlreiche von der Speicherdichte her attraktive Hydride sind nur bei erhöhten Temperaturen einsetzbar.
- Viele Hydride sind auf die Dauer nicht stabil, weil das Metallpulver in immer kleinere Körnchen zerfällt, womit bei Kontakt mit Sauerstoff Explosionsgefahren verbunden sind.

Aus diesen Gründen wird diese Form der Speicherung für große Mengen oder für die meisten mobilen Anwendungen nicht verfolgt. Für kleinere Mengen und für Spezialanwendungen (z. B. U-Boote) ist sie dagegen durchaus sinnvoll und wird auch für stationäre Zwecke inzwischen erfolgreich verwendet.

Es gibt auch andere Hydride, etwa Verbindungen mit Bor oder Natrium. Hier stellt sich wieder das Problem, den Wasserstoff vor Verwendung aus der Speicherverbindung herauszubekommen. Die Verhältnisse ähneln denen bei den Kohlenwasserstoffen, wie oben beschrieben.

3.4.7 Gesetzliche Rahmenbedingungen

Auch hier gibt es keine wasserstoffspezifischen Vorschriften. Es gelten die allgemeinen Regeln, so weit sie auf ein brennbares Gas leichter als Luft Anwendung finden. Besonders detailliert und auch meist anwendbar sind die Regeln für Druckbehälter und Drucksysteme. Für derzeit eher exotische Verfahren wie Slush oder überkritischen Wasserstoff gibt es keine spezifischen Regelwerke; hier muss meist mit Regeln aus verwandten Gebieten gearbeitet werden.

3.5 Transport

Da Primärenergien oder Energieträger nicht immer da zur Verfügung stehen, wo der Verbraucher sie wünscht, müssen Energieträger transportiert werden. Der Transport von großen Mengen Erdöl (oder Folgeprodukten) oder Erdgas auf allen möglichen Verkehrswegen ist heute Stand der Technik, und er geschieht auch auf einem akzeptablen Sicherheitsniveau. Dies kann für Wasserstoff genau so geschehen.

3.5.1 Pipeline

Wasserstoff ist ein Gas und kann, ähnlich wie Erdgas, durch Rohre gefördert werden. Es gibt mehrere solcher Leitungen oder Leitungssysteme in Europa, den USA, Japan und auch anderswo für Zwecke der chemischen Industrie. Die sicherheitstechnischen Erfahrungen sind sehr gut. Trotz seiner deutlich geringeren Energiedichte lässt sich bei gegebenem Rohrquerschnitt und Druck mit Wasserstoff wegen seiner besseren Fließfähigkeit praktisch 75 % des Energieinhalts von reinem Methan transportieren.

Im Unterschied zu Erdgas braucht man Wasserstoff nicht aus weit entfernten Gebieten der Erde zu holen. Ein Rohrleitungsnetz würde also allenfalls im näheren Umkreis erforderlich sein.

3.5.2 Straße

Der Transport von komprimierten Gasen auf der Straße ist Stand der Technik. Komprimiertes Gas wird entweder in Flaschentrailern oder in Röhrentrailern (mit weniger, aber größeren Einzelbehältern) gefahren. Zunehmend werden die Metallbehälter durch solche ersetzt, die ganz oder teilweise aus Komposit-Werkstoffen bestehen, um das für Wasserstoff besonders ungünstige Verhältnis zwischen Leergewicht und Ladung ein wenig zu verbessern.

Nach dem ADR-Regelwerk [2] kann Druckwasserstoff in Stahlröhren von bis zu 3.000 l und in Kompositbehältern vom Typ 4 von maximal 150 l bei max. 45 MPa in Europa auf der Straße transportiert werden. Das BMVBS zusammen mit der BAM hat die ADR für Deutschland im Rahmen eines nationalen Regelwerks für den Transport in Behältern vom Typ 4 auf max. 450 l bei 50 MPa erweitert. Prinzipiell erlaubt ADR2013 ab Sommer 2013 ein max. geometrisches Volumen von 3.000 l ohne Begrenzung des Betriebsdrucks nach oben. Ein optimierter Vorschlag für eine europäische Regelung wird derzeit im europäischen DeliverHy-Vorhaben (www.deliverhy.eu) erarbeitet.

Wesentlich vorteilhafter ist in dieser Hinsicht der Transport des Wasserstoffs als tiefkalte Flüssigkeit. Auch dies ist Stand der Technik und kann jeden Tag beobachtet werden. Aufgewogen wird der Vorteil der höheren Dichte teilweise durch den Aufwand der Verflüssigung. Es kommt also auf die jeweiligen Rahmenbedingungen an, besonders darauf, wie weit der Kunde entfernt ist, denn die Kosten des LKW-Fahrers, der LKW- und Trailermiete sowie des Kraftstoffverbrauchs sind nennenswerte Kostenfaktoren.

Beide Transportarten weisen eine sehr gute Sicherheitsbilanz auf. Auch die Unfälle mit solchen Fahrzeugen, die es gegeben hat, verliefen meist glimpflich. Die Transportbehälter blieben auch bei heftigem Aufprall intakt. Beschädigt wurden eher außen liegende Leitungen oder Bedienungselemente.

3.5.3 Andere Verkehrswege

In geeigneten Tankcontainern kann Wasserstoff auch auf anderen Verkehrswegen transportiert werden, also mit der Eisenbahn oder dem Binnen- oder Seeschiff. Allerdings ist der Ferntransport von Wasserstoff unter wirtschaftlichen Gesichtspunkten nicht sehr interessant, weil man ihn an jedem Ort herstellen kann.

Der Transport von Druckbehältern in Flugzeugen als Fracht ist bisher weitgehend unmöglich. Der Transport kleinster H_2-Mengen in Metallhydridbehältern ist durch die ICAO bereits freigegeben.

3.5.4   Gesetzliche Rahmenbedingungen

Es existieren umfangreiche Regelwerke für den Transport von Gefahrgütern wie Wasserstoff auf den verschiedenen Verkehrswegen. Vielfach sind sie zumindest für den grenzüberschreitenden Verkehr in internationalen Verträgen kodifiziert worden, wie etwa ADR (Straße), RID (Schiene), ADNR (Binnenwasserwege) oder IMO-Code (See). In der EU sind diese weitgehend (mit Ausnahme des Seeverkehrs) in eine Richtlinie übernommen worden, die in Deutschland durch die *Gefahrgutverordnung Straße, Eisenbahn und Binnenschifffahrt* (GGVSEB) implementiert worden ist. Die Regeln für den Seeverkehr spiegeln sich in Deutschland in der *Gefahrgutverordnung See* (GGVSee). Beide Rechtsverordnungen stützen sich auf das *Gefahrgutverordnungsgesetz*.

Literatur

1. „Hydrogen: Overview": Garche, J., Dyer, C., Moseley, P., Ogumi, Z., Rand, D., Scrosati, B. (Hrsg.) Encyclopedia of Electrochemical Power Sources, S. 519–27. Elsevier, Amsterdam (2009)
2. ADR2013 [ECE/TRANS/225 Bd. I and II] – European Agreement Concerning the International carriage of Dangerous Goods by Road as Applicable as from 1 January 2013 – Bd. I + II, New York (2012)

Mobile Anwendungen

4

Christian Mohrdieck, Massimo Venturi, Katrin Breitrück
und Herbert Schulze

4.1 Nachhaltige Mobilität

Der schonende Umgang mit Energieressourcen und die Reduktion von Schadstoffemissionen einschließlich Treibhausgasen sind nicht nur weltweit erwünscht, sondern wegen zunehmend schärferer gesetzlicher Vorgaben eine absolute Notwendigkeit. Energieträger und Energiewandler der Zukunft werden daher einerseits maximal energie-effizient und möglichst emissionsarm bzw. sogar emissionsfrei sein müssen. Andererseits wird es darauf ankommen, die in ihrer Bedeutung weiter steigenden fluktuierenden Energiequellen wie Wind und Sonne optimal in das Energiesystem einzubinden. Aufgrund der Energiewende ist die Problematik in Deutschland besonders und frühzeitig relevant. Das gilt sowohl für stationäre und portable Anwendungen als auch in Transport und Verkehr. Die Naturkatastrophe in der Region Fukushima (Japan) mit dem dadurch ausgelösten Kernkraftwerksunfall hat in Deutschland den endgültigen Ausstieg aus der Kernkraft bewirkt. Die Entscheidung hat sowohl politische als auch wirtschaftliche Konsequenzen zur Folge. Bezogen auf 1990 werden Reduktionsziele für Treibhausgasemissionen von 40 % bis zum Jahr 2020, 55 % bis 2030 und 80–95 % bis 2050 festgelegt [1]. Wasserstoff und Brennstoffzellen bieten vielversprechende Lösungsansätze, die technisch und zeitlich in diese Perspektive passen. Für die damit verbundenen wirtschaftlichen und infrastrukturellen Fragestellungen werden mittel- bis langfristig positive Antworten erwartet. Seit den 90-er Jahren sind die eigentlichen (im Sinne des Gesetzes) Schadstoffemissionen von Kraftfahrzeugen wie insbesondere Stickoxide, Kohlenwasserstoff- und Schwefelverbindungen bereits auf einem sehr niedrigen Stand (Abb. 4.1).

Das erfreuliche Ergebnis wurde größtenteils durch zwei Maßnahmen erreicht: Innermotorische Weiterentwicklungen, die das Thema quasi an der Quelle angehen, und Abgasnachbehandlungssysteme.

C. Mohrdieck (✉) · M. Venturi · K. Breitrück · H. Schulze
Daimler AG, RD/RF, Neue Str. 95, 73230 Kirchheim/Teck-Nabern, Deutschland
e-mail: christian.mohrdieck@daimler.com

J. Töpler und J. Lehmann (Hrsg.), *Wasserstoff und Brennstoffzelle*,
DOI: 10.1007/978-3-642-37415-9_4, © Springer-Verlag Berlin Heidelberg 2014

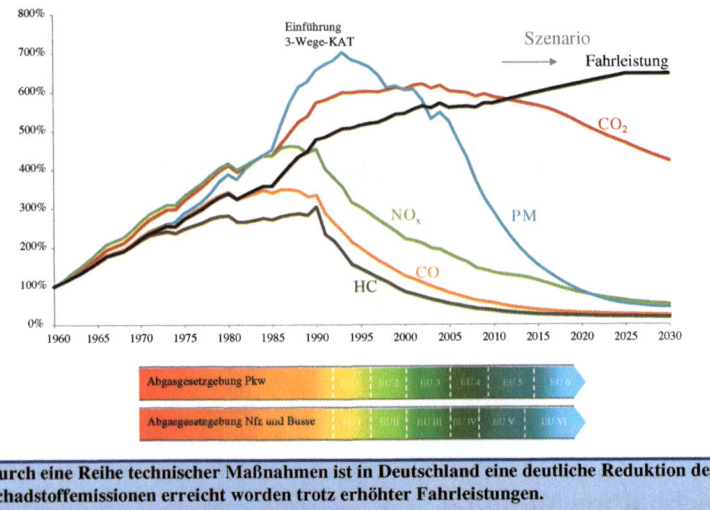

Abb. 4.1 Entwicklung Straßen-Personenverkehr in Deutschland: Fahrleistung, CO_2 und Schadstoffe [2]

Seitdem liegt der Fokus weltweit sehr stark auf die Reduktion von Treibhausgasemissionen wie vor allem CO_2. Ein Grund dafür besteht in dem von vielen Wissenschaftlern gesehenen Zusammenhang von Klimawandel und Treibhausgasen. Unabhängig davon, ob dieser Zusammenhang letztlich stichhaltig bewiesen werden kann, gebietet der vorausschauende Umgang mit den Ressourcen auf der Erde vorsorglich die Verwendung von Technologien mit möglichst niedrigen CO_2-Emissionen. Auch wenn der Automobilverkehr nicht der einzige und nicht der größte CO_2-Emittent ist, so steht das Fahrzeug im Brennpunkt der CO_2-Reduktionsvorgaben (Abb. 4.2).

Schon frühzeitig wurden in einzelnen Ländern und Regionen entsprechende Vorgaben gemacht. Zu nennen ist etwa das Zero-Emission-Vehicle (ZEV) Mandat in Kalifornien, das Volumenherstellern von Automobilen in Abhängigkeit vom Absatz in Kalifornien eine bestimmte im Laufe der Zeit steigende Anzahl von emissionsfreien Fahrzeugen vorschreibt. Bei Nichterfüllung des Mandats droht Marktausschluss [4].

Mittlerweile ist weltweit eine kontinuierlich schärfer werdende CO_2-Gesetzgebung zu beobachten [5]. Auch wenn die Grenzwerte in den einzelnen Regionen unterschiedlich sind, zielen die Vorgaben alle in eine vergleichbare Größenordnung (Abb. 4.3).

Die CO_2-Vorgabe in Europa (95 g/km im Jahr 2020) kann bei bestehendem Fahrzeugportfolio (Mischung kleiner, mittlerer und größerer Fahrzeuge) aus physikalischen Gründen nur mit einem gewissen Anteil von Null-Emissions-Fahrzeugen (Elektrofahrzeuge mit Batterie und mit Brennstoffzelle) erreicht werden (Abb. 4.4).

Aufgrund der Restriktionen von Batteriefahrzeugen hinsichtlich Reichweite, Gewicht, Ladezeiten und Fahrzeuggröße werden Wasserstoff-Brennstoffzellenfahrzeuge hierzu einen wichtigen Beitrag leisten müssen.

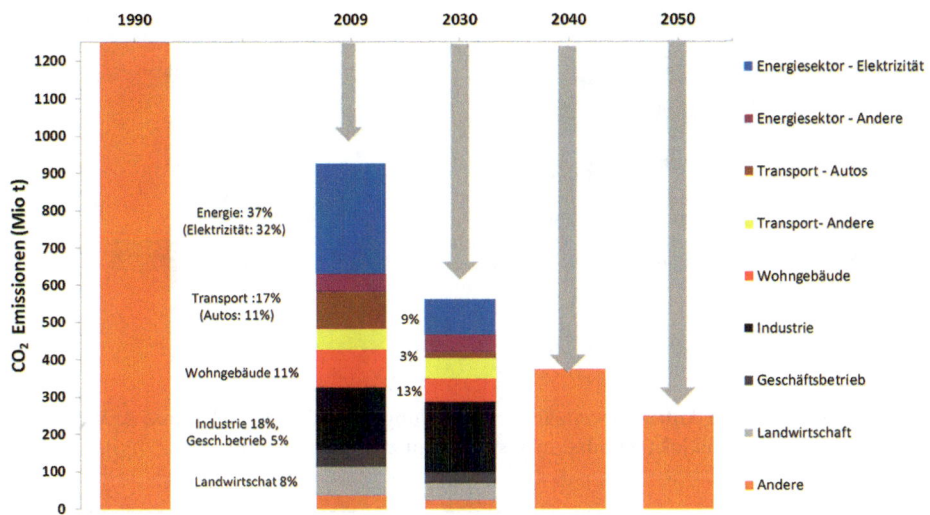

Abb. 4.2 Gesamt CO_2-Emissionen [3]

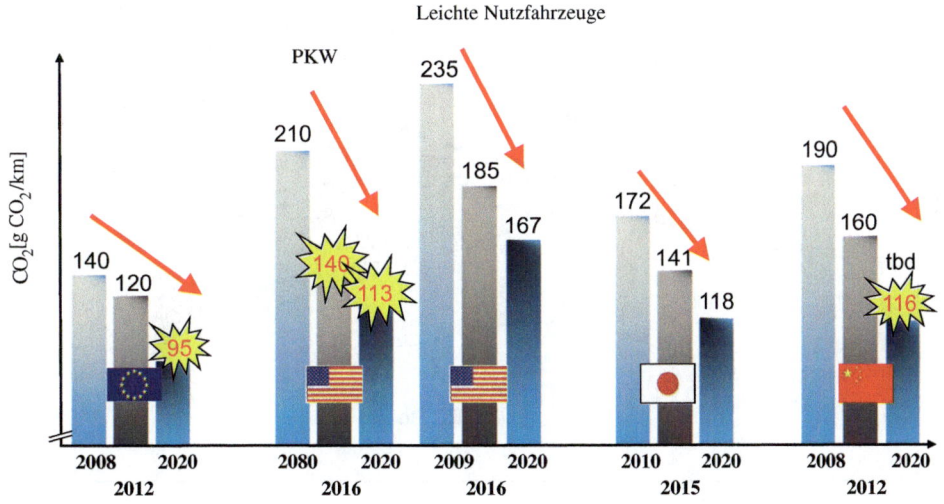

Abb. 4.3 Weltweit heterogene und schärfer werdende CO_2 Gesetzgebung. *Quelle* Daimler AG

Um gut auf die Zukunft vorbereitet zu sein, ist es zur Erreichung der CO_2-Emissionsreduktionsziele daher unabdingbar, sich mit der Wasserstoff- und Brennstoffzellentechnologie im Detail auseinanderzusetzen, weil hierin ein entscheidender Wettbewerbsvorteil für die Zukunft liegen könnte.

Bevölkerung Die individuelle motorisierte Mobilität wird heute fast zu 100 % mit verbrennungsmotorischen Antrieben abgedeckt. Diese Antriebstechnik belastet allerdings die Umwelt mit Schadstoff- und CO_2-Emissionen.

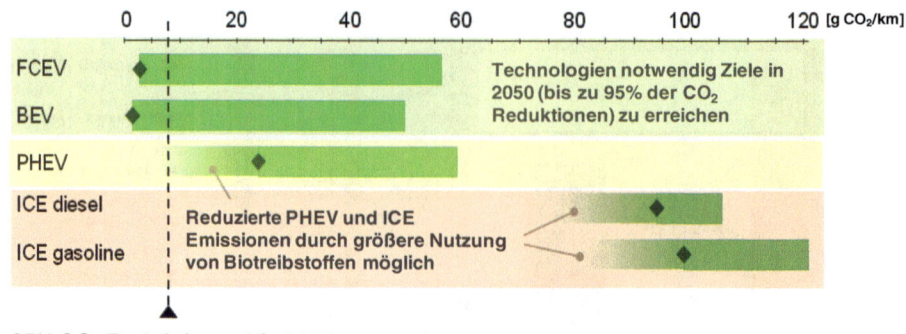

95% CO_2 Reduktionen bis 2050

Abb. 4.4 Vergleich von Antriebsystemen zur Erreichung der EU Ziele FCEV und BEV haben das größte Potenzial CO_2 und lokale Emissionen signifikant zu reduzieren [6]

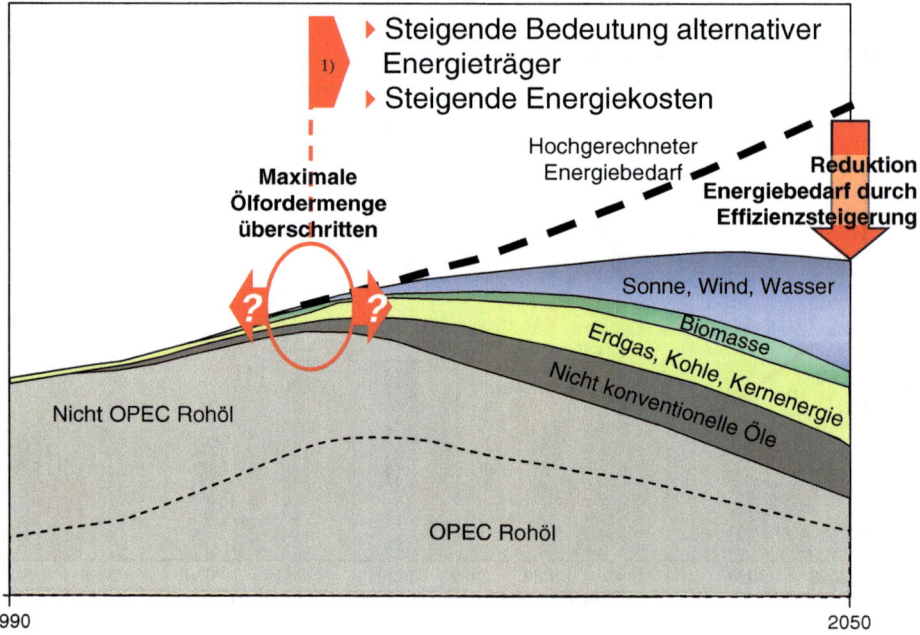

1) auf Basis der Erdölprognose der IEA (International Energy Agency)

Abb. 4.5 Prognose für die Verfügbarkeit fossiler Energieträger

Der Energieverbrauch wächst jährlich um etwa 4 % mit steigender Tendenz, sofern keine entsprechenden Gegenmaßnahmen eingeleitet werden. Ca. 80 % der gesamten Primärenergie kommt heute aus fossilen Rohstoffen, primär aus Öl ([7], Abb. 4.5).

Das rasante wirtschaftliche Wachstum in Schwellenländern und insbesondere China, Indien und Brasilien sorgt für eine noch steigende Tendenz des Energieverbrauchs.

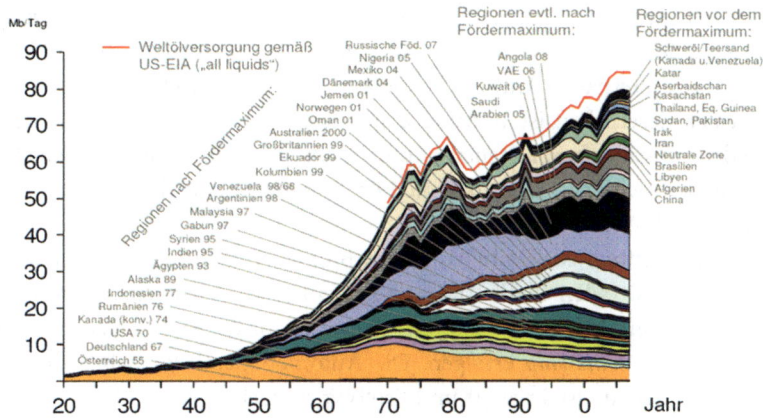

Abb. 4.6 Ölförderung nach Fördergebieten [8]

Abb. 4.7 Einflussfaktoren auf eine Nachhaltige Mobilität. *Quelle* Daimler AG

Echte Engpässe bei der Energieversorgung werden eher regional als global auftreten. Kohle und Öl sind die fossilen Rohstoffe, die in den letzten Jahrhunderten die Energieversorgung gesichert haben. Ölreserven werden aber immer knapper, so dass nach aktuellen Berechnungen die Spitze der Produktion bereits erreicht ist und die Reserven in etwa 40–50 Jahren aufgebraucht sind (Abb. 4.6). Das eigentliche Problem ist aber nicht die Menge der Reserven, sondern die hohen Kosten, sie zu erschließen.

Darüber hinaus kommen mehr als 30 % der Ölvorkommen aus politisch instabilen Regionen. Der Ölpreis steigt nach einer Pause während der Finanzkrise in 2008–2009 wieder stetig weiter.

Andere Effekte, wie zum Beispiel die immer stärker werdende Konzentration der Bevölkerung in Megacities oder die Sensibilisierung von Politik und Kunden, setzen die Autohersteller unter Druck, alternative Antriebstechnologien auf den Markt zu bringen (Abb. 4.7).

Aus Sicht der Gesellschaft ist es daher eine wesentliche Aufgabe, mit den zukünftigen Fahrzeugen den emissionsfreien Transport und bestmögliche Energieeffizienz zu bieten. Die Nachhaltigkeit lässt sich dabei gesamtheitlich im Rahmen von Well-to-Wheel–Vergleichen bewerten (siehe auch Abb. 4.11).

Die Marktvorbereitung zur Einführung von Brennstoffzellenfahrzeugen auf der Straße muss synergetisch mit allen in die Thematik involvierten Gruppen (Automobilfirmen, Energie- und Ölfirmen, Infrastrukturunternehmen, Behörden und Regierungen) im Sinne einer *Public-Private-Partnership* erfolgen. Die Automobilhersteller haben durch Darstellung zahlreicher Forschungsfahrzeuge und Prototypen nachgewiesen, dass die Technologie marktreif ist. Die Zuverlässigkeit und das technische Konzept haben mehrere Automobilhersteller erfolgreich unter Beweis gestellt, wie z. B. Mercedes-Benz während des World Drive 2011 mit drei F-Cell-Fahrzeugen um die Welt [9], General Motors während des Fuel Cell Marathons 2004 mit dem Hydrogen3 von Nordnorwegen nach Portugal [10], oder bei Touren im Rahmen von Förderprogrammen wie EU Projekt H2-Moves Scandinavia [11] von Oslo über Hamburg und Bozen nach Paris und zurück über Kopenhagen.

Zahlreiche Gemeinschaftsprojekte zwischen Automobilunternehmen, Ölfirmen, Behörden und Wasserstoff- Produzenten haben das Ziel, die Optimierung der Infrastruktur und die Wahrnehmung in der Öffentlichkeit zu gewährleisten. Die wesentlichen Projekte sind z. B. die California Fuel Cell Partnership (USA) [12], CEP (D) [13] und JAPAN [14].

Wichtige Förderprogramme zur Unterstützung der Markteinführung wurden in den letzten Jahren von DoE (USA), FCH-JU (EU), NIP (D) initiiert.

Fuel Cells and Hydrogen Joint Undertaking der EU (FCH JU) Das „Fuel Cells and Hydrogen Joint Undertaking" (FCH JU) ist eine gemeinsame Technologieinitiative zum Thema Wasserstoff und Brennstoffzellen im Rahmen des siebten EU Förderprogramms. Sie wurde 2007 ins Leben gerufen. In dieser Initiative werden alle EU-Aktivitäten zu Forschung, Entwicklung und Demonstration im Themenbereich Wasserstoff und Brennstoffzelle gebündelt. Ziel ist es die Markteinführung der Technologien zu beschleunigen. Die Initiative besteht aus der EU-Kommission sowie führenden Industrieunternehmen und Forschungseinrichtungen, die auf dem Gebiet Wasserstoff und Brennstoffzelle arbeiten. Die beteiligten Industrieunternehmen haben sich in dem NEW Industry Grouping (NEW-IG) zusammengeschlossen, die Forschungseinrichtungen im Research Grouping (N.HERGY). Die Initiative umfasst ein Gesamtbudget von 940 Millionen Euro, das in sechs öffentlichen EU-weiten Ausschreibungen von 2008 bis 2013 zur Verfügung gestellt wurde. Davon sind 470 Millionen Euro Fördermittel der EU. Die Themenbereiche der Initiative sind: Transportanwendungen und Wasserstoffinfrastruktur, Wasserstoffproduktion, Stationäre Anwendungen und Frühe Märkte. Zusätzlich gibt es querschnittliche Themen, wie z. B. Vorschriften, Codes und Standards oder Weiterbildung [15].

Nationales Innovationsprogramm Wasserstoff- und Brennstoffzellentechnologie (NIP) in Deutschland Die deutsche Bundesregierung sowie Industrie und Wissenschaft haben 2006 gemeinsam in strategischer Allianz das Nationale Innovationsprogramm Wasserstoff- und Brennstoffzellentechnologie (NIP) initiiert. Das NIP soll die Marktvorbereitung von Produkten der zukunftsgerichteten Technologie entscheidend beschleunigen. Das Gesamtbudget des auf zehn Jahre bis 2016 angelegten NIP beträgt 1,4 Milliarden Euro. Bereitgestellt wird die Summe je zur Hälfte von der deutschen Bundesregierung (dem Bundesministerium für Verkehr, Bau und Stadtentwicklung (BMVBS) und dem Bundesministerium für Wirtschaft und Technologie (BMWi)) und der beteiligten Industrie.

Der Fokus des NIP liegt neben groß angelegten Demonstrationsprojekten auch auf Projekten aus dem Bereich Forschung und Entwicklung. Die Demonstrationsprojekte werden zu umfassenden Leuchtturmprojekten gebündelt und finden unter realen Alltagsbedingungen statt. Dadurch arbeiten die Projektpartner gemeinsam und effizienter an Fragen und Herausforderungen. Das NIP ist in vier Programmbereiche unterteilt, um die zahlreichen Produkt- und Anwendungsmöglichkeiten der Wasserstoff- und Brennstoffzellentechnologie gleichermaßen nach vorne zu bringen und marktspezifische Herausforderungen bei der Marktvorbereitung gezielt angehen zu können. Die Programmbereiche sind im Einzelnen: »Verkehr und Wasserstoffinfrastruktur«, »Stationäre Energieversorgung«, »Spezielle Märkte« und »Wasserstoffbereitstellung«. In allen Programmbereichen liegt der Fokus, mit Blick auf serientaugliche Komponenten, explizit auch auf der Stärkung der Zulieferindustrie [16].

Wasserstoffinfrastrukturinitiative H$_2$-Mobility Führende Industrieunternehmen der Initiative H$_2$-Mobility (Fahrzeughersteller und Infrastrukturanbieter) arbeiten an der Umsetzung eines Geschäftsmodells zum Aufbau eines flächendeckenden Wasserstofftankstellennetzes in Deutschland. Ziel der Initiative ist es, die Serieneinführung von Brennstoffzellenfahrzeugen mit dem Aufbau einer Wasserstofftankstellen-Infrastruktur vorzubereiten. Im September 2009 hat die industrieübergreifende H$_2$-Mobility Initiative die Arbeit aufgenommen, im Rahmen einer Studie Szenarien für den Aufbau einer Wasserstoffversorgung in Deutschland zu entwickeln. Auf Basis dieser Studie hat H$_2$-Mobility im Jahr 2011 in einer zweiten Phase die Erfolgsaussichten eines Infrastrukturaufbaus bewertet und verschiedene Geschäftsmodelle sowie einen Fahrplan für die Umsetzung entwickelt. Die Initiative wird von der Nationalen Organisation Wasserstoff- und Brennstoffzellentechnologie (NOW) als Schnittstelle zur deutschen Bundesregierung begleitet. In der 2013 gestarteten dritten Phase der Vorbereitung verhandeln die Partner der Initiative die Gründung eines Gemeinschaftsunternehmens, um das Geschäftsmodell umzusetzen und in den Aufbau der Infrastruktur zu investieren.

Das Ziel ist es, vor allem in Deutschland die Wasserstofftankstellen-Basis für den Roll-out der Fahrzeuge zu schaffen. Ein zusätzlicher wichtiger Aspekt der Initiative besteht darin, eine Katalysatorwirkung für die europäischen Nachbarländer zu erzielen, um dort ebenfalls über weitere H$_2$-Mobility-Initiativen die Infrastrukturentwicklung voranzutreiben, was sich z. B. bereits in der Initiative UK H$_2$-Mobility manifestiert.

Wasserstoffverbrennungsmotoren Wasserstoff kann nicht nur katalytisch in einem Brennstoffzellen-System in Strom konvertiert und für Elektroantrieb genutzt werden, sondern auch verbrannt werden. Der Einsatz von Wasserstoff in Verbrennungsmotoren wurde bereits seit etwa 80 Jahren untersucht. Daimler hatte einen ersten Flottenversuch in Berlin während der 1970-er Jahre [17, 18]. BMW hat die Technologie bis 2010 sehr aktiv vorangetrieben. Obwohl Wasserstoff-Verbrennungsmotoren niedrige Schadstoffemissionen im Vergleich zu Ottomotoren haben, wird weiterhin NO_x emittiert. Aus dem Grund werden Fahrzeuge mit Wasserstoff-Verbrennungsmotoren nicht als ZEV eingestuft [4]. Außerdem ist der Wirkungsgrad von Wasserstoff-Verbrennungsmotoren nur ähnlich hoch wie der von konventionellen Verbrennungsmotoren, weshalb alle Fahrzeuge mit Wasserstoff-Verbrennungsmotoren einen kryogenen Flüssiggasspeicher benötigen, um akzeptable Reichweiten zu erreichen [19]. Die notwendige Wasserstoffherstellung und -verflüssigung erfordert einen hohen Energieaufwand, so dass die Gesamtenergiebilanz eines Fahrzeugs mit Wasserstoff-Verbrennungsmotor und Flüssigwasserstofftank nicht sehr effizient ist.

4.2   Elektrifizierung des Antriebstrangs

Die Automobilhersteller bieten bereits unterschiedliche Antriebskonzepte an, um die CO_2-Emissionen zu senken. Die Elektrifizierung mit verschiedenen Graden von Hybridisierung ist heute bereits auf dem Markt ohne Einschränkung bei vorhandener Infrastruktur verfügbar. Batterie-Fahrzeuge haben zwar keine lokale CO_2-Emissionen, verfügen aber nur über eine geringe Reichweite und benötigen relativ lange Wiederaufladezeiten. Die Lade-Infrastruktur, speziell für Schnellladung, ist noch unzureichend. Im Szenario für die Diversifizierung der Energiequellen und Reduktion der CO_2-Emissionen im Abgas spielen Wasserstoff-Brennstoffzellenfahrzeuge eine entscheidende Rolle in den Strategien inzwischen nahezu aller Automobilhersteller.

Die Automobilhersteller werden sukzessiv die Elektrifizierung des automobilen Antriebstrangs erhöhen bis hin zur emissionsfreien Mobilität. Abbildung 4.8 zeigt den steigenden Elektrifizierungsgrad im Antriebstrang.

Ein Wasserstoff-Brennstoffzellenfahrzeug hat nicht nur den Vorteil der lokalen CO_2 Nullemissionen, sondern auch keine bzw. sehr geringe CO_2-Emissionen bei der Herstellung des Treibstoffs. Das ist insbesondere der Fall, wenn die notwendige Energie aus regenerativen Energiequellen erzeugt wird, wie in Abb. 4.9 gezeigt. Aber auch wenn Wasserstoff aus Erdgas erzeugt wird, ist die gesamte CO_2-Emission eines Brennstoffzellenfahrzeugs in der Well-to-Wheel-Bilanz um 46 % niedriger als die eines Fahrzeugs mit Verbrennungsmotor ohne Hybridisierung. Der Vorteil resultiert aus dem im Vergleich zum Verbrennungsmotor sehr hohen Wirkungsgrad eines Brennstoffzellenantriebs.

Der Brennstoffzellenantrieb besitzt in Kombination mit einer kleinen Hybridbatterie zur Unterstützung beim Beschleunigen und zum Rekuperieren beim Bremsen einen sehr hohen Wirkungsgrad und damit einen niedrigen Energieverbrauch.

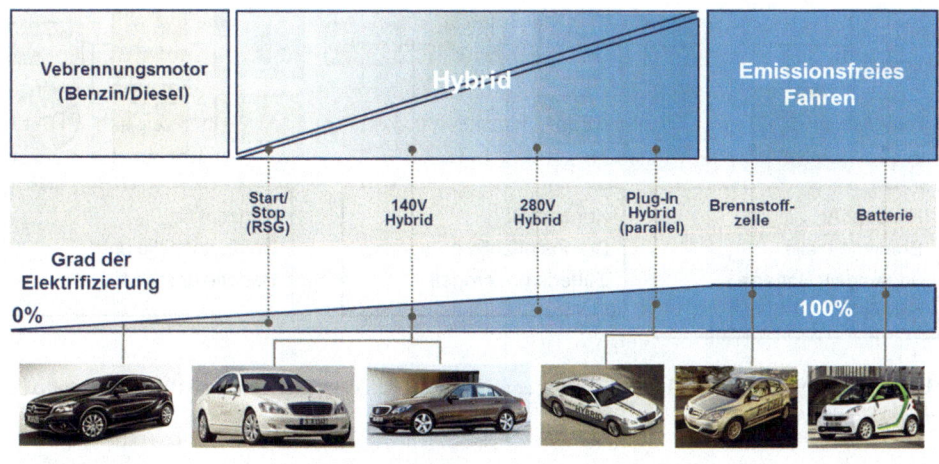

Abb. 4.8 Steigender Grad der Elektrifizierung im Antriebstrang. *Quelle* Daimler AG

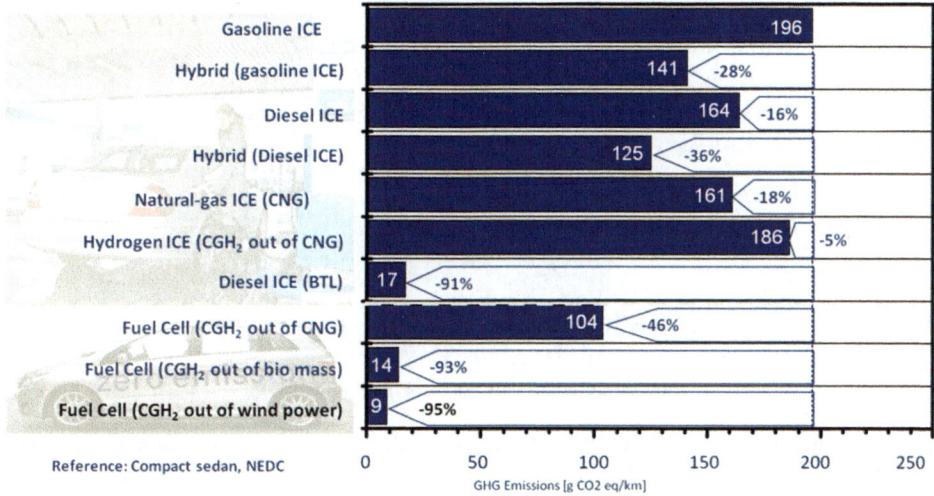

Abb. 4.9 Reduzierung der Treibhausgasemissionen in CO_2-Einheiten [gCO$_2$eq/km]. *Quelle* Daimler AG

Der Antriebstrang kann abhängig von Fahrzeuganforderungen und Gesamtenergiemanagement in unterschiedlichen Konfigurationen verschaltet werden, wobei eine Optimierung hinsichtlich Performance bzw. Kosten möglich ist. Abbildung 4.10 zeigt verschiedene Möglichkeiten der Hybridisierung.

Generell bieten Antriebe mit Brennstoffzelle bzw. mit Batterie die größten Potenziale zur Senkung der CO_2-Emissionen. Der Gesamtwirkungsgrad Well-to-Wheel ist dabei stark davon abhängig, aus welcher Primärenergie bzw. über welche Energieumwandlung die Energiebereitstellung erfolgt. In jedem Fall sind CO_2-Emission und Energieverbrauch der

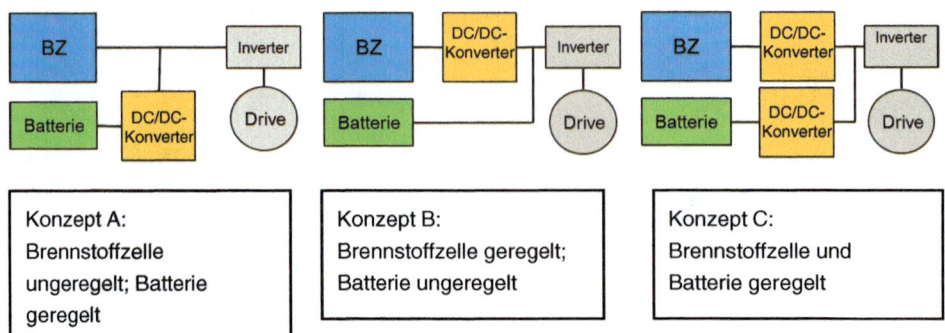

Abb. 4.10 Möglichkeiten der Hybridisierung eines Brennstoffzellen-Antriebstrangs (BZ=Brennstoffzelle). *Quelle* Daimler AG

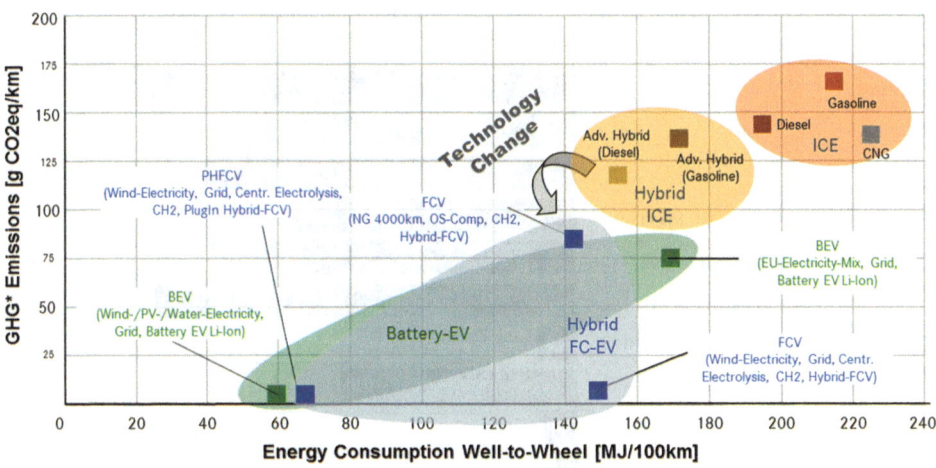

Abb. 4.11 Energiebilanz Folie (WtW). *Quelle* EUCAR/CONCAWE "Well-to-Wheels Report 2004"[20]; Optiresource, 2006 [21] Reference vehicle class: Compact Car (C-Segment)

beiden elektrischen Antriebsstränge niedriger als bei konventionellen Antrieben und bieten das größte Potenzial bei der Nutzung von regenerativer Energie (Abb. 4.11).

Neben den Verbrauchs- und Emissionsvorteilen sind wichtige Voraussetzungen für die Markeinführung der Brennstoffzellenfahrzeuge eine hohe Käuferakzeptanz und die ausreichende Verfügbarkeit der Wasserstoffinfrastruktur.

Im Zusammenhang mit den fluktuierenden Energien Wind und Sonne wird das sogenannte Power-to-Gas- oder auch E-Gas-Verfahren diskutiert [22]. Dabei verwendet man aus Solar- oder Windenergie erzeugte Elektrizität dazu, über Elektrolyse von Wasser Wasserstoff zu erzeugen. Unter Nutzung von aus anderen Prozessen emittiertem CO_2-Gas wird im nächsten Schritt durch Methanisierung aus Wasserstoff und CO_2 Methan (Erdgas) hergestellt. Das Methan wird in der Folge über die installierten Verteilwege (Erdgasnetz) zum

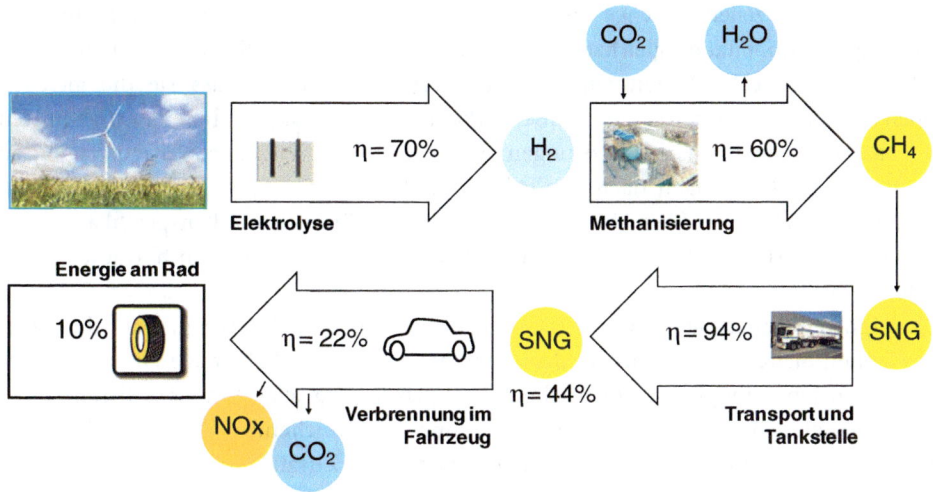

Abb. 4.12 Wirkungsgradkette der Erzeugung von synthetischem Methan aus erneuerbarer Elektrizität am Beispiel eines Fahrzeugs. Well-to-Wheel-Bewertung Synthetic Natural Gas (SNG) aus erneuerbaren Energiequellen [23]

„Endverbraucher" gebracht. Das kann ein Automobil (Dazu wird das Methan vorab noch komprimiert), eine Gasturbine oder direkt eine Gebäudeheizung sein. Wie die Abb. 4.12 am Beispiel des Automobils dargestellt, hat dieser Vorgang einen extrem schlechten Energie-Wirkungsgrad und führt außerdem bei zwar insgesamt gegebener CO_2-Neutralität (Es wird genauso viel CO_2 emittiert wie „verbraucht".) zu lokalen CO_2-Emissionen.

Es ist energetisch und im Hinblick auf die CO_2-Emissionen allerdings besser, den nach der Elektrolyse entstehenden Wasserstoff direkt z. B. in einem Verbrennungsmotor zu verwenden, der überhaupt keine CO_2-Emissionen hat, sondern lediglich geringfügige Stickoxidemissionen. Noch umweltfreundlicher wäre die Verwendung des Wasserstoffs in einem Brennstoffzellenfahrzeug bzw. die Speicherung des Gases für eine spätere Rückverstromung. Die Verfechter des Power-to-Gas-Verfahrens führen als Argument an, dass mit dem Prozess eine bereits vorhandene (Erdgas-)Infrastruktur verwendet werden kann. Dem ist entgegenzuhalten, dass Wasserstoff bereits heute dem über Leitungen verteilten Erdgas beigemischt werden kann und darf sowie Grundsatzuntersuchungen zu großtechnischen Wasserstoffspeichern erste vielversprechende Ergebnisse aufzeigen. Daher ist es fraglich, ob es sinnvoll ist, erhebliche Anstrengungen und finanzielle Ressourcen in ein Verfahren zu stecken, das hinsichtlich Wirkungsgrad und Emissionen signifikante Nachteile hat.

4.3   Anforderungen an Brennstoffzellenfahrzeuge und Brennstoffzellenantriebstränge

Für den nachhaltigen Erfolg eines Mobilitätskonzeptes ist es entscheidend, die Anforderungen aus allen Blickwinkeln zu verstehen und bestmöglich umzusetzen.

Die Brennstoffzellenfahrzeuge und – antriebe sind eine vielversprechende Lösung zur Sicherung der Mobilität bei gleichzeitiger Schonung der begrenzten Ressourcen auf der Erde.

Von neuen Technologien wird berechtigterweise erwartet, dass sie die gleichen hohen Sicherheitsstandards im Straßenverkehr erfüllen wie die bereits eingeführten und akzeptierten technischen Lösungen. Brennstoffzellenfahrzeuge werden analog zu den Verbrennerfahrzeugen nach den geltenden Vorschriften und Gesetzen entwickelt, geprüft und zertifiziert. Eine Herausforderung ist, die Brennstoffzellenspezifika in allen relevanten Märkten in den entsprechenden Vorschriften und Gesetzen harmonisiert zu hinterlegen.

Geeignete Maßnahmen, um die Sicherheit von Wasserstofffahrzeugen auf dem gleichen hohen Sicherheitsniveau wie dem der konventionellen Fahrzeuge zu garantieren, sind neben einer möglichst crashsicheren Unterbringung aller Wasserstoff-führenden Komponenten z. B. Sensoren zur Identifizierung von abweichenden Wasserstoffkonzentrationen als auch entsprechende Abschaltmechanismen. Zusätzlich werden zum Beispiel die Wasserstofftanks intensiven sicherheitstechnischen Typprüfungen unterzogen.

Aus Sicht der Kunden von Brennstoffzellenfahrzeugen muss neben oben erwähnten grundsätzlichen Anforderungen der jeweilige spezifische Wunsch nach Mobilität erfüllt werden.

Allein die Unterschiede in der Nutzung bei PKW, Transportern, Bussen oder auch LKW zeigen deutlich die Unterschiedlichkeit in den umzusetzenden technischen Lösungen. Weiterhin haben Einsatzort, Anspruch an Wirtschaftlichkeit und nicht zuletzt gewünschte Fahreigenschaften einen wesentlichen Einfluss auf die Anforderungen an ein Brennstoffzellenfahrzeug und seinen Antriebstrang.

Kleinserien und Versuchsflotten dienen auch dazu, die Kundenanforderungen besser zu verstehen und deren Umsetzung zu optimieren.

4.3.1 Technische Anforderungen

Einsatzort/Umweltbedingungen/Kaltstartfähigkeit Jeder Einsatzort bringt durch seine spezifischen Ausprägungen unterschiedlichste Anforderungen an den Brennstoffzellenantrieb mit.

Besonders auslegungsrelevant ist die zu erwartende Außentemperaturbandbreite. Hierdurch werden etwa die notwendige Kaltstartfähigkeit und die erforderlichen Kühlleistungen definiert.

Fahrstreckenlänge/Reichweite Ein bedeutsamer Vorteil von Brennstoffzellenantrieben gegenüber rein batterie-elektrischen Antrieben ist die höhere Reichweite. Für PKW des Kompaktwagensegments wird zum Beispiel mit einer Mindestanforderung von 400 – 500 km gerechnet.

Nutzungsdauer/Betankungszeit Neben der Reichweite bestimmt insbesondere die Betankungsdauer die Verfügbarkeit des Fahrzeugs für längere zusammenhängende Strecken/

Nutzungen. Derzeitige Konzepte von Wasserstofftanks und Tankstellen ermöglichen mit drei Minuten eine Betankungszeit in der gleichen Größenordnung wie konventionelle Antriebe. Das stellt einen deutlichen Vorteil in der Nutzung gegenüber rein batterie-elektrisch angetriebenen Fahrzeugen dar, deren Wiederaufladung ohne Schnellladung mehrere Stunden erfordert und selbst mit Schnellladung im zweistelligen Minutenbereich für eine Zwischenladung liegt.

Betriebskosten/Verbrauch/Wirkungsgrad Im engen Zusammenhang mit Reichweite und möglicher Nutzungsdauer stehen der Verbrauch an Wasserstoff (=Kraftstoff) und damit implizit der System-Wirkungsgrad. Für den Kunden spiegelt sich das nicht nur in den Nutzungsbedingungen, sondern insbesondere auch in den wichtigen Betriebskosten wider. Letzteres gilt in schärferem Maße noch für gewerblich genutzte Fahrzeuge.

Wertstabilität/Lebensdauer/Robustheit Die Wirtschaftlichkeit eines Fahrzeugs ist neben den laufenden Kosten abhängig von der Wertstabilität. Eine lange Gesamtnutzungsdauer und geringe Wartungskosten sind Schlüsselfaktoren. Alle Komponenten als auch der Systemverbund sind auf eine entsprechende Lebensdauer und Robustheit auszulegen.

Fahreigenschaften/-leistungen, Komfort Nicht zuletzt erwarten die Kunden von einem Brennstoffzellenfahrzeug Fahrleistungen auf dem Niveau der entsprechenden konventionellen Fahrzeuge. Systemleistung, Dynamik, Elastizität sowie Leistungsgewicht und maximale Geschwindigkeit sind für das Fahrgefühl entscheidend. Das Wohlbefinden der Insassen als auch der Umwelt wird entscheidend bestimmt durch die nicht zu unterschätzende Noise-Vibration-Harshness-Performance.

4.3.2 Legislative Anforderungen – Gesetzgebung

Über die Kundenanforderungen hinaus sind wie bei den konventionellen Antrieben alle relevanten Gesetze und Richtlinien zum Betrieb und zur Zulassung von Brennstoffzellenfahrzeugen zu erfüllen. Genannt seien beispielhaft die SAE J2601 für die Betankungsschnittstelle, die europäische Druckgeräteverordnung EC79/2009 oder auch die ISO26262 zur funktionalen Sicherheit.

4.3.3 Fahrzeugherstellerinterne Anforderungen

Neben den Kundenanforderungen und der Umsetzung der legislativen Vorschriften und Richtlinien stellen sich für den Hersteller wichtige wirtschaftliche Herausforderungen, um ein Brennstoffzellenfahrzeug zum Erfolgsmodell werden zu lassen. Die Wirtschaftlichkeit eines solchen Fahrzeugs, bzw. eines Wasserstoffantriebs muss über eine vorgegebene Zeit darstellbar sein.

In die Brennstoffzellentechnologie sind von führenden Automobilunternehmen beträchtliche Mittel (jeweils in Milliardenhöhe) investiert worden.

Zu den Kosten der brennstoffzellenspezifischen Komponenten gehören neben dem eigentlichen Brennstoffzellenantrieb auch die damit verbundenen Folgekosten wie z. B. die entsprechende Weiterentwicklung der Produktionsstätten etwa im Hinblick auf Wasserstofftauglichkeit oder notwendige Anpassungen im After Sales Bereich wie Qualifikation der Mitarbeiter. Entscheidend für den langfristig wirtschaftlichen Erfolg der Brennstoffzellenantriebe werden neben den Investitionen die Kosten pro Fahrzeug bzw. Antrieb sein. Damit ist eine der Hauptherausforderungen der nächsten Jahre, die entsprechenden Materialkosten auf ein wettbewerbsfähiges Niveau zu bringen.

Nicht zu unterschätzen ist hierbei die Rolle der Lieferanten, die den Standards der Automobilwirtschaft in einem hoch innovativen Umfeld gerecht werden müssen.

In der Produktion gilt es, die Abläufe, Prozesse und einzusetzende Produktionsmittel so zu konzipieren, dass ein für die zu erwartende Stückzahl optimales Kosten-Leistungs-Gerüst entsteht. Insbesondere die Evolution von der Kleinserie in Richtung Großserie stellt die Hersteller vor neue Herausforderungen. Studien haben gezeigt, dass es grundsätzlich möglich ist, das Ziel wettbewerbsfähiger Kosten zu erreichen [6, 24].

4.4 Technische Umsetzung eines Brennstoffzellenantriebstranges

4.4.1 PKW Überblick Systeme/Komponenten im Antriebstrang

Die Hauptsysteme eines typischen Brennstoffzellenantriebs in der PKW Anwendung sind:

- Luftmodul
- Wasserstoffmodul
- Brennstoffzellenstack
- Wasserstoffspeicher (-Tank)
- Elektromotor
- Hochvoltbatterie

Luftmodul, Wasserstoffmodul und Brennstoffzellenstack werden zusammen auch als Brennstoffzellensystem bezeichnet. Eine Überblicksdarstellung zum Brennstoffzellenantrieb findet sich zum Beispiel in [25].

Die Integration des Brennstoffzellensystems ins Fahrzeug kann im Wesentlichen in zwei Konzepte unterschieden werden:

- Unterboden-Package (Abb. 4.13)
- Motorraum-Package (Abb. 4.14)

Abb. 4.13 Systeme eines Brennstoffzellenantriebs am Beispiel einer Mercedes-Benz B-Klasse (Unterboden-Package). *Quelle* Daimler AG

Abb. 4.14 Packaging eines Brennstoffzellentriebkopfes. *Quelle* Daimler AG

4.4.2 VAN – Spezifische Ausprägungen

Vans oder auch leichte Transportfahrzeuge sind ebenso wie Stadtbusse eine sehr gut geeignete Anwendung für Brennstoffzellenantriebe. Das Nutzungsprofil solcher Fahrzeuge, z. B. Lieferfahrzeuge im Stadtverkehr, hat den Vorteil, dass die Fahrzeuge meist in einem zentralen Depot betankt werden können, so dass nur eine lokale H_2-Tankstelle erforderlich ist und kein flächendeckendes Tankstellennetz.

Abb. 4.15 Mercedes-Benz F-Cell Sprinter (HySYS) *Quelle* Daimler AG

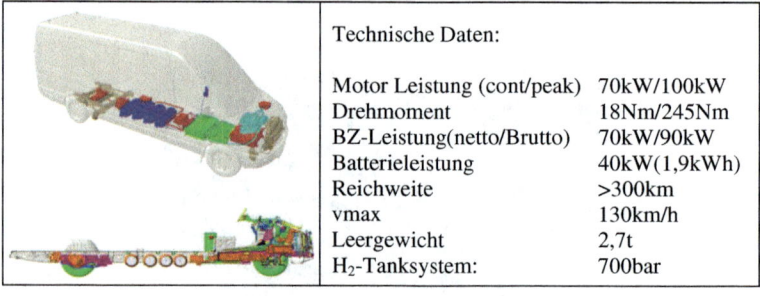

Abb. 4.16 Integration eines Brennstoffzellenantriebstrangs im Mini-Bus. *Quelle* Daimler AG

Die Leistungsanforderung an das Brennstoffzellensystem bei einer Van-Anwendung ist vergleichbar mit der des PKWs. Damit kann im Wesentlichen die Technik aus PKW-Anwendungen übernommen werden. Das höhere Gewicht erfordert lediglich eine etwas größere Hochvoltbatterie, um eine ausreichende Beschleunigung des Fahrzeugs sicherzustellen. Die Platzverhältnisse erlauben weiterhin eine Vergrößerung der Wasserstofftanks, wodurch eine Reichweitenanpassung möglich ist.

Im Rahmen des EU-Förderprojekts HySYS wurde 2010 ein Mercedes-Benz Sprinter mit Brennstoffzellenantrieb aufgebaut und getestet (siehe Abb. 4.15, [26]). Ziel des 2005 von 25 Projektpartnern aufgelegten Projekts war es, Brennstoffzellenantriebs- und Systemkomponenten weiter zu entwickeln und die Zusammenarbeit zwischen OEMs, Zulieferern und wissenschaftlichen Instituten im europäischen Raum zu intensivieren.

Die Abb. 4.16 zeigt die Installation des Brennstoffzellenantriebstrangs im Unterboden.

Abb. 4.17 Mercedes-Benz Citaro Fuel Cell Hybrid. *Quelle* EvoBus GmbH

4.4.3 Bus – Spezifische Ausprägungen

Stadtbusse in der Standardvariante von 12 m Länge (wie z. B. in Abb. 4.17) und Gelenkbusse mit einer Länge von 18 m sind optimale Anwendungen für die Brennstoffzellentechnologie. Die Vorteile der Brennstoffzellentechnologie bei Stadtbussen sind vor allem der Null-Emissionsausstoß sowie das geräuscharme Fahren in der Stadt. Dies kommt nach Umfragen bei den Bus-Betreibern, den Bus-Benutzern und den Bürgern sehr positiv an. Ein weiterer Vorteil ist bei der Wasserstoffbetankung zu sehen, da die Busse am Ende der Schicht im Busdepot betankt werden können, wo idealerweise sich auch die Tankstelle befindet.

Busse in den beiden Kategorien benötigen eine Leistung zwischen 160 kW und 200 kW am Rad und abhängig vom Grad der Hybridisierung durch eine Batterie oder Ultra-CAP (Kondensator) eine Brennstoffzellenleistung zwischen 80 kW und 160 kW. Interessant ist dabei, dass die unterschiedlichen Leistungsanforderungen der 12 m und 18 m Stadtbusvariante entweder mit einem oder mit zwei parallelgeschalteten PKW Brennstoffzellensystemen erreicht werden kann.

Der Einsatz von PKW-Brennstoffzellensystemen bzw. die Verblockung auf Submodulebene ermöglicht dadurch einen kostengünstigen Brennstoffzellenantrieb für Busse. In mehreren Demonstrationsprojekten und Kleinserien hat Daimler zusammen mit Evobus den Einsatz von PKW Brennstoffzellen für Busanwendungen bereits vorgestellt.

Die Reichweite der Busse wird durch die Größe des Tanksystems und dessen Inhalt bestimmt. Die Größe des Tanksystems wird so ausgelegt, dass eine Tankfüllung für den ganzen Tag (d. h. eine Schicht) im Linieneinsatz ausreicht. Ein Standardstadtbus führt heute bei einer Reichweitenanforderung von 250 km ca. 30 kg Wasserstoff mit. Im realen Fahrzyklus liegen die gemessenen Verbräuche zwischen 10 kg/100 km und 15 kg/100 km. Der Verbrauch ist dabei abhängig von dem jeweiligen Fahrprofil, wie z. B. innerstädtischem Busverkehr gegenüber Überlandverkehr (Abb. 4.18).

Es gibt zwei Grundkonzepte für die Integrationsmöglichkeiten des Brennstoffzellensystems im Bus: auf dem Dach oder im Hinterwagen. Beide Konzepte wurden erfolgreich im Citaro Fuel Cell Hybrid von Evobus (Abb. 4.19a, b) getestet. Durch weitere Reduktion von

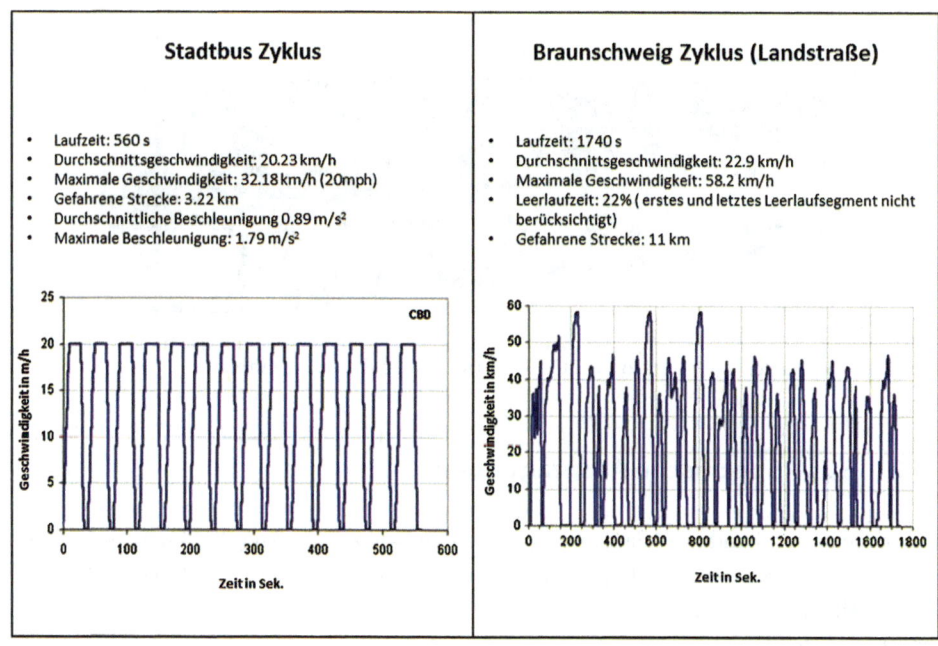

Abb. 4.18 Typische Fahrprofile. *Quelle* Daimler AG

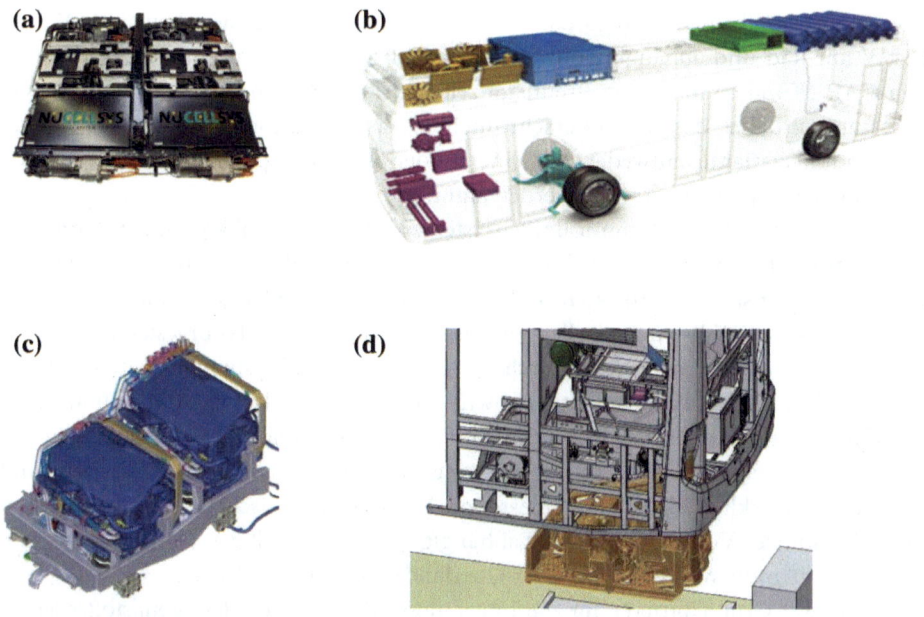

Abb. 4.19 Integrationsmöglichkeiten für Brennstoffzellensysteme in Bussen. NaBuZ-Preparation Projekt 03BV114A. **a** BZ-Dualsystem (Generation 3), **b** Aufdachmontage BZ-Dualsystem, **c** BZ-Dualsystem (Generation 4), **d** Hinterwagenmontage BZ-Dualsystem. *Quelle* NuCellSys GmbH

Abb. 4.20 Tanksystem quer
Citaro Fuel Cell Hybrid.
Quelle Daimler AG

Abb. 4.21 Tanksystem längs.
Quelle Wikimedia Common

Gewicht und Volumen bietet die aktuelle Generation des Brennstoffzellensystems die Möglichkeit den räumlich engen Hinterwagenbereich zu nutzen. Dort wo beim Dieselbus die Motor-Getriebeeinheit Platz findet, kann ein duales oder einzelnes PKW Brennstoffzellensystem in einem Aggregateträger eingebaut werden (Abb. 4.19c, d).

Sehr wichtig für einen Bus sind die Dimensionierung und die Installation des Tanksystems. Durch die Modularität kann die Anordnung der Behälter quer (Abb. 4.20) oder längs (Abb. 4.21) zur Fahrtrichtung montiert werden. Ziel ist es, einen möglichst hohen Verblockungsgrad bei Bus, Truck und Van zu erreichen.

H_2-Brennstoffzellen-Busse sind im urbanen Verkehr Europas die beste Alternative zu verbrennungsmotorisch angetriebenen Bussen: In Bezug auf Leistung, Flexibilität und Infrastrukturkosten pro km sind mittel- bis langfristig Brennstoffzellenbusse die bessere Wahl im Vergleich zu konventionellen Antrieben, wie eine Studie zu den Möglichkeiten der CO_2-Reduktion bei Stadtbussen ergibt [27].

4.5   Hauptsysteme eines Brennstoffzellenantriebs

4.5.1   Brennstoffzellenstack

Für automobile Anwendungen werden ausschließlich PEM (Polymer Electrolyte Membrane oder Proton Exchange Membrane) Zellen benutzt. Zwei Hauptvorteile bieten diese Zellen: die Kaltstartfähigkeit und die Leistungsdichte. Werden mehrere Einzelzellen „gestapelt" und elektrisch in Serie verbunden, spricht man vom Brennstoffzellenstack (Abb. 4.22).

Funktion einer Brennstoffzelle

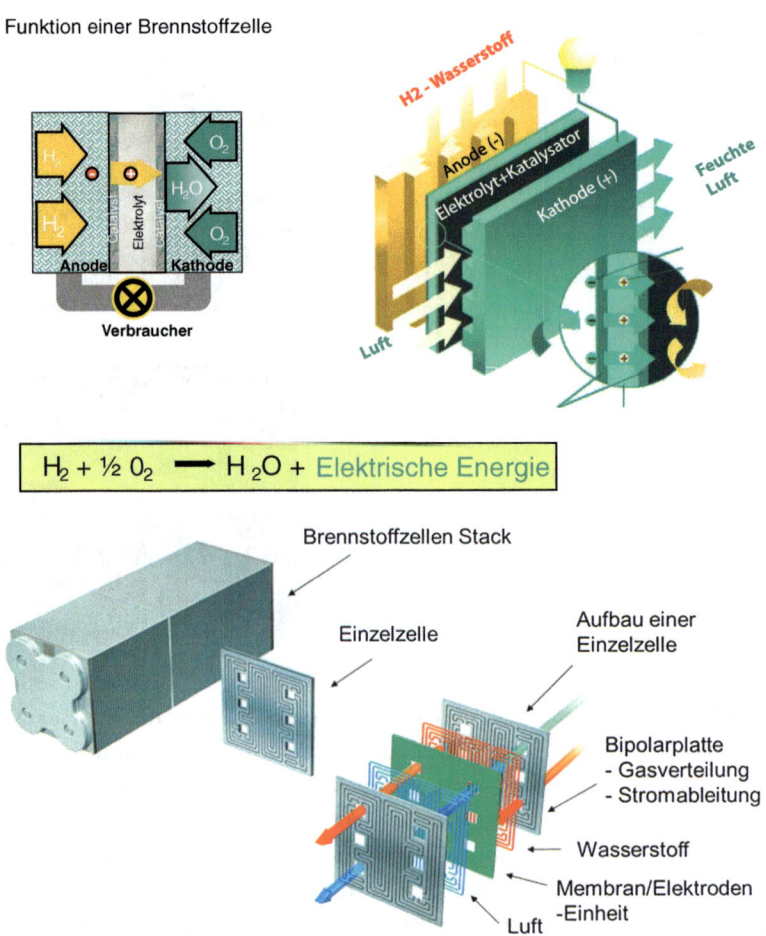

Abb. 4.22 Aufbau einer Zelle (*oben*) und eines Stacks (*unten*)

Nach der Definition der nötigen Spannungsanforderungen (maximale und minimale Spannung) werden die Details aus der Polarisationskurve abgeleitet. Damit werden auf Einzelzellenebene Stromdichte und Betriebspunkt festgelegt, z. B. 0,7 V bei 1 A/cm² (siehe Abb. 4.25).

4.5.1.1 Polymermembran und Gas Diffusion Layer (GDL)

Eine Polymermembran teilt eine Zelle in zwei „Kammern" (Elektroden): In die eine Seite wird der Sauerstoff (Oxidationsmittel) geführt und in die andere Wasserstoff (Reduktionsmittel). Die Redoxreaktion ermöglicht dem Wasserstoff mit Sauerstoff kontrolliert zu reagieren (keine Knallgasreaktion). Dabei werden Strom, Wasser und Wärme produziert.

Die Polymermembran ist der Elektrolyt der Zelle. Die Membran ist gas-dicht, protonenleitend und ist zwischen 5 und 200 μm dünn.

Abb. 4.23 *Links* Carbonplatte mit Dichtung. *Quelle* ZSW. *Rechts* Metallplatte mit Dichtung, Daimler AG

Über die Membran ist die GDL-Schicht gepresst, die normalerweise aus hochporösem Carbon-Papier oder Kohlefasergewebe besteht. Die GDL hat mehrere Funktionen, u. a. die gleichmäßige Verteilung des Gases sowie das „Absaugen" des Produktwassers. Die GDL-Schicht ist porös und elektrisch leitfähig.

Membran oder GDL sind mit einem Katalysator beschichtet um die Redoxreaktion zu unterstützen. Der Katalysator ist in unterschiedlicher Menge auf beide Seiten der Membran aufgebracht. Dazu werden nach dem Stand der Technik Platin (Pt) oder Platin-Legierungen, z. B. Platin-Ruthenium (Pt-Ru) verwendet.

4.5.1.2 Bipolarplatten

Die Gase werden in den Kammern über Kanäle in den sogenannten Bipolarplatten verteilt. Bipolarplatten können auf Carbon- oder Metall-Basis hergestellt werden.

Die Entscheidung für ein Bipolarplattenmaterial und -design hängt stark vom zur Verfügung stehenden Einbauraum ab. Bei hohen Anforderungen an die Leistungsdichte sind metallische Bipolarplatten besser geeignet. Hiermit sind Zelldicken, ein sogenannter „cell pitch", von ca. 1,2–1,5 mm darstellbar, wodurch volumetrische Leistungsdichten von etwa 2 kW/l erreicht werden können. Allerdings stellt die metallische Bipolarplatte höhere Anforderungen an die Korrosionsbeständigkeit, was einen hochwertigen Oberflächenschutz erfordert. Bei Carbon-basierten Platten gibt es diese Herausforderung nicht, weil ihr Grundwerkstoff korrosionsbeständig ist. Darüber hinaus ermöglicht die Carbon-Bipolarplatte eine höhere Flexibilität hinsichtlich der unabhängigen Gestaltung und Optimierung der einzelnen Medienverteilerstrukturen. Das liegt daran, dass die Kanäle in Carbon-Platten auf der Vorder- und Rückseite der Platte unabhängig gestaltet werden können. Bei geprägten Metallplatten ist dieses aufgrund des anderen Umformverfahrens nicht möglich (Abb. 4.23).

4.5.1.3 Dichtung

Die Dichtungen zwischen den einzelnen Stackzellen haben die Aufgabe, die jeweiligen Reaktanden und das Kühlmedium voneinander zu trennen und gegenüber der Umgebung abzudichten. Die Anforderungen an die Dichtungen sind hoch, z. B. müssen sie

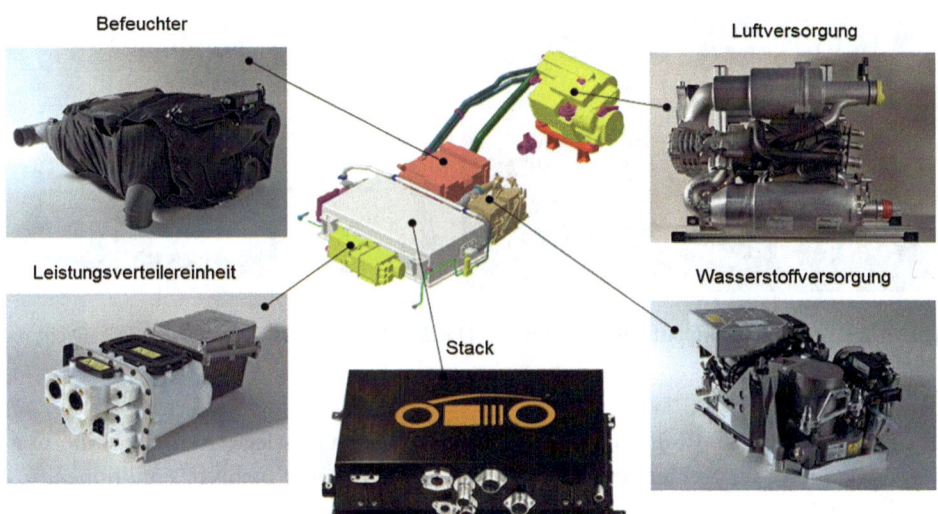

Abb. 4.24 Subsysteme und Stack integriert in die Mercedes Benz B-Klasse. *Quelle* Daimler AG

unter mechanischen, thermischen und chemischen Belastungen eine entsprechende Langzeitbeständigkeit nachweisen. Für eine automatisierte Stackfertigung werden derzeit verschiedene Dichtungskonzepte eingesetzt:

1. Dichtung auf der Bipolarplatte
2. Dichtung auf der Membran-Elektroden-Einheit (Membrane Electrode Assembly: MEA)

Unabhängig vom gewählten Dichtungskonzept wird der Zellstapel, bestehend aus Bipolarplatten und den dazwischen liegenden MEAs, an beiden Enden mit Endplatten versehen und mit Spannbändern oder Zugankern als Stack verspannt. Über die Endplatten erfolgt auch die Zu- und Abführung der Medien, die über integrierte Verteilerstrukturen dem Zellenstapel zugeführt werden.

4.5.2 Brennstoffzellensystem

Ein Brennstoffzellensystem besteht prinzipiell aus einem Brennstoffzellenstack, einem Luftversorgungssystem einschließlich einer Befeuchter-Einheit und einem Wasserstoffversorgungsmodul (Abb. 4.24).

Der Brennstoffzellenstack wandelt Wasserstoff und den Luftsauerstoff in elektrische Energie um. Er besteht meist aus mehreren hundert Einzelzellen, die elektrisch in Serie verschaltet sind. Jede Zelle wird mit Wasserstoff und Luft versorgt, die durch eine Kanalstruktur in den Bipolarplatten strömen.

Das Kühlwasser vom Fahrzeugkühler wird durch einen dritten Kanal in der Bipolarplatte geleitet, um die Reaktionswärme abzuführen.

4.5.2.1 Wasserstoffversorgungsmodul

Der Wasserstoff aus dem Tank wird über ein Wasserstoffmodul der Brennstoffzelle zugeführt. Dieses Modul hat die Funktion, den Wasserstoff für den Brennstoffzellenstack bereitzustellen und das Wasser-Management auf der Anodenseite sicherzustellen. Es besteht aus einem Druckregler, einem Kondensat-Abscheider, einer Wasserstoff-Rezirkulationseinheit und Ventilen für das Ableiten von Kondensat und akkumulierten Inertgasen.

4.5.2.2 Luftversorgung

Den für den Betrieb notwendigen Sauerstoff bekommt die Brennstoffzelle aus zugeführter Luft, die über ein Luftversorgungssystem bereitgestellt wird, welches abhängig von der angeforderten Leistung, die angesaugte Luft auf einen optimalen Arbeitsdruck der Brennstoffzelle verdichtet und den erforderlichen Luftmassenstrom bereitstellt. Die Hauptkomponente des Luftversorgungssystems ist ein Luftverdichter, der von einem Hochspannungs-Hilfsantrieb angetrieben wird.

Bevor die komprimierte Luft der Brennstoffzelle zugeführt wird, wird sie zunächst mittels eines Ladeluftkühlers heruntergekühlt und mittels einer Befeuchtereinheit befeuchtet. Im Befeuchter wird in der Brennstoffzelle entstehendes Produktwasser von der Abluftleitung auf die Luftansaugseite transportiert.

4.5.2.3 Spannung/Stromversorgung

Die von der Brennstoffzelle erzeugte elektrische Leistung wird einerseits für den elektrischen Fahrantrieb verwendet, zum anderen werden damit alle Hochvoltverbraucher im Brennstoffzellensystem und im Fahrzeug versorgt. Die Verzweigung des Stroms auf die einzelnen Verbraucher erfolgt in einer Verteilerbox (Power Distribution Unit – PDU), die direkt an den beiden elektrischen Polen des Brennstoffzellenstacks montiert ist. Die Einheit beinhaltet auch alle für die Hochvoltsicherheit erforderlichen Vorrichtungen, z. B. eine eigenständige Sicherheitselektronik, Schütze für die galvanische Trennung, Sicherungen zum Schutz der einzelnen Verbraucher sowie die notwendigen Steckkontakte für die Hochvoltverkabelung.

4.5.2.4 Steuerung/Regelung Gesamtprozess

Der Betrieb des Brennstoffzellensystems wird von einem eigenen Steuergerät (Fuel Cell Control Unit – FCU) geregelt und überwacht. Das Steuergerät kommuniziert über eine CAN-Schnittstelle mit dem Fahrzeugsteuergerät und steuert den hochdynamischen Prozess zur Bereitstellung von Wasserstoff und Luft. Darüber hinaus regelt die Einheit auch alle Prozesse, wie z. B. den Startvorgang und die Abschaltprozeduren, so wie das gesamte Wassermanagement.

4.5.2.5 Einflussfaktor Luftversorgung

Die Luftversorgung hat einen großen Einfluss auf die Leistung und den Gesamtwirkungsgrad des Brennstoffzellensystems. Die spezifische Stackleistung wird durch den

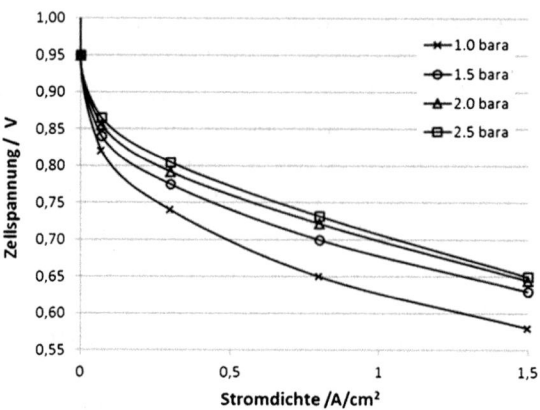

Abb. 4.25 Einfluss des Luftbetriebsdrucks auf die Spannung der Brennstoffzelle. *Quelle* Daimler AG

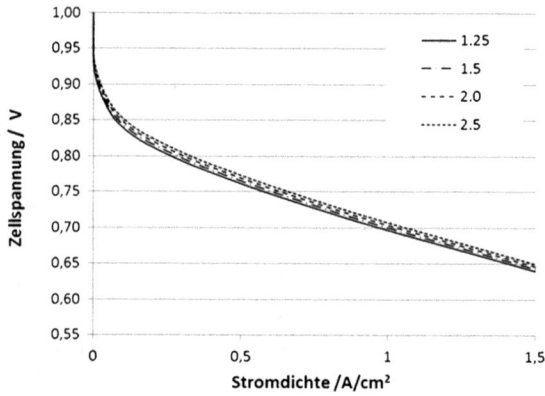

Abb. 4.26 Einfluss der Luftstöchiometrie auf die Spannung der Brennstoffzelle. *Quelle* Daimler AG

Druck der zugeführten Luft beeinflusst. Abbildung 4.25 zeigt beispielhaft, wie die Brenn-stoffzellenkennlinie vom Druck der zugeführten Luft abhängt. Das Beispiel zeigt auch, dass kein proportionaler Zusammenhang besteht, sondern die Brennstoffzellenleistung unter hohen Drücken bei weiterer Drucksteigerung nur noch wenig zunimmt.

Die Luftstöchiometrie ist ein weiterer Parameter, der die Leistung der Brennstoffzelle beeinflusst. Die Stöchiometrie ist definiert als das Verhältnis des eingebrachten Sauer-stoffmassenstroms im Vergleich zum Sauerstoffverbrauch der Brennstoffzelle. Die Leis-tung der Brennstoffzelle kann durch Erhöhung der Luftstöchiometrie gesteigert werden (Abb. 4.26). Das erfordert einen höheren Luftmassenstrom von der Luftversorgungsein-heit, die dadurch eine höhere elektrische Leistungsaufnahme hat, wodurch allerdings der Wirkungsgrad des Gesamtsystems wiederum reduziert wird.

Beide Parameter, Luftdruck sowie die Luftstöchiometrie, sind wichtig für die Auslegung und das Design des Luftmoduls. Es muss ein Gesamtoptimum zwischen Leistungszuwachs der Brennstoffzelle und Leistungsaufnahme des Luftverdichters ermittelt werden. Der Zusammenhang spiegelt den Einfluss der Nebenaggregate, insbesondere des Luftverdichters, auf den Wirkungsgrad des Brennstoffzellensystems wider.

Die Optimierung des Parameters Luftdruck beeinflusst die Brennstoffzellenleistung also signifikant. Die Optimierung muss für jedes Brennstoffzellensystem individuell erfolgen, weil die Druckabhängigkeit von der jeweiligen Brennstoffzellentechnologie und die Hilfsleistung des Luftverdichters von der gewählten Kompressortechnologie und deren Aufbau (mit oder ohne Energierückgewinnungseinheit) bestimmt wird.

4.5.3 Hochvolt (HV) - Architektur

Bisher gibt es noch keine „goldene Regel", wie eine hinsichtlich Performance und Kosten optimale HV-Architektur aussieht. Es gibt mindestens zwei grundsätzlich unterschiedliche HV-Architekturen [28]:

* Geringe Anzahl von Stackzellen mit nachgeschaltetem DC/DC-Wandler zur Spannungserhöhung und –stabilisierung
* Hohe Anzahl von Stackzellen ohne DC/DC-Wandler mit variablem Spannungsniveau

4.5.4 Betriebsführungsherausforderungen Wirkungsgrad und Kaltstart

4.5.4.1 Wirkungsgrad

Beim Verbrennungsmotor ist der theoretisch maximal erreichbare Wirkungsgrad durch den Carnot-Prozess limitiert. Im Gegensatz dazu unterliegt der Wirkungsgrad einer Brennstoffzelle keiner thermodynamischen Limitierung, sondern ist durch die Enthalpie des zugrundeliegenden elektrochemischen Prozesses bestimmt [29]. Im Wesentlichen ist der Wirkungsgrad des Brennstoffzellensystems abhängig von der Brennstoffzellen-Polarisationskurve und dem Verbrauch der notwendigen Nebenaggregate [30]. Der Hauptverbraucher ist dabei die Luftversorgung, welche die Umgebungsluft auf den Arbeitsdruck der Brennstoffzelle verdichtet (Abb. 4.27).

Bezüglich des Wirkungsgrades sind die beiden großen Vorteile der Brennstoffzelle, dass sie keiner Carnot-Limitierung unterliegt und dass ihr höchster Wirkungsgrad bei relativ niedriger Leistung (Teillast) liegt. Letzteres wirkt sich besonders positiv auf den Verbrauch in einem üblichen Fahrzyklus von Pkw aus, wo kleine Leistungen im Stadtverkehr dominieren. Im hohen Lastbereich gibt es keine signifikanten Unterschiede im Wirkungsgrad zwischen Verbrennungsmotor und Brennstoffzelle. Hier hat der Verbrennungsmotor eine ähnlich hohe Effizienz wie das Brennstoffzellensystem.

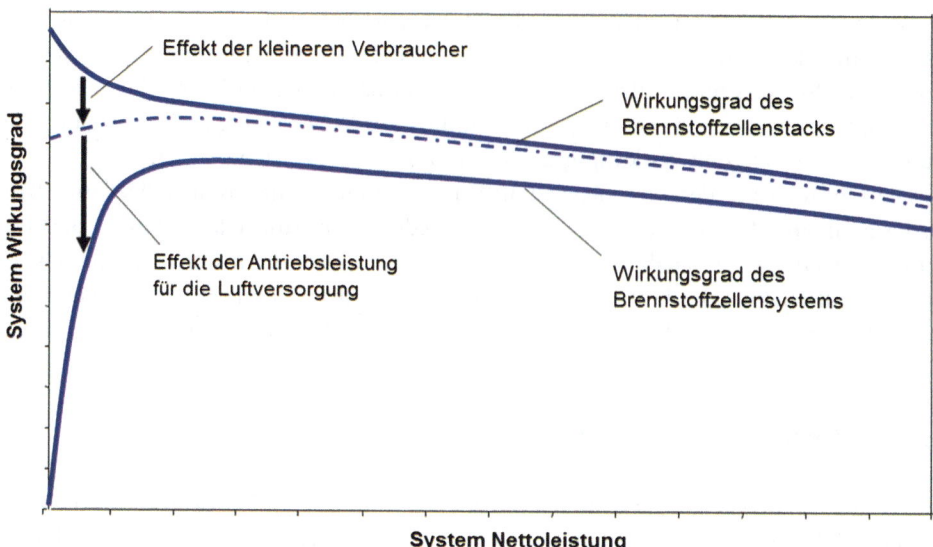

Abb. 4.27 Effekt der Wirkungsgradveränderung unter dem Einfluss des Luftmoduls. *Quelle* Daimler AG

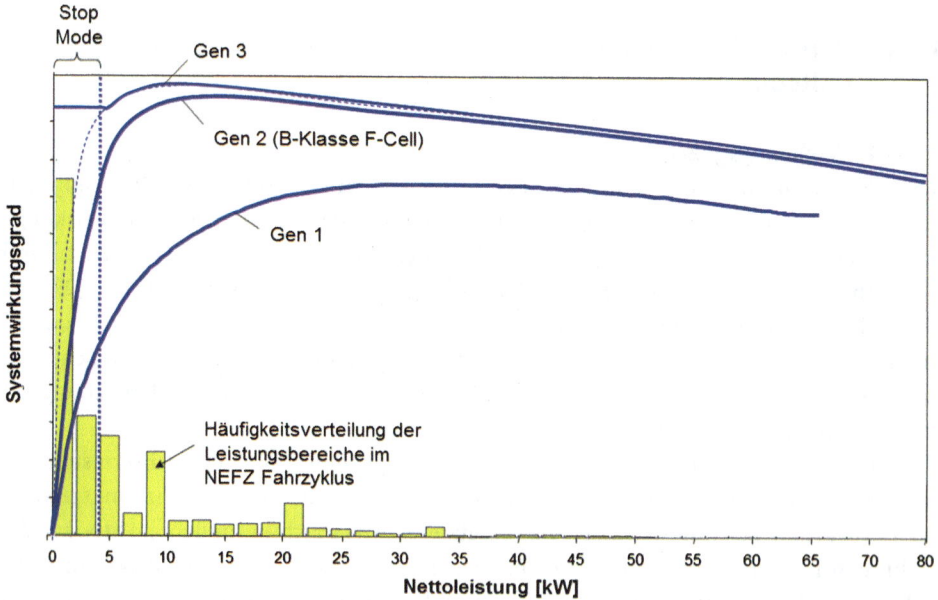

Abb. 4.28 Kontinuierliche Verbrauchsoptimierung der Brennstoffzellensystemgenerationen durch Optimierung des Teillastwirkungsgrads. *Quelle* Daimler AG

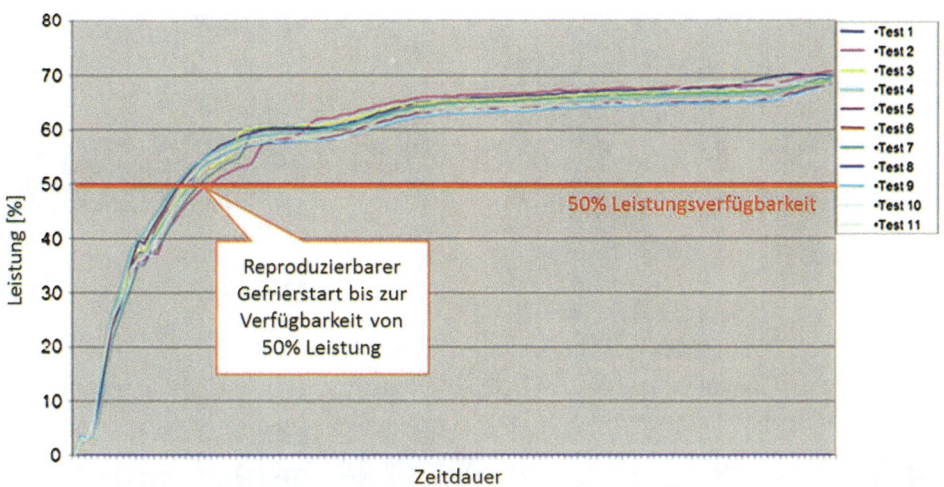

Abb. 4.29 Zeitlicher Leistungsverlauf von wiederholt durchgeführten Gefrierstartversuchen einer Mercedes-Benz B-Klasse F-Cell Brennstoffzellensystems. *Quelle* Daimler AG

Die Optimierung des Wirkungsgrads von Brennstoffzellensystemen geht deshalb vornehmlich in zwei Richtungen, zum einen die Aktivierungsverluste der Brennstoffzelle zu minimieren [29], um eine bessere Polarisationskurve zu erzielen, zum anderen den Verbrauch der Nebenaggregate – speziell im Teillastbereich – zu senken (Abb. 4.28).

4.5.4.2 Kaltstart

Der Kaltstart ist für die Brennstoffzellentechnologie eine Herausforderung, die vergleichbar ist mit der komplexen Aufgabe, die Stickstoffdioxide im konventionellen Verbrennerantrieb zu minimieren. Im Brennstoffzellenstack bzw. in der Kathode wird reines Wasser produziert, welches naturgemäß unter Null Grad gefriert. Treten gefrorene Wassertropfen auf, besteht die Gefahr einer Blockade der Versorgungskanäle und Systemkomponenten, welches zu einer gravierenden Unterversorgung führen könnte. Im Extremfall könnte die Unterversorgung zu einer Entzündung, einem Rapid Oxidation Event (ROE) führen. In zahlreichen Publikationen [31–34] wird das Kaltstartverhalten und seine Optimierung behandelt. Die Entwicklung kann in zwei Phasen unterteilt werden – Phase eins mit Einzelstartuntersuchungen und seit 2007 Phase zwei mit mehreren hintereinander ausgeführten Starts.

Man unterscheidet zwei mögliche Betriebsstrategien für den Gefrierstart, die sich durch ihre Zielsetzung grundsätzlich unterscheiden. Die eine Strategie zielt darauf ab, das System möglichst schnell zu erwärmen, um danach eine möglichst hohe Leistung abrufen zu können. Hierzu wird die Leistungsabnahme so geregelt, dass die Brennstoffzelle auf einem möglichst niedrigen Zellspannungsniveau konstant gehalten wird, bei dem sie gerade noch stabil arbeitet und einen möglichst geringen Wirkungsgrad hat. Hierdurch wird viel Wärme und wenig elektrische Leistung erzeugt. Die zweite Möglichkeit besteht darin, der Brennstoffzelle immer die maximal mögliche Leistung

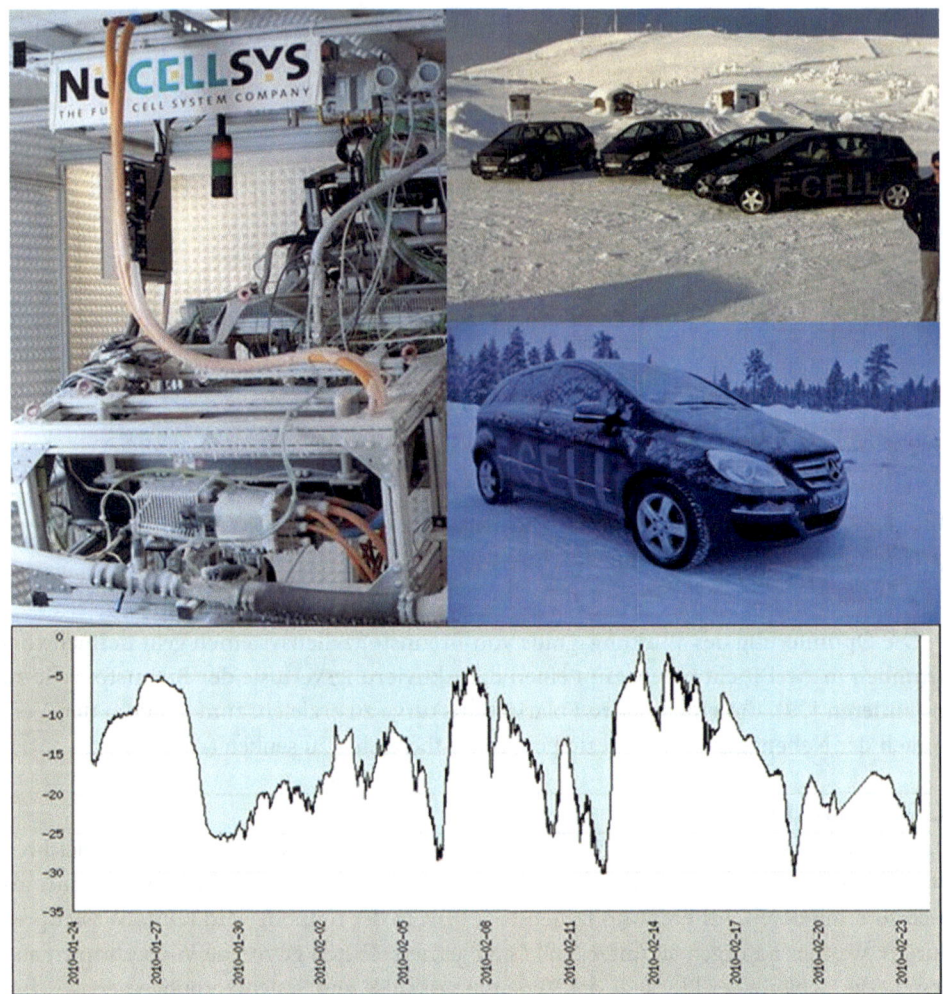

Abb. 4.30 System am Prüfstand, während der Validierungstests mit Fahrzeugen in Schweden, sowie die minimalen Außentemperaturen während der Tests. *Quelle* Daimler AG

abzunehmen, während sie sich kontinuierlich erwärmt. Dieses Verfahren ist zwar günstiger für den Verbrauch, führt aber am Ende zu längeren Startzeiten, bis die maximale Leistung zur Verfügung steht.

Im Jahr 2007 hat Daimler einen für die Brennstoffzellentechnologie und deren Alltagstauglichkeit wichtigen Meilenstein erreicht: zuverlässige Kaltstarts in Folge. Abbildung 4.29 zeigt den entsprechenden Leistungsverlauf von mehreren hintereinander durchgeführten Kaltstarttests [35].

Das hierzu hinterlegte Konzept wurde am Prüfstand als auch in zahlreichen Wintererprobungen mit der Mercedes-Benz B-Klasse F-Cell in Schweden erprobt und bestätigt, wie in Abb. 4.30 gezeigt.

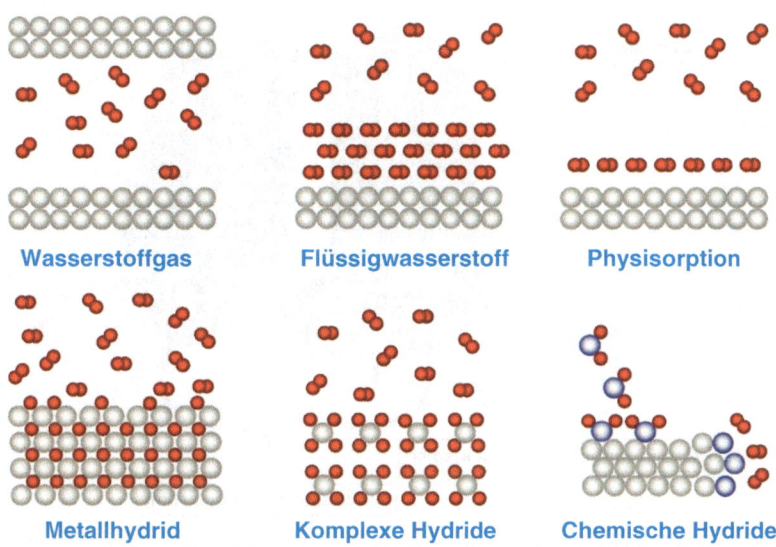

Abb. 4.31 Wasserstoffspeicherung. *Quelle* Daimler AG

4.6   Wasserstoff-Speichersysteme für mobile Anwendungen

Wasserstoff kann in allen drei Aggregatzuständen, chemisch und auch physikalisch gespeichert werden (siehe Abb. 4.31). Für automobile Anwendungen kommt insbesondere die Speicherung als Druckgas in Frage. Darüber hinaus sind einige andere Speicherformen wie Flüssigwasserstoff, Hydride (Metallhydride, chemische Hydride und komplexe Hydride) und Adsorptionskonzepte untersucht worden, die im Folgenden im Überblick dargestellt werden sollen. Einen Überblick zu Wasserstoff als Energieträger findet man in [36].

4.6.1   Druckspeicher

Die Speicherung von Wasserstoffgas unter hohem Druck ist die in der automobilen Anwendung gängigste und in der Praxis am besten bewährte Wasserstoffspeichertechnologie im Fahrzeug. Ein solches Speichersystem ist in Abb. 4.32 dargestellt.

Bei den Behältern unterscheidet man vier Typen, die in Abb. 4.33 gezeigt sind. Einfache Metallbehälter eignen sich zur Speicherung von Gasen bei geringen Drücken. Um höheren Drücken standzuhalten, werden die Behälter mit Fasern umwickelt. Für Erdgas (ca. 200–250 bar) werden oft Glasfaserbewicklungen verwendet. Für die bei Wasserstoff

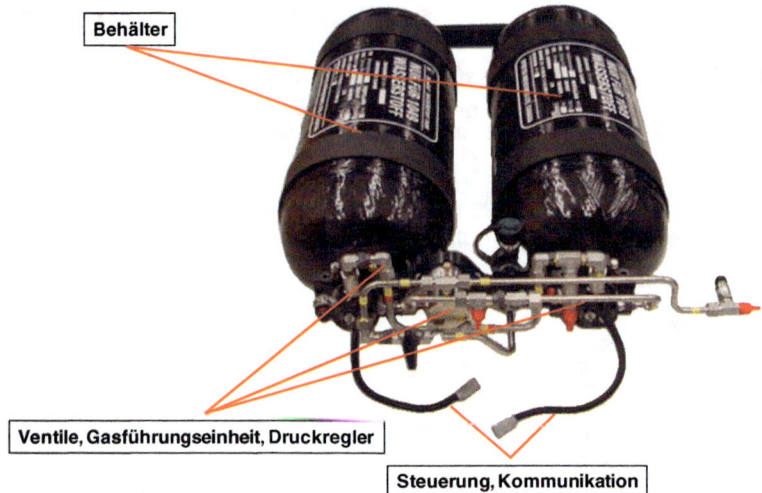

Abb. 4.32 Automobiles Druckwasserstoff-Speichersystem. *Quelle* Daimler AG

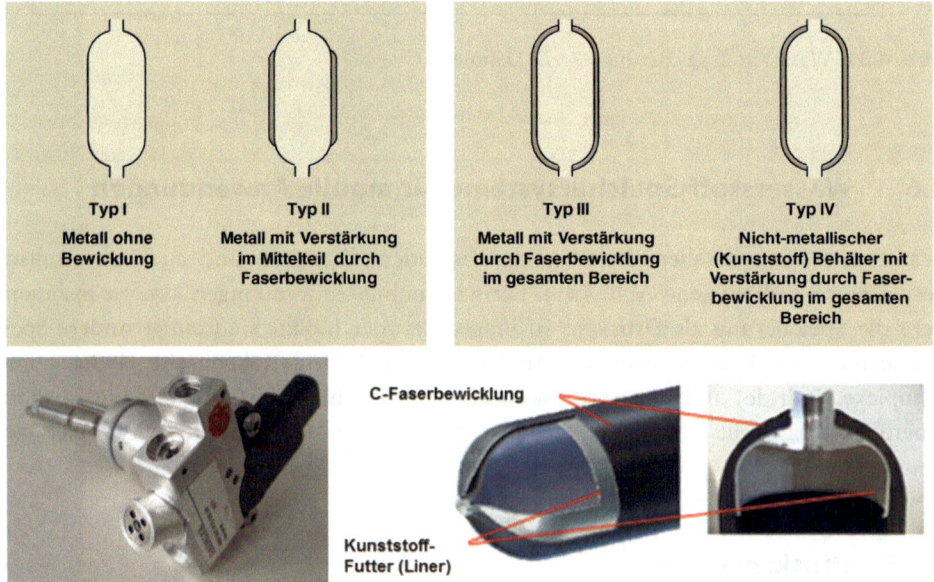

Abb. 4.33 Behältertypen. *Quelle* Daimler AG

in Fahrzeugen verwendeten Drücke von 350 bis 700 bar kommen nur Bewicklungen mit Kohlefasern in Frage, die die erforderliche Zugfestigkeit aufweisen.

Für die Wasserstoffspeicherung werden wegen der hohen Drücke von 350 oder 700 bar Behälter vom Typ III und IV verwendet. Zukünftig werden aus Gründen des

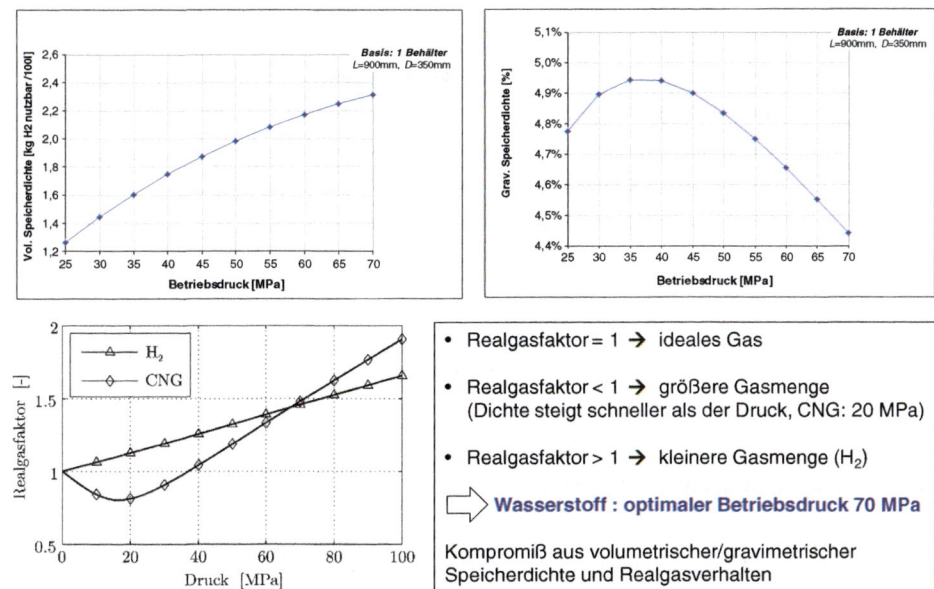

Abb. 4.34 Optimales Druckniveau. *Quelle* Daimler AG

geringeren Gewichts und höheren Wasserstoffspeichervolumens vor allem Behälter vom Typ IV gewählt werden. Eine weit verbreitete Variante sind HDPE (High Density Poly-Ethylen) Behälter mit Kohlefaserumwicklung. Das zuverlässig kontrollierte Öffnen und Schließens wird durch Solenoid-Ventile bewerkstelligt, die komplexe Bauteile mit sehr hohen Anforderungen an die Fertigungsqualität sind.

Eine wichtige Frage ist die des optimalen Druckniveaus in einem automobilen Druck-wasserstoffspeicher. Einerseits steigt die volumetrische Speicherdichte mit höher wer-dendem Druck stetig an. Andererseits fällt die gravimetrische Speicherdichte ab ca. 350 bar wieder ab, weil für höhere Drücke immer stärkere Kohlefaserumwicklungen benötigt werden, um die mechanische Stabilität des Tanks zu gewährleisten.

Bei den diskutierten hohen Drücken spielt ferner das Realgasverhalten von Wasser-stoff eine Rolle. Wasserstoff hat einen Realgasfaktor >1. Das bedeutet, dass die Dichte langsamer wächst als der Druck. Erdgas hat in weiten Bereichen einen Realgasfaktor <1, d. h. die Dichte steigt schneller als der Druck. Daher ergibt sich 200 bar als optimales Druckniveau zur Speicherung von Erdgas. Für Wasserstofftanks in Fahrzeugen ergibt sich das Druckniveau von 700 bar als bester Kompromiss zwischen volumetrischer und gravimetrischer Speicherdichte sowie Realgasverhalten von Wasserstoff (Abb. 4.34).

Wichtig für die Well-To-Whell Energiebilanz ist der Energieaufwand, um den Wasserstoff auf 700 bar zu verdichten, der oft als Hindernis für das Druckniveau dar-gestellt wird. Dabei wird verkannt, dass (bei einem idealen Gas) die zur (adiabatischen oder isothermen) Kompression notwendige Energie ausschließlich vom Verhältnis von

- Erwärmung durch Kompression (nicht rein adiabatisch)
- Wärmetransport zwischen Gas und Behälterwänden
- Wärmeleitung im Behältermantel
- Wärmetransport zwischen Behälter und Umgebung
- Erwärmung des Gases aufgrund des Joule-Thomson-Effektes
- Erwärmung des Gases durch Reibungsverluste

1. **Präzise Vorhersage der zeitlichen Druck- und Temperaturverläufe des Gases im Tank während der Befüllung**
2. **Standardisierte Befüllprozedur**

Abb. 4.35 Thermodynamischer Prozess während einer Befüllung. *Quelle* Daimler AG

Anfangs- und Enddruck abhängt. Die Verdichtung von 10 auf 20 bar erfordert also die gleiche Energie wie diejenige von 350 auf 700 bar.

Der Betankungsvorgang eines 700 bar Wasserstoffspeichers ist ein komplexer thermodynamischer Vorgang, der bis ins Detail verstanden ist [37]. Insbesondere wenn die Betankung in drei Minuten erfolgen soll, muss der Prozess exakt gesteuert werden. Dabei sind die in Abb. 4.35 gezeigten Aspekte zu berücksichtigen. Aus der Beschreibung des Betankungsprozesses kann der zeitliche Verlauf von Druck und Temperatur des Gases im Tank präzise berechnet werden. Daraus wurde eine standardisierte Tankprozedur abgeleitet, die im Standard SAE J2601 beschrieben ist. Diese Tankprozedur ist in Tankstellen für Wasserstofffahrzeuge installiert, die nach dem Stand der Technik ausgerüstet sind. Dabei kommuniziert die Tankstelle über eine Infrarotschnittstelle an der Zapfpistole mit dem Fahrzeug. Der Tankprozess läuft automatisch ab. Auf die komplexen Einzelheiten soll an dieser Stelle nicht näher eingegangen werden [38].

Eine Betankungszeit von ca. drei Minuten unabhängig vom im Fahrzeug verwendeten Tanksystem (Zahl der Behälter, Behältertyp) kann in weiten Bereichen von Umgebungsbedingungen (Ausnahmen sind z. B. sehr hohe Außentemperaturen) sichergestellt werden. Damit sind die Tankdauer und die Art des Betankungsvorgangs selbst mit dem des Tankens von Flüssigkraftstoffen wie Benzin oder Diesel vergleichbar. Insofern ergibt sich für den Benutzer des Brennstoffzellenfahrzeugs im Unterschied zum Batteriefahrzeug keine Umstellung.

In der Benutzung von Hochdruckwasserstofftanks treten ferner Permeations- und Lösungseffekte auf, deren Verständnis für den sicheren Betrieb eines automobilen Wasserstofftanksystems erforderlich ist. Während der Standzeit bei hohem Druck kann Wasserstoff per Permeation durch den Liner treten. Bei Druckabsenkung durch Tankentleerung kann es daher zur Linerausbeulung („Liner Buckling") kommen. Wenn das Fahrzeug wieder betankt wird, kommt es zu lokalem Wasserstoffausstoß, dadurch dass

Flüssigwasserstoff hat bei weitem die größten Verlustraten, die Verlustrate bei
Druckwasserstoff ist zu vernachlässigen

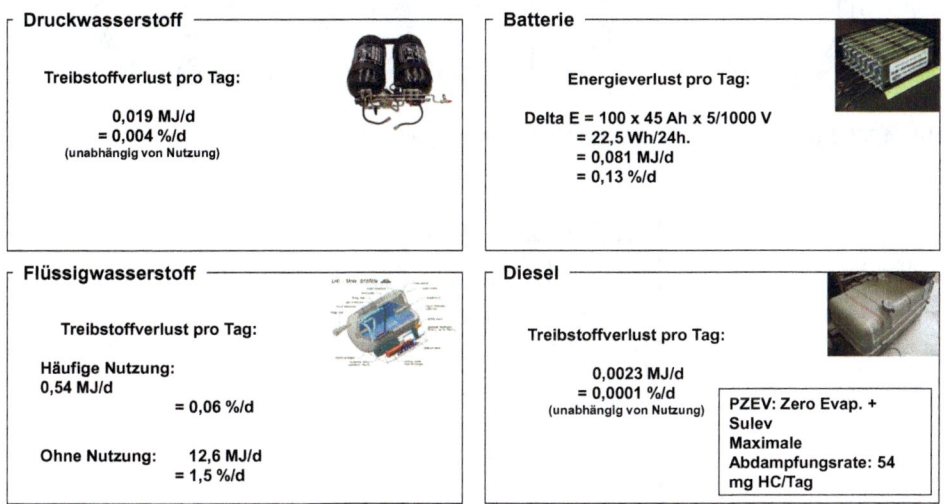

┌─ **Druckwasserstoff** ──────────────┐

Treibstoffverlust pro Tag:

0,019 MJ/d
= 0,004 %/d
(unabhängig von Nutzung)

┌─ **Batterie** ──────────────┐

Energieverlust pro Tag:

Delta E = 100 x 45 Ah x 5/1000 V
= 22,5 Wh/24h.
= 0,081 MJ/d
= 0,13 %/d

┌─ **Flüssigwasserstoff** ──────────────┐

Treibstoffverlust pro Tag:

Häufige Nutzung:
0,54 MJ/d
= 0,06 %/d

Ohne Nutzung: 12,6 MJ/d
= 1,5 %/d

┌─ **Diesel** ──────────────┐

Treibstoffverlust pro Tag:

0,0023 MJ/d
= 0,0001 %/d
(unabhängig von Nutzung)

PZEV: Zero Evap. +
Sulev
Maximale
Abdampfungsrate: 54
mg HC/Tag

Abb. 4.36 Leckraten verschiedener Speichersystem. *Quelle* Daimler AG

der zwischen Liner und Faserbewicklung befindliche Wasserstoff aus dem Behälter hinausgepresst wird. Der Wasserstoffdurchtritt durch den Liner führt außerdem zur Wasserstoffeinlagerung im Liner, der aufgrund der Trägheit bei der Tankentleerung in der Regel nicht mit ausgast wird. Der gelöste Wasserstoff expandiert dann ggf. im Liner und kann zu Beschädigungen durch Blasen- und Rissbildung führen. Untersuchungen haben gezeigt, dass Linerbuckling zu keinen sicherheitsrelevanten Leckraten und Löslichkeitseffekte im praktischen Fall zu keiner Beschädigung führen. In Abb. 4.36 sind die Leckraten von Druck- und Flüssigwasserstoff, Batterien und Dieselkraftstoffanlagen im Fahrzeug aufgeführt.

Außer bei Flüssigwasserstoff sind die Verlustraten zu vernachlässigen. Bemerkt sei auch noch, dass die Leckrate von Druckwasserstoff-Tanksystemen auf die Energie bezogen kleiner als diejenige von Batterie durch Leckströme ist. Nur der Dieseltank hat wegen der äußersten kleinen Evaporation durch Stahl noch geringere Leckraten. In der Praxis gelten Druckwasserstofftanks als dicht.

Die bei Drücken von mehreren 100 bar übliche Tankbehälterform sind Zylinder. Da die Zylinderform nicht immer unbedingt optimal für die Unterbringung derartiger Tanks in einem Fahrzeug ist, sind verschiedene andere Formen untersucht worden. Um einen solchen Tank im Getriebetunnel eines Fahrzeugs unterbringen zu können, sind auch konische Tankbehälterformen entworfen worden. Die konische Form stellt besondere Anforderungen an die Kohlefaserwickeltechnik. Es ist nicht möglich, mit den bekannten Wickeltechnologien eine gleichmäßige Bewicklung sicherzustellen. Daher wird für derartige Tanks mehr Faser benötigt als für zylindrische Bauformen. Eine weitere im Hinblick auf den Einbau ins Fahrzeug vorteilhafte Bauform sind Zylinder mit flachen/planen Endkappen. Eine

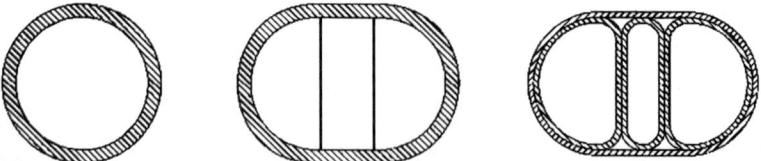

Abb. 4.37 Konforme Tankformen im Querschnitt. *Quelle* Daimler AG

Versuchsprogramm für Zulassung:
- Werkstoffprüfungen
- Wasserstoffkompatibilitätstest
- Wasserdruckprüfung
- Wasserberstversuch
- Lastwechselversuch
- Lastwechselversuch bei extremer T
- Lastwechselversuch mit Kerben
- Leck-vor Bruchversuch
- Brandversuch
- Beschussversuch
- Umweltsäureversuch
- beschl. Zeitstandversuch
- Fallversuch
- Lecktest ⎫
- Permeationstest ⎬ **Nur Typ 4-**
- Boss-Stabilitätstest ⎪ **Zylinder**
- H$_2$-Zyklisierungstest ⎭

Abb. 4.38 Versuchsprogramm für die Zulassung von Druckwasserstoffsystemen in Fahrzeugen. *Quelle* European Integrated Hydrogen Project (EIHP)

solche Konstruktion stellt höchste Anforderungen an die Dichtung zwischen Kappe und Zylinderkörper, weil sowohl der Zylinder als auch die Endkappen sich unter Druckeinfluss deformieren. Untersucht worden sind auch konforme Tanks mit mehreren zusammengefügten, abgeplatteten Kammern (siehe Abb. 4.37).

Diese konformen Tankbauweisen erfordern deutlich höhere Kohlefasermenge als die Zylinder.

Keine der alternativen Tankformen konnte sich durchsetzen. Als gängige Bauweise hat sich sowohl bei Erdgas als auch Wasserstoff der Zylinder mit sphärischen Polkappen trotz der Einschränkungen beim Packaging im Fahrzeug am besten bewährt.

Um die Sicherheit von Druckwasserstofftanks in Fahrzeugen zu gewährleisten, werden mit Brennstoffzellenfahrzeugen einerseits die gleichen Fahrzeug-Crashversuche durchgeführt wie bei herkömmlichen Fahrzeugen. Andererseits werden auf Tanksystemebene umfangreiche standardisierte Komponentenversuche gemacht (siehe Abb. 4.38 und beiliegendes Filmmaterial). Nur wenn beide Versuchsreihen positiv angeschlossen sind, wird ein Druckwasserstofftank für die Fahrzeuganwendung zugelassen.

Filme zu den Beschuss- und Brandversuchen sind unter der Internet-Seite „http://extras.springer.com/2014/978-3-642-37414-2" verfügbar.

Bei den Beschuss -Versuchen geht es darum, dass der Behälter auch bei Beschuss nicht birst; bei dem Brandversuch geht es darum, dass auch bei einem extremen Brand der Behälter über ein „Pressure relief device" gezielt abbläst.

4.6.2 Flüssigwasserstoffspeicherung

Flüssigwasserstoff hat eine Temperatur von 21 K. Im flüssigen Zustand ist die volumetrische Speicherdichte von Wasserstoff sehr hoch. Allerdings ergeben sich aufgrund der tiefen Temperatur einige für die Fahrzeuganwendung bedeutsame Nachteile. 1.) Der Energieaufwand zur Verflüssigung von Wasserstoff ist erheblich. 2.) „Boil-off" -Phänomen. Aufgrund der tiefen Temperatur und der Unmöglichkeit einer perfekten thermischen Isolation über längere Zeit erwärmt sich der flüssige Wasserstoff und geht zum Teil in die Gasphase über. Sobald der Druck des Gases im Behälter über einen zulässigen Grenzdruck ansteigt, muss der Druck durch Ablassen von Wasserstoff auf ein zugelassenes Maß reduziert werden. Der ausgeblasene „Kraftstoff" geht einerseits dem System verloren und führt damit zu erheblich höherem Verbrauch (siehe auch Abb. 4.36 zu Leckraten). Andererseits ist es nicht zulässig, auf öffentlichen Straßen Stoffe aus Fahrzeugen „abzulassen". In mehr oder weniger geschlossenen Räumen wie Garagen oder Parkhäusern müssten obendrein Vorrichtungen installiert werden, um den abgeblasenen Wasserstoff aufzufangen und kontrolliert abzuführen. Aufgrund der beschriebenen Situation ist Flüssigwasserstoff kein Kandidat zur Wasserstoffspeicherung in PKWs. Sollten Brennstoffzellenantriebe in schweren Nutzfahrzeugen zum Einsatz kommen, wird Flüssigwasserstoff aufgrund seiner hohen volumetrischen Speicherdichte und dem sehr hohen Energiebedarf im Nutzfahrzeug sicher wieder diskutiert werden. Vorher wird aber die Frage zu klären sein, ob ein die erforderliche Leistung bereitstellender Brennstoffzellenantrieb grundsätzlich entwickelt werden kann.

4.6.3 Hydride

Bei den Hydriden ist zwischen Metallhydriden, chemischen Hydriden und komplexen Hydriden zu unterscheiden.

Metallhydride werden gebildet, indem Wasserstoff sich bei steigendem Druck z. B. in Magnesium im Festkörper des Metalls löst (α-Phase) und dann bei konstanter Wasserstoffkonzentration schließlich auf feste Zwischengitterplätze im Metall einlagert (β-Phase), wie in Abb. 4.39 dargestellt. Die Adsorption des Wasserstoffs bei der Bildung von Metallhydriden ist ein exothermer Vorgang, bei dem Wärme (negative Reaktionsenthalpie) gebildet wird und daher gekühlt werden muss. Bei der Desorption des Wasserstoffs ist Wärme erforderlich, um den endothermen Vorgang in Gang zu setzen (positive Reaktionsenthalpie). Die erforderlichen Kühlleistungen bei der Adsorption können teilweise erheblich sein. Im von Daimler-Benz in den 1980-er Jahren durchgeführten

Chemische Reaktion: Me_xH_2(fest) $\longleftrightarrow$ Me_x(fest) + H_2 (Gas) (Ab - /Desorption)

Me_x = Metall / Legierung, z.B. Mg, Na, TiNi, $LaNi_5$, etc.

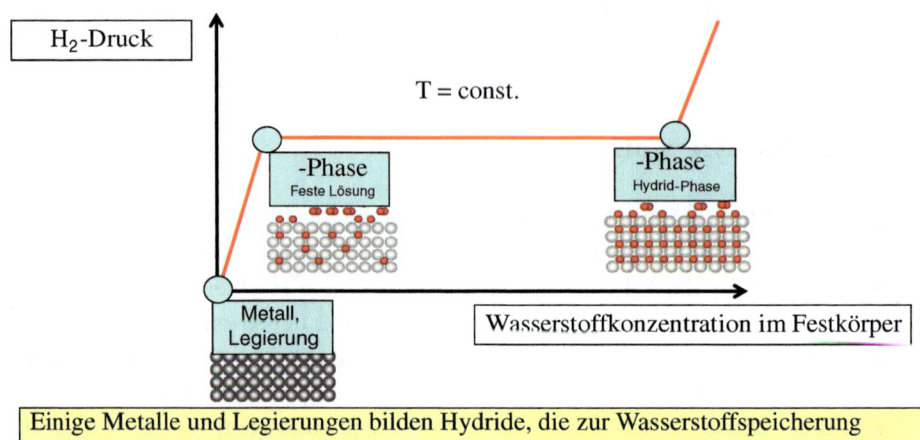

Abb. 4.39 Bildung von Metallhydriden. *Quelle* Daimler AG

Flottenversuch mit Wasserstoffverbrennungsmotoren wurden Metallhydridspeicher verwendet, die bei der Beladung mit Wasserstoff Kühlleistungen von 60 kW verlangten [39].

Je nach Desorptionstemperatur unterscheidet man zwischen Hochtemperatur- (mehrere 100 °C) und Niedertemperaturmetallhydriden (unter 0 °C). Für die Metallhydridspeicher gelten ein paar einfache Faustregeln: 1.) Je höher die Temperatur, desto höher der Druck um eine bestimmte Wasserstoffkonzentration im Metall zu erreichen. Für die Desorption ist Erhitzen notwendig. Bei der Absorption muss gekühlt werden. 2.) Bei einer gegebenen Temperatur ist der Wasserstoffdruck in einem Tieftemperaturmetallhydrid höher als in einem Hochtemperaturmetallhydrid. Die Speicherkapazität von Hochtemperaturmetallhydriden ist normalerweise höher als diejenige von Tieftemperaturmetallhydriden.

Tieftemperaturhydrid höher als in einem Hochtemperaturhydrid. 3.) Die Wasserstoffkapazität (in Gewichtsprozent) von Hochtemperaturmetallhydriden ist in der Regel höher als die von Tieftemperaturmetallhydriden. Allerdings gibt es keine durchgängige Regel, dass die Kapazität mit der Desorptionstemperatur in jedem Fall steigt. Trotz jahrzehntelanger Forschungen ist es allerdings bisher nicht gelungen ein Metallhydrid zu finden, das ausreichend Wasserstoffspeicherkapazität im Temperaturbetriebsfenster eines Fahrzeugs bzw. einer PEM-Brennstoffzelle hat. Während die gravimetrischen Speicherdichten auf Materialebene noch ca. 1,8 – 2 Gewichtsprozent betragen, geht der Wert auf Systemebene in der Regel auf 1,3 oder 1,5 Gewichtsprozent herunter. Gehäuse, Komponenten für den Wärmeaustausch und die Wasserstoffbefüllung bzw.- -entnahme sind dafür die Ursachen. Die Gesamtgewichte derartiger Speicher sind erheblich. In dem

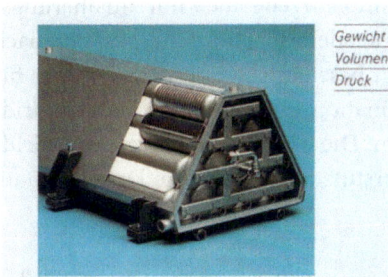

Gewicht   320 kg
Volumen   170 l
Druck   50 bar

Effektive Speicherdichte ≈ 1.3 Gewichtsprozent
(nur Material: ≈1.8 Gewichtsprozent)

Hydrid-Volumen → 7544.1 Vol.-%
Gesamtvolumen   170 l

50 bar H_2 Kühlung

Abb. 4.40 Metallhydrid-Speicher bei Daimler-Benz [39]

erwähnten Flottenversuch kam ein Metallhydridspeicher mit 320 kg Gesamtgewicht zum
Einsatz, wie Abb. 4.40 zeigt. Aus den genannten Gründen ist die Metallhyridspeicher-
technologie letztlich nie zum Einsatz in Serienfahrzeugen gekommen. Solange es nicht
zu signifikanten Fortschritten entweder bei der Desorptionstemperatur oder bei der
Speicherdichte kommt, wird sich an der Situation auch nichts ändern.

Komplexe Hydride wie z. B. Alanate (z. B. Li(AlH$_4$)) haben oft vielversprechende
Speicherkapazitäten auf Materialebene. Ihr Einsatz im Fahrzeug scheitert aber entweder
an der mangelnden Zyklenfestigkeit (Na(AlH$_4$)), einen Recycling-Prozess erfordernde
Irreversibilität (Mg(AlH$_4$)$_2$) oder zu hoher Desorptionstemperatur. Ähnliches gilt für
Amide/z. B. Mg(NH$_2$)$_2$).

Bei den chemischen Hydriden hat um das Jahr 2000 insbesondere Natriumborhydrid (NaBH$_4$) große Aufmerksamkeit erregt, weil es gemäß der Reaktion
NaBH$_4$ + 2 H$_2$O → NaBO$_2$ + 4H$_2$ bei Raumtemperatur in der Mischung mit Wasser exotherm in Wasserstoff und Natriumborat zerfällt [40]. Mit 21,3 Gewichtsprozent
erreicht das Material Rekordwerte. Die Energiebilanz ist allerdings sehr schlecht, weil
das Borat in einem aufwendigen Regenerierungsprozess wieder zu Natriumborhydrid
gemacht werden muss. Weitere Nachteile sind die Erfordernis eines Zweitanksystems
im Fahrzeug (Kraftstoff und Reststoff (Borat)), die Handhabung von zwei Stoffen in der
Kraftstoff-Logistik und nicht zuletzt die Tatsache, dass die Mischung von Natriumborhydrid und Wasser eine extrem starke Base darstellt. Einige andere flüssige Hydride wie
z. B. Methylcyclohexan oder Karbazol sind wegen der zu hohen Reaktionstemperatur
von ca. 200 °C für die Anwendungen in einer PEM–Brennstoffzelle nicht geeignet.

Sowohl für komplexe als auch chemische Hydride ist daher der aktuelle Stand ähnlich ernüchternd wie für Metallhydride. Bisher ist keine Substanz aus diesen drei Klassen

bekannt, die die Anforderungen für Anwendungen im Fahrzeug auch nur annäherungs-
weise erfüllt. Dennoch sind zahlreiche insbesondere akademische Forschergruppen nach
wie vor intensiv mit der Erforschung von Hydriden beschäftigt. Eine Berechtigung für
Anwendungen im Fahrzeug könnte in der Kombination eines kleinen Metallhydrid-
speichers mit einem Druckwasserstoffspeicher liegen. Die Thermodynamik des Hydrids
könnte z. B. beim Kaltstart die Brennstoffzelle unterstützen. Für weitere Details sei auf
die Literatur verwiesen [41].

4.6.4 Weitere Konzepte

Eine Reihe von Speicherkonzepten, die im ersten Jahrzehnt des 2. Jahrtausends betrachtet wurden, sind adsorptionsbasierte Speichermethoden wie z. B. Nanotubes oder Metal
Organic Frameworks (MOFs).

4.6.4.1 Nanotubes

In Nanotubes wird der Wasserstoff nanostrukturierten Kohlenstoffverbindungen durch
Adsorption gespeichert. 1991 erregten Rodriguez und Baker von der North Eastern
University in Boston (USA) Aufsehen, als sie Nanotubes mit 73 Gewichtsprozent Wasserstoffspeicherkapazität hergestellt haben wollten. Das stellte sich aber kurz danach
als Fehler in der Messapparatur heraus (Leck). Zum derzeitigen Zeitpunkt haben die
bekannten Strukturen alle nur bei sehr tiefen Temperaturen (77 K) nennenswerte
Speicherkapazitäten, die bei Raumtemperatur um mindestens eine Größenordnung
abfallen [42–45].

4.6.4.2 Metal Organic Frameworks

In Metal Organic Frameworks wie z. B. $C_{36}H_{36}O_{13}Zn_4$ wird Wasserstoff in den Poren
des Materials adsorbiert, deren Durchmesser wesentlich größer als derjenige des Was-
serstoffmoleküls ist. In dem genannten Material ist 44 % des Volumens rein geometrisch
für Wasserstoff zugänglich. Allerdings gelingt die Speicherung in nennenswerter Größenordnung (5 Gewichtsprozent auf Materialebene) nur bei sehr tiefen Temperaturen
(77 K). Bei Raumtemperatur sinkt die Speicherkapazität im Vergleich dazu um eine Größenordnung. Es ist noch nicht gelungen, MOFs zu finden, deren Speicherkapazität auch
bei den für ein Fahrzeug üblichen Betriebstemperaturen ausreichend ist.

4.6.4.3 Kryo-komprimierter Wasserstoff

Seit einigen Jahren ist ein System zur Wasserstoffspeicherung in Untersuchung, das Flüs-
sig- und Druckwasserstoff kombiniert und als kryo-komprimierter Wasserstoff bezeichnet wird [46]. Dabei werden Drücke von 150 bis 300 bar und Temperaturen zwischen
30 und 80 K verwendet. Der Wasserstoff befindet sich im sogenannten superkritischen

Zustand. Die Vorteile sind die hohe Speicherdichte im Vergleich zum Druckwasserstoff und eine gegenüber Flüssigwasserstoff reduzierte „Boil-off-Rate". Entscheidende Nachteile sind eine nach wie vor nicht von Null verschiedene Boil-off-Rate, der hohe Energieaufwand für die Kühlung, der komplexe Betankungsprozess sowie die im Vergleich zu reinem Druck- und Flüssigwasserstoff höheren Kosten für den Tankbehälter, die Ventile und Pumpen aufgrund der kombinierten Anforderungen durch hohen Druck und gleichzeitig sehr niedriger Temperatur. Derartige Systeme befinden sich noch im frühen Forschungsstadium.

4.7 Geschichte der Brennstoffzellentechnik in mobilen Anwendungen

4.7.1 Fahrzeuge/PKW

Obwohl das Prinzip der Brennstoffzellen schon im Jahr 1838/1839 in etwa zeitgleich von Christian Friedrich Schönbein und Sir William Groove gefunden wurde, mussten mehr als 100 Jahre vergehen, bevor eine für die Anwendung im Automobil erforderliche Leistung mit Brennstoffzellen dargestellt wurde. General Motors präsentierte im Jahr 1966 den ersten fahrbaren Elektro-Van mit alkalischen Brennstoffzellen (Alkaline Fuel Cell – AFC), die mit Sauerstoff und Wasserstoff versorgt wurden. Im Jahr 1970 baute Prof. Karl Kordesch auf Basis eines Austin A40 ein Brennstoffzellenauto – ebenfalls mit AFC Technologie. Erst als sich die NASA mit Brennstoffzellenaktivitäten beschäftigte, wurde Mitte der 80-er Jahre eine Alternative zur AFC Technologie, die Polymer-Elektrolyt-Membran- oder Proton-Exchange-Membrane-(PEM)-Technologie, entwickelt. Damit war ein wesentlicher Baustein für die Anwendung im Automobil gefunden, da die PEM-Technologie auch mit Luft und nicht nur mit Sauerstoff betrieben werden konnte.

1994 demonstrierte Daimler weltweit als Erster die prinzipielle Machbarkeit eines Brennstoffzellenantriebs auf Basis dieser PEM-Technologie im Fahrzeug Necar 1. Bereits 1996 wurde mit dem Nachfolger Necar2 ein großer Fortschritt insbesondere in der volumetrischen Leistungsdichte gezeigt und damit der Nachweis gebracht, dass die vielversprechende Technologie eine reale Alternative zu Verbrennungsmotoren darstellt. Abbildug 4.41 zeigt, die in den letzten 15 Jahren von Daimler vorgestellten Fahrzeuge.

Von Mitte der 1990er Jahre bis ca. 2002 sind zahlreiche Entwicklungen durchgeführt worden, Wasserstoff an Bord von Brennstoffzellenfahrzeugen über sogenannte (Dampf-)Reformersysteme aus Kohlenwasserstoffen wie z. B. Benzin, Diesel, Kerosin oder vor allem Methanol herzustellen. Die Arbeiten waren dadurch getrieben, dass Flüssigkraftstoffe im Vergleich zu gasförmigen sehr hohe Energiedichten aufweisen und insbesondere bei Verwendung von Benzin oder Diesel auf eine bestehende Infrastruktur aufgesetzt werden kann. Aufgrund der Tatsache, dass Methanol am einfachsten zu reformieren ist und die Reformierungstemperatur mit 250–350 °C noch relativ niedrig liegt, konzentrierten sich die Reformerarbeiten bei den Fahrzeugherstellern auf Methanol.

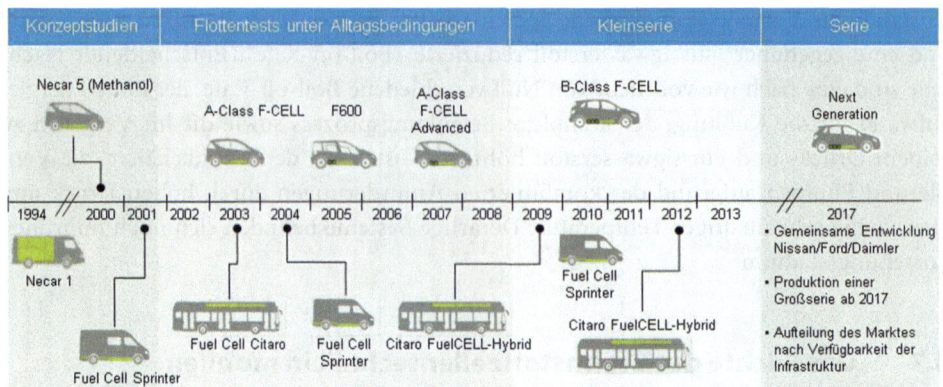

Abb. 4.41 Die Geschichte der Daimler-Brennstoffzellenfahrzeuge seit 1994. *Quelle* Daimler AG

Letztendlich sind die Methanolreformeraktivitäten aber aus folgenden Gründen zu
Beginn des ersten Jahrzehnts dieses Jahrtausends eingestellt worden.

- Hohe Komplexität eines Reformers an Bord eines Fahrzeugs, der zudem kompakt
  und leicht sein muss. Stationäre, größere Reformeranlagen erreichen deutlich höhere
  Wirkungsgrade
- Toxizität von Methanol, das dann in großen Umfang in den Verkehr mit Endverbrau-
  chern gebracht würde
- Keine Emissionsfreiheit
- Im Vergleich zum Verbrennungsmotor kaum verbesserter Gesamtwirkungsgrad in
  der Gesamtkette
- Erfordernis einer neuen temporären Infrastruktur, denn zwischen Behörden, Fahr-
  zeugherstellern und Energiefirmen bestand nach gemeinsam durchgeführten detail-
  lierten Studien Einigkeit darüber, dass für Brennstoffzellenfahrzeuge langfristig
  Wasserstoff der am besten geeignete Kraftstoff ist [47].

Seitdem konzentrieren sich alle Anstrengungen sowohl bei Fahrzeugherstellern als auch
Infrastruktur-/Energieunternehmen auf Wasserstoff.

Alle Automobilhersteller haben in den letzten zwei Jahrzehnten zahlreiche Prototypen vorgestellt. Die bedeutendsten davon stammen von Daimler, Toyota, GM, Ford,
Honda, Nissan und Hyundai.

2004 startete Daimler die erste Flottenerprobung mit 60 Mercedes-Benz A-Klasse
F-Cell, gefolgt von Ford Motor Company, die zusätzliche 30 Ford Focus auf die Straße
brachte (Abb. 4.42). Beide Brennstoffzellensysteme wurden auf Basis der gleichen Stack
und Brennstoffzellensystem-Technologie entwickelt und gefertigt. Aus dem Betrieb der
Fahrzeuge wurden wichtige Daten erhoben und im Hinblick auf die Entwicklung der
nachfolgenden Brennstoffzellenantriebsgeneration ausgewertet [48].

Abb. 4.42 Mercedes-Benz A-Klasse und Ford Focus. *Quelle* Daimler AG, Ford Motor Company

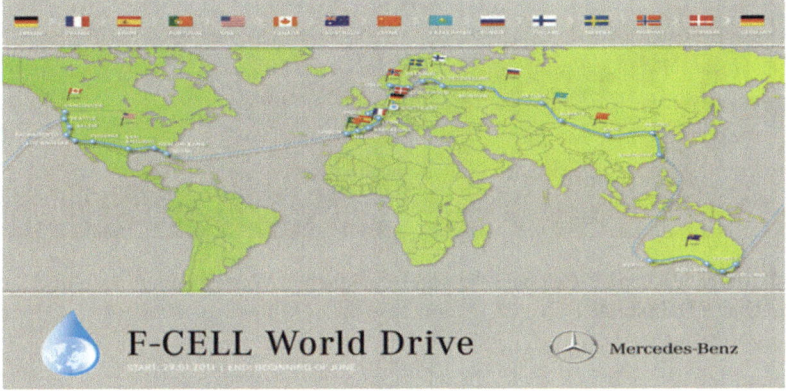

Abb. 4.43 Daimler F-Cell World Drive Route. *Quelle* Daimler AG

Toyota und Honda haben insbesondere in Kalifornien und in Japan Brennstoffzellenfahrzeuge im Rahmen einer Flottenerprobung betrieben.

General Motors hat im Jahr 2004 den „Fuel Cell Marathon" erfolgreich absolviert.
Das Brennstoffzellen Fahrzeug HydroGen3 vom Typ „Opel Zafira" ist ca. 10.000 km von
Hammerfest (Norwegen) nach Lissabon (Portugal) durch Europa gefahren [10].

Einen wesentlichen Nachweis, dass die Brennstoffzellentechnologie kundentauglich ist,
hat Mercedes-Benz 2011 erbracht. Im Rahmen des 125-jährigen Jubiläums der Erfindung des
Automobils, sind drei Mercedes-Benz B-Klasse F-Cell von Stuttgart gestartet, um die Welt zu
umrunden (siehe Abb. 4.43). Jedes der Fahrzeuge absolvierte bei der Weltumrundung über
vier Kontinente innerhalb von 125 Tagen mehr als 30.000 km ohne nennenswerte Störungen.

Die Fahrzeuge wurden dabei jeweils von Journalisten gefahren, ohne dass irgendwel-
che Einschränkungen vorgegeben wurden. Die Autos waren über die Dauer des World
Drives sehr unterschiedlichen Umwelteinflüssen ausgesetzt: über kalte französische
Berge, durch Wüsten in China und Kasachstan, durch die australische Hitze und regne-
rische Regionen wie Oregon (USA) und Britisch Columbia (Kanada). Damit konnte die
Alltagstauglichkeit dieser Antriebstechnologie sowie der Wasserstoffbetankung erfolgreich demonstriert werden (siehe Abb. 4.44, [9]).

Abb. 4.44 Mercedes-Benz F-Cell bei sehr unterschiedlichen Wetterbedingungen und Straßenver-
hältnissen. *Quelle* Daimler AG

Abbildung 4.45 zeigt die Technologieverbesserungen, die beim Übergang von der Mercedes-Benz A-Klasse F-Cell zur Mercedes-Benz B-Klasse F-Cell erreicht worden sind.

„The European Hydrogen Tour 2012" wurde als Teil des Projektes „H2moves Scandinavia" organisiert, eines von mehreren Projekten in Rahmen der EU Organisation
„JTI" (Joint Technology Initiative on Hydrogen & Fuel Cell). Die Tour hatte zum Ziel,
dem jeweiligen lokalen Publikum die Möglichkeit geben, Brennstoffzellenfahrzeuge
von Daimler, Toyota, Hyundai und Honda zu testen. Begleitend wurden in den Städ-
ten Hamburg, Düsseldorf, Frankfurt, München, Paris, London, Kopenhagen und Bozen
öffentliche Vorträge und Veranstaltungen organisiert, um den Stand der Technik zur
Brennstoffzellenfahrzeuge und Wasserstoffinfrastruktur zu präsentieren [11].

4.7.2 Omnibusse – Stadtbusse

Die Brennstoffzellentechnologie ist für die Anwendung in Stadtbussen sehr gut geeignet. Stadtbusse haben einen klar definierten Fahrtzyklus und kommen in ihr Stadtdepot
zurück.

Für die Städte stellt der Einsatz von Brennstoffzellen-Stadtbussen eine Möglichkeit
dar, einen wesentlichen Beitrag zur Reduktion von umweltschädigenden Emissionen
und Lärm zu leisten.

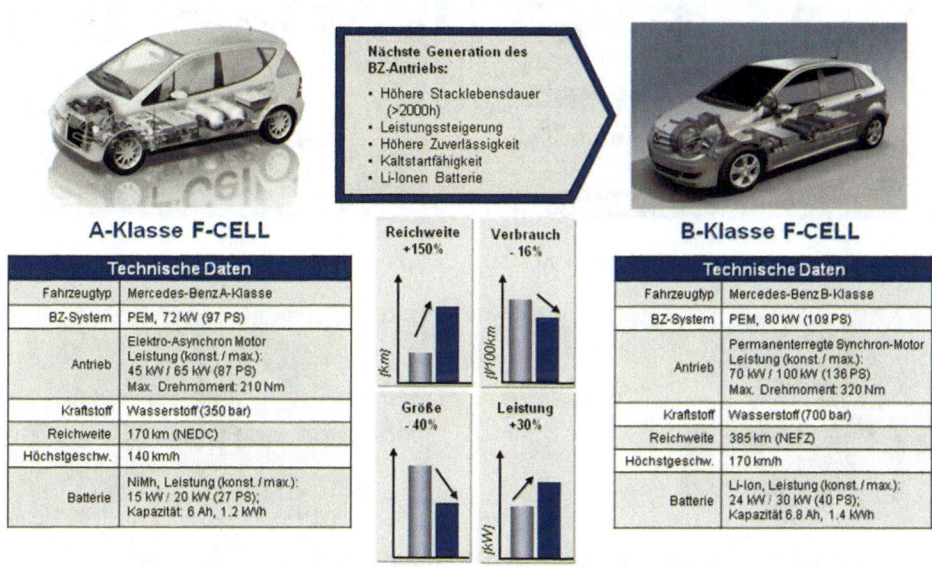

Abb. 4.45 Technologieverbesserungen Mercedes-Benz. *Quelle* Daimler AG

Einen ersten Prototypen des Busses hat Ballard 1991/1992 vorgestellt. Mit dem Prototypen galt es, zahlreiche Herausforderungen zu überwinden. Die erste erfolgreiche Demonstration mit der sogenannten „P2 Technologie" wurde von 1993 bis 1995 durchgeführt. Die Weiterentwicklung (P3) dieser Technologie wurde 1998 in sechs Bussen integriert und in jeweils drei Fahrzeugen in Vancouver (Kanada) und in Chicago (USA) im Flottenbetrieb demonstriert.

Die Daimler Forschung hat bereits sehr frühzeitig einen hochinnovativen Bus entwickelt, der im Mai 1997 als NeBus (New Electric Bus) der Öffentlichkeit vorgestellt wurde [17]. Der Antriebstrang bestand aus einem 250 kW Brennstoffzellensystem, das im Motorraum im Busheck installiert wurde, einer Hinterachse mit zwei integrierten radnahen Motoren mit einer Leistung von jeweils 75 kW und sieben Wasserstoffdrucktanks auf dem Dach. Die 300 bar Glasfasertanks mit Aluminiumlinern konnten insgesamt 21 kg Wasserstoff speichern, was trotz fehlender Hybridisierung eine Reichweite von ca. 250 km ermöglichte. Das Brennstoffzellensystem bestand aus 10 Stackmodulen mit jeweils 150 Zellen vom Typ Mk7 mit einer Leistung von jeweils 25 kW. Die Stacks waren mechanisch in einem Rahmen montiert und konnten einzeln ausgetauscht werden (Abb. 4.46).

Nach dem Erfolg des NeBus und der schnellen Entwicklung der Stacktechnologie sowie der Tankbehälter, hat Mercedes-Benz beschlossen, die Technologie in zahlreiche Stadtbusse zu integrieren und eine Kleinflotte aufzulegen.

Abb. 4.46 NeBus 1997. *Quelle* Daimler AG

Abb. 4.47 Zebus mit Brennstoffzellenkomponenten im Motorraum im Heck.
Quelle NuCellSys GmbH

Alle Brennstoffzellenbus-Aktivitäten wurden danach 1999 im Programm ZeBus bei der Xcellsis GmbH konzentriert (Abb. 4.47). Damit wurde ein weiterer Schritt hinsichtlich des Reifegrades erreicht: Die Technologie war die Basis für das bisher größte . Demonstrationsprogramm (Cute) von Daimler in Europa. Der Antriebstrang war ausschließlich für die Busanwendung konzipiert.

Im Rahmen des europäischen Busprojekts CUTE (und ECTOS) wurde die erste große Flotte in Form von 30 Stadtbussen (Abb. 4.48) in zehn europäischen Großstädten zum Einsatz gebracht. Der äußerst erfolgreiche Betrieb über einen Zeitraum von mehreren Jahren im Linieneinsatz war ein Meilenstein für den erfolgreichen Nachweis der Brennstoffzellen-Busse im Stadtverkehr. Sechs zusätzliche Busse wurden gebaut und in Peking (China) und Perth (Australien) in den Linienbetrieb gebracht. Insgesamt hat die Flotte mehr als 2.120.000 km zurückgelegt und ca. 139.000 Betriebsstunden akkumuliert. Das Brennstoffzellensystem wurde auf Zuverlässigkeit und nicht auf minimalen Verbrauch entwickelt und ausgelegt. Die mit dieser Anwendung verbundenen häufigen Beschleunigungs- und Bremsvorgänge führen ohne Hybridisierung zu einem relativ hohen Verbrauch von ca. 22 kg H_2/100 km.

Die nachfolgende Brennstoffzellenbusgeneration, der Mercedes-Benz Citaro FuelCell-Hybrid, weist gegenüber der Vorgängergeneration einige signifikante Fortschritte auf.

Abb. 4.48 Einer von 30 Mercedes-Benz Citaro Bussen des Europäischen CUTE Projekts 2003. *Quelle* Daimler AG

Der Citaro FuelCELL-Hybrid ist die nächste Generation von Brennstoffzellen-Bus

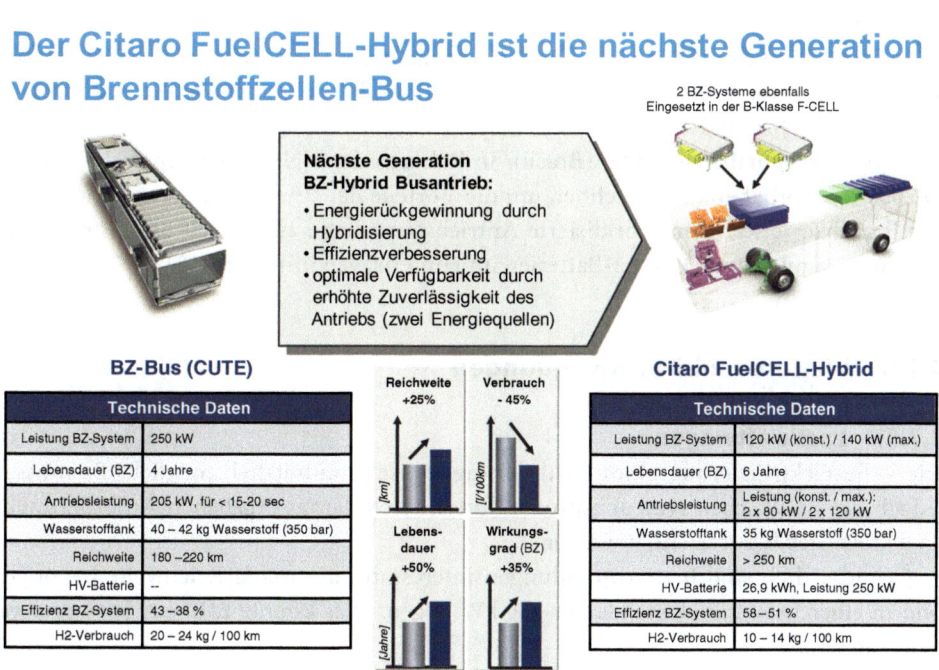

Abb. 4.49 Verbesserungen des Mercedes-Benz Citaro FuelCell-Hybrid Busses gegenüber dem Vorgänger, dem Citaro-Bus des CUTE-Programms. *Quelle* Daimler AG

Durch den um 35 % erhöhten Systemwirkungsgrad und weiteren Optimierungen im Antriebstrang, konnte der Verbrauch des Fahrzeugs um 50 % gesenkt werden. Das führt trotz geringerem Tankvolumen (von 9 auf 7 Tanks) zu einer um 25 % erhöhten Reichweite. Darüber hinaus konnte die Lebensdauer der Brennstoffzelle dank einer optimierten Betriebsstrategie gegenüber dem Vorgänger auch um nennenswerte 50 % gesteigert werden ([49], Abb. 4.49).

IRISBUS hat in Zusammenarbeit mit Centro Ricerche Fiat im Jahr 1999 die Studie eines Hybrid-Brennstoffzellenbusses durchgeführt. Die Basis für die Antriebstrangintegration war ein Diesel-Hybrid von Altra (100 %Tochter IVECO). Das Brennstoffzellensystem hatte lediglich eine Leistung von nur 62 kW und ersetzte damit den Diesel-Motor. Im Zeitraum von 2001–2006 wurden 3 Busse in Turin, und Madrid getestet.

MAN hat 1996–2001 den Bayerischen Brennstoffzellenbus in Nürnberg, Erlangen, Fürth demonstriert.

2004 wurde ein neues Brennstoffzellen-Bus Konzept mit Brennstoffzellensystem von Xcellsis auf dem Flughafen München vorgestellt.

Im Rahmen des Jubiläums „Fünf Jahre Wasserstoffprojekt am Flughafen München" präsentierte die MAN Nutzfahrzeuge Gruppe einen neu entwickelten Niederflur-Linienbus mit Hybrid-Brennstoffzellenantrieb. Der elektrische Fahrantrieb wurde mit 68 kW aus einem PEM-Brennstoffzellensystem und mit über 100 kW aus einem Energiespeicher versorgt [50].

Weitere Brennstoffzellenbusse wurden von mehreren Busherstellern als Prototypen aufgebaut, aber nie in eine Kleinserie gebracht. Eine Übersicht über alle Brennstoffzellenbusse ist in [51] zu finden.

TuttoTransporti/Marcopolo (Brasil). In Rahmen des UNDP Förderprojektes wurde in 2005 ein Vorhaben unterzeichnet, um die Vorteile der Brennstoffzellentechnologie in Brasil nachzuweisen. Der hybridisierte Antriebstrang hatte zwei Hy80 Brennstoffzellensysteme (Daimler) und 3 Zebra-Batterien im Hinterwagen installiert [52].

4.7.3   Weitere mobile Anwendungen

4.7.3.1 Lastkraftwagen
Die volle Elektrifizierung eines Lastkraftwagens ist grundsätzlich möglich. Es müssen jedoch die spezifischen Nutzungsprofile und die sich daraus ergebenen Anforderungen an den Antrieb berücksichtigt werden.

Grundsätzlich sind hier Anwendungen interessant, die wenig Reichweite benötigen und in einer Leistungsklasse kleiner 250 kW liegen. Dies könnte z. B. ein Entsorgungsfahrzeug sein.

Dagegen wird für typische Langstreckenfahrzeuge, insbesondere im Vergleich zum Dieselmotor, im Moment keine effiziente Konfiguration mit Brennstoffzellenantrieb und entsprechend großen Wasserstofftanks gesehen.

4.7.3.2 Auxiliary Power Unit (APU)
Ein kleines Brennstoffzellensystem, das nicht für die Energieversorgung des Antriebs im Fahrzeug integriert ist, bezeichnet man als APU. Typischerweise liegen APUs in einer Leistungsklasse von 1 bis 5 kW. Das Marktpotential für APUs ist weitreichend, vorausgesetzt dass die Systemkosten erreicht werden können [53].

Zwei interessante Anwendungen von APUs wurden in PKW und LKW erfolgreich demonstriert.

BMW hat im Jahr 1999 ein Wasserstoff-Brennstoffzellensystem in einem 7er BMW mit Wasserstoff-Verbrennungsmotor integriert. Das System hat die on-board Stromversorgung sichergestellt, um einen verbesserten Gesamtwirkungsgrad zu erreichen. Speziell der schlechte Wirkungsgrad des als Antrieb eingesetzten Wasserstoff-Verbrennungsmotors sollte durch die APU teilweise kompensiert werden, indem der Bordstrom mittels eines hocheffizienten Brennstoffzellensystems erzeugt wurde, statt über eine klassische Lichtmaschine, die in der Regel deutlich geringere Wirkungsgrade besitzt.

Weiterhin wurde alternativ auch die Nutzung von APU's in nicht Wasserstoff-angetriebenen PKWs verfolgt und demonstriert. Bedeutende Aktivitäten dazu wurden von Delphi mit Gasoline SOFC System [54] oder DaimlerChrysler mit Gasoline PEM durchgeführt.

Eine APU-Anwendung in Langstrecken-Lastkraftwagen ist von großem Interesse, da – insbesondere in den USA – der Motor im Leerlauf genutzt wird, um den Komfort in der Kabine sicherzustellen. Klimaanlage, Kühlschrank und Entertainment verbrauchen viel Energie, die vom Antriebsmotor über die Lichtmaschine im Stand mit sehr schlechtem Wirkungsgrad von nur etwa 5 % erzeugt wird. Es wurden daher Alternativen gesucht, um die Schadstoffemissionen im Leerlauf zu vermeiden [55–59]. Freightliner hat erstmalig im Jahr 2001 eine 2 kW Wasserstoff-APU vorgestellt und im Jahr 2003 eine 5 kW APU mit Methanol als Treibstoff [53].

Eine APU mit synthetischem Diesel wurde auch im Rahmen der von DoD (US Department of Defence) finanzierten Aktivitäten von der Firma Ballard prototypisch dargestellt [60, 61].

Abb. 4.50 *Links* Benzin APU in Maybach installiert. *Rechts* Wasserstoff APU installiert in Freightliner Truck. *Quelle* Daimler AG

Bei der DaimlerChrysler AG (heute Daimler AG) wurde in den Jahren 2002/2003 für die Anwendung in konventionell angetriebenen Fahrzeugen eine APU auf Basis PEM-Brennstoffzelle, gekoppelt mit einer Benzinreformierung entwickelt (Abb. 4.50). Die Funktion der APU zusammen mit einem elektrisch angetriebenen Klimakompressor wurde in einem Maybach 62 zur Standklimatisierung und –stromversorgung für diverse Verbraucher im Fahrzeug demonstriert. Die Reformierung erfolgte durch autotherme Reaktion von Benzin, Wasserdampf und Luft in einem Hochdruckreformer mit nachgeschalteter Wasserstoffabtrennung über Edelmetall-Membranen. Die elektrische Ausgangsleistung der Einheit betrug ca. 1 kWel.

4.7.3.3 Bahn

Eine erste Studie zur Nutzung der Brennstoffzellentechnologie als Bahn-Antrieb wurde im Jahr 1995 bei JPL (Jet Propulsion Laboratory, USA) veröffentlicht. Fokus der Studie waren große Lokomotiven mit hoher Leistung [62], welche z. B. über die Berge in Kalifornien in Richtung Los Angeles fahren.

Die EU Kommission hat im Rahmen des 4th Framework Programmes eine Machbarkeitsstudie zur Nutzung der Brennstoffzellentechnologie in Zügen unter EU-Bedingungen beauftragt, die dann durch die ERRI (European Railway Research Institute) koordiniert wurde.

Züge mit Brennstoffzellentechnologie können auf nicht elektrifizierten Strecken oder für lokale Anwendungen zum Einsatz kommen. Insbesondere der Einsatz in Bereichen, in denen die mit dem Dieselantrieb verbundenen Emissionen und Rußpartikel vermieden werden sollen, ist ein Brennstoffzellenantrieb eine Alternative, z. B. in geschlossenen Kopf-Bahnhöfen wie Mailand, Frankfurt oder London bzw. im Bergbau unter Tage.

Die Herausforderung in Zügen sind die zu installierenden Leistungen (im MW-Bereich), die Lebensdauer (>20 Jahre), der Brennstoff und die Wirtschaftlichkeit gegenüber Diesel und elektrifizierten Maschinen. Nischenanwendungen auf nicht elektrifizierten Strecken oder bei Rangierloks in einer Leistungsklasse zwischen 250 kW und 480 kW können einen Einsatz begründen [63, 64].

Ein Beispiel für die Installation zweier PKW-Systeme in einem Zug hat JR-East mit Daimler im Jahr 2006 vorgestellt [65].

Kleine Lokomotiven für den Materialtransport in Minen wurden in den letzten Jahren aufgebaut. Der Bedarf von emissionsfreiem Transport und die Notwendigkeit der Reduzierung des Stromverbrauchs für die Ventilation des Tunnels haben eine Anzahl von Demonstrationsprojekten hervorgerufen. In einem Projekt wurde gezeigt, dass die Nutzung eines Brennstoffzellensystems in kleinen Zügen einen erfolgversprechenden Ansatz bieten kann.

4.7.3.4 Schiffe

Die Anwendung von Brennstoffzellenantrieben in Schiffen kann man entsprechend der Schiffsgröße und -nutzung in zwei Hauptkategorien unterteilen: Integration als APU oder als eigenständiger Antrieb.

Für kleinere Schiffsantriebe, z. B. in der Freizeitanwendung als kleine Motorjacht oder Segelschiff könnte man die Integration eines eigenständigen Wasserstoff -Brennstoffzellen-Antriebs realisieren.

Für sehr große Schiffe mit hohem Energiebedarf erscheint aus heutiger Sicht der Dieselantrieb als effizienteste Möglichkeit. Allein die Wasserstoffversorgung wäre bei einer solchen Anwendung nicht gegeben – weder mittels Wasserstofftanks noch durch Dieselreformierung.

Ein Beispiel für eine Anwendung mit zwölf integrierten Wasserstofftanks ist das erste Wasserstoffschiff „Alsterwasser", welches im November 2008 in Hamburg vom Stapel lief [66].

4.7.3.5 Luft- und Raumfahrt

Brennstoffzellensysteme wurden schon in den 60er Jahren in der Raumfahrt eingesetzt, als der Bedarf an Bordstromversorgung stetig stieg und durch Batterien nicht mehr sinnvoll abgedeckt werden konnte. So kamen alkalische Brennstoffzellen beispielsweise beim Gemini-Programm, beim Apollo-Programm und zuletzt beim Space Shuttle zum Einsatz.

Heute beschäftigen sich Airbus und Boeing mit Brennstoffzellensystemen. Der potenzielle Einsatzzweck ist die Verwendung als On-board Generator für Strom und Wasser, sowie zur Inertgasproduktion für die Inertisierung der Tankbehälter. Die Nutzung der Brennstoffzelle als Primärantrieb von Luftfahrzeugen ist seit etwa einem Jahrzehnt Gegenstand der Forschung. Die Vorstellung entsprechender Konzepte und Prototypen erfolgte seitens der Universität Stuttgart (Konzeptflugzeug Hydrogenius, 2006), Boeing (Super Dimona, Erstflug 2008) und dem Deutschen Zentrum für Luft- und Raumfahrt in Zusammenarbeit mit Lange Aviation (Antares DLR-H2, Erstflug 2009). Der letztgenannte Prototyp stellte 2012 seine Zuverlässigkeit bei einem mehrstündigen Streckenflug von Zweibrücken nach Berlin und zurück mit jeweils nur einer Zwischenlandung unter Beweis. Für die detaillierte Darstellung der Wasserstoff- und Brennstoffzellen-Anwendungen in der Luft- und Raumfahrt sei auf das Kap. 5 in diesem Buch verwiesen.

4.8   Ausblick

Nach fast zwei Jahrzehnten intensiver Forschungs- und Entwicklungsarbeiten bei zahlreichen Fahrzeugherstellern, erfolgreicher Flottendemonstrationsprojekte und entsprechender Veröffentlichungen sind Brennstoffzellenfahrzeuge nach wie vor noch nicht am Markt erhältlich. Das mag zu allgemeinen Zweifeln an der Leistungsfähigkeit der Technologie führen.

Allerdings ist zu berücksichtigen, dass trotz der Erfindung der Brennstoffzelle bereits im Jahr 1839 die Geschichte des Brennstoffzellenantriebs und seiner Erprobung, im Vergleich zu 100 Jahren Optimierung der konventionellen Antriebe, relativ kurz ist. Nach ihrer Entdeckung durch Schönbein und Grove ist die Brennstoffzelle über 100 Jahre nahezu in Vergessenheit geraten, weil man keine sinnvolle Anwendung gesehen hatte. Erst in den 1950-er Jahren wurde die Brennstoffzelle als Energieversorgungssystem in der Raumfahrt „wiederentdeckt". Weitere mehr als 20 Jahre später sind erste Arbeiten zur Verwendung der Brennstoffzelle im (Straßen-) Fahrzeugantrieb zu verzeichnen.

In dieser kurzen Zeit wurden sehr gute Fortschritte bei der Leistungs-/Energiedichte, Funktionalität inkl. Kaltstart, dem Packagevolumen, dem Gewicht und auch den Kosten erzielt, wie die Fahrzeuge der einzelnen Hersteller eindrucksvoll zeigen. Immer noch ist die Gesamtzahl der Ingenieursstunden, die bisher in die Entwicklung der automobilen Brennstoffzelle investiert wurden, nur ein äußerst kleiner Bruchteil der hinter dem aktuellen technischen Stand des Verbrennungsmotors stehenden Entwicklungsleistung.

Die Situation hat in der Vergangenheit dazu geführt, dass mehrfach Vorhersagen über den Kommerzialisierungszeitpunkt des automobilen Brennstoffzellenantriebs gemacht wurden, die dann nicht eingetreten sind. Einerseits ist das natürlich dem verständlichen Wunsch geschuldet, möglichst schnell eine leistungsfähige und umweltfreundliche Technologie in die Umsetzung zu bringen. Andererseits wurde die Komplexität der Technik von zwei Seiten her in der frühen Phase der Entwicklung geradezu zwangsläufig nicht richtig eingeschätzt.

Den mit der durch die Elektrochemie geprägten Brennstoffzellentechnologie vertrauten Entwickler aus Chemieindustrie fehlte anfangs das Verständnis für die Randbedingungen der Automobiltechnik, die von den Bauteilen große Leistungsfähigkeit und Zuverlässigkeit im Betrieb unter einem breiten Fenster von Umgebungsbedingungen (z. B. Temperaturen) und am Ende in der Produktion extrem hoher, gleichbleibender Qualität bei sehr hohen Stückzahlen erfordert. Andererseits war den Automobilingenieuren, die vorwiegend durch den Maschinenbau geprägt waren, die Elektrochemie und auch die Elektrotechnik im Hochvoltbereich wenig vertraut. Inzwischen liegt auf beiden Seiten ein vertieftes Verständnis für die jeweils „andere Seite" vor, so dass realistische Einschätzungen zur Umsetzung und Kommerzialisierung der Brennstoffzellentechnik im Automobil gegeben werden.

Der beschriebene Umstand weist zudem auf die Notwendigkeit hin, in der Ausbildung der Automobilingenieure der Zukunft auch diese neue Qualifikation im elektrochemischen und elektrotechnischen Bereich aufzunehmen. Das gilt sowohl für die Brennstoffzellen- als auch für die Batterietechnologie.

Auf dem Weg von den bisherigen Kleinserien und Demonstrationsflotten zur Großserie liegen noch einige bedeutende Herausforderungen für Hersteller, Komponentenlieferanten, Infrastruktur und Gesetzgeber/Behörden.

Bisherige Projekte und Versuchsträger haben geholfen, sowohl die Technologie als auch die Kundenanforderungen besser zu verstehen. Nicht zu unterschätzen ist auch die Wirkung auf die öffentliche Wahrnehmung und damit verbundene Vorbereitung des Marktes für solche neuen Technologien.

Für die Hersteller werden die Hauptherausforderungen in der Erreichung einer nachhaltigen Wirtschaftlichkeit und dem Aufbau einer zuverlässigen Lieferantenstruktur liegen. Der Schritt von Manufakturbetrieben zu großserien tauglichen Produktionsanlagen für die Brennstoffzellenantriebskomponenten erfordert erhebliche Anstrengungen bei den Produktionsprozessen.

Die Vertriebs- als auch After-Sales Bereiche müssen sich auf die mit der neuen Technologie verbundenen Themen einstellen und vorbereiten. Kommunikativ gilt es, weitere

Aufklärungsarbeit über die Technik und insbesondere deren Leistungsvermögen, Komfort und Sicherheit in der Öffentlichkeit zu leisten.

Die jüngst von mehreren OEMs verkündeten Kooperationen können einen maßgeblichen Einfluss auf die erfolgreiche Kommerzialisierung der Brennstoffzellentechnologie haben. So wurden jeweils Bündnisse zwischen Toyota Motor Company und BMW als auch zwischen der Daimler AG, Nissan und Ford Company im Januar 2013 sowie zwischen General Motors und Honda im Juli 2013 bekannt gegeben [67].

Parallel zur Einführung der Fahrzeuge ist die Verfügbarkeit des Kraftstoffs entsprechend zu forcieren. Die Kunden brauchen Gewissheit über die Alltagstauglichkeit.

Nicht zuletzt werden die Behörden und Gesetzgeber einen wesentlichen Einfluss durch unterstützende Einführungsmaßnahmen als auch eine der Technologie entsprechenden Gesetzgebung auf den Erfolg haben.

Mit der Erreichung dieser Ziele kann der schrittweise Ersatz der konventionellen Antriebe durch umweltschonende emissionsfreie Brennstoffzellenantriebe langfristig gelingen.

Literatur und Referenzen

1. Deutsche Bundesregierung: Eckpunktepapier Beschluss (2011)
2. Berechnet mit TREMOD 5.25c, Trend-Szenario, Inlandsbilanz, Daimler
3. Stolten, D., Grube, T., Mergel, J.: Beitrag elektrochemischer Energietechnik zur Energiewende. VDI-Berichte Nr. 210, 2183 (2012)
4. http://www.arb.ca.gov/msprog/zevprog/zevprog.htm
5. COM(2012) 393 final"Proposal for a regulation of the European Parliament and of the council amending regulation (EC) No 443/2009 to define the modalities for reaching the 2020 target to reduce CO_2 emissions from new passenger cars". European Commission, Brussels (2012)
6. http://ec.europa.eu/research/fch/pdf/a_portfolio_of_power_trains_for_europe_a_fact_based__analysis.pdf
7. Erdölprognose IEA
8. Energy Watch Group. Wikipedia/Globales Ölfördermaximum
9. Auto Motor Sport – Sonderheft Edition Nr. 3, ISSN: 0940-3833
10. http://www.spiegel.de/auto/werkstatt/brennstoffzellen-marathon-opel-auf-tournee-a-297209.html. Zugegriffen: 30. Januar 2013
11. http://www.scandinavianhydrogen.org/h2moves%5D/news/the-european-hydrogen-road-tour-kicks-off
12. http://cafcp.org/
13. http://www.cleanenergypartnership.de
14. http://www.jari.or.jp/jhfc/e/index.html
15. http://www.fch-ju.eu/
16. http://www.forum-elektromobilitaet.de/flycms/de/web/232/-/NOW+-+Nationale+Organisation+Wasserstoff-+und+Brennstoffzellentechnologie.html
17. Daimler Chrysler: Faszination Forschung – Drei Jahrzehnte Daimler-Benz Forschung, S. 44–49. ISBN 3-7977-0451-8
18. Povel, R., Töpler, J., Withalm, G., Halene, C.: Hydrogen drive in field testing. In: Proc. 5th World Hydr. En. Conf S. 1563–1577. Toronto (1984)
19. Eichleder, M.: Wasserstoff in der Fahrzeugtechnik.

20. JRC/EUCAR/CONCAWE: Well-to-Wheels Report (2004)
21. http://www.optiresource.org/en/home.html
22. Specht, M., Sterner M.: Regeneratives Methan in einem künftigen Erneuerbare-Energie-System". Vortrag Messe Stuttgart (11. Februar 2011)
23. WTT: LBST (2010) Assessment and documentation of selected aspects of transportation fuel pathways. TTW: EUCAR PISI (Port Injection Spark Ignition) CNG Fahrzeug für 2010, Daimler
24. Kramer, M.A., Heywood, J.B.: A comparative assessment of electric propulsion systems in the 2030 US light-duty vehicle fleet. Society Automotive Engineering 2008-01-0459
25. Mohrdieck, C., Schulze, H., Wöhr M.: Brennstoffzellenantriebsysteme. In: Braess, H.-H., Seiffert. U. (Hrsg.) Vieweg Handbuch für Kraftfahrzeugtechnik, 6. Aufl. (2011)
26. Wind, J., Prenninger, P., Essling, R.-P., Ravello, V., Corbet, A.: HYSYS Publishable Final Activity Report, Revision 0.2 (2012)
27. http://www.fch-ju.eu/sites/default/files/20121029%20Urban%20buses%2C%20alternative%20powertrains%20for%20Europe%20-%20Final%20report.pdf
28. Kizaki, M. – Toyota: Development of new fuel cell system for mass production. EVS 26
29. Vielstich, W., Lamm, A., Gasteiger, H.A.: Handbook of Fuel Cells, Bd. 1, Chap. 4, S. 26ff. Wiley & Sons (2003)
30. Venturi, M., Sang J.: Air supply system for automotive fuel cell application. Society Automotive Engineering 2012-01-1225
31. Honda FCX with breakthrough fuel cell stack proves its coldStart performance capabilities in public test. Torrance, CA, February 27th (2004). http://world.honda.com/news/2004/4040227FCX/
32. Manabe, K., Naganuma, Y., Nonobe, Y., Kizaki, M., Ogawa, Toyota: Development of fuel cell hybrid vehicle rapid start-up from sub-freezing temperatures. SAE 2010-01-1092
33. Ikezoe, K., Tabuchi, Y., Kagami, F., Nishimura, H.: Development of an FCV with a new FC stack for improved cold start capability. SAE 2010-01-1093
34. Lamm, A., et al.: Technical status and future prospectives for PEM fuel cell systems at DaimlerChrysler. EVS 21
35. FC Award 2007, f-cell Award Gold: NuCellSys GmbH, Zuverlässiger Gefrierstart eines Brennstoffzellensystems für den Pkw-Einsatz. www.f-cell.de/deutsch/award/preistraeger/jahr-2007
36. Züttel, A., Borgschulte, A., Schlapbach, L. (Hsrg.): Hydrogen as a Future Energy Carrier. 1. Aufl. Wiley-VCH, Weinheim (2008)
37. Maus, S.: Modellierung und Simulation der Betankung Fahrzeugbehältern mit komprimiertem Wasserstoff. Dissertation, VDI Fortschrittsberichte Reihe 3, Nr. 879 (2007)
38. Maus, S., Hapke, J., Ranong, C.N., Wüchner, E., Friedlmeier, G., Wenger, D.: Filling procedure for vehicles with compressed hydrogen tanks. http://www.elsevier.com
39. Töpler, J., Feucht, K.: Results of a fleet test with metal hydride motor cars. Daimler-Benz AG, Stuttgart (1989)
40. Hovland, V., Pesaran, A., Mohring, R., Eason, I., Schaller, R., Tran, D., Smith,T., Smith G.: Water and heat balance in a fuel cell vehicle with a sodium borohydride hydrogen fuel processor. SAE Technical Paper 2003-01-2271
41. Wenger, D.: Metallhydridspeicher zur Wasserstoffversorgung und Kühlung von Brennstoffzellenfahrzeugen. Dissertation, Universität Ulm (2009)
42. Iijima, S.: Nature **354**, 56–58 (1991)
43. Chambers, A., Park, C., Baker, R.T.K., Rodriguez, N.M.: J. Phys. Chem. B **102**, 4253–4256 (1998)
44. Hirscher, M.: Handbook of Hydrogen Storage: New Materials for Future Energy Storage. Wiley-VCH, Weinheim (2010)

45. Broom, D.P.: Hydrogen Storage Materials: The Characterization of Their Storage Properties. Springer, London (2011)
46. U.S. Department of Energy Hydrogen Program: Technical Assessment: Cryo-Compressed Hydrogen Storage for Vehicular Applications, October 30, 2006. Revised June 2008, Kircher, O., Brunner, T.: Advances in cryo-compressed hydrogen vehicle storage FISITA 2010. F2010-A-018
47. Verkehrswirtschaftliche Energiestrategie (VES): 3. Statusbericht der Task Force an das Steering Committee (August 2007)
48. Mohrdieck, C., Schamm, R., Zimmer, S.E., Nitsche C.: DaimlerChrysler's Global Operations of Zero-Emission Vehicle Fleets. Convergence (2006)
49. Pressemitteilung Mercedes Benz: Eco-friendly Mercedes-Benz fuel cell buses at the World Economic Forum in Davos, January 23rd (2013)
50. http://www.fuelcellbus.com/
51. http://www.fuelcells.org/wp-content/uploads/2012/02/fcbuses-world.pdf
52. Omnibus Brasileiro a Hidrogenio: Brasilian fuel cell bus project. Launch event
53. Venturi, M., Martin, A.: Liquid fuelled APU fuel cell system for truck application. Society Automotive Engineering 2001-01-2716
54. Solid Oxide Fuel Cell Auxiliary Power Unit. Delphi Program Overview Essential Power Systems Workshop, December 12–13th (2001)
55. Venturi, M., Smith, S., Bell, S., Kallio, E.: Recent results on liquid fuelled APU for truck application. Society Automotive Engineering 2003-01-0266
56. Brodrick, C.J., et al.: Truck idling trends: results of a pilot Survey in Northern California. Society Automotive Engineering 2001-01-2828
57. Analysis of Technologies options to reduce the fuel consumption of idling trucks. Center for Transportation Research Argonne National Laboratory Operated by the University of Chicago, under Contract W-31-109-Eng-38, for the United States Department of Energy
58. Bodrick, C.J., et al.: Potential benefit of utilizing fuel cell auxiliary power units in lieu of heavy duty truck engine idling (November 2001)
59. The Maintenance Council (1995b): Analysis of cost from idling and parasitic devices for heavy duty truck. Recommended procedure. American Truck Association, Alexandria, VA
60. Venturi, M., zur Megede, D., Keppeler, B., Dobbs, H., Kallio, E.: Synthetic hydrocarbon fuel for APU application: the fuel processor system. Society Automotive Engineering 2003-01-0267
61. Lim, T., Venturi, M., Kallio, E.: Vibration and shock considerations in the design of a truck-mounted fuel cell APU system. Society Automotive Engineering 2002-01-3050
62. Gavalas, G.R., Moore, N.R., Voecks, G.E., et al.: Fuel cell locomotive development and demonstration program. Phase I: Systems. Final Report prepared for South Coast Air Quality Management District by Jet Propulsion Laboratory, California Institute of Technology
63. Pernicini, B., Steele, B., Venturi, M.: Feasibility study on fuel cell locomotive. European Commission DGXII. Contract n. JOE3-CT98-2002
64. The Hydrogen & Fuel Cell Letter – December 2012 Bd. XXVII/No.12 ISSN 1080-8019 (2012)
65. http://pinktentacle.com/2006/10/jr-tests-fuel-cell-hybrid-train/
66. www.zemships.eu
67. The Hydrogen & Fuel Cell Letter – January and August 2013 Bd. XXVIII/No. 2 ISSN 1080-8019

Wasserstoff und Brennstoffzelle – mobile Anwendung in der Luftfahrt

5

„Wasserstoff als Energieträger"

Andreas Westenberger

Abkürzungen

AC	alternate current Wechselstrom
ATA	Air Transport Assoziation
APU	Auxiliary Power Unit
ATRU	Auto Transformer Rectifier Unit
ATU	Auto Transformer Unit
CS	Certification Specification
DARPA	U.S. Defense Advanced Research Projects Agency
DC	direct current Gleichstrom
ECS	Environmental Control System
EDP	Engine Driven Pump
EHA	Elektro Hydraulischer Aktuator
EMA	Elektro Mechanischer Aktuator
EMP	Engine Motor Pump
JAA	Joint Aviation Authorities
JAR	Joint Aviation Requirements
k.A.	keine Angabe
MEA	Membran Electrolyte Assemble
MEA	More-Electric-Aircraft
ODA	Oxigen Depleted Air
PEM	Polymer Electrolyte Membrane oder Proton Exchange Membrane
PTU	Power Transfer Unit
RAT	Ram Air Turbine
WAI	Wing Anti Ice

A. Westenberger (✉)
ETDX1, Airbus Operations GmbH, Kreetslag 10, 21111 Hamburg, Deutschland
e-mail: Andreas.Westenberger@airbus.com

J. Töpler und J. Lehmann (Hrsg.), *Wasserstoff und Brennstoffzelle*,
DOI: 10.1007/978-3-642-37415-9_5, © Springer-Verlag Berlin Heidelberg 2014

5.1   Einleitung

Gemessen am Gesamtgewicht eines Verkehrsflugzeuges ist der Anteil des mitgeführten Treibstoffs relativ groß. Dieser Anteil liegt je nach Beladung bei ca. 30 bis 40 %. Der Energieträger ist in der Regel ein Kohlenwasserstoff – Kerosin oder bei kleineren Flugzeugen mit Kolbenmotoren Benzin. Er ist aus Gründen der Entlastung der Tragflächen während des Fluges in ihnen gelagert.

Der größte Anteil des Treibstoffs wird für den Vortrieb genutzt. Aber das Triebwerk heutiger Flugzeuge sorgt nicht nur für den Schub für den Vortrieb, sondern versorgt auch die Bordsysteme mit elektrischer, hydraulischer und pneumatischer Energie (Abb. 5.1). Die installierte Generatorleistung eines modernen Passagierflugzeuges beläuft sich auf etwa 3 % der Vortriebsleistung [1].

5.2   Hauptantrieb mit Wasserstoff

Die Idee ein Flugzeug komplett mit Wasserstoff zu versorgen wurde bereits in mehreren Projekten und Studien verfolgt. Studien von Boeing, Lockeed, Tupolev und Airbus belegen die grundsätzliche Machbarkeit [3, 4, 5, 6].

Das Hauptaugenmerk dieser Machbarkeit bezog sich auf die Unterbringung des Wasserstoffs. Der hohe gravimetrische Energieinhalt von Wasserstoff hat zwar Vorteile, während der niedrige volumetrische Energieinhalt bei den benötigten Mengen ein klarer Nachteil ist. Als Alternative wurde geplant, das Gas in tiefkalter flüssiger Form unter niedrigem Druck an Bord zu speichern. Das bedeutete, dass die Flügel als Tank nicht in Frage kommen. Als günstigstes Speichersystem bot sich ein super isolierter zylinderförmiger Drucktank, mit ca. 2 bar Betriebsdruck, der, je nach Flugzeuggröße, in Längsrichtung im oder auf dem Rumpf integriert wurde.

Weitere Fragestellungen bezogen sich auf die Sicherheit, Infrastruktur, Emissionen bzw. deren Auswirkung auf das Klima. Alle Fragen konnten theoretisch positiv beantwortet werden. Lediglich bei der Auswirkung auf das Klima besteht große Unsicherheit. Modelberechnungen zeigten zwar positive Ergebnisse, benötigten um eine Bestätigung durch praktische Versuche und Messungen.

Die technischen Aspekte wurden als lösbar beurteilt und durch Tests nachgewiesen.

So hat Hans Joachim Papst von Ohain sein erstes Turbotriebwerk, 1936, mit Wasserstoff befeuert und somit gezeigt, dass Turbotriebwerke mit Wasserstoff betrieben werden können. Er wählte diesen Treibstoff damals jedoch nicht aus umweltfreundlichen Aspekten sondern wegen seiner sehr hohen Reaktionsfreudigkeit, die ihm ermöglichte mit einem „mageren" Gemisch in der Brennkammer anzufangen. Anschließend setzte er den vorteilhafteren Kohlenwasserstoff ein. Er ließ sich wesentlich einfacher handhaben und sein volumetrisch spezifischer Energiegehalt war um das etwa 4-fache höher. Diese Aspekte kamen damals den Flugzeugbauern und -betreibern entgegen.

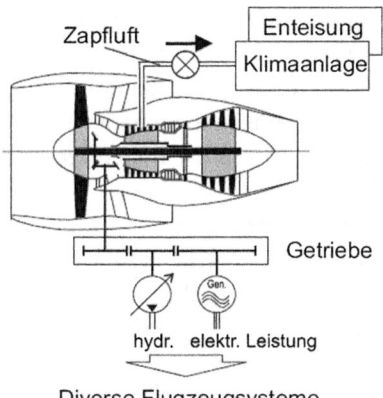

Abb. 5.1 Prinzipskizze der Sekundärleistungsentnahme an einem Zweiwellen-Turbofan-Triebwerk [2]

Praktische Tests mit wasserstoffbefeuerten Antriebsturbinen bzw. Komponenten folgten. Den Anfang machte Boeing [5], wobei ein Triebwerk eines zweimotorigen Flugzeuges auf Wasserstoffbetrieb umgerüstet und geflogen wurde. Anschließend folgten im Rahmen einer deutsch-kanadischen Kooperation Brennkammertests, bei denen nachgewiesen werden konnte, dass der bei der Verbrennung entstehende Stickoxidausstoß durch Abmagerung des H_2-Luftgemischs verringert werden kann [3]. Ein weiterer Testflug erfolgte in einer deutsch-russischen Kooperation [4, 6]. Hier wurde wiederum eine von drei Turbotriebwerke zunächst mit Erdgas und anschließend mit Wasserstoff betrieben. Am Fachbereich für Luft- und Raumfahrttechnik der Fachhochschule Aachen (FHAC) wurde ein Hilfstriebwerk ebenfalls auf Wasserstoff umgerüstet und im Triebwerksteststand betrieben. Dieses Triebwerk ist heute noch an der FHAC im betriebsbereiten Zustand existent, während der Verbleib der anderen Versuchsträger unbekannt ist.

Durch diese Versuche wurde belegt, dass man ein Flugzeugtriebwerk mit Wasserstoff sicher betreiben kann. Nebenaggregate und Installationskomponenten wie Treibstoffpumpen, Leitungen, Messeinrichtungen und so weiter stellen ebenfalls kein unlösbares Problem dar. Für die meisten Komponenten gibt es prinzipielle Lösungen aus der Industrie für den Bereich „Technische Gase", der Raumfahrt oder dem Automobilbau.

Die größte Herausforderung ist die Lagerung des Wasserstoffs in großen Mengen an Bord des Flugzeuges. Zwar hat man nachgewiesen, dass es für alle Kategorien kommerzieller Passagierflugzeuge – untersucht wurden Kategorien vom Geschäftsreiseflugzeug bis zum Megaliner – Konfigurationen gibt, die jedoch Nachteile in Bezug auf den Energieverbrauch bringen. Durch Berechnungen wurde ermittelt, dass die Leergewichte, also ohne Treibstoff an Bord, der Wasserstoffkonfigurationen grundsätzlich höher waren als die der entsprechenden Kerosinvarianten. In vollgetanktem Zustand kehrten bei Langstreckenflugzeugen sich die Verhältnisse um. Das lässt sich dadurch erklären, dass die LH_2-Tanksysteme grundsätzlich schwerer waren als die vergleichbaren Kerosintanks.

Zudem mussten sie zum Rumpfgewicht addiert werden, was konsequenterweise die Flügelstruktur höher belastete. Kerosin ist bei allen Flugzeugen im Flügel untergebracht und entlastet durch sein Gewicht die Flügelstruktur während des Fluges.

Im Falle von Langstreckenversionen ergab sich ein geringeres Gesamtgewicht in getanktem Zustand. Das lässt sich durch die höhere gravimetrische Energiedichte von LH_2 gegenüber Kerosin erklären.

Die geringere volumetrische Energiedichte von LH_2 – 4fach gegenüber Kerosin – führt zu einer größeren umspülten Oberfläche des Flugzeuges, was sich in einer höheren Luftreibung niederschlägt. Der daraus erhöhte Luftwiderstand wird mit dem besseren Wirkungsgrad der Triebwerke zum Teil ausgeglichen.

Der hohe Preis des Wasserstoffs, die fehlende Infrastruktur und die nicht erkennbare Nachfrage am Markt stellen ein so hohes Risiko von Seiten der Industrie dar, dass weiterführende Untersuchungen dieser Art auf industrieseitig vorerst eingestellt wurden.

Lediglich Universitäten und Hochschulen, wie die FOI, Uni Delft und die Universität Stuttgart verfolgten diesen Gedanken weiter und arbeiteten auf dem Gebiet der Flugzeugauslegung.

Die Fachhochschule Hamburg leitete zwischen 2007 und 2009 das Projekt „Grüner Frachter". Hier untersuchte man, inwieweit ein H_2 angetriebenes Frachtflugzeug sich optimieren lässt. Zielgrößen der Flugzeuge waren etwa eine ATR72 und ein „Blended Wing Body", ähnlich einem Nurflügler, mit der Transportleistung einer B777. Das Ergebnis zeigte keine Nachteile für die Wasserstoffvarianten.

Da alle zuvor verfolgten Konzepte ein zu großes Risiko bargen wurde zur gleichen Zeit ein weiterer Gedanke in Richtung eines Versuchsträgers mit überschaubaren Kosteneinsatz verfolgt [7]. Die Idee bestand darin ein existierendes Flugzeug in ein zweimotoriges „bi-fuel" Flugzeug so zu konvertieren, dass es auf einer Seite mit dem neuen Antrieb ausgestattet sein sollte [8]. Hier hätte das Flugzeug lediglich Fracht in einem existierenden Streckensystem transportiert und somit die Alltagstauglichkeit nachgewiesen. Dieses Konzept sollte die Zulassungsbedingungen gegenüber einem Passagierflugzeug für den Betrieb vereinfachen und somit den Nachweis zum sicheren Betrieb erbringen. Der Turbopropellerantrieb hätte für eine hohe Effizienz gesorgt, was den Energieverbrauch und damit die Wasserstofflagerung an Bord in Grenzen gehalten hätte. Die reduzierten Kabinensysteme eines Frachtflugzeuges minderten nochmals den Energieverbrauch gegenüber Passagierversionen. Das Flugzeug hätte in einem echten Flottenbetrieb mit einem relativ kleinen Infrastrukturaufbau eingegliedert werden können. Eine Betriebskostenschätzung steht noch aus.

5.3   Funktionen der Brennstoffzelle an Bord von Verkehrsflugzeugen

In der Einleitung wurde bereits erwähnt, dass etwa 3 % der Energie für den Vortrieb für die Versorgung der Bordsysteme benötigt werden. Sieht man sich die gesamte Versorgungskette vom Kerosintank über die Pumpen am Triebwerk, die Getriebe, die

Generatoren etc. bis zu den Verbrauchern an, errechnet sich ein Wirkungsgrad von ca. 40 % während sich im Falle einer H_2 + PEM Kette 47,5 % [1] ergeben.

Die aktuell immer stärker werdende Diskussion über die Verschmutzung der Erdatmosphäre durch Emissionen jeder Herkunft fordert ein konsequentes Einsparen beim Verbrauch von Kohlenwasserstoffen. Der Kerosinverbrauch durch den Luftverkehr gegenwärtig hat lediglich einen Anteil von 2 % des weltweiten Energieverbrauchs und entspricht etwa 6 % der Weltölförderung [9, 10]. Davon wird in einem modernen Verkehrsflugzeug ca. 3 % als Generatorleistung [1] von den Bordsystemen benötigt, was sich in Bezug auf die Größenordnung des Gesamtverbrauchs als relativ „geringer Verbrauch" darstellt. Wollte man diese Leistung mit dem Energieträger wie Wasserstoff decken, führt es dennoch zu einer großen Herausforderung für den Aufbau einer entsprechenden Infrastruktur.

Ein neues Bordenergieversorgungskonzept könnte auf Wasserstoff als zweiter Energieträger und eine Brennstoffzelle als Generator für Elektrik basieren. Es hätte den primären Vorteil der geringen Lärm- und Abgas-Emissionen. Um den Vorteil der höheren Effizienz einer Brennstoffzelle maximal zu nutzen, sollten möglichst alle Bordsysteme auf elektrische Verbraucher aufbauen. Das hätte schon den Vorteil, dass die Wandlung verschiedener Energiesystem untereinander, wie zum Beispiel elektrischer Energie in hydraulischen wegfällt. Solche Möglichkeiten müssen heute für die Steigerung der Betriebssicherheit durch redundante Systemarchitektur berücksichtigt werden. In dem Projekt MEA [11] wurde ein solches Konzept bereits untersucht. Zu Beginn werden alle Verbraucher auf ihre Betriebscharakteristik und Priorität untersucht. Für Geräte bzw. Funktionen mit hoher Priorität muss die Ausfallwahrscheinlichkeit so gut wie ausgeschlossen sein.

Unter dieser Maßgabe sind Stromschienen in einem Flugzeug zusammen gefasst. Verbraucher der Kabine sind zum Beispiel weniger wichtig als die Geräte der Flugzeugführung.

Von höchster Wichtigkeit ist natürlich die Flugsteuerung. Selbst bei einem Totalausfall während des Fluges in maximaler Flughöhe aller Verbrennungsmotoren, wie die Haupttriebwerke und das Hilfstriebwerk (APU), muss das Flugzeug bis zur sicheren Landung auf einem Ausweichflughafen noch sicher steuerbar sein.

Der erhöhte Energiebedarf der heutigen Bordsysteme und der hohe Anspruch an einen sicheren Betrieb erfordern komplexe und redundante Systemarchitekturen.

Stellt man sich den Betrieb einer Brennstoffzelle in einem Flugzeug vor, muss man genau die Besonderheiten ihrer Betriebsumgebung verstehen. Flugzeugumgebungen am Boden können bedingt durch unterschiedliche Klimabedingungen sehr extrem sein. Weltweit gibt es Flughäfen mit extrem unterschiedlichen Klimabedingungen. Unter diesen Bedingungen müssen alle Aggregate und Komponenten vollen Umfang fehlerfrei und ohne Einschränkung funktionieren. Hinzu die Umgebungsbedingungen in Flug und die Lage- und Beschleunigungsänderung durch Flugmanöver für die das Flugzeug seine Zulassung erhalten hat [CS25 u. CS23].

Analysiert man die Verbraucher an Bord, muss man die Zeit vom Vorbereiten des Fluges bis zum Aussteigen nach dem Flug berücksichtigen. Weitere betriebliche Variationen kommen von dem Betriebskonzept der jeweiligen Airline und der Flugdauer hinzu.

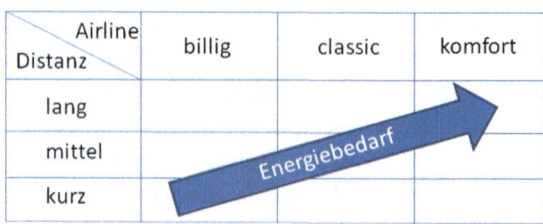

Airline Distanz	billig	classic	komfort
lang			
mittel			
kurz			

Abb. 5.2 Entwicklung des Energiebedarfs. Eigene Darstellung

Daraus ergeben sich gewisse Verbrauchertrends, deren tatsächliches Eintreffen zu untersuchen gilt. Kostengünstige Kurzstreckenflüge haben durch das geringere Bordangebot an Speisen und Unterhaltung einen geringeren Energiebedarf als komfortablere Langstreckenflüge (Abb. 5.2).

Dies deutet direkt darauf hin, dass ein effizienteres Konzept der Energieversorgung von Langstreckenflügen ein Vorteil gegenüber konventionellen Generatorsystemen hat. Ein nicht zu vernachlässigender Faktor ist bei einem Flugzeug noch das Systemgewicht. Grundsätzlich kann man davon ausgehen, dass ein Kurzstreckenflugzeug eher vom leichten Gesamtgewicht profitiert als ein Langstreckenflugzeug, da es, gemessen an seiner Einsatzdauer und der Strecke, seine Masse öfter „in die Höhe heben" muss.

Zu vergleichen ist ebenfalls die Betriebscharakteristik. Der Antrieb eines Flugzeuges ist auf den Reisebetrieb hin optimiert, d. h. seine beste Effizienz liegt bei einer Schubhebelstellung von etwa 85 % [12]. Der beste Betriebsbereich aus Gründen der Emissionen liegt zwischen liegt etwa zwischen 40 und 60 % [13], während der beste Betriebsbereich einer Brennstoffzelle im Teillastbereich, abhängig vom Wärmemanagement, liegt [14].

Als nächstes ist die gesamte Effizienzkette bis hin zum Verbraucher zu betrachten. Betrachtet man die Entwicklung der Verbraucher kann man unterstellen, dass sich zunehmend Gleichstromverbraucher an Bord befinden. Das sind in erster Linie die Cockpitausstattung, Bordunterhaltung und Beleuchtung (LED). Ohmsche Verbraucher wie Heizer in Küchen usw. haben keine Präferenz zwischen AC und DC. Einzig bei Elektromotoren mag es noch wegen der Regelelektronik Nachteile geben. Das heißt, es muss im Falle eines Gleichstromgenerators, wie ihn eine Brennstoffzelle bietet weniger Leistung von Wechselstrom des Triebwerksgenerators per Leistungselektronik in Gleichstrom gewandelt werden. Diese AC/DC-Wandlung ist verlustbehaftet. Die anfallende Verlustleistung wird in Wärme umgesetzt und muss aktiv, auch unter heißen Bedingungen, weggekühlt werden und ist somit der konventionellen Effizienzkette abträglich.

Der Vorteil einer Brennstoffzelle liegt auch noch in der thermischen Leistung, im Wasser, das bei der Reaktion von Wasserstoff und Sauerstoff bildet und im sauerstoffarmen Abgas.

Eine Brennstoffzelle hat gegenüber einer Gasturbine eine deutlich schlechtere gravimetrisch und volumetrisch spezifische Leistung. Man erreicht bei einem PEM Brennstoffzellenstapel für die Luftfahrt etwa 1,5 kW/kg [15]. Der typische Wert einer

Gasturbine für die Luftfahrt liegt etwa bei 2,64 kW/kg an der Welle [16]. Diese Werte für Brennstoffzellen hängen sehr von der jeweiligen Technologie, der konstruktiven Ausführung und der Nebenaggregate ab. Entscheidend ist, wie anfangs erwähnt, der Betriebspunkt bzw. die Art des Betriebes, statisch oder dynamisch, Teillast oder Volllast.

Den gravimetrischen Nachteil der Brennstoffzelle kann man durch eine tiefere Integration in die gesamten Bordsysteme erzielen. Es bietet sich an das Prozesswasser an Bord nutzen und dadurch die Frischwassertanks auf Puffertankgröße zu reduzieren. Da Wasserstoff das leichteste Element ist und der Reaktionspartner Sauerstoff vergleichsweise schwer ist, aber der umgebenden Atmosphäre entnommen wird, kann dadurch eine Gewichtseinsparung erzielt werden. Das setzt jedoch voraus, dass der Wasserstoff nicht, wie bei einigen vorgeschlagenen Konfigurationen [17] per Reformierung des Kerosins an Bord gewonnen wird und mittels SOFC Technologie in elektrischen Strom umgesetzt wird. Zum einen stellt der Reformer eine weitere große und schwere Komponente dar, zum anderen geht diese in die Systemausfallbetrachtung negativ ein und zum dritten kann sie bei einer Fehlfunktion in Verbindung mit einer SOFC-Technologie das Prozesswasser, das bei dieser Technologie auf der Anodenseite, also der H_2-Seite, entsteht verschmutzen und damit unbrauchbar machen.

Bleibt lediglich noch die PEM Technologie zur Auswahl. Hierbei ist, wegen der Absicht die thermische Leistung zu nutzen und einen einfachen Aufbau zu erzielen, die HT-PEM Technologie vordergründig im Vorteil, auch wenn ihr Reifegrad den der NT-PEM noch nicht erreicht hat. Allerdings müsste wegen der eingeschränkten Toleranz bezüglich Verunreinigungen reiner Wasserstoff mitgeführt werden. Das käme in jedem Fall der hohen Wasserqualität entgegen. Gemäß [18] ist es am günstigsten, Wasserstoff in der benötigten Menge, es handelt sich in jedem Fall um mehr als 5 kg, im tiefkalten, flüssigen Zustand mitzuführen.

Der Nachteil eines zweiten „Brennstoffes", also einer von Kerosin unabhängigen Energiequelle, hat auch den Vorteil, dass die konventionelle Notstromversorgung, die RAT, nicht mehr benötigt wird [19] und somit Gewicht und Kosten durch Anschaffung und Wartung einspart werden.

Bei Betrachtung der thermischen Systeme, die entweder elektrothermische Elemente enthalten, wie Öfen, Heizmatten oder Frostschutzsysteme für Wasserleitungen, oder größere Systeme, wie die Anti-Eis Anlage der Flügelvorderkannten, würde die HT-PEM-FC mit ihrem Temperaturniveau von etwa 150 bis 180 °C vorteilhaft sein. Thermisch anfallende Leistung in der Brennstoffzelle würde sich auch bei heißer Umgebung im Falle, dass man sie nicht gebrauchen kann, besser wegkühlen lassen.

Ein weiteres nutzbares Nebenprodukt ist die Prozessabluft einer PEM-FC oder HT-PEM-FC die auf der Kathodenseite anfällt. Dadurch, dass etwa die Hälfte des Luftsauerstoffs mit dem Wasserstoff reagiert hat verbleiben in dem Abgasstrom nur noch 10,5 % Sauerstoff. Der Rest ist größtenteils Stickstoff. Dieser Sauerstoffgehalt ist so niedrig, dass die meisten Stoffe in der Atmosphäre des Prozessabgases nicht mehr brennen [20]. Da es sonst keine weiteren Reaktionsstoffe außer Wasser enthält ist es nicht giftig. Weiteres wird in Kap. 8 erklärt.

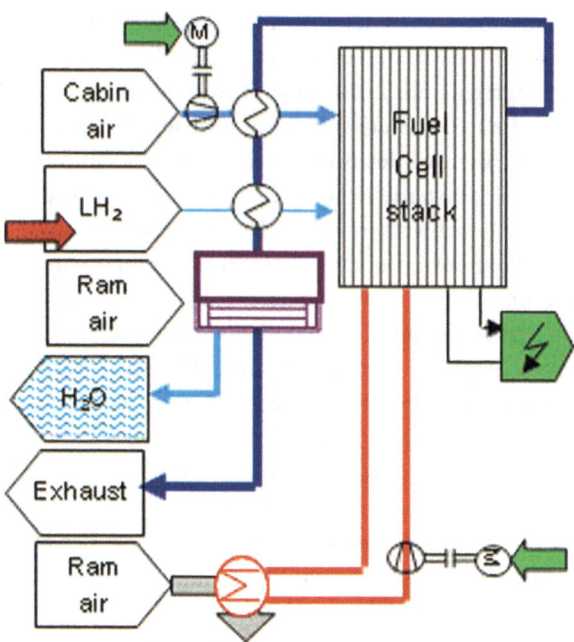

Abb. 5.3 Blockbild der multifunktionalen Nutzung einer Brennstoffzelle. Eigene Darstellung

Nimmt man alle Betrachtungen zusammen führt es zu folgendem Blockschaltbild.

Das Blockschaltbild (Abb. 5.3) stellt die Massen- und Energieströme zwischen den Hauptbestandteilen dar. Der Wasserstofftank als System, Steuerelemente wie Ventile und Steuerelektronik sowie Sicherheitseinrichtungen sind nicht dargestellt. Zentrale Komponente ist der Brennstoffzellenstapel. Links davon sind zwei Wärmetauscher dargestellt, die senkrecht von dem warmen Abgas durchströmt werden und die waagrecht gezeichneten Gasströme, Wasserstoff, der tief kalt gelagert wird und Kabinenluft konditioniert. Zwischen der Kabinenluft und der Außenluft besteht zwar in der Reiseflughöhe ein deutliches Druckgefälle das in Normalbetrieb genutzt werden kann. Aber auch im Falle des Verlustes des Kabinenducks im Reiseflug muss genügend Luft in den Brennstoffzellenstapel gepumpt werden. Um diesen Fall abzudecken ist eine entsprechende Luftzufuhr per Kompressor oder Lüfter bereitzustellen. Nachfolgend wird der Abgasstrom getrocknet, wobei sowohl Brauchwasser als auch trockenes sauerstoffarmes Abgas entsteht. Die Restprozesswärme des Stapels wird durch einen Flüssigkühlmittelkreislauf entweder verworfen oder zum Wärmen genutzt. Der Elektromotor einer zusätzlichen Kühlmittelförderpumpe geht als Parasit in die Gesamtenergiebilanz ein.

Geht man von einem konstanten Bedarf aller Verbraucher aus ist die Lage recht einfach. Ein modernes kommerzielles Flugzeug wie die B787 [21] verfolgte beim Entwurf die Philosophie des MEA (More Electrical Aircraft) bei dem alle Systemkomponenten elektrisch versorgt werden. Lediglich lokale Hydraulikkreise versorgen noch, wie gewohnt die Flugsteuerung, die Klappen für den Umkehrschub und das Fahrwerk. Die installierte elektrische Generatorleistung beläuft sich auf 1000 kWel. 450 kWel leistet die APU [21]. Die Triebwerke werden entgegen heutiger Technik nicht pneumatisch von der Druckluft der APU oder GPS (Ground Power Supply), sondern elektrisch gestartet. Diese Starter-Generatoren-Einheiten liefern anschließend, wenn die Motoren laufen, den Strom für die Bordversorgung wie es heute üblicherweise konventionelle Generatoren tun.

Die APU ist eindeutig eine Komponente, die durch ein Brennstoffzellensystem ersetzt werden könnte. Um den bestmöglichen Vorteil zu erzielen, würde dann die Funktion geändert werden müssen. Das würde bedeuten, dass, aufgrund der höheren Effizienz der Brennstoffzelle gegenüber den Generatoren am Haupttriebwerk, die Brennstoffzelle so viel wie möglich im Einsatz sein muss, um ihren Vorteil der höheren Effizienz zur Geltung zu bringen.

Die Gasturbine APU wird üblicherweise nach dem Triebwerkestart ausgeschaltet und bleibt als „untätiger Passagier" an Bord. Sie würde im Falle des Brennstoffzellenkonzepts entfallen und zur Gewichtseinsparung beitragen.

Die Brennstoffzellen APU würde während des gesamten Fluges im Betrieb bleiben und

1. die Triebwerke entlasten, da weniger Wellenleistung von den Generatoren abgefordert würde.
2. Wasser produzieren und dadurch für ein geringeres Abfluggewicht sorgen.
3. Wärme für die Flügelheizung, WAI (Wing Anti Ice) und andere Anwendungen liefern.
4. sauerstoffarmes Prozessabgas für Kerosintankinertisierung, wie es durch CS25 [22] gefordert ist, und Feuerschutz im Frachtraum liefern. Wichtig zu erwähnen ist, dass ein Brand an Bord eines Flugzeuges gegenwärtig mit Halon bekämpft wird. Halon wird als umweltschädliche Substanz eingestuft und wird heute nicht mehr hergestellt, sondern nur noch recycelt.
5. ein kerosinunabhängiger Generator sein, der bei Ausfall aller Verbrennungsmotoren aufgrund kontaminierten Kerosins, noch elektrischen Strom liefern kann.

Die vorläufige Gesamtbilanz für ein MEA-Flugzeug zeigt Abb. 5.4.

Weiterhin muss noch der Betrieb über die Mission berücksichtigt werden, da es unterschiedliche Bedarfe der Verbraucher zu unterschiedlichen Phasen gibt.

Die Darstellung zeigt, dass nicht jedes Reaktionsprodukt zur gleichen Zeit benötigt wird (Abb. 5.5). Für das Wasser ist das leicht zu lösen, indem man Puffertanks einplant. Für die elektrische, thermische Energie und den Bedarf an ODA sieht die Situation anders aus. Dafür ist ein intelligentes übergeordnetes „Power und Prozess-Management" notwendig. Hybride Verbraucher, die sowohl thermische als auch elektrische Leistung verarbeiten können, wie es z. B. das WAI-System sein könnte, wären Teil der Lösung.

	GT APU	BZ APU	Bemerkung
Motorstart	möglich	möglich	
Avionik, Kabinensysteme (sind getrennte Stromkreise)	AC–> DC vom HTW	direkt	AC/DC Konvertierung ist verlustbehaftet und braucht Kühlung
Flügelheizung	thermisch	elektrisch/th ermisch hybrid	
Wasser	Reservoir	Wassergewin nung an Bord	Immer sauberes Wasser. Keine Kontaminierung durch Nachtanken. Leichteres Abfluggewicht.
Notgenerator	RAT	durch BZ	RAT fällt weg
Inertisierung des Kerosintanks und Brandschutz	Gaszerlegungs anlage	Prozessabgas	Gaszerlegungsanlag e und Halon fällt weg
Systemgewicht	niedrig	hoch	
Energieträger und seine Lagerung	hoch, Integraltank im Flügel	niedrig, aber extra Tanksystem notwendig	

Abb. 5.4 Gegenüberstellung eines konventionellen Energieversorgungssystems und einer möglichen Energieversorgung durch ein Brennstoffzellensystems

Analysen haben ergeben, dass Kerosin und LH_2 gleichzeitig betankt werden können und somit die Turn-Around-Zeit nicht verlängern.

Eine vereinfachte Abschätzung der Energiekosten ergibt sich bei Zugrundelegung folgender beispielhafter Annahme: Wenn die Kosten des alternativen Energieträgers dreimal so hoch sind wie beim traditionellen Energieträger, dann muss die Einsparung dreimal so hoch sein, um gegenwärtig als Alternative in Frage zu kommen.

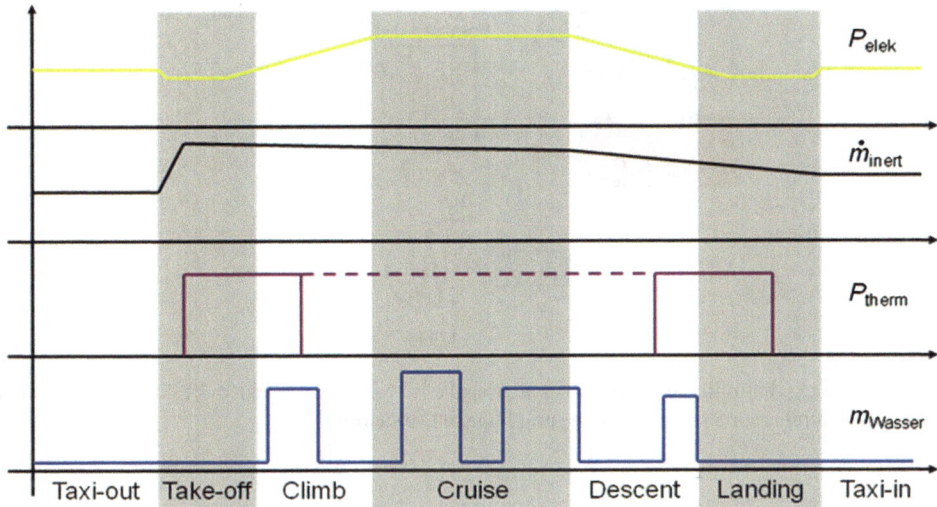

Abb. 5.5 Bedarf der Verbraucher im Flugzeug während des Fluges

5.4 Brennstoffzelle als „kleines" Notstromaggregat im Flugzeug

Für ein Flugzeug könnten Situationen auftreten, für die ein von den Haupttriebwerken und der APU unabhängiges Energieversorgungssystem für die Flugzeugsteuerung benötigt wird. Entsprechend den Zulassungsvorschriften für große kommerzielle Flugzeuge muss eine Situation bei der alle Verbrennungsmotoren, Haupttriebwerke und APU, durch kontaminiertes Kerosin, Lavastaub oder Kerosinmangel ausfallen, in Betracht gezogen werden.

In diesen Fällen wird gegenwärtig eine Staulufturbine (Ram Air Turbine – RAT), die, je nach Flugzeugtyp, eine Hydraulikpumpe oder einen elektrischen Generator antreibt, ausgefahren. Üblicherweise sitzen diese hinter der Verkleidung des Rumpf-Flügel-Übergangs oder hinter der Verkleidung des Klappenmechanismus am Flügel.

Dieses System ist ein „schlafendes System", dessen Funktion in gewissen Zeitabständen ausgefahren und getestet werden muss.

Eine Alternative dazu könnte ein Brennstoffzellenmodul sein. Um den Aufbau einfach zu halten und eine zuverlässige Funktion zu gewährleisten, genügen als Hauptbestandteile eine Brennstoffzelle, eine Sauerstoff-Gasflasche, eine H_2-Gasflasche, Steuerventile und eine Kühlung (Abb. 5.6). Die Funktionsbereitschaft könnte ohne großen Aufwand jederzeit durch ein entsprechendes Überwachungssystem im eingebauten Zustand getestet werden.

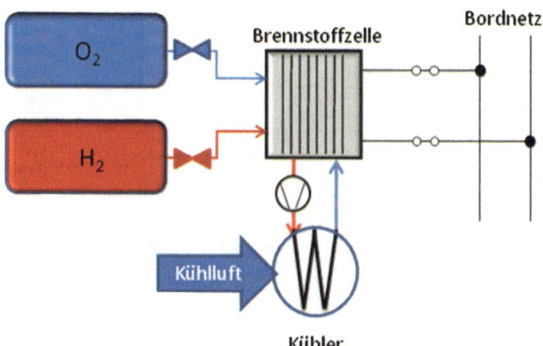

Abb. 5.6 Blockschaltbild eines Notstromaggregats bestehend aus einer Brennstoffzelle, einer Wasserstoff und einer Sauerstoffversorgung [eigene Darstellung]

5.5   Elektrisches Rollen von Verkehrsflugzeugen am Flughafen

Unter dem Druck, den Flugverkehr energieeffizienter zu gestalten, wurde die gesamte Flugmission analysiert. An erster Stelle der ineffizienten Betriebsphase liegt das Rollen am Boden unter Verwendung der Haupttriebwerke. Der Grund dafür ist – wie bereits (s. Abschn. 5.3) erwähnt – der Betrieb der Turbotriebwerke, die für den Reiseflug ausgelegt sind, und daher im Teillastbereich besonders ineffizient sind.

Dieser ineffiziente Betrieb schlägt besonders bei großen Flughäfen zu Buche, weil dort die Taxi-Zeit bis zu 32 Minuten dauern kann [23].

Für die Verringerung der Emissionen wurden verschiedene Lösungen verfolgt.

1. Schleppen auf den Taxiways mit konventionellen Dieselschleppern, die aus dem Cockpit heraus von den Piloten gesteuert werden. Somit können die Triebwerke kurz nach der Landung ausgeschaltet und kurz vor dem Start eingeschaltet werden. Das Konzept soll sowohl den Treibstoffverbrauch als auch die Kosten für den Bodenservice senken [24, 25].
2. Das Fahren des Flugzeuges aus eigener Kraft mit Hilfe angetriebener Fahrwerkräder soll über „Taxibot" hinausgehen, aber im Prinzip die gleichen Ziele im Betrieb und bei den Betriebskosten haben [26].

Bei der zweiten Möglichkeit liegt, aufgrund der kompakten Bauweise und des günstigen Drehmomentverlaufs ein elektrischer Antrieb der Fahrwerksräder nahe. Die Frage nach der der elektrischen Versorgung ist jedoch noch nicht beantwortet.

Es gibt hier verschiedene Lösungsansätze [26]. Einer davon ist die Verwendung eines Brennstoffzellengenerators. Eine Kooperation zwischen dem DLR, Lufthansa und Airbus hat Versuche durchgeführt und positive Ergebnisse erzielt. Die Versuche wurden am 30. Juni 2011 an dem DLR-Forschungsflugzeug A320 ATRA (Avance Technology Research

Abb. 5.7 Bugrad einer A320 mit integriertem elektrischem Antrieb. *Quelle* DLR (CC-BY 3.0) Electric nose wheel drive [26]

Aircraft) in Hamburg durchgeführt. Ein Elektromotor wurde dabei in die Nabe des Bugrades integriert.

Diese Modifikation würde nicht nur der Ausstoß von Schadstoffen von bis zu 19 % verringern sondern auch die Lärmemissionen enorm reduzieren.

Laut DLR würde das „elektrische Rollen" der gesamten Flugbewegungen der Flugzeugkategorie einer A320 am Flughafen Frankfurt etwa 44 Tonnen Treibstoff eingespart werden (Abb. 5.7) [26]. Bei einer Maschine der Boeing-747-Kategorie würden im Durchschnitt etwa 700 kg Kerosin [23] pro Flugbewegung eingespart werden.

5.6   Brennstoffzelle in Kleinflugzeugen

In der Modellfliegerei sind elektrische Antriebe aktuell keine Seltenheit mehr, während man bei sogenannten Sportflugzeugen erst damit anfängt [27]. Zunächst wurden Batterien als Energiespeicher genutzt. Batterien sind Energiespeicher und Energiekonverter gleichzeitig. Sie enthalten die Energie und wandeln diese durch chemische Reaktion in elektrische Energie um. Ein Elektromotor wandelt diese Energie in Arbeit um.

Weiterführende Lösungen verwenden Wasserstoff als Energieträger und Brennstoffzellen als Konverter. In Vergleich zu einer Batterie als Energiespeicher ist ein Wasserstofftank als Energiespeicher bei gleichem Energieinhalt deutlich leichter, wenn es darum geht, die Reichweite zu erhöhen. Flugzeugkonzepte wie „Antares H3" zeigen diesen Effekt [28]. Durch die Verwendung von Wasserstoff als Energiespeicher erhöht sich die Reichweite

Abb. 5.8 Antares H3. *Quelle* Lange Flugzeugbau

erheblich. Während die Antares H_2 bereits eine Reichweite von 750 km hatte, wird mit der Antares H3 (Abb. 5.8) [28], durch die Vergrößerung des Wasserstoffspeichers, eine Reichweite von 6000 km erzielt.

Das ursprüngliche Serienmodell Antares 20E ist mit Batterien ausgestattet und hat eine Reichweite von maximal 190 km unter Motor [29].

5.7   Brennstoffzelle in unbemannten Flugzeugen

Es gibt mehrere Gründe, ein unbemanntes Flugzeug mit H_2 und Verbrennungsmotor oder H_2, Brennstoffzelle und Elektromotor anzutreiben.

1. Beobachtungsflugzeuge, deren Missionen von langer Dauer sind und nur ein kleines Volumen und geringe Zuladungskapazität für ihre Fracht benötigen, profitieren von der geringen gravimetrischen Energiedichte von flüssigem Wasserstoff. Die „Fracht" besteht meist aus Mess- oder Beobachtungs- und Sende-Instrumentierung. Hier ist es offensichtlich, dass der Verbrennungsmotor wegen seiner hohen spezifischen Leistung die beste Wahl ist, wie bei „Aurora" und „Phantom Eye" [30, 31].
2. Eine weitere Variante wurde mit dem „Global Observer" realisiert. Bei diesem Flugzeug besteht die Antriebskette aus einem Wasserstofftank, ein Gen-Set – bestehend aus einem Kolbenmotor und einem elektrischen Generator – und Elektromotoren mit Propellern.

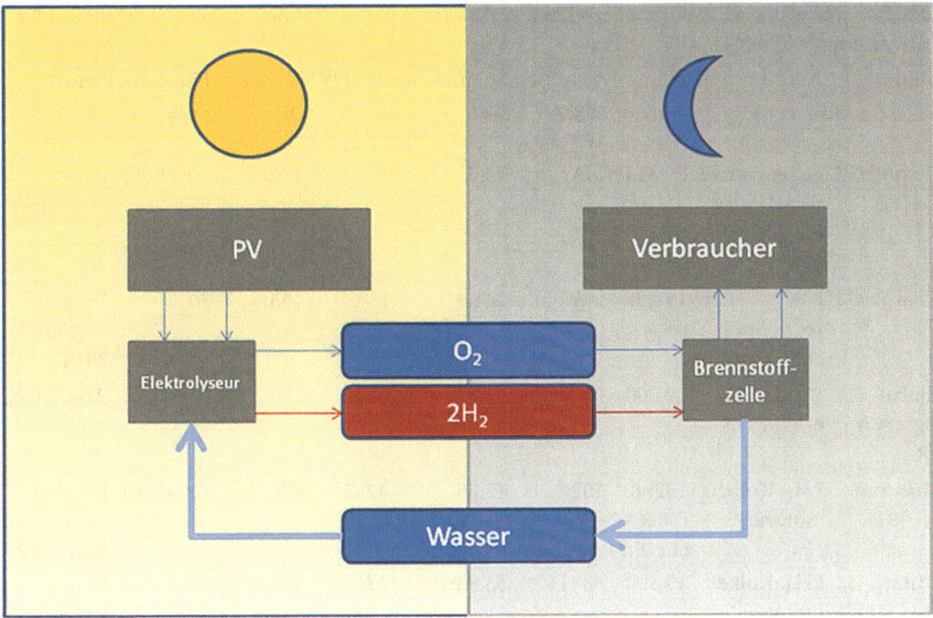

Abb. 5.9 Prinzipielle Anordnung bestehend aus einem PV-Generator, einem Elektrolyseur und einem Gasspeicher für H_2 und O_2, der tagsüber geladen wird. Auf der anderen Seite werden die Gase entnommen und mit einer Brennstoffzelle in elektrischen Strom umgewandelt, um Verbraucher zu versorgen. Das anfallende Wasser wird dem Elektrolyseur zugeführt [33]

3. Bei Spionagefluggeräten ist es vor allem wichtig, keine thermische Signatur zu erzeugen, um ein Aufspüren des Flugkörpers zu verhindern. Das führt dazu, dass Verbrennungsmotoren, je nach Anordnung, nicht geeignet sind. Aus diesem Grund setzt man auf Antriebssysteme, die bei niedriger Temperatur arbeiten. Das sind Konfigurationen die aus einem Wasserstoffspeicher, einer PEM-FC und einem Elektromotor bestehen [32].

4. Eine weitere Variante kommt aus dem Bereich der Atmosphärenforschung, wo extrem lange Flugzeiten in sehr hoher Höhe notwendig sind. Diese Fluggeräte sollen sehr lange in sehr großer Höhe fliegen. Ein Verbrennungsmotor scheidet wegen der geringen Luftdichte aus. Mitgeführter Wasserstoff verbraucht sich zu schnell. Daher wird ein Antrieb, bestehend aus einem Solargenerator, einer reversiblen Brennstoffzelle, Gastanks für jeweils Wasserstoff und Sauerstoff und einem Elektromotor gewählt. Der Treibstoff, in Form von Wasserstoff und Sauerstoff, wird per Elektrolyse an Bord hergestellt und gasförmig gelagert. Den Strom für den Elektrolysevorgang und den Elektroantrieb liefert ein Solargenerator auf der Flügeloberseite im Fluge bei Tageslicht. Nachts werden Wasserstoff und Sauerstoff in der Brennstoffzelle wieder zu elektrischem Strom umgewandelt, der den Elektromotor versorgt (Abb. 5.9). Dieses Konzept wird in dem Flugzeug „Solar Eagle" angewendet.

Tab. 5.1 gibt einen Überblick über einige realisierte UAV' bzw. solche, die sich im Bau oder in Entwicklung befinden

Name	Anordnung	Höhe [m]	Geschwindigkeit [km/h]	Spannweite [m]	MTOW Kg	Nutzlast [kg]	Flugdauer [Tage]	Status
Helios HP1 [34]	Regenerative BZ, H_2 und O2 Speicher, e-motoren	29 524	k.A.	75,3	821	192	~2	2003 abgestürzt
Solar Eagle [35]	PV, BZ + Speicher, e-motor	18 288	k.A.	121,9[d]	k.A.	453,6	30	Im Bau, Erstflug 2014
Global Observer [36]	LH_2 Genset, e-motor	19 000	k.A.	53,3	3500	180	7	Abgestürzt
Phantom eye [31]	LH_2, Kolben-motoren[b]	18288 (3048) (1219,2)	102[c]	45,75	4242	839,2[a]	10 (4) (6)	Erstflug am 1. Juni 2012
Orion HALE [37]	LH_2, Kolben-motoren[b]	19,800	88–117	33.8 m	2360	181,4	10	In Entwicklung

[a] „Phantom Eye" hat kein eigenes Fahrwerk und startet von einem Wagen aus
[b] Modifizierter 2.3 Liter „Ford" Motor mit dreistufigem Turbolader
[c] Reisegeschwindigkeit beim Erstflug
[d] Vergleich: Der Airbus A380 hat 80 m Spannweite

Wie unter Punkt 3 dieses Abschnitts bereits beschrieben, gibt es neben diesen relativ großen Flugzeugen noch kleinere Flugsysteme, die einen elektrischen Antrieb besitzen und deren elektrische Versorgung mittels Brennstoffzelle und Wasserstoffspeicher gesichert wird. Für diese Flugobjekte ist von der Firma „Horizon" das „Aeropak" entwickelt worden [32]. Das „Aeropak" ist eine Einheit, die aus einer PEM-FC und einem chemischen Hydridspeicher für Wasserstoff besteht (Abb. 5.10 und 5.11).

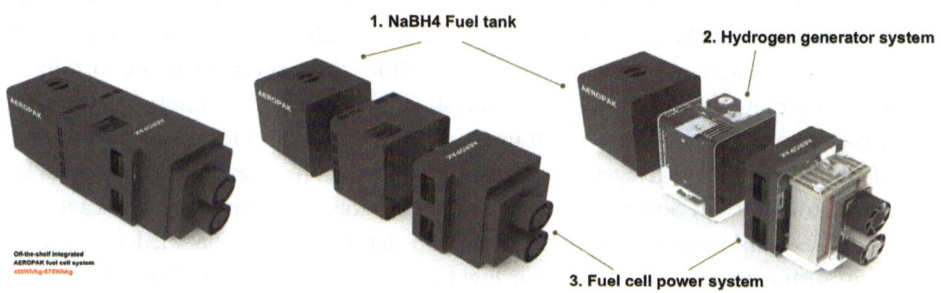

1. NaBH4 Fuel tank

2. Hydrogen generator system

3. Fuel cell power system

Abb. 5.10 Aufbau des Horizon Aeropaks. *Quelle* Horizon, 25.05.2013

Abb. 5.11 Horizon Aeropak als elektrische Energiequelle in einem UAV. *Quelle* Horizon

Diese Anordnung führt zu einer höheren Energiedichte gegenüber einer Lithium-Batterie und somit zu einer größeren Reichweite eines elektrisch betriebenen Flugkörpers mit einer Lithium-Batterie.

5.8   Zusammenfassung

Abgeschlossene praktische Demonstrationen, wie die Durchführung des Betriebes der ersten Gasturbine von Herrn Ohain und auch Tu154, haben gezeigt, dass Wasserstoff als Flugzeugtreibstoff für den Hauptantrieb geeignet ist. Die Untersuchungen im Rahmen von dem Projekt „Cryoplane" [38] zeigten, dass eine höhere Triebwerkseffizienz bei einem Wasserstoffbetrieb erreicht werden kann. Durch die geringere volumetrische Energiedichte und das daraus resultierende größere Speichervolumens wird dieser Vorteil wieder ausgeglichen. Das Mehrgewicht durch die Kryotanks für die Speicherung des tiefkalten flüssigen Gases bewirkt ein höheres Leergewicht, das sich durch den leichteren Treibstoff zum Teil wieder aufhebt. Als Ergebnis ergibt sich je nach Flugzeuggröße ein Mehrverbrauch an Energie von 8 % bis 18 %. Die Aspekte einer ausreichenden Wasserstoffproduktion und der Infrastruktur werfen weitere Fragen auf.

Andere Anwendungen, wie die in der „General Aviation" (kleine private Flugzeuge) und den Bordgeneratoren auf kommerziellen Verkehrsflugzeugen sind bei jetzigem Wissenstand an der Schwelle der technischen Reife und der betrieblich sinnvollen Anwendung. Demonstratoren haben jeweils bereits die Machbarkeit nachgewiesen. Die Entwicklung des Ölpreises nach oben wird daher entscheiden, wann der „teure" Wasserstoff in Bezug auf die Betriebskosten attraktiv wird.

Eine weitere bemerkenswerte Anwendung ist die Brennstoffzelle an Bord eines Flugzeuges bei der nicht nur die elektrische Energie an die Verbraucher geliefert wird. Durch die maximal technisch mögliche Integration eines Brennstoffzellenmoduls in die Flugzeugsysteme erreicht man ein Höchstmaß an der Ausbeute des Wasserstoffs als Energieträger. Nach der Devise „ist der Treibstoff dreimal so teuer, dann muss das System dreimal so effizient sein" wurde ein Konzept entworfen, das fast alle anfallenden Produkte, die bei der Reaktion in der Brennstoffzelle entstehen – Strom, Wasser, Wärme und sauerstoffarme Prozessabluft – verwertet. Eine solche Anwendung bedeutet jedoch ein absolutes Novum, da dies nur bei einem völlig neuen Flugzeugmuster darstellbar wäre und eine neue angepasste Systemarchitektur benötigen würde.

Selbstverständlich sind noch offene Fragen zur Akzeptanz, der Infrastruktur und den ökonomischen Vorteilen zu beantworten.

Beantwortung nach der Infrastruktur haben verschiedene Studien [LBST] gezeigt, dass ein neues Flugzeugmuster am Markt von Anfang an durchaus ohne einen Aufbau der derzeitigen Wasserstoffproduktion versorgt werden kann. Lediglich nach 2 bis 4 Jahren und nach einer Produktionssteigerung wäre eine Anpassung notwendig. Gemeinsam mit relevanten Flughäfen durchgeführte Untersuchungen haben ergeben, dass eine Lagerung von Wasserstoff keine Schwierigkeiten darstellt. Kohlenwasserstoff und Wasserstoff sind bezüglich der Sicherheitsvorschriften für die Lagerung ähnlich zu bewerten.

Der ökonomische Aspekt bleibt der schwierigste. Die Anwendung der Formel „dreimal so teuer – dreimal so gut", führt noch nicht ganz zum Ziel. Weltweite angewandte und akzeptierte Standards bezüglich Abfertigung, Handling, Personaltraining und vieles mehr stehen jeder neuen Entwicklung entgegen. Aus diesen Gründen müsste der Vorteil eines radikalen Systemwechsels sehr deutlich zu erkennen und „alternativlos" sein.

Literatur

1. Steinberger-Wilkins, R., Lehnert, W.: Innovations in Fuel Cell Technologies, 1. Aufl. Royal Society of Chemistry (2010)
2. Arendt, M.: Vergleich des Einflusses der Sekundärleistungsentnahme auf den spezifischen Kraftstoffverbrauch unangepaßter und angepaßter Triebwerke. Große Studienarbeit, TU Hamburg-Harburg, Arbeitsbereich Flugzeug-Systemtechnik, Hamburg (2005)
3. Ziemann, J.: Airbus operations GmbH, Potential Use of Hydrogen in Air Propulsion, EQHHPP, Phase III.0–3. Final report (May 1998)
4. Tupolev: Cryogenic Aircraft. http://www.tupolev.ru/English/Show.asp?SectionID=82 (2012)
5. Brewer, G.D.: Hydrogen Aircraft Technology, CRC Press (1991)
6. Brand, J., Sampath, S., Shum, F., Bayt, R.L., Cohen, J.: Potential use of hydrogen in air propulsion. AIAA 2003-2879, July 17th (2003)
7. Seeckt, K.: Conceptual Design and Investigation of Hydrogen-Fueled Regional Freighter Aircraft. Licentiate Thesis, Stockholm, Sweden (2010)
8. Schwarze, M.: Flugzeugvorentwurf Bi-Fuel- und wasserstoffbetriebener Kurzstrecken-Frachtflugzeuge, Hamburg/Stuttgart (Juli 2009)
9. http://beodom.com/en/education/entries/peak-oil-the-energy-crisis-is-here-and-it-will-last. Zugegriffen: 27. April 2013 UTC+

10. OPEC Secretariat: World Oil Outlook 2011. Wein. www.opec.org (2011)
11. Römelt, S., Pecher, W.: Cassidian, MEA-Vortrag, eaa-Koloquium (2010)
12. ICAO: International Standards and Recommended Practices – Environmental Protection – Annex 16 to the Convention on international Civil Aviation, Bd. II, aircraft engine emissions, 2. Aufl. – 20. November 2008 – Start- und Landezyklus (Landing and Takeoff Cycle, LTO) (1993)
13. Fink, R.: Untersuchungen zu LPP Flugtriebwerksbrennkammern unter erhöhtem Druck. Technische Universität München (2001)
14. Wiesner, W.: Fachhochschule Köln, Institut für Landmaschinen Technik und regenerative Energien, Ringvorlesung 2002/2003 des Arbeitskreises Brennstoffzelle und VDI Bezirksverein Köln, 17. Oktober 2002
15. Horizon Hyfish: http://www.horizonfuelcell.com/hyfish.htm. Zugegriffen: 27. Januar 2013 UTC+
16. Honeywell, Produktbeschreibung, APU 131-9[A] Auxiliary Power Unit (2013)
17. Breit, J., Szydlo-Moore, J.: The Boeing Company, Seattle, Washington, 98124-2207. Fuel cells for commercial transport airplanes needs and opportunities, AIAA 2007-1390, 45th AIAA Aerospace Sciences Meeting and Exhibit Reno. Nevada January 8–11th (2007)
18. Rau, S.: Dynetek Europe GmbH: Deutscher Wasserstoff-Energietag, Essen, November 12-14th (2003)
19. European Aviation Safety Agency: Certification specifications and acceptable means of compliance for large aeroplanes – CS 25.1351(d) RAT Amendment 12, July 13th (2012)
20. N2telligence GmbH; Broschüre 2012
21. http://www.boeing.com/commercial/aeromagazine/articles/qtr_4_07/article_02_1.html. Zugegriffen: 03. Februar 2013
22. European Aviation Safety Agency: R.F00801, Notice of Proposed Amendment (NPA) NO 200819 July 17th (2008)
23. http://www.dlr.de/dlr/desktopdefault.aspx/tabid-10204/296_read-731//year-all/#gallery/1448. Zugegriffen: 20. Mai 2013 UTC+
24. http://europa.eu/rapid/pressReleasesAction.do?reference=IP/12/792&format=HTML&aged=0&language=DE&guiLanguage=en. Zugegriffen: 04. August 2012
25. http://www.airliners.de/technik/forschungundentwicklung/wie-ein-taxibot-funktioniert/27627. „Wie funktioniert ein Taxibot?". Zugegriffen: 19. Juli 2012 UTC+
26. http://www.dlr.de/dlr/desktopdefault.aspx/tabid-10204/296_read-931/. Zugegriffen: 30. Juli 2012
27. http://de.wikipedia.org/wiki/Elektroflugzeug. Zugegriffen: 27. April 2013
28. http://www.langeaviation.com/htm/deutsch/produkte/antares_H3/antares_h3.html. Zugegriffen: 27. April 2013 UTC+
29. http://www.langeaviation.com/htm/english/products/antares_20e/faq.html. Zugegriffen: 30. April 2013, 16:20. UTC+1
30. http://www.aurora.aero/. Zugegriffen: 14.Juni 2013 UTC+
31. Warwick, G.: Inside Boeing's phantom eye.http://www.aviationweek.com/ (Posted on Dec 22, 2010, 3:40 PM). Zugegriffen: 29. Juli 2012
32. Aeropack: http://www.hes.sg/products.html. Zugegriffen: 27. Januar 2013, 22:33 UTC+1
33. http://www.nasa.gov/pdf/64317main_helios.pdf. Zugegriffen: 07. Juni 2013, 12:19 UTC+1
34. Noll, T.E., Brown, J.M., Perez-Davis, M.E., Ishmael, S.D., Tiffany, G.C., Gaier, M.: Investigation of the Helios Prototype Aircraft, Mishap Bd. I Mishap Report (2004)
35. Boeing Media Release, St. Louis, September 16th (2010)
36. http://www.avinc.com/uas/stratospheric/global_observer/. Zugegriffen: 06. August 2012
37. http://en.ruvsa.com/catalog/orion_hale/. Zugegriffen: 08. August 2012
38. Westenberger, A.: Airbus Operations Gmbh: Liquid Hydrogen Fuelled Aircraft – System Analysis – CRYOPLANE, Final technical report, September 24th (2003)

Brennstoffzellen in der Hausenergieversorgung

Thomas Badenhop

Rund ein Drittel des Endenergiebedarfes von Deutschland wird für den Gebäudebereich benötigt. Damit ist der Energiebedarf dieses Bereiches ähnlich hoch, wie der des Verkehrssektors oder der Industrie. Ein Großteil der benötigten Energie wird für die Bereitstellung von Warmwasser und für die Gebäudeheizung verwendet. Vor diesem Hintergrund ist die Einführung von erneuerbaren Energien und die Verbesserung der Energieeffizienz eine wichtige Säule der Energiewende.

Die gleichzeitige Erzeugung von elektrischem Strom und Wärme (Kraft-Wärme-Kopplung KWK) ist eine Technologie, mit der sich die Primärenergieeffizienz von Gebäuden steigern lässt. Kraft-Wärme-Kopplungssysteme können mit unterschiedlichen Energiewandlungsmaschinen für die Hausenergieversorgung aufgebaut werden. Am gebräuchlichsten sind Stirling- und Gasmotoren. Hoffnungsträger für Kraft-Wärme-Kopplungssysteme im Haus ist die Brennstoffzelle, aufgrund ihrer inhärenten Vorteile, wie z. B. hoher elektrischer Wirkungsgrad, schadstoffarme Energiewandlung und geräuscharmer Betrieb, um die Kohlendioxidemissionen weiter im Gebäudebereich zu senken.

6.1 Kraft-Wärme-Kopplung

Bei konventionellen Heizsystemen, wie z. B. dem Öl- und Gasheizgerät, wird die zugeführte Primärenergie nahezu vollständig in Heizwärme umgewandelt. Mehr als 17 Mio. Heizgeräte erwärmen so in Deutschland durch die Verbrennung von Gas oder Öl die Häuser oder Wohnungen. Der elektrische Energiebedarf der Wohneinheiten wird durch die zentrale Stromerzeugung und deren Verteilungsnetze sichergestellt.

T. Badenhop (✉)
Vaillant GmbH, IRI-T – Technology-Scouting, Berghauser Straße 40,
42859 Remscheid, Deutschland
e-mail: thomas.badenhop@vaillant.de

J. Töpler und J. Lehmann (Hrsg.), *Wasserstoff und Brennstoffzelle*,
DOI: 10.1007/978-3-642-37415-9_6, © Springer-Verlag Berlin Heidelberg 2014

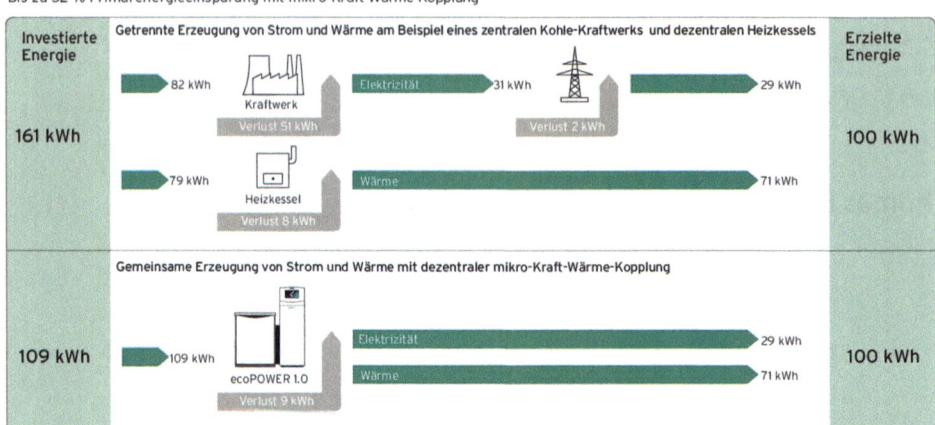

Bis zu 32 % Primärenergieeinsparung mit mikro-Kraft-Wärme-Kopplung

Abb. 6.1 Primärenergieeinsparung durch Kraft-Wärme-Kopplung gegenüber der getrennten Erzeugung mit Kohlekraftwerk und Brennwertheizgerät

Bei der Erzeugung von elektrischem Strom fällt ein Abwärmestrom an, der in Großkraftwerken in der Regel aufgrund seines niedrigen Temperaturniveaus nicht weitergenutzt werden kann. Kraftwerke entledigen sich dieser Abwärme in ihren Rück-kühlanlagen, die z. B. als Kühltürme für jedermann weithin sichtbar sind.

Idee der dezentralen Kraft-Wärme-Koppelung ist es, den Strom teilweise an dem Ort zu erzeugen, wo die Abwärme noch sinnvoll genutzt werden kann. Im Falle des Ein- und Mehrfamilienhauses wäre dies die Heizungsanlage oder Warmwasserbereitung. Die Heizanlage des Hauses wird quasi zur Rückkühlungsanlage des dezentralen Stromerzeu-gers. Die Vorzüge solcher dezentralen Mikro-Kraft-Wärmekopplungsanlagen (μ-KWK) sind hauptsächlich in der Einsparung von Primärenergie zu sehen, welche mit einer Reduktion der Energiekosten und Kohlendioxidemissionen einhergeht.

In Abb. 6.1 ist für den Vaillant Gasmotor ecopower 1.0 (1 kW elektrische Leis-tung) das Einsparpotential an Primärenergie im Vergleich zu einem Kohlekraftwerk dargestellt.

Eine Primärenergieeinsparung ergibt sich prinzipiell für alle Mikro-Kraft-Wärme-kopplungssysteme. Die Höhe der erzielbaren Einsparung ist abhängig vom elektrischen und Gesamtwirkungsgrad der μ-KWK-Einheit sowie ihrer Leistung.

Für Mikro-Kraft-Wärme-Kopplungsanlagen können verschiedene Technologien einge-setzt werden. Die im Markt befindlichen μ-KWK Systeme verwenden Motoren. Durch die Verbrennung des Brennstoffes wird im Motor eine mechanische Energie erzeugt, welche einen Generator zur Stromerzeugung antreibt. Das Abgas und die Abwärme des Motors werden dann zur Beheizung des Hauses genutzt. Für μ-KWK-Systeme werden zwei ver-schiedene Motorprinzipien verwendet. Dies sind zum einen der Ottomotor, analog zum PKW, welcher durch die interne Verbrennung des Brennstoffes die mechanische Ener-gie erzeugt, und zum anderen der Stirlingmotor. Der Stirlingmotor, auch Heißgasmotor genannt, ist eine Wärmekraftmaschine in der ein abgeschlossenes Arbeitsgas wie Luft, Helium oder Wasserstoff von außen an zwei verschiedenen Bereichen erwärmt und gekühlt wird. Durch die entstehende Druckdifferenz wird eine mechanische Arbeit erzeugt, die in elektrische Energie gewandelt werden kann. Als Kühlmedium findet meist das Heizungswasser Verwendung, während das Arbeitsgas i. d. R. durch einen Gasbrenner erhitzt wird. Die Arbeitsgemeinschaft für sparsamen und umweltfreundlichen Energieverbrauch e.V. (ASUE) veröffentlicht auf ihrer Homepage (www.stromerzeugendeheizung.de) regelmäßig eine Liste von in den Markt eingeführten μ-KWK-Anlagen.

6.2   Warum noch Brennstoffzellen?

Warum noch Brennstoffzellen-Heizgeräte als μKWK-Einheit für die Hausenergieversorgung, wenn bereits motorisch gestützte μKWK-Einheiten erfolgreich in den Markt eingeführt sind? Diese Frage soll nachfolgend anhand verschiedener Kundenwünsche diskutiert werden. Ein hoher elektrischer Wirkungsgrad ist eine Anforderung von Kunden an μKWK-Produkte. Diese Anforderung resultiert zumeist aus zwei Überlegungen heraus:

i. Durch den technischen Fortschritt bei der Wärmedämmung sinkt der Wärmebedarf der Gebäude zukünftig. Des Weiteren führt eine Steigerung des Lebensstandards zu einem höheren Bedarf an elektrischer Energie. Brennstoffzellen-Heizgeräte können diesem Bedarf am besten Rechnung tragen bis hin zu Systemen mit einem elektrischen Wirkungsgrad von über 40 %.
ii. Elektrische Energie ist wie mechanische Energie auch gut vermarktbar. Die Vorstellung der Kunden ist nun, dass ein hoher elektrischer Wirkungsgrad die Wirtschaftlichkeit positiv beeinflusst. Problematisch ist jedoch, dass das Brennstoffzellen-Heizgerät nur dann in Betrieb ist, wenn das Haus eine Wärmesenke für die μ-KWK darstellt. Dies ist zumeist im Sommer nicht oder nur im geringen Maße der Fall. Daher bräuchte es noch einen geeigneten Speicher, der den Bedarf von Wärme und Strom wieder quasi-verlustfrei entkoppelt. Es gibt zahlreiche Forschungs- und Entwicklungsvorhaben zu diesem Thema.

Brennstoffzellen als elektrochemische Energiewandler unterliegen nicht wie Kraft-Wärme-Maschinen, z. B. Gasmotoren dem Carnot-Wirkungsgrad, sondern dem reversiblen Zellenwirkungsgrad. Beide Wirkungsgrade bilden einen idealen Prozess nach und stellen die theoretische Effizienzgrenze für diese Technologien dar; d. h. reale Systeme können niemals eine bessere Effizienz ausweisen als durch die vorgenannten Wirkungsgrade beschrieben sind. Während für Kraft-Wärme-Maschinen der erreichbare elektrische Wirkungsgrad durch die obere Prozesstemperatur bestimmt ist, unterliegt der reversible Zellenwirkungsgrad dieser Beschränkung nicht. Die obere Prozesstemperatur kann in Kraft-Wärme-Maschinen nicht beliebig aufgrund von hohen Material- und Werkstoffbelastungen gesteigert werden. Im Gegensatz dazu können Brennstoffzellen bei moderaten Prozesstemperaturen bereits hohe elektrische Wirkungsgrade erzielen.

Eine weitere Anforderung an μ KWK-Einheiten im häuslichen Umfeld ist der geräuscharme und vibrationsfreie Betrieb, um Belästigungen bei den Hausbewohnern zu vermeiden. Brennstoffzellen-Heizgeräte haben praktisch keine bewegten Teile, außer beispielsweise Gebläse zur Luft- und Gasförderung, die Geräusche oder Vibrationen verursachen könnten. Daraus resultiert ihr Potential für den geräuscharmen Betrieb. Dieses Potential wird in brennstoffzellenbetriebenen U-Booten bereits kommerziell ausgenutzt, auch wenn der geräuscharme Betrieb hier eine andere Motivation hat.

Man verspricht sich von wenigen bewegten Teilen für die Zukunft einen geringen Wartungsaufwand gegenüber Gasmotoren (z. B. regelmäßiger Ölwechsel) und auch eine längere Lebensdauer durch weniger mechanischen Verschleiß. Beide Punkte sind Gegenstand aktueller Untersuchungen, Forschungs- und Demonstrationsvorhaben, um diesen Nachweis zu erbringen, wie z. B. im Projekt Callux (www.callux.net) – Deutschlands größtem Demonstrationsvorhaben für Brennstoffzellen-Heizgeräte.

Darüber hinaus bieten Brennstoffzellen-Heizgeräte die Möglichkeit, Brennstoffe, wie z. B. Erdgas, ohne die Freisetzung von Schadstoffen, wie Schwefeldioxid oder Stickoxide, in Strom und Wärme umzuwandeln. Im Forschungsvorhaben „Branchenlösung Entschwefelung für Brennstoffzellen-Heizgeräte", welches im Rahmen des nationalen Innovationsprogrammes für Wasserstoff und Brennstoffzellen (NIP) von der Bundesregierung gefördert wurde, sind die Umweltvorteile von Brennstoffzellen-Heizgeräten anhand eines Referenzgebäudes detailliert untersucht worden.

Auf Basis des Referenzszenariums ist das Kohlendioxidreduktionspotential mit verschiedenen Methoden ermittelt worden. Dabei ergab sich für die Substitutionsmethode nach dem stromgeführten Ansatz eine Kohlendioxidreduktion um über 52 % und nach der DIN V 18599 „Energetische Bewertung von Gebäuden" von 47,8 %. Diese Untersuchung hat zwei interessante Ergebnisse erbracht. Zum einem ist die absolute Höhe des Kohlendioxidreduktionspotential einer Energietechnik auch von der Auswahl der Bewertungsmethode abhängig. Zum anderen haben alle betrachteten Methoden dem Brennstoffzellen-Heizgerät, wie es von verschiedenen Herstellern im Demonstrationsvorhaben Callux (www.callux.net) erprobt wird, ein ganz erhebliches Kohlendioxideinsparpotential bescheinigt.

Neben dem Einsparpotential an Kohlendioxidemissionen ist die schadstoffarme Energieumwandlung ein weiterer Vorteil von Brennstoffzellen-Heizgeräten. Für die Bildung von „saurem" Regen in der Troposphäre sind im Wesentlichen Stickoxide, Schwefeloxide und Kohlendioxide verantwortlich. Durch den Einsatz von Brennstoffzellen-Heizgeräten können die Kohlendioxidemissionen gesenkt und die Stick- sowie Schwefeldioxidemissionen auf null reduziert werden. Das Vaillant Brennstoffzellen-Heizgerät, so wie es im Callux Demonstrationsvorhaben erprobt wird, senkt die Kohlendioxidemissionen und zeigt keine Schwefeldioxid- sowie Stickoxidemissionen. Im Vergleich dazu betrugen die Stickoxidemissionen je kWh elektrischer Energie des Netzstromes 431 mg und die Schwefeldioxidemissionen beliefen sich auf 259 mg je kWh Netzstrom für das Jahr 2009/2010.[1]

---

[1] BDEW-Mitteilung vom 19. Dez. 2012 für die Nettostromerzeugung in 2009/2010.

Zusammenfassend lässt sich die Frage, warum die Heizungsbranche Brennstoffzellen-Heizgeräte entwickelt und versucht, diese in den Markt zu bringen, mit ihren inhärenten Vorteilen – vor allem schadstoffarme Energieumwandlung, hoher elektrischer Wirkungsgrad, lange Lebensdauer, geräuscharmer Betrieb – beantworten.

6.3   Erdgasbasierte Brennstoffzellen-Heizgeräte

Alle technischen Brennstoffzellen erfordern Wasserstoff als Brennstoff, welcher üblicherweise als Brennstoff in Häusern nicht zur Verfügung steht. Eine Wasserstoffinfrastruktur für die Versorgung von Gebäuden ist eher eine langfristige Perspektive als eine kurz- oder mittelfristige Option. Brennstoffzellen in der Hausenergieversorgung müssen also Brennstoffe nutzen, welche typischerweise in Häusern vorhanden sind. Dies sind in der Regel Erdgas, Heizöl und Flüssiggas (LPG = liquid propane gas). Im Prinzip sind Brennstoffzellensysteme in der Hausenergieversorgung immer gleich aufgebaut. Der konventionelle Brennstoff wird in wasserstoffreiches Gas umgesetzt, welches in der Brennstoffzelle verstromt wird. Der dabei entstehende Gleichstrom wird in Wechselstrom umgewandelt und die entstehende Prozesswärme kann für die Heizung oder die Warmwasserbereitstellung genutzt werden. Dafür können verschiedene Wasserstofferzeugungsverfahren sowie Brennstoffzellentypen eingesetzt werden, deren Funktion sowie Vor- und Nachteile für den Einsatz in erdgasbasierten Brennstoffzellen-Heizgeräten diskutiert werden. Wesentliches Merkmal von Brennstoffzellen-Heizgeräten ist, dass diese Strom und Wärme gleichzeitig dem Gebäude zur Verfügung stellen. Somit sind Brennstoffzellen-Heizgeräte ebenfalls Kraft-Wärme-Kopplungsanlagen.

Brennstoffzellen-Typen für die Hausenergieversorgung
Es sind eine Vielzahl von technischen Brennstoffzellen für die unterschiedlichsten Anwendungen entwickelt worden. In der Hausenergieversorgung haben sich zwei Brennstoffzellentypen herauskristallisiert, die als besonders vielversprechend gelten. Zum einen ist dies die Polymerelektrolytmembranbrennstoffzelle (PEMFC = Polymer Electrolyt Membrane Fuel Cell), der aufgrund ihrer Ähnlichkeit zu der im automobilen Einsatz eine große Chance eingeräumt wird, später einmal kostengünstig produziert werden zu können. Auch ist ihr Entwicklungsstand weit fortgeschritten. Die PEMFC wird in der Hausenergieversorgung als Niedertemperaturvariante mit einer Betriebstemperatur von ca. 80 °C (NT-PEMFC) und einer Hochtemperaturvariante mit einer Betriebstemperatur von ca. 160 bis 180 °C (HT-PEMFC) diskutiert und entwickelt. Zum anderen werden Brennstoffzellen-Heizgeräte auf Basis der Festoxidbrennstoffzelle (SOFC = Solid Oxide Fuel Cell) entwickelt, welche auf einem Temperaturniveau von 650 °C bis 850 °C arbeiten. Vorteil der SOFC ist die aufgrund des hohen Temperaturniveaus einfachere Brenngasaufbereitung gegenüber der für die PEMFC.

Aufgrund der Nähe zur automobilen Anwendung erhoffen sich die Entwickler von
NT-PEMFC basierten Brennstoffzellen-Heizgeräten langfristig eine kostengünstigere
Herstellung von Brennstoffzellenkomponenten. Bisher konnten jedoch synergetische
Effekte zwischen der automobilen und stationären Anwendung nicht gezeigt werden.
Des Weiteren wirkt sich ihr relativ niedriges Temperaturniveau ungünstig auf die Integ-
ration in die Gebäudeversorgung aus. Gerade bei der Nachrüstung innovativer Heiztech-
niken im Gebäudebestand kann dies nachteilig sein, da diese Heizungsanlagen i. d. R.
auf einem Temperaturniveau von 60 bis 80 °C arbeiten. Ein solches Temperaturniveau
würde dazu führen, dass das Gebäude als Wärmesenke nicht oder nur noch partiell zur
Verfügung steht. Die Folge ist der nicht wirtschaftliche Betrieb der Anlage. Aus diesem
Grund werden NT-PEMFC basierte Brennstoffzellen-Heizgeräte eher für Neubauten mit
Niedertemperatur-Heizanlagen diskutiert.

Diesen Nachteil haben die HT-PEMFC und SOFC nicht. Beide Brennstoffzellentypen
arbeiten auf einem Temperaturniveau, welches auch die Integration in den Gebäudebestand erlaubt. Allerdings fehlen beiden Brennstoffzellentypen Analogien zur automobilen Anwendung, was die Generierung von Synergieeffekten erschwert. Dieser Nachteil
soll durch die einfachere Gasaufbereitung und den potenziell höheren elektrischen Wirkungsgrad kompensiert werden.

Wasserstofferzeugung im Brennstoffzellen-Heizgerät
Für den Betrieb technischer Brennstoffzellen werden wasserstoffreiche Brenngase oder
Wasserstoff benötigt. In erdgasbasierten Brennstoffzellen-Heizgeräten erfolgt deren
Erzeugung mit unterschiedlichen Verfahren.

Erdgas enthält in geringen Mengen natürliche schwefelhaltige Verbindungen, wie
z. B. Schwefelwasserstoff, Carbonylsulfid, Mercaptane. Deren Menge hängt davon ab,
aus welchem Bohrloch das Erdgas entstammt. Des Weiteren werden dem Erdgas schwefelhaltige Verbindungen als Odorierungsmittel hinzugeben. Diese Odorantien riechen
unangenehm und sollen die Bewohner vor Gaslecks im Gebäude warnen. Typische
schwefelhaltige Verbindungen, welche als Odorierungsstoffe eingesetzt werden sind:

i. Tetra-Hydro-Thiophen (THT)
ii. Mercaptane, wie z. B. tertiär-Butylmercaptan (TBM)

Schwefel ist ein Katalysatorgift, welches u. a. die Elektrokatalysatoren in Brennstoffzellen-Heizgeräten irreversibel schädigt. Alle für die Hausenergieversorgung vorgesehenen
Brennstoffzellentypen werden durch Schwefelverbindungen mehr oder weniger irreversibel geschädigt. Daher muss der Schwefel vorher abgetrennt werden. Es sind auch auf
stickstoffbasis Odorierungsmittel entwickelt worden, um den Schwefelgehalt im Erdgas
zu senken. Diese schwefelfreien Odorantien haben jedoch erst einen Marktanteil von ca.
25 % in Deutschland erreicht und sind meistens teurer als ihre schwefelhaltigen Mitbe-
werber, was ihre flächendeckende Einführung behindert.

Es sind verschiedene Verfahren zur Entschwefelung von Erdgas für die Verwendung
in Brennstoffzellen-Heizgeräten vorgeschlagen worden. Zwei davon werden derzeit in
Brennstoffzellen-Heizgeräten eingesetzt.

Zum einen wird das Verfahren der kalten Adsorption von Schwefelbegleitern genutzt. Dabei wird der Erdgasstrom über ein Adsorptionsmittel geleitet und die Schwefelkomponenten abgetrennt. Dieses System ist flexibel und kann in jedes beliebige Brennstoffzellen-Heizgerät ohne größeren Aufwand integriert werden. Der Nachteil dieses „Schwefelfilters" ist, dass er von Zeit zu Zeit ausgetauscht werden muss. Die aktuellen Entwicklungen bieten eine Standzeit von 1 bis 2 Jahren. Diese relativ kurze Standzeit führt zu erhöhten Wartungsaufwänden und –kosten, was als nachteilig angesehen wird. Gegenstand aktueller Forschungsvorhaben, wie z. B. dem NIP Forschungsvorhaben „Branchenlösung Entschwefelung für Brennstoffzellen-Heizgeräte" ist die Standzeit zu erhöhen und die Kosten für die Sorptionsmittel und die Kartusche zu senken.

Zum anderen wird die hydrierende Entschwefelung als ein reaktives Verfahren genutzt. Dieses Verfahren ist vor allem bei japanischen Entwicklern von Brennstoffzellen-Heizgeräten beliebt. Bei diesem Verfahren wird dem zu entschwefelnden Erdgas eine geringe Menge Wasserstoff zugeben, welcher mit den schwefelhaltigen Komponenten im Erdgas an einem Katalysator zu Schwefelwasserstoff abreagiert. Dieser Schwefelwasserstoff wird dann in einem Adsorber vom Erdgasstrom abgetrennt. Vorteil dieses Verfahrens sind die potentiell hohen Standzeiten, die erreicht werden können. Nachteil ist der hohe systemtechnische Aufwand, Wasserstoff für die hydrierende Entschwefelung im Brennstoffzellen-Heizgerät bereitzustellen.

Der in den Brennstoffzellen-Heizgeräten abgetrennte Schwefel wird später werkstofflich recycelt und in Baumaterialien wiederverwendet.

In sogenannten Reformern wird wasserstoffreiches Gas aus dem entschwefelten Erdgas erzeugt. Bei der Entwicklung von Brennstoffzellen-Heizgeräten werden im Wesentlichen drei Reformerverfahren von den Herstellern verfolgt.

Bei der Dampfreformierung wird Wasserdampf mit Erdgas zu einem wasserstoffreichen Gas umgesetzt:

$$CH_4 + H_2O \leftrightarrow CO + 3\,H_2$$

Die Vorteile der endothermen Dampfreformierung sind in dem hohen Wirkungsgrad und der hohen Wasserstoffausbeute begründet. Dem gegenüber stehen als Nachteile der hohe apparative Aufwand und das meist komplexe Thermomanagement, um die notwendige Reaktionswärme zuzuführen sowie das erforderliche Wassermanagement. Viele Entwickler von Brennstoffzellen-Heizgeräten setzen auf die Dampfreformierung als Wasserstofferzeugungsverfahren, weil sich nur so sehr hohe elektrische Systemwirkungsgrade von über 40 % erreichen lassen.

Ein anderes Verfahren ist die trockene partielle katalytische Oxidation, welche kein komplexes Wärme- und Wassermanagement erfordert und extrem kompakt aufgebaut ist. Bei der katalytischen partiellen Oxidation wird Erdgas unterstöchiometrisch mit Luftsauerstoff katalytisch umgesetzt. Dabei bildet sich Kohlenmonoxid und Wasserstoff:

$$CH_4 + {}^1\!/_2\,O_2 \leftrightarrow CO + 2\,H_2$$

Dieses Verfahren führt zwar zu sehr kompakten Aufbauten und einem einfachen Thermomanagement, erfordert aber eine anspruchsvolle Erdgas- und Luftzumessung. Die

Wasserstoffausbeute ist im Vergleich zum Dampfreformer geringer, was auch zu leicht geringeren Reformerwirkungsgraden führt.

Die autotherme Dampfreformierung ist eine Kombination aus der partiellen Oxidation und der Dampfreformierung. Ihre Vorteile sind relative hohe erzielbare Wirkungsgrade und der gleichzeitig kompaktere Aufbau. Nachteilig wirkt sich die Erfordernis eines komplexen Wassermanagements und die meist komplexe Mediendosierung aus. Die autotherme Reformierung verbindet die Vorzüge der partiellen Oxidation mit denen der Dampfreformierung und auch deren Nachteile miteinander. Daher ist es nicht verwunderlich, dass die meisten Entwickler von Brennstoffzellen-Heizgeräten auf die Dampfreformierung oder die partielle Oxidation setzen, um in den vollen Genuss der jeweiligen Vorteile zu kommen.

Kohlenmonoxid (CO) stellt für die Elektrokatalysatoren der PEM-Brennstoffzellen-Heizgeräte ein Katalysatorgift dar. Darüber hinaus enthält Kohlenmonoxid noch einen gewissen Energieinhalt, der für die Brennstoffzelle nutzbar gemacht werden soll. Die Wassergas-Shift-Reaktion bietet sich dafür an:

$$CO + H_2O \leftrightarrow CO_2 + H_2$$

Der durch die Wassergas-Shift-Reaktion gebildete Wasserstoff kann in der Anode elektrochemisch nun oxidiert werden. Bei oxidkeramischen Brennstoffzellen fällt günstigerweise im Gegensatz zu PEM-Brennstoffzellen das Produktwasser auf der Anodenseite an, so dass für die Shift-Reaktion kein weiterer Reaktor für diese Reaktion erforderlich ist. Daher wird oftmals davon gesprochen, dass für SOFC Brennstoffzellen Kohlenmonoxid kein Katalysatorgift ist, sondern Brennstoff. Richtigerweise müsste es heißen, dass die SOFC Brennstoffzellen eine interne Konvertierung des Kohlenmonoxides ausführen, was aufgrund des hohen Arbeitstemperaturniveaus möglich ist, während bei PEM-Brennstoffzellen die Kohlenmonoxid-Adsorption am Elektrokalator kinetisch begünstigt ist und diese so „vergiften". Daher muss man bei PEM-Systemen der Brennstoffzelle einen Konverter vorschalten und auch Wasserdampf für die Konvertierung bereitstellen. Das ist ein systemtechnischer Nachteil gegenüber den SOFC-Zellen.

Im Falle der HT-PEM-Brennstoffzelle reicht die Konvertierung aus, um den Kohlenmonoxidgehalt soweit zu senken, dass es zu keinen störenden konkurrierenden Adsorptionsreaktionen am Elektrokatalysator in der Brennstoffzelle selbst kommt. Für Niedertemperatur- PEM-Brennstoffzellen gilt dies nicht. Der hinter der Konvertierung verbleibende Kohlenmonoxidgehalt ist noch so hoch, dass es einer Gasfeinreinigung bedarf.

Um den Kohlenmonoxidgehalt im Brenngas nach der Konvertierung weiter auf ein Niveau zu senken, des für NT-PEM-Brennstoffzellen tolerabel ist, sind verschiedene Verfahren vorgeschlagen worden. Als physikalische Reinigungsmöglichkeiten sind die Druckwechseladsorption und Membrantrennstufen vorgeschlagen worden. Beide Verfahren erfordern einen so hohen apparativen Aufwand, dass sich diese in Brennstoffzellen-Heizgeräten bisher nicht wirtschaftlich haben darstellen lassen.

Gängige Praxis in Brennstoffzellen-Heizgeräten ist die chemische Entfernung des Kohlenmonoxids. Dazu werden im Wesentlichen zwei Verfahren untersucht und entwickelt.

Zum einen die selektive Oxidation des Kohlenmonoxids an zumeist edelmetallhaltigen Katalysatoren:

$$CO + \tfrac{1}{2} O_2 \leftrightarrow CO_2$$

Nachteilig an diesem Verfahren ist, dass auch Wasserstoff in einer ungewollten Nebenreaktion mit oxidiert wird.

Zum anderen die Methanisierung (Sabatier-Reaktion):

$$CO + 3 H_2 \leftrightarrow CH_4 + H_2O$$

$$CO_2 + 4 H_2 \leftrightarrow CH_4 + 2 H_2O$$

Auch diese Reaktion führt zu einem Verzehr von Wasserstoff und senkt den Wirkungsgrad eines NT-PEM Brennstoffzellen-Heizgerätes. Die Sabatier-Reaktion wird vieler Orts als Möglichkeit zur Speicherung erneuerbarer Energien diskutiert. Bei der Entwicklung von Brennstoffzellen-Heizgeräten hat diese Reaktion als chemisches Gasfeinreinigungsverfahren zur Zeit keine Bedeutung.

Brennstoffzellen werden Wasserstoff und (Luft-) Sauerstoff im Überschuss zugeführt, damit das chemische Potential nicht verschwindet und die Klemmspannung nicht während des Betriebes zusammenbericht. Das heißt aber auch, dass die Gase, die die Anode verlassen, noch brennbare Bestandteile enthalten. Diese werden i. d. R. in Brennstoffzellen-Heizgeräten mit der Kathodenabluft oder zusätzlich zugeführter Verbrennungsluft nachverbrannt. Die dabei entstehende Wärme wird zur Deckung interner Wärmesenken im Brennstoffzellenprozess genutzt bzw. als Heizwärme dem Kunden zur Verfügung gestellt.

6.4 Integration von Brennstoffzellen-Heizgeräten im Haus

Für einen 4-Personenhaushalt wird als Richtwert ein Strombedarf von 5.000 kWh pro Jahr angegeben; das entspricht einer durchschnittlichen Leistungsaufnahme von 570 W elektrischer Energie. Die Dimensionierung von Brennstoffzellen-Heizgeräten orientiert sich an der Grund- und Mittellast des zu versorgenden Objektes. Insofern wundert es nicht, dass die meisten Brennstoffzellen-Heizgeräte für das Einfamilienhaus im Bereich von 1 kW elektrischer Anschlussleistung liegen. Bei unterstellten 5.000 Vollbenutzungsstunden im Jahr würde das Brennstoffzellen-Heizgerät diesen Bedarf eines Einfamilienhauses abdecken können. Einziger Schönheitsfehler bei der Sache ist, dass der Strombedarf des Hauses und die Stromerzeugung des Brennstoffzellen-Heizgerätes nicht immer übereinstimmen. In Zeiten hohen Strombedarfes wird dieser vom Brennstoffzellen-Heizgerät nicht oder nur teilweise gedeckt. Daher sind Brennstoffzellen-Heizgeräte, wie fast alle μKWK-Anlagen, netzparallele Systeme. Dies bedeutet, dass ein erhöhter Strombedarf, der durch die Eigenstromerzeugung nicht gedeckt werden kann, aus dem Stromnetz entnommen wird. In Zeiten, wo die Eigenstromerzeugung den elektrischen Eigenbedarf des Hauses übersteigt, wird dieser ins Netz eingespeist.

Um Wärmeerzeugung und –abnahme zu entkoppeln, werden Brennstoffzellen-Heiz-geräte mit Wärmespeichern verbunden, die es erlauben, diese mit geringen Leistungen zu laden und mit hohen Leistungen die Wärme wieder zu entnehmen. In Zeiten, wo diese Pufferfunktion des Wärmespeichers nicht ausreicht und um den Wärmekomfort im Haus sicherzustellen, wird das Brennstoffzellen-Heizgerät durch ein Zusatzheizgerät thermisch unterstützt. Dieses Zusatzheizgerät kann in das Brennstoffzellen-Heizgerät integriert oder extern in die Heizungsanlage eingebunden sein. Abbildung 6.2 zeigt die Integration des Vaillant Brennstoffzellen-Heizgerätes in die Haustechnik. Vorne rechts ist das Brennstoffzellen-Heizgerät zu sehen. Links daneben der Systemregler und das Wärmeauskopplungsmodul, welches das Brennstoffzellen-Heizgerät mit der Hydrau-lik des Gebäudes verbindet. Daneben befindet sich das Zusatzheizgerät zur thermischen Spitzenlastabdeckung, hier als konventionelles Brennwertheizgerät ausgeführt. Ganz links befindet sich der Heizungswasserpufferspeicher mit Trinkwasserstation zur Bereit-stellung von Warmwasser und Heizwärme.

Die in Abb.6.2 gezeigte Kundeninstallation ist Teil des Callux Demonstrationsvorha-bens und wird vom Energieversorger EnBW bei einem Kunden in einem Einfamilien-haus betrieben.

Ein großzügig bemessener Pufferspeicher verbessert die Laufzeit des Brennstoffzel-len-Heizgerätes und hilft thermische Spitzen besser auszugleichen. Jedoch ist der Platz nicht immer ausreichend für derart große Pufferspeicher im Heizungskeller. Daher ist es erforderlich, dass Brennstoffzellen-Heizgeräte in ihrer Leistung modulieren, also ihre Leistung verringern können, wenn der Wärmebedarf des Hauses abnimmt und auch ausgeschaltet werden können, für den Fall, dass der Wärmebedarf ganz verschwindet. Es ist Aufgabe des Systemreglers die Leistungsabgabe des Brennstoffzellen-Heizgerätes und des Zusatzheizgerätes entsprechend den Bedarfsanforderungen im Haus optimal zu regeln, wobei es unterschiedliche Optimierungsrichtungen für den Systemregler geben kann.

Welche Optimierungsrichtung dem Systemregler vorgegeben wird, hängt in starkem Maße davon ab, was der Betreiber des Brennstoffzellen-Heizgerätes erreichen möchte. Exemplarisch seien hier einige verschiedene Betreibermodelle andiskutiert.

Zuerst soll der Hausbesitzer als Betreiber diskutiert werden. Seine Motivation ein Brennstoffzellen-Heizgerät zu betreiben, ist neben der Nutzung einer energieeffizienten und schadstoff- sowie geräuscharmen Erdgastechnologie die Reduktion seiner Energie-kosten. Durch die eigene Stromerzeugung reduziert der Hausbesitzer seinen Strombezug und erhöht im Gegenzug dafür seinen Erdgasbezug. Da die Stromkosten die Kosten für Erdgas deutlich übersteigen, kann aus der Differenz des günstigeren Bezuges des Erdga-ses und der Vermeidung des Bezuges teureren Netzstromes der Hausbesitzer seine Ener-giekosten senken. Durch den Ausbau der erneuerbaren Energien und dem Atomausstieg werden in Deutschland die Strompreise für Hausbesitzer in der Zukunft vermutlich wei-ter ansteigen. Durch das Erschließen neuer und unkonventioneller Erdgaslagerstätten, gerade in Nordamerika, werden die Erdgaspreise vermutlich in Zukunft weniger stark ansteigen oder sogar fallen. Darüber hinaus erhält der Hausbesitzer Vergünstigungen

Abb. 6.2 Installation des Vaillant Brennstoffzellen-Heizgerätes im Rahmen des Callux Demonstrationsvorhabens

beim Betrieb von Mikro-Kraft-Wärme-Kopplungsanlagen, zu denen auch die Brennstoffzellen-Heizgeräte zählen, gewährt:

- Mineralölsteuerbefreiung auf das bezogene Erdgas
- KWK-Bonus auf den erzeugten Strom, z. Zt. 5,41 ct/kWh

Des Weiteren erhält der Hausbesitzer beim Verkauf von KWK-Strom ins Netz noch die vermiedenen Netzentgelte sowie die Quartalspreise an der Strombörse (EEX) zu den o.g. Vergünstigungen gutschrieben. Dennoch ist der selbstgenutzte KWK-Strom für den Hausbesitzer lukrativer als diesen ins Netz zu exportieren, da die Erlöse i. d. R. geringer ausfallen als die Kosten für den Strombezug aus dem Netz. Sein Geschäftsmodell ist grob zusammengefasst die Vermeidung des Strombezuges, um Kosten zu sparen. Verschiedene Förderprogramme, die die Installation von KWK-Anlagen im Haus unterstützen können, verbessern die Wirtschaftlichkeit für den Hausbesitzer weiter.

Im Gegensatz zum Auftreten von Windstrom und anderen erneuerbaren Energien im Netz ist der KWK-Strom plan- und steuerbar. Diese Eigenschaft macht Mikro-KWK-Anlagen für Netzbeteiber interessant. Viele Mikro-KWK-Anlagen wirken im Netz genauso wie ein Kraftwerksblock, nur mit dem Unterschied, dass die Mikro-KWK-Anlagen sehr schnell und problemlos heruntergefahren werden können und im Prinzip auch schnell wieder gestartet werden können. Hätte ein Netzbetreiber sehr viele Mikro-KWK-Anlagen unter seiner Kontrolle, so könnte er diese, im Bedarfsfall vom Netz nehmen, wenn große Mengen Strom aus regenerativen Quellen im Netz auftauchen. Sein Geschäftsmodell wäre die Bereitstellung von tertiärer Regelenergie mittels eines virtuellen Kraftwerkes. Bei diesem Konzept gibt es zwei Optionen, wie der Netzbetreiber die Kontrolle über das Brennstoffzellen-Heizgerät erlangt. In der ersten Variante erlaubt der Hausbesitzer dem Netzbetreiber sein Brennstoffzellen-Heizgerät partiell oder vollständig zu kontrollieren und erhält dafür einen finanziellen Ausgleich. In der zweiten Variante gehört dem Netzbetreiber das Brennstoffzellen-Heizgerät und der Hausbesitzer stellt nur den Installationsraum zur Verfügung und schließt einen Vertrag mit dem Netzbetreiber über die Lieferung von Strom und Wärme ab (Contracting-Modell). Bei diesem Modell hat der Netzbetreiber die vollständige Kontrolle über die Mikro-KWK-Anlage. Darüber hinaus kann der Netzbetreiber durch ein solches Contracting-Modell den Kunden auch längerfristig an sich binden. Vaillant hat mit seinen Projektpartnern schon Anfang des letzten Jahrzehnts (2002 bis 2005) den Betrieb eines virtuellen Kraftwerkes mit Brennstoffzellen-Heizgeräten in einem Feldversuch erfolgreich demonstriert.

Das Geschäftskonzept der Gerätehersteller ist dagegen vergleichsweise simpel. Ihr Anliegen ist es möglichst viele Mikro-KWK-Anlagen zu produzieren und zu vertreiben, indem sie Systeme entwickeln, die verschiedene Betreibermodelle unterstützen können. Neben den beiden hier skizzierten Betreibermodellen von Mikro-KWK-Anlagen lassen sich sicherlich noch viele andere Konstellationen und Modelle finden und diskutieren.

6.5   Brennstoffzellen-Heizgeräte mit erneuerbaren Energien

Grundsätzlich kann ein Brennstoffzellen-Heizgerät mit allen Brennstoffen betrieben werden, man müsste lediglich das Wasserstofferzeugungssystem entsprechend verändern. Genau hier liegt das Problem und auch die Antwort, warum sich fast alle Entwickler von Brennstoffzellen-Heizgeräten derzeit auf den Brennstoff Erdgas fokussieren. Biogene Brennstoffe in ein wasserstoffreiches Gas zu überführen ist ungleich schwieriger als bei Erdgas. Darüber hinaus ist die Wasserstofferzeugung von biogenen Brennstoffen für kleinere Leistungseinheiten, wie es für Brennstoffzellen-Heizgeräte erforderlich wäre, wirtschaftlich z. Zt. nicht darstellbar.

Vor diesem Hintergrund werden andere Varianten diskutiert, um erneuerbare Energien für Brennstoffzellen-Heizgeräte verwertbar zu machen. Eine Möglichkeit ist die Einspeisung von sog. Biomethan ins Erdgasnetz. Dabei handelt es sich um Biogas, welches auf Erdgasqualität konditioniert und dann ins Netz eingespeist wird. Dieses Biomethan kann dann später dem Erdgasnetz entnommen werden und in einem Brennstoffzellen-Heizgerät dezentral in Strom und Wärme umgewandelt werden. Technologisch müsste beim Brennstoffzellen-Heizgerät nichts verändert werden, da es sich hier technisch gesehen um Erdgas handelt. Allein die ordnungspolitische Behandlung der Verstromung von Biomethan oder „Bioerdgas" ist eine andere. Der erzeugte Strom wäre dann nach dem Erneuerbaren Energien Gesetz (EEG) und nicht nach dem KWK-Gesetz zu fördern. Dies kann den wirtschaftlichen Betrieb des Brennstoffzellen-Heizgerätes positiv beeinflussen. Erste derartige Anlagen zur Einspeisung von Biomethan oder Bioerdgas sind bereits in Betrieb und entsprechende Geschäftsmodelle befinden sich in Entwicklung und Implementierung.

Eine andere Idee ist Wasser mittels Elektrolyse, welche mit Windstrom betrieben wird, in Wasserstoff und Sauerstoff zu zerlegen sowie den Wasserstoff im Rahmen der geltenden Regeln in das Erdgasnetz einzuspeisen. Brennstoffzellen-Heizgeräte könnten diesen Wasserstoff zusammen mit dem Erdgas wieder dezentral in Strom und Wärme verwandeln. Die ordnungspolitischen Fragen für dieses Konzept sind noch nicht einmal ansatzweise diskutiert, denn der erzeugte KWK-Strom aus dem Erdgas wäre nach dem KWK-Gesetz abzurechnen und der KWK-Strom aus der Wasserstoffbeimengung wäre nach dem Erneuerbaren Energien Gesetz zu behandeln. Thermodynamisch und technisch wäre die Mitverstromung von regenerativ erzeugtem und dem Erdgasnetz beigemengten Wasserstoff in Brennstoffzellen-Heizgeräten wohl kein Problem. Organisatorisch und ordnungspolitisch müsste der entsprechende Rahmen dafür erst noch geschaffen werden.

Unter den Stichworten „Power-to-gas" oder „Windgas" wird die Sabatier-Reaktion als Möglichkeit diskutiert, große Mengen regenerativen Strom in Methan umzuwandeln und ins Erdgasnetz einzuspeisen. Aus Sicht des Brennstoffzellen-Heizgerätes würde sich, ähnlich wie beim Biomethan, wieder nichts ändern. Dieses regenerativ erzeugte Methan ließe sich problemlos dezentral in Strom und Wärme mit Brennstoffzellen-Heizgeräten verwandeln und wäre ordnungspolitisch nach dem EEG-Gesetz zu behandeln. Für die Sabatier-Reaktion oder Methanisierung braucht es neben Wasserstoff auch Kohlendioxid oder Kohlenmonoxid. Die Frage, wo der Kohlenstoff für dieses Konzept „Power-to-Gas" langfristig herkommen soll, ist noch nicht geklärt.

Bei der Nutzung von Biomethan, Wasserstoffbeimischung ins Erdgas und der Methanisierung nach der Sabatier-Reaktion in erdgasbasierten Brennstoffzellen-Heizgeräten sind Änderungen in der Systemtechnik nicht erforderlich.

Änderungen im Systemaufbau wären jedoch erforderlich, wenn Wasserstoff dezentral in Brennstoffzellen-Heizgeräten in Strom und Wärme umgewandelt werden sollte. Im Rahmen des BMBF-Projektes „icefuel" wurde eine Möglichkeit erforscht, regenerativ hergestellten Wasserstoff u. a. in Haushalten bereitzustellen. In dem dreijährigen Forschungsvorhaben wurde eine Leitung entwickelt, mit der man flüssigen Wasserstoff mit geringen Verlusten in Haushalte leiten kann. Für dieses Vorhaben hatte Vaillant seinerzeit abgeschätzt, dass ca. 40 % der Systemtechnik in einem Brennstoffzellen-Heizgerät entfallen könnte, wenn Wasserstoff statt Erdgas an der Verbrauchsstelle angeliefert werden würde. Die Reformertechnik und die Entschwefelung, die in Brennstoffzellen-Heizgeräten gebraucht werden, um wasserstoffreiche Gase aus Erdgas herzustellen, könnten beispielsweise in diesem Fall entfallen. Konkrete Entwicklungen für wasserstoffbetriebene Brennstoffzellen-Heizgeräte für die Hausenergieversorgung gibt es nicht, da die entsprechende Wasserstoffinfrastruktur zurzeit nicht verfügbar ist.

6.6   Brennstoffzellen-Heizgeräte – Status & Ausblick

Brennstoffzellen-Heizgeräte sind ein Beitrag, die Energieeffizienz in der Hausenergiever-sorgung zu verbessern. Darüber hinaus bieten Brennstoffzellen-Heizgeräte eine Reihe von weiteren Vorteilen, wie z. B. schadstoffarme Energiewandlung oder geräuscharmer Betrieb. Dies erklärt auch die vielfältigen Entwicklungsaktivitäten der Heizgerätehersteller, solche Geräte für die Hausenergieversorgung als marktgängiges Produkt verfügbar zu machen.

Für einen erfolgreichen Markteintritt muss es noch gelingen, die Kosten zu senken und die Standzeit dieser Systeme weiter zu erhöhen bzw. nachzuweisen, dass diese ver-gleichbar lange gegenüber einem Gasmotor oder konventionellem Heizgeräten halten. Eine zentrale Herausforderung ist dabei die Stückzahlen zu steigern, um Stückzahlef-fekte für die Kostenreduktion zu erreichen. Hier können große Demonstrationsvorhaben helfen, wie sie mit dem Vorhaben Callux in Deutschland laufen oder mit dem ene.field-Programm auf EU-Ebene geplant sind. Neben der Generierung von Stückzahleffekten tragen solche großen Demonstrationsvorhaben auch dazu bei, die Technik der Brenn-stoffzellen-Heizgeräte weiter abzusichern. Denn nichts ist so real wie die Wirklichkeit. Kein noch so guter Test im Labor kann alle Einflüsse abbilden, die später beim Kunden auf das Gerät einwirken werden. Der Nachteil vieler solcher Feldtests ist, dass diese lang-wierig, teuer und aufwändig sind, um die Technik breit abzusichern.

Waren noch im Jahr 2010 100 Brennstoffzellen-Heizgeräte in Deutschland im Feld-test, so waren es in 2012 bereits über 500. Für 2013 und 2014 kann eine Verdoppelung der Anzahl prognostiziert werden. Es beginnt sich eine Zulieferindustrie in Deutschland zu entwickeln, und alle führenden Heizgerätehersteller verfügen über ein eigenes Ent-wicklungsprogramm für Brennstoffzellen-Heizgeräte. Es existieren unterschiedliche zeit-liche Angaben zur Markteinführung. Diese schwanken aktuell zwischen 2 und 5 Jahren.

Brennstoffzellen-Heizgeräte sind noch nicht marktfähig, insbesondere wegen der Kostensituation und der fehlenden Absicherung der Standzeit und Haltbarkeit. Aber in den letzten Jahren hat es eine zielgerichtete Entwicklung in Richtung Markt gegeben, so dass die Markteinführung in Sichtweite gekommen ist. Daher ist die Frage nicht ob, son-dern wann die Brennstoffzellen-Heizgeräte den Markt in Europa erobern werden.

Unterbrechungsfreie Stromversorgung

7

Hartmut Paul

7.1 Anwendungsfelder einer USV

In unserer hochtechnisierten Umwelt ist die sichere Versorgung mit Energie ein Kernthema. Besonders die auf eine unterbrechungsfreie Spannungsversorgung angewiesene IT- und Kommunikationstechnologie ist für Abwicklung von Prozessen, Abläufen, und Geschäftsvorgängen nicht mehr wegzudenken. Auch der immer stärker werdende Individualverkehr und die steigenden Sicherheits- und Komfortbedürfnisse bei der Nutzung des öffentlichen Verkehrs benötigen elektrische Energie zur Sicherstellung von Überwachungs-, Leitungs- und Informationsfunktionen.

Viele technische Abläufe werden immer komplexer, und in vielen Industrien muss zumindest eine ständige Überwachung sichergestellt werden. Teilweise ist sogar eine Fortführung des Produktionsprozesses bei Stromausfällen notwendig, um keine kritischen Zwischenprodukte entstehen zu lassen, oder auch die Ausgangsprodukte sind so wertvoll, dass ein Verlust der Produktionscharge einen immensen wirtschaftlichen Schaden hervorrufen würde.

Auch im Bergbau besteht ein erhöhtes Sicherheitsbedürfnis, da ein Versagen gewisser Überwachungs- oder Transportmittel Gefahr für Leib und Leben bedeutet.

Solche Einrichtungen werden unter dem Sammelbegriff ‚Kritische Infrastrukturen' zusammengefasst.

Eine relative neue Anwendung von USVen ist im Rahmen von autarken Energiesystemen entstanden, die möglichst weitgehend den Strombedarf aus lokal erzeugter regenerativer Energie (Wind, Solar) decken. Da die erneuerbaren Energien jedoch nicht planbar sind, wird immer ein mehr oder weniger großer Batterieblock zum Ausgleich

H. Paul (✉)
Rittal GmbH, Auf dem Stützelberg, 35745 Herborn, Deutschland
e-mail: Paul.H@Rittal.de

J. Töpler und J. Lehmann (Hrsg.), *Wasserstoff und Brennstoffzelle*,
DOI: 10.1007/978-3-642-37415-9_7, © Springer-Verlag Berlin Heidelberg 2014

von Erzeugungs- und Verbrauchsspitzen eingesetzt. Ab einer gewissen Größe wird die Batterietechnik zu teuer – und die schöne ‚grüne' Anlage wird mit einem Dieselaggregat zur Sicherstellung einer hundertprozentigen Verfügbarkeit mit einem konventionellen Dieselaggregat ausgerüstet!

7.2   Stand der Technik

Da das Sicherheitsbedürfnis und die Verfügbarkeitsanforderung an die Energiever-sorgung bei den kritischen Infrastrukturen sehr hoch sind, werden bekannte und gut beherrschte Technologien eingesetzt. Aktuell kommen hauptsächlich folgende zur Anwendung:

- Batterietechnik für sofortige Verfügbarkeit (unterbrechungsfrei)
- Netzersatzanlagen (NEA, Dieselgeneratoren) für lange Laufzeiten

Der Vollständigkeit halber sei erwähnt, dass in Nischen auch Schwungräder oder stati-sche Wandler (z. B. Erzeugung eines Ortsnetzes aus der Fahrleitung bei der Bahn) einge-setzt werden.

7.2.1   Batterietechnik

Da Batterien immer eine Gleichspannung (DC) benötigen bzw. diese liefern, gibt es zwei Klassen von Anwendungsfällen:

a) Applikation ist ebenfalls auf dem DC-Bus und direkt mit der Batterie verbunden
b) Applikation wird über Leistungselektronik (Wandler DC/AC) versorgt

In der Telekommunikation und in der Chemie-Industrie wird hauptsächlich mit Gleich-spannung gearbeitet, dort kann also die erste Klasse eingesetzt werden. Dies bedeutet jedoch, dass bei steigender Spannung auch die Anzahl der Batterien (meist Bleiakkus mit einer Zellspannung von 2 Volt) steigt. Der verwendete Gleichrichter muss dabei über-dimensioniert werden, da er nicht nur die Anschlussleistung der Applikation sicher bereitstellen muss, sondern auch parallel z. B. nach einem Stromausfall die Batteriebank wieder aufladen muss. Der Vorteil ist hier, dass Netzteilverluste nur einmal auftreten, und auch kleine „Netzwischer", Spannungseinbrüche, oder Frequenzänderungen im Primärnetz nicht auf die empfindliche Anlagenelektronik gelangen. Diese muss jedoch für einen erweiterten Spannungsbereich geeignet sein, da sowohl beim Ladevorgang (bis zu 20 % erhöhte) als auch bei langen USV-Ereignissen (bis zu 15 % reduzierte) von der Nominalspannung abweichende Werte auftreten können (Abb. 7.1).

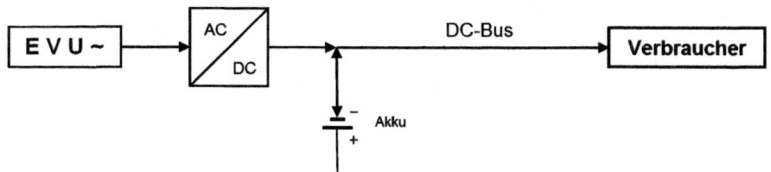

Abb. 7.1 Funktionsschema DC-Anwendung

In der IT-Technik bestehen zwar Überlegungen, zur Effizienzsteigerung langfristig auf Gleichspannung umzusteigen, jedoch wird die überwältigende Mehrheit der Systeme wie aus dem Heimbereich bekannt mit „Strom aus der Steckdose" versorgt. Hier muss also zusätzliche Leistungselektronik eingesetzt werden, um aus der Gleichspannung der Batterie wieder Wechselspannung zu erzeugen.

Abbildung 7.2 zeigt eine Verschaltung, die durch die dauernde Wandlung der Netzspannung in die sogenannte Zwischenkreisspannung und die Rückwandlung in die benötigte Wechselspannung absolut unterbrechungsfrei und außerdem einen Schutz gegenüber einer schlechten Netzqualität wie bei den davor beschriebenen DC-Systemen bietet. Nachteilig ist hierbei, dass die Wandlerverluste zweimal auftreten, und beide Leistungsteile ständig unter Last sind. Im Bereich der Rechenzentren, wo es auf hohe Verfügbarkeit ankommt, ist dies jedoch die bevorzugte Ausführungsvariante.

Daneben gibt es vereinfachte Systeme, bei denen die Anwendung zwar hinter einer Leistungselektronik angeschlossen ist, im normalen Betrieb (Primärnetz vorhanden) jedoch über einen Bypass direkt vom EVU versorgt wird. Die Spannung wird ständig überwacht, und bei Über- bzw. Unterschreiten bestimmter Grenzwerte schaltet der Inverter ein, und versorgt die Anwendung aus der Batterie. Das bedeutet allerdings, dass innerhalb dieser Grenzen die Netzqualität 1:1 auf die Anwendung weitergegeben wird, und für das Umschalten eine gewisse Zeit benötigt wird. Diese liegt bei geeigneten Invertern jedoch gut unter 20 ms, was kürzer ist, als ein Netzteil eines PCs zum Beispiel durch Kondensatoren noch selbst ausgleichen muss. Außerdem ist die Wandlereinheit nicht im Dauerbetrieb, altert also nicht so schnell.

Beiden AC-Varianten ist gemein, dass die Batteriespannung nicht unbedingt der Ausgangsspannung entsprechen muss, da ohnehin eine Wandlung und Transformierung stattfindet. Das bedeutet, dass die bei Lade- und Entladevorgang unterschiedliche Zwischenkreisspannung wenig bis keinen Einfluss auf die Ausgangsspannung hat.

Alle Lösungen haben jedoch drei gewichtige Nachteile:

1. Batterien sind elektrochemische Bauteile und starker Degradation und Alterung unterworfen
2. Der Ladungszustand bzw. die nach einer gewissen Betriebsdauer noch mögliche Kapazität ist in der Praxis nur durch einen realen Test ermittelbar
3. Das (v.a. bei Bleiakkus) hohe Gewicht steigt proportional zur ausgelegten Laufzeit

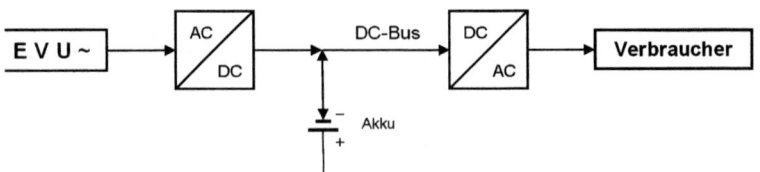

Abb. 7.2 Funktionsschema AC-Anwendung

Daher erfolgt im Allgemeinen dem Batterietyp entsprechend nach festgelegten Betriebs-jahren ein vorbeugender, kompletter Austausch, was natürlich mit erheblichen Kosten und Aufwand verbunden ist (Stillstandszeiten, fachgerechte Behandlung und Entsorgung, etc.).

Batterie-USVen werden daher bevorzugt für kurze Laufzeiten im Minutenbereich bis (bei kleinen Leistungen) wenigen Stunden ausgelegt, und spielen hier durch moderate Preise und einfachen Betrieb ihre Stärken aus.

7.2.2 Netzersatzanlagen (NEA)

Für lange Backupzeiten und für die Erzeugung eines eigenen Netzes werden Dieselaggregate eingesetzt. Auch hier handelt es sich um eine bekannte, beherrschte Technologie, die auch hohe Leistungen problemlos zur Verfügung stellt. Ein weiterer Vorteil ist, dass Leistung und Energie unabhängig voneinander ausgelegt werden können, eine höhere Laufzeitanforde-rung einfach durch Aufstellung eines größeren oder zusätzlichen Treibstofftanks realisiert werden kann, oder auch ein Nachtanken während des Netzersatz-Falles natürlich möglich ist.

Allerdings kann die Leistung nicht unterbrechungsfrei zur Verfügung gestellt werden, da der Motor erst gestartet werden, und vor der Lastaufnahme warmlaufen muss. Daher werden oft eine USV und eine NEA kombiniert eingesetzt, wenn Bedarf an einer unter-brechungsfreien Stromversorgung auch über mehrere Tage hinweg besteht.

Diese Technologie weist insbesondere bei hohen Leistungen relativ geringe Anschaf-fungskosten (€/kW) auf. Trotzdem treten oft gerade hier Probleme auf, wenn der USV-Fall eintritt. Verursacht werden diese Probleme meistens durch die hohen Anforderungen an Wartungshäufigkeit und –qualität und somit durch die laufenden Kosten, an denen oft zuerst gespart wird. So sind regelmäßige Testläufe unter Last durchzuführen (monatlich oder quartalsweise), und diverse Filter und das Schmieröl müssen regelmäßig gewechselt werden. Wenn Diesel zu lange steht, zieht er Wasser an, was die Startfähigkeit dramatisch senkt. Außerdem werden immer mehr Fälle diskutiert, in denen sich auf dem Diesel ein Pilz bildete, und dadurch Filter verstopfen und der Motor nicht anspringt[1] – ein Risiko, das sich insbesondere wegen des steigenden Anteils an Bio-Diesel vergrößert hat.[2]

---

[1] http://wissen.wax.at/Dieselpilz, abgerufen am 16. Mai 2013.
[2] Siehe z. B. http://www.mikrofiltertechnik.de/upload/4137079-Pilze-im-Tank.pdf, abgerufen am 16. Mai 2013.

7.3 Brennstoffzellen im USV-Einsatz

Da Brennstoffzellen einige der oben genannten Probleme nicht haben, ist dieses Marktsegment sehr früh erfolgreich adressiert worden, zudem sind die erreichbaren Betriebsstunden mehr als ausreichend. Zum Vergleich: schon 3.000h garantierte Volllaststunden einer Brennstoffzelle würden bei einer hoch angesetzten Stromausfallzeit von 100 Stunden pro Jahr[3] eine Lebensdauer des Systems von 30 Jahren ergeben!

Was sind nun die Vorteile einer Brennstoffzelle?

1. Durch den elektrochemischen Prozess findet keine Alterung im Standby statt (keine aktive Chemie wie beim Akku; keine Lager, Schmierstoffe etc. wie beim Generator)
2. Erheblich reduzierte Wartungs- und Erneuerungskosten gegenüber einer Batterie-USV
3. Erheblich reduzierte Wartungskosten im Vergleich zu einem Verbrennungsmotor
4. Emissionsfreier und geräuscharmer Betrieb

Die Abb. 7.3 und 7.4 zeigen die in Abschn. 7.2.1 dargestellten Verschaltungen in einer möglichen Ergänzung durch ein Brennstoffzellensystem. Die vereinfachten Schaltbilder zeigen, dass somit auch Bestandsanlagen mit einem Brennstoffzellensystem nachgerüstet werden könnten, zum Beispiel wenn die nachlassende Kapazität der Akkus einen Austausch erfordern würde, oder wenn sich die Anforderungen in Richtung längerer Überbrückungszeiten entwickeln.

Zu beachten ist andererseits, dass bei der Neukonzeption von Anlagen das verwendete Akkupaket natürlich erheblich kleiner ausgeführt kann und sollte, um die Vorteile bei den Wartungs- und Instandhaltungskosten auch ausschöpfen zu können.

Je nach verwendeter Brennstoffzelle und USV-Technik kann es erforderlich sein, dass in obigem Funktionsschema auch noch ein DC/DC-Wandler erforderlich ist, um die meist hohe DC-Zwischenkreisspannung zu erreichen.

Allerdings sind nicht alle Brennstoffzellen gleichermaßen gut für diese Anwendung geeignet, daher werden im nächsten Abschnitt die besonderen Anforderungen und ihre Erfüllung durch die verschiedenen Varianten beschrieben.

7.3.1 Geeignete Brennstoffzellentypen

Ein Stromausfall tritt naturgemäß ungeplant und schlagartig ein, und die zu diesem Zeitpunkt anliegende Last ist nicht bekannt und zudem ungleichmäßig. Das bedeutet, dass die verwendete Brennstoffzelle sehr dynamisch sein muss, also sehr schnell die Last übernehmen und flexibel auf Laständerung reagieren muss.

---

[3] Durchschnittliche Netzausfallzeiten 2011: Deutschland 17,7 Minuten, Portugal 276 Minuten http://www.vde.com/de/fnn/arbeitsgebiete/versorgungsqualitaet/Documents/Uebersicht_Nichtverfuegbarkeit_2011.pdf, abgerufen am 30. April 2013.

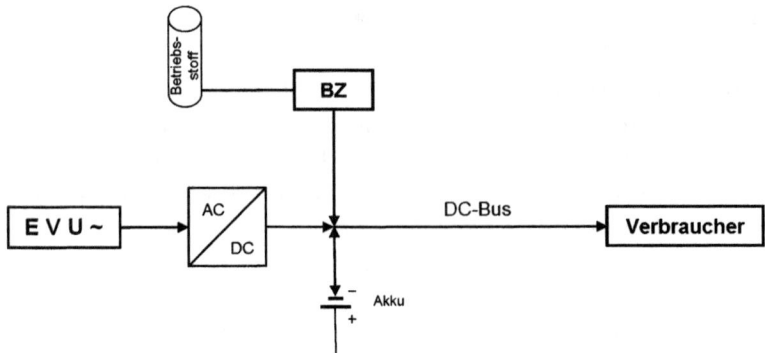

Abb. 7.3 Funktionsschema DC mit Brennstoffzelle

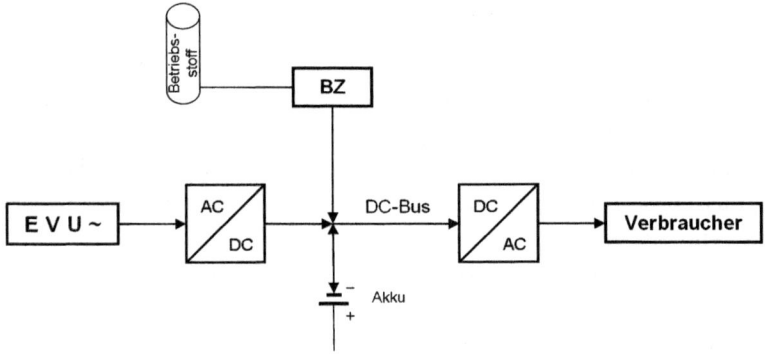

Abb. 7.4 Funktionsschema AC mit Brennstoffzelle

Bevorzugt werden daher Niedertemperatur PEM-Brennstoffzellen (NT-PEFC) eingesetzt, da diese sehr schnell (<1 min) ihre Nennleistung abgeben können, denn die
Betriebstemperatur von etwa 60–80 °C liegt nicht weit über der üblichen Umgebungstemperatur. Für die Anlaufphase können daher bereits heute bei kleinen Leistungen
Supercaps eingesetzt werden, und somit ganz auf Batterien verzichtet werden. Supercaps sind zwar noch erheblich teurer in der Anschaffung, dafür wartungsfrei und
Lebensdauerbauteile.

Außerdem sind häufige Start-/Stop-Zyklen erforderlich, denn üblicherweise kommt
ein Stromausfall punktuell vor, und die meiste Zeit wird keine Leistungsproduktion
erforderlich sein. Wenn jedoch eine sehr instabile Netzversorgung vorliegt, also zum Beispiel mit einer mehrmals täglichen USV-Situation zu rechnen ist, können auch andere
Systeme mit höherer Betriebstemperatur von Interesse sein. Es kann zwar sein, dass
dann eine gewisse Dauerheizung notwendig ist, um schnell Leistung erzeugen zu können, und zudem der Bauteilermüdung durch ständige Temperaturwechsel vorzubeugen.

Da diese Typen jedoch wegen der höheren Reaktionstemperaturen auch mit Reformat-gasen sehr gut zurechtkommen, kann auf einfacher als Wasserstoff zu handhabende Betriebsmittel wie Diesel, Benzin oder Propan zurückgegriffen werden. Hierbei wäre auch zu prüfen, ob in solch einem Fall nicht auch die Wärme genutzt werden kann. Die Grenze zum Anwendungsfeld „Hausenergie-Versorgung" (Kap. 6) ist dann jedoch nicht mehr klar zu ziehen.

Für sehr kleine Leistungen (<200 W) können auch Direktmethanol-Brennstoffzellen (DMFC) eingesetzt werden, die bereits in großen Stückzahlen hergestellt werden (v.a. für den Freizeitbereich und den mobilen Sektor). Hierbei ist ein weiterer Vorteil, dass der Betriebsstoff Methanol ist, der in speziellen Tankpatronen verfügbar ist, und im Gegen-satz zu Druckgasflaschen beim Wasserstoff ohne große Sachkenntnis anzuschließen ist.

7.3.2   Ausführungsmerkmale eines geeigneten BZ-Systems

Für die Anwendung als USV muss der Brennstoffzellenstack zu einem für die Anwen-dung geeigneten Gesamtsystem integriert werden. Die dafür benötigten Komponenten zur Betriebsstoffversorgung, Steuerung, Kühlung, Überwachung etc. (Balance Of Plant, BOP) müssen für die kritischen Infrastrukturen nicht nur den besonderen brennstoff-zellentypischen Anforderungen entsprechen, sondern auch den anwendungsspezifischen Wünschen wie hoher Sicherheit und Wartungsfreiheit.

Hohen Sicherheits- und Verfügbarkeitsansprüchen kann insbesondere durch redun-dante Ausführung kritischer Komponenten begegnet werden. Natürlich kann prinzi-piell eine Redundanz auch durch Aufbau zweier identischer Systeme erreicht werden, was aber insbesondere bei der Brennstoffzellentechnik kommerziell nicht darstellbar ist. Die Firmen FutureE und Rittal haben daher ein einschubmodulares System entwickelt, das in 2 kW-Schritten skaliert werden kann, und somit bei den Brennstoffzellenmodulen auch eine N+1 Redundanz ermöglicht wird. Die Abb. 7.5 zeigt ein solches System als Absiche-rung einer Schalteinheit in der Energietechnik.

Weiterhin sollte das System ermöglichen, automatische, selbstständige Wartungs-routinen abfahren zu können, und – falls dabei ein Fehler erkennbar wurde – dies an übergeordnete Leitsysteme mitzuteilen. Hintergrund ist, dass in der industriellen Anwendung laufende Kosten möglichst vermieden werden sollen. So sind bereits Fälle bekannt, wo aus Kostendruck die Wartungsintervalle (weil mit Personaleinsatz verbun-den) verlängert wurden, und im Notfall dann ein Notstromdiesel nicht wie vorgesehen die Last übernommen hat. Es ist also darauf zu achten, dass möglichst keine Subsysteme oder Komponenten verwendet werden, die auch im Standby altern bzw ihre Eigenschaf-ten verlieren, wie z. B. speziell Schmier- und Kühlmittel, oder aktive Filtermaterialien. Im Leistungsbereich von ca. 2–20 kW haben sich daher luftgekühlte Stacks bewährt, da sich hier beträchtliche Vereinfachungen im Kühlsystem ergeben: keine Pumpen, weniger Filter, keine Flüssigkeiten im System, etc.

Abb. 7.5 Modulares Brennstoffzellensystem der Fa. FutureE

7.4 Technologievergleich

In Tab. 7.1 sind die verschiedenen konventionellen und neuen Technologien mit ihren Vorteilen und Nachteilen gegenübergestellt.

Zusammenfassend bedeutet dies, dass die Brennstoffzelle bei hohen Umweltanforderungen (z. B. Naturschutzgebiete oder im Wohngebiet) punkten kann, und heute insbesondere bei kleinen Leistungen und langen Überbrückungszeiten eine interessante Alternative zu herkömmlichen USV-Lösungen ist.

In Abb. 7.6 wird dies bildlich dargestellt. Auf der x-Achse ist hier die benötigte Überbrückungszeit aufgetragen, die y-Achse stellt die erforderliche Leistung dar. Im linken Bereich ist daher die Batterie-USV positioniert, im rechten Bereich das Diesel-Aggregat

Tab. 7.1 Vergleichsübersicht der verschiedenen Technologien

System	Vorteile	Nachteile
Batterie-USV	• unterbrechungsfrei • eingeführte, bekannte Technologie	• kurze Lebenszeit • kein Generator (wenn leer, dann leer) • wirtschaftlich nur für kurze Backupzeiten
Dieselgenerator (NEA)	• bekannte Technologie • hohe Leistungen • lange Überbrückungszeit, nachtanken während des Betriebs	• CO_2 Emissionen • Wartungsaufwand • Lärm • Anlaufzeit
Modulares Brennstoffzellensystem	• lange Lebenszeit • lange Überbrückungszeit, nachtanken während des Betriebs • geringe Wartung(skosten) • im System unterbrechungsfrei • keine CO_2 Emissionen • nahezu lautloser Betrieb	• Technologie noch wenig bekannt • für hohe Leistungen nicht wirtschaftlich • hoher Invest, Wirtschaftlichkeit nur über Lebensdauerkosten darstellbar

Abb. 7.6 Einsatzbereiche verschiedener USV-Lösungen

(NEA). Ein unterbrechungsfrei zu betreibender, leistungsstarker Verbraucher mit hoher Überbrückungszeitanforderung benötigt somit im Grunde genommen beide Systeme. Dazwischen sind z. B. modulare Brennstoffzellensysteme positioniert; die dunkler werdende Einfärbung zeigt dabei Bereiche verbesserter Wirtschaftlichkeit.

Da bei langen Überbrückungszeiten Brennstoffzellen also besonders gut positioniert sind, konnten mit aktuellem Technologie- und Kostenstand USV-Anwendungen im Leistungsbereich von 2–16 kW und Überbrückungszeiten von mindestens 4 Stunden bereits wirtschaftlich dargestellt werden. Einige interessante Projekte sind unter der Adresse www.cleanpowernet.de dokumentiert.

Sicherheitsrelevante Anwendung

Lars Frahm

Brennstoffzellen sind Energiewandler und zeichnen sich durch hohe Effizienz bei der Umwandlung von chemischer in elektrische Energie aus.

Neben der Umwandlung von Energie liegt eine zusätzliche Anwendung der Brennstoffzelle in der Sicherheitstechnik.

Hierbei wird die Abluft der Brennstoffzellenkathode genutzt. Diese weist im Verhältnis zur Kathodenzuluft eine geringere Sauerstoffkonzentration auf und muss von dem Anodengas und -abgas getrennt sein. Das Reaktionsprodukt der Kathode ist Wasser. Zusätzlich erhält man sauerstoffarme d. h. stickstoffreiche Luft. Abbildung 8.1 zeigt das Brennstoffzellenprinzip mit dem Fokus auf der Kathodenseite.

Normale Umgebungsluft wird der Kathode zugeführt. Am Kathodenausgang erhält man feuchte Luft mit einem reduzierten Sauerstoffanteil.

Im Folgenden wird beschrieben, in welchen industriellen Bereichen und Anwendungen die Brennstoffzelle durch die Verwendung sauberer, sauerstoffarmer Kathodenluft einen Mehrwert generieren kann.

8.1 Brennstoffzelle und Brandschutz

Die sauerstoffarme Luft der Brennstoffzellenkathode kann für eine Reduzierung des Sauerstoffgehalts in geschlossenen Räumen verwendet werden [1]. Dies ist insbesondere im Brandschutz von großer Wichtigkeit. Ziel ist es, den Sauerstoffgehalt in diesen Räumen permanent auf einem geringeren Niveau zu halten. Dazu eignen sich insbesondere für

L. Frahm (✉)
N2telligence GmbH, Königstrasse 30, 22767 Hamburg, Deutschland
e-mail: info@N2telligence.com

J. Töpler und J. Lehmann (Hrsg.), *Wasserstoff und Brennstoffzelle*,
DOI: 10.1007/978-3-642-37415-9_8, © Springer-Verlag Berlin Heidelberg 2014

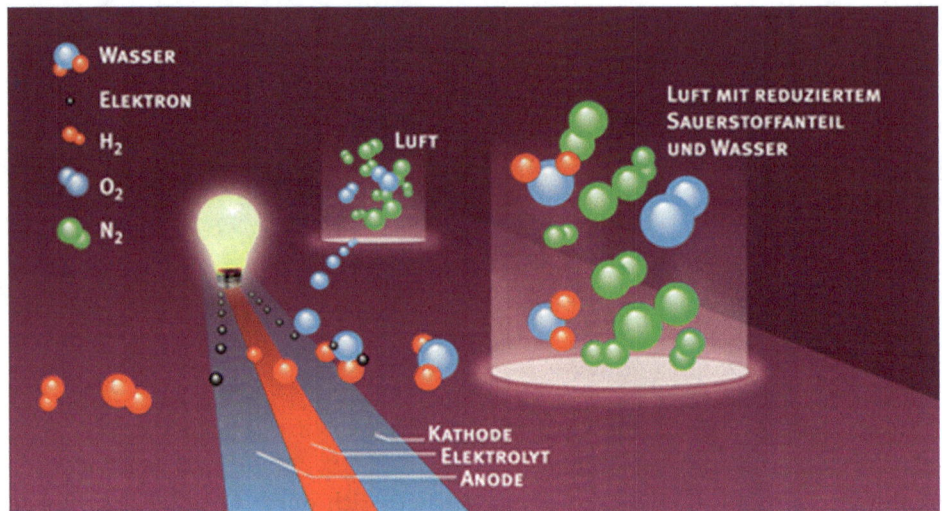

Abb. 8.1 Brennstoffzellenprinzip[1]

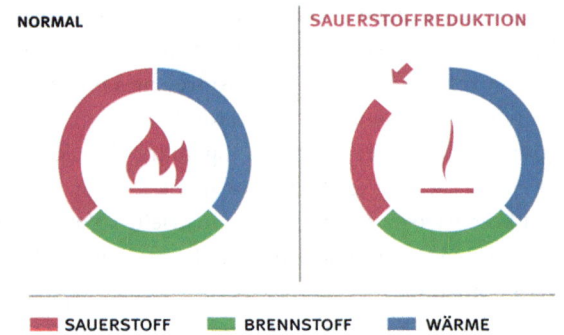

Abb. 8.2 Inertisierungsprinzip [1]

den stationären Betrieb ausgelegte Brennstoffzellensysteme, da die Kathodenabluft ständig produziert wird.

Im Gegensatz zum konventionellen Löschen stellt die Sauerstoffreduzierung ein präventives Brandschutzkonzept dar. Die Wahrscheinlichkeit der Entflammbarkeit kann stark reduziert bis ausgeschlossen werden, denn für die Entstehung eines Feuers werden immer drei Dinge benötigt: Material, Energie und Sauerstoff [2].

Das Prinzip der Sauerstoffreduzierung zum Brandschutz wird auch Inertisierungsprinzip genannt (Abb. 8.2).

8.2 Sauerstoffreduzierung allgemein

Sauerstoffreduzierung zum Brandschutz ist nicht neu. Es ist ein seit vielen Jahren gängiges Prinzip und wird in der Industrie vielfach eingesetzt [3–5]. Im Gegensatz zum konventionellen Löschen, dem ein Brand vorausgehen und welcher detektiert werden muss, ist Sauerstoffreduzierung ein aktives Brandverhütungssystem.

Es entstehen auch keine Brandfolgeschäden, die in vielen Fällen einen größeren Schaden verursachen als das eigentliche Feuer.

Im Brandschutz verwendete Sauerstoffreduzierungsanlagen bestehen aus folgenden Komponenten [6]:

- Erzeugereinheit für sauerstoffarme, stickstoffreiche Luft
- Steuerungseinheit zur Überwachung der Sauerstoffkonzentration im Schutzraum.

Eine gängige Art der Erzeugereinheit besteht aus einem Kompressor und einer Luftzerlegungsmembran. Die durch den Kompressor erzeugte Druckluft (hierfür wird in der Regel Außenluft verwendet) wird über eine Luftzerlegungsmembran geleitet, wobei sich der Luftstrom in einen sauerstoffreichen und einen stickstoffreichen Anteil teilt.

Durch die Zufuhr der stickstoffreichen Luft in den Schutzraum wird die Sauerstoffkonzentration permanent auf einem niedrigen Niveau gehalten. Sauerstoffsensoren überwachen die Konzentration und leiten das Signal an eine Steuerungseinheit. Da die Schutzräume in der Regel nicht luftdicht sind und zusätzlich über Begehungen Außenluft in die Räume gelangt, kommt es immer wieder zu einem Anstieg der Sauerstoffkonzentration, welche durch kontrollierte Zufuhr, also durch Anschalten der Erzeugereinheit und Produktion von sauerstoffarmer Luft, wieder abgesenkt wird. Abbildung 8.3 veranschaulicht das Funktionsprinzip als Hysterese mit einem minimalen (blau) und maximalen (grün) Zielsauerstoffwert.

Die konventionelle Erzeugereinheit benötigt für den Betrieb des Kompressors zur Drucklufterzeugung elektrische Energie. Je nach Raumgröße und -dichtigkeit sowie Zielsauerstoffkonzentration werden Kompressor und Energiebedarf dimensioniert. Dadurch entstehen für den Betreiber der Anlage zusätzliche Energiekosten und damit einhergehend zusätzliche CO_2-Emissionen, sofern der Betrieb der Anlage nicht mit dem Bezug von Strom aus erneuerbaren Quellen kompensiert wird. Darüber hinaus ist der Betrieb von Kompressoren oftmals mit erheblichen Lautstärkeemissionen verbunden [3]. Die komprimierte Luft muss zudem gut gefiltert werden. Es können Ölrückstände, Feuchtigkeit oder andere Stoffe in der Luft enthalten sein [7]. Alle Verunreinigungen dieser Art sind schädlich für die Membran.

Merkmale der konventionellen Erzeugereinheit:

- hoher Energiebedarf
- ggf. CO_2 Emissionen
- hohe Lautstärkeemissionen
- geringer Restsauerstoffgehalt von ca. 5 vol% [7].

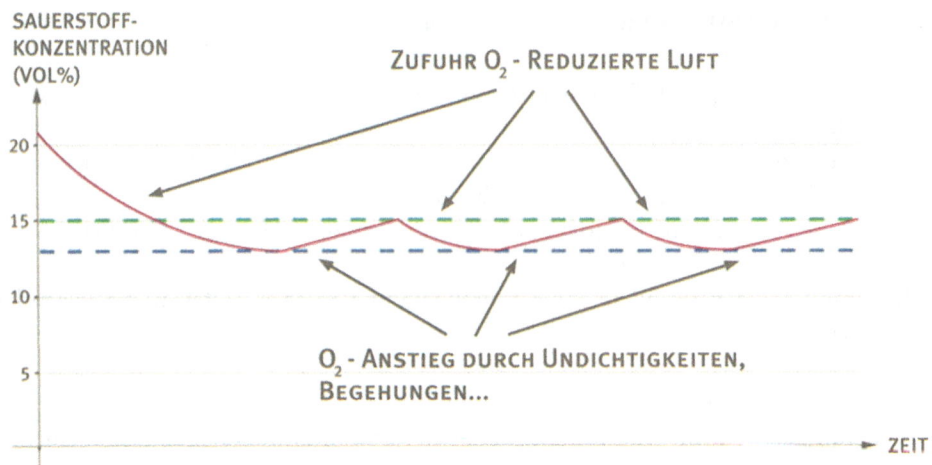

Abb. 8.3 Inertisierungskurve [1]

8.2.1   Schutz von Materialien

Durch die kontrollierte Zufuhr sauerstoffarmer Luft wird der Sauerstoffgehalt in geschlossenen Räumen auf einem dauerhaft niedrigen Niveau gehalten, so dass die Wahrscheinlichkeit der Entflammbarkeit reduziert oder gar eliminiert wird.

Wie weit der Sauerstoffgehalt für den Brandschutz abgesenkt werden muss, ist abhängig von den eingelagerten Materialien in den zu schützenden Räumen. Jeder Stoff hat seine eigene Entzündungsgrenze, die häufig auch Sauerstoffgrenzkonzentration (SGK) genannt wird. Tabelle 8.1 zeigt Entzündungsgrenzen ausgewählter Materialien.

Normale Umgebungsluft hat eine Sauerstoffkonzentration von 20.8 vol%. Wie die Tabelle zeigt, ist bereits bei einer Absenkung von wenigen Prozentpunkten die Brandgefahr für gängige Materialien wirksam reduziert.

Als beispielhaftes Einsatzgebiet sollen hier Rechenzentren erwähnt werden. Viele Serverräume sind mit 15,0 vol% Sauerstoff geschützt, damit sich die gängig verwendeten Feststoffe nicht entzünden können [9].

8.2.2   Aufenthalt von Menschen

Der Aufenthalt von Menschen in sauerstoffreduzierten Räumen ist ein häufig kontrovers diskutiertes Thema. Viele Berufsgenossenschaften haben sich dem Thema bereits angenommen und Richtlinien erarbeitet. Eine allgemeingültige Regel gibt es z. Z. nicht [10]. Bei Arbeiten unter 17 %vol. Sauerstoff wird meist ein ärztliches Attest vorgeschrieben und der Aufenthalt je nach Sauerstoffgehalt für einen bestimmten Zeitraum begrenzt – Pausen an „frischer Luft" sind einzuhalten [10].

Tab. 8.1 Entzündungsgrenzen ausgewählter Materialien [8]

Material	Entzündungsgrenze O_2vol%
Ethanol	12,8
PMMA	15,9
PVC (Kabel)	16,9
Fichtenholz (Palettenholz, unbehandelt)	17,0
Wellpappe (Verpackungsmaterial, braun, unbehandelt, unbedruckt)	15,0
Papier (Schreibpapier, 80 g/m², weiß, unbehandelt)	14,1

Wichtig für das Verständnis ist folgender, vereinfacht dargestellter Sachverhalt:

Die Sauerstoffvolumenanteile sind entscheidend für das Feuer, der Sauerstoffpartialdruck ist jedoch entscheidend für die menschliche Atmung.

In einem Raum auf Normalnull (NN) mit einem Sauerstoffgehalt von 15 vol% ist der Sauerstoffpartialdruck identisch mit dem auf einer Höhe von ca. 2700 m [10, 11]. Für den Menschen ist die Atmung an beiden Orten vergleichbar. Ein Feuerzeug z. B. lässt sich in 2700 m Höhe, also bei 20,8 vol% entzünden, nicht jedoch in einem Raum mit 15 vol% Sauerstoff [1, 6].

Zur weiteren Erläuterung wird der Aufenthalt in einem Flugzeug beschrieben: Auf Reiseflughöhe liegt der Kabinendruck in großen Verkehrsflugzeugen bei 0,7 bar absolut [12]. Dieser Wert entspricht ca. 2250 m Höhe, was wiederum für den Menschen vergleichbar mit einem Aufenthalt in einem Raum auf NN mit einem Sauerstoffanteil von 16 vol% ist [10, 11]. Bemerkenswert ist aber, dass für einen Langstreckenflug von beispielsweise 8 Stunden kein ärztliches Attest benötigt wird.

8.2.3 Schutzbereiche

Präventiver Brandschutz durch Sauerstoffreduzierung kommt vorwiegend in Gebäuden zum Schutz hochwertigtechnischer Einrichtungen und zur Lagerung von unwiederbringlichen Gütern und Gefahrenstoffen zur Anwendung [3, 4]. Herkömmliche gasförmige Löschmittel gelangen bei großen Volumina, z. B. in einem Hochregallager [4, 6], und durch die Gefahr von Löschmittelrückständen und Brandfolgeschäden schnell an ihre Einsatzgrenzen. Ebenso sind Wassersprinkleranlagen, die zwar für große Volumen eingesetzt werden, für technische Einrichtungen und unwiederbringliche Güter häufig nicht geeignet. In Hochregallagern kann es vorkommen, dass jeder Palettenstellplatz einzeln mit einer Auslassdüse geschützt werden muss. Dies erhöht die Installationskosten und verringert die Flexibilität der Nutzung des Lagers [6].

Sauerstoffreduzierung als Brandschutz ist bestens geeignet für folgende Einsatzgebiete [1, 4, 6]:

- Rechenzentren
- Museen, Bibliotheken
- Lagerräume insbesondere Hochregal- und Tiefkühllager
- Gefahrstofflager.

8.3   Neue Anwendung der Brennstoffzelle

Durch die Kombination von Energieerzeugung und Brandschutz ergeben sich neue Anwendungen und für die Kommerzialisierung ein weiterer Mehrwert der Brennstoffzellentechnologie, insbesondere im stationären industriellen Bereich.

Da die sauerstoffarme Luft ein Produkt der Reaktionsprozesse in der Brennstoffzelle ist, ergeben sich im Vergleich zu den Systemen auf Kompressorbasis folgende Merkmale der Brennstoffzelle als Erzeugereinheit, vgl. Abschn. 8.2:

- Reduzierung der Energiekosten beim Brandschutz
- Reduzierung der CO_2 Emissionen beim Brandschutz
- Reduzierung der Lautstärkeemissionen beim Brandschutz
- Permanente Produktion der sauerstoffarmen Luft

Im industriellen Bereich werden Brennstoffzellen vorwiegend als Kraft-Wärme- Kopplungsanlagen (KWK) eingesetzt – teilweise auch als Kraft-Wärme-Kälte-Kopplung (KWKK). Letzteres erweitert um den Brandschutz, führt zu einem vierten Produkt des Brennstoffzellensystems. Das Gesamtsystem mit dem Namen QuattroGeneration[1] wird bereits kommerziell im Markt vertrieben[2] (Abb. 8.4). Der Name QuattroGeneration steht für die vier Produkte: Strom, Wärme, Kälte, Brandschutz.

Gemäß dem oben dargestellten Prinzip ist das Brennstoffzellensystem mit Erdgas betrieben und wandelt die chemische Energie des Erdgases in Strom und Wärme um. Es sind zwei verschiedene Wärmeauskopplungen dargestellt, so dass man über einen externen Absorber oder auch Adsorber einen Teil der Wärme in Klimakälte (6°–12 °C) umwandeln kann und somit ein vollständiges KWKKs-System erhält, in diesem Fall erweitert um die Brandschutzanwendung.

Die Kennzahlen des im Markt erhältlichen Systems QuattroGeneration sind in Tab. 8.2 aufgelistet:

Bereitgestellt werden durch das Standardsystem 100 kW elektrische, sowie ca. 108 kW thermische Leistung. Die elektrische als auch thermische Leistung kann nahezu in jede

---

[1] QuattroGeneration ist eine eingetragene Marke der Firma N$_2$telligence GmbH.
[2] Erhältlich bei der N$_2$telligence GmbH [1].

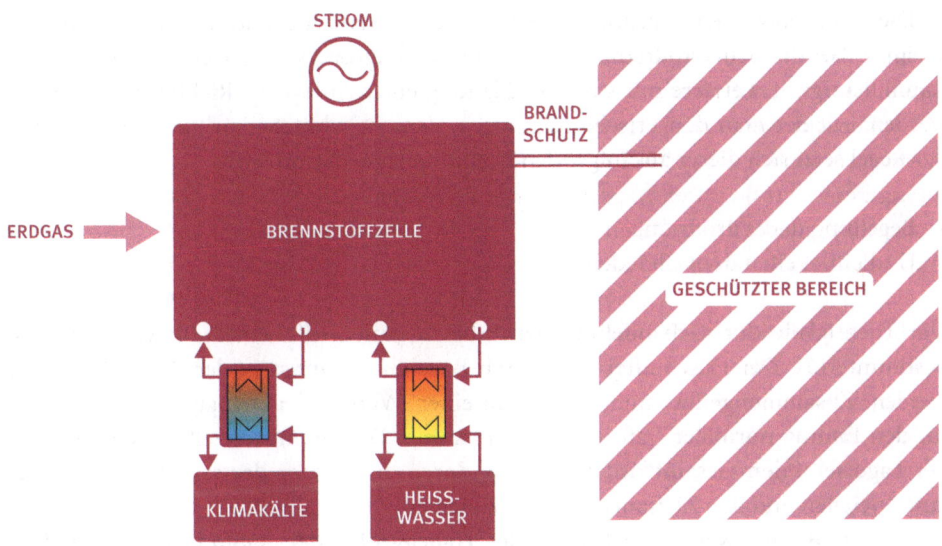

Abb. 8.4 QuattroGeneration – Strom, Wärme, Kälte, Brandschutz [1]

Tab. 8.2 Kennzahlen einer QuattroGeneration 100 Anlage [1]

Elektrische Leistung	100 kW
Spannung	400 VAC
Frequenz	50 Hz
Wärmeauskopplung	$\approx$ 54 kW auf 92 °C oder $\approx$ 40 kW 6 °C $\approx$ 54 kW auf 62 °C
Energieeffizienz	$\approx$ 90 %
Schutzbereich O_2-Reduzierung	bis zu mehreren 1.000 m^3
Energiequelle	Erdgas, Wasserstoff, Biogas
Dimensionen	2,2 m (B) $\times$ 6,5 m (L) $\times$ 3,4 m (H)
Gewicht	15,5 t

denkbare Kundeninfrastruktur eingebunden werden. Für Rechenzentren und Produktionsanlagen bieten die Eigenerzeugung eine Ergänzung zum öffentlichen Stromnetz und somit eine Redundanz beim Stromausfall, da das Brennstoffzellensystem weiterhin verfügbar ist. Die thermische Leistung kann für die Heizungsanlage, Warmwasseraufbereitung oder sonstige Verbraucher genutzt werden. Da das System eine teilweise Wärmeauskopplung bei über 90 °C ermöglicht, kann, wie bereits beschrieben, über eine Absorptionskältemaschine auch Klimakälte bereitgestellt werden. Dies ist z. B. für Einrichtungen wie Rechenzentren sinnvoll, da diese 24 h und 365 Tage gekühlt werden müssen. Aber auch bei Produktionsanlagen und Lagerhäusern wird Kälte benötigt.

Die Angaben zur Raumgröße der Brandschutzanwendung sind nur als Anhaltspunkt geeignet. Bei der Sauerstoffreduzierung ist die Raumgröße weniger entscheidend als die Raumdichtigkeit. Letztere muss bei der Planung einer Anlage als Richtgröße angegeben werden, mit der man den Frischlufteintrag in dem zu schützenden Raum bestimmt. In der Regel setzt sich dieser aus folgenden Komponenten zusammen:

- Begehung und Türöffnungen
- Undichtigkeiten der Gebäudehülle

Die Dichtigkeit der Gebäudehülle wird häufig mit Hilfe eines BlowerDoor Tests bestimmt [13]. Der Frischlufteintrag durch Begehungen muss in der Regel abgeschätzt werden. Zusammengenommen erhält man einen Wert, ggf. abhängig von Tageszeiten, für den Eintrag normaler Luft in den Schutzraum. Das Brennstoffzellensystem muss in der Lage sein, den Gesamtfrischlufteintrag durch die Zufuhr der sauerstoffarmen Luft auszugleichen und den Zielsauerstoffwert zu halten.

Je nach Bedarf, welcher sich nach der Hallengröße, der Raumdichtigkeit und der Zielsauerstoffkonzentration richtet, kann man auch mehrere Systeme kombinieren. Ein modularer Aufbau ist möglich, wobei die elektrische und thermische Energiebereitstellung erhöht und eine zusätzliche Redundanz geschaffen wird.

8.4 Fazit

Die Kombination aus Energieerzeugung und Brandschutz erzielt eine höhere Effizienz und Treibhausgaseinsparungen. Die Brennstoffzelle wird zu einem Brandschutzsystem, welches die höchste Güte des Brandschutzes gewährleisten kann – den präventiven Schutz. Zusätzlich ist davon auszugehen, dass ein Brennstoffzellensystem in dieser kombinierten Anwendung zu einer Reduzierung der Energiekosten beiträgt. Dadurch erhält das Gesamtsystem einen Zeitpunkt des Return on Investments. Dies ist mit bisherigen Brandschutzsystemen nicht möglich. Es ist ein Alleinstellungsmerkmal für die Brennstoffzelle im stationären Sektor wirtschaftlicher zu sein als herkömmliche Energieerzeugungs- und Brandschutzsysteme.

Literatur

1. http://www.n2telligence.com
2. BFT Cognos: Einführung Feuerlöschtechnik Jahresfachtagung (2007)
3. Madsen, C.N., Jensen, G., Holmberg, J.: Hypoxicairventing – fireprotectionforlibrarycollections. In: World Library and Information Congress, 71th IFLA General Conference and Council (2005)
4. http://www.minimax.de
5. http://www.wagner.de

6. Bosch, J.: Lagern ohne Risiko. Gas Aktuell Nr.56

7. 11/2004 Industrie Report International Erfolg durch Präzision (2004)

8. http://www.tis-gdv.de/tis/tagungen/kunst/kunsttagung2011/06_rexfort/inhalt.htm#5

9. http://www.experton-group.de/research/ict-news-dach/news/article/betrachtung-der-technischen-infrastruktur-in-den-data-centern.html

10. Albers-Dehnicke, K.: Arbeitsplätze in sauerstoffreduzierter Atmosphäre – Befragung von Betrieben, Betriebsärzten und Beschäftigten zu technischen Sicherheitsvorkehrungen, medizinischen Vorsorgeuntersuchungen sowie Erkrankungen und Beschwerden von Exponierten (2011)

11. Küpper, Th., Milledge, J.S., Hillebrandt, D., Kubalova, J., Hefti, U., Basnayt, B., Gieseler, U., Schöffl, V.: Arbeiten in Hypoxie. UIAA (2009)

12. Westenberger, A.: Airbus, Telefonat am 05. Dez 2012

13. Walter, A.: Merkblatt: LUFTDICHTHEITSMESSUNG (BlowerDoor) nach EN 13 829 (2008)

Portable Brennstoffzellen

9

Angelika Heinzel, Jens Wartmann, Georg Dura
und Peter Helm

9.1 Einleitung

Der Begriff der portablen Brennstoffzellen umfasst zwei unterschiedliche Technologie-
bereiche, einerseits können herkömmliche Brennstoffzellen kleiner Leistung in Systemen
verwendet werden, die so hergestellten Produkte sind noch im weiteren Sinne portabel.
Technologisch interessanter allerdings sind die Mikrobrennstoffzellen, die sich auf neue
Techniken bezüglich der Herstellverfahren stützen. Während im erstgenannten Bereich
bereits marktreife Produkte bekannt sind, wird auf dem zweiten Gebiet derzeit noch
intensiv geforscht. Eine weitere Unterscheidung ergibt sich durch die Wahl des Brennstoffes, sowohl Wasserstoff verzehrende Brennstoffzellen als auch Direktmethanol-Brennstoffzellen sind typisch für den kleinen Leistungsbereich, der Brennstoffzellentyp der
Wahl ist in der Regel die Membranbrennstoffzelle mit polymerem Elektrolyten (PEFC).
Die Chance zur Miniaturisierung ergibt sich allerdings auch für die bei hohen Temperaturen zu betreibende Festoxidbrennstoffzelle (SOFC). Da bei der hohen Betriebstemperatur von >400 °C auch die Reformierungsreaktion einiger Brennstoffe abläuft, ist
neben dem Einsatz von Methanol oder Ethanol auch die Nutzung fossiler Energieträger
denkbar, wie z. B. Flüssiggas. Die charakteristischen Eigenschaften und der Stand der
Technik der verschiedenen Systemvarianten werden im folgenden Text beschrieben.

A. Heinzel (✉)
Universität Duisburg-Essen, Lotharstr. 1, 47057 Duisburg, Deutschland
e-mail: a.heinzel@zbt-duisburg.de

A. Heinzel · J. Wartmann · G. Dura · P. Helm
Zentrum für BrennstoffzellenTechnik ZBT, Carl-Benz-Str. 201, 47057 Duisburg, Deutschland

J. Töpler und J. Lehmann (Hrsg.), *Wasserstoff und Brennstoffzelle*,
DOI: 10.1007/978-3-642-37415-9_9, © Springer-Verlag Berlin Heidelberg 2014

9.2   Stand der Technik

9.2.1   Membranbrennstoffzellen kleiner Leistung

9.2.1.1 Wasserstoffsysteme

Die Grundlagen für Wasserstoff verzehrende Brennstoffzellen und die prinzipiellen Speichermöglichkeiten für Wasserstoff wurden an anderer Stelle in diesem Buch bereits beschrieben. Da derzeit portable Wasserstoffspeicher im Wesentlichen nur im Rahmen von Demonstrationsvorhaben und Forschungsprojekten verfügbar sind, Endkunden somit keinen Zugriff auf befüllte Wasserstoffspeicher haben, gibt es portable, Wasserstoff verzehrenden Brennstoffzellen nur auf einem sehr speziellen Markt. Hier stehen diverse Modelle zur Verfügung, die die Umwandlung regenerativer Energie in Wasserstoff und die Nutzung von Wasserstoff in miniaturisierten PE Brennstoffzellen veranschaulichen. Wasserstoffspeicher auf der Basis von Metallhydriden sind bereits entwickelt und auch prinzipiell verfügbar [1, 2]. Die Entwickler der Firmen Horizon und Myfc [3, 4] zielen dabei mit portablen System im Leistungsbereich ≤2 W auf den Markt der netzunabhängigen elektrischen Kleingeräte wie Smart Phones, MP3 Player, tragbare Video Games und GPS-Geräte (Abb. 9.1). Die Wasserstoffversorgung für das Ladegerät der Firma Myfc beruht auf der Zersetzung von NaSi durch Zugabe von Wasser [5].

Bezüglich der Brennstoffzellentechnologie bedienen sich die portablen Systeme der am Markt verfügbaren und für andere Anwendungen entwickelten Komponenten der Membran-Elektrodeneinheiten und der Gasdiffusionslagen. Da die Betriebstemperatur kleiner Brennstoffzellen in der Regel unterhalb 50 °C liegt, sind die Anforderungen an die Stabilität der verwendeten Materialien eher geringer als für andere Anwendungen. Das betrifft die Dichtungstechnologie und die Materialien für die Zellrahmen und Bipolarplatten. Beispielsweise ist bekannt, dass die Korrosion von metallischen Bipolarplatten aus kommerziell verfügbaren Edelstählen bei Betrieb bei niedrigen Temperaturen langsam ist [6, 7], so dass eine für portable Anwendungen ausreichende Betriebsdauer erreicht werden kann.

Im Bereich der Forschung und Entwicklung wurden verschiedene Konzepte für miniaturisierte Brennstoffzellen erstellt und Demonstrationssysteme realisiert [8, 9]. Eine interessante Aufgabe ist das Anpassen der geometrischen Abmaße an die jeweilige Anwendung. Insbesondere die Entwicklung extrem flacher Designs ist bekannt für die Energieversorgung elektronischer Verbraucher [10] unter Beibehaltung einer Serienverschaltung mehrerer Zellen, um die nötige Betriebsspannung zu realisieren. In der Regel sind Brennstoffzellen kleiner Leistung passiv luftatmend, bestenfalls mit einem Ventilator zur Versorgung der Kathode mit Luft ausgestattet. Dieses Konzept erfordert eine offene Kathodenstruktur. Das Brennstoffzellensystem kann demnach relativ einfach aufgebaut werden und besteht mindestens aus einem Brennstoffzellenstapel, einem Wasserstoffspeicher mit Ventil und Druckregelung. Für bessere Bedienbarkeit ist allerdings eine elektronische Steuerungs- und Regelungseinheit notwendig. Für die Zersetzung chemischer Hydride ist eine Kontrolle und Anpassung der freigesetzten Wasserstoffmenge an den jeweiligen Bedarf der Brennstoffzelle wichtig [11].

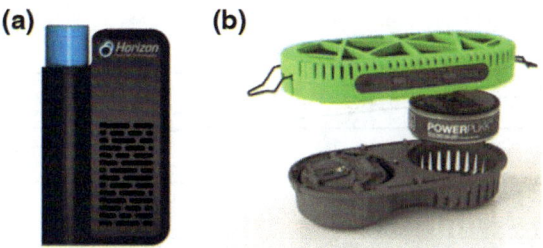

Abb. 9.1   Brennstoffzellenladegeräte (**a**) Minipak der Firma Horizon 2W/14 Wh, 214 cm^3, 120/210 g ohne/mit Kartusche, *Bildquelle* http://www.horizon.fuelcell.com, 20.7.2012, (**b**) Powertrekk der Firma Myfc, 5W/4 Wh, 380 cm^3, 244 g, *Bildquelle* www.myfuelcell.se, 4.1.2013

9.2.1.2 Direktmethanol-Brennstoffzellen

Membranbrennstoffzellen können statt mit Wasserstoff ebenfalls mit dem leichter zu handhabendem flüssigen Energieträger Methanol betrieben werden.

Die Elektrodenreaktionen bei Betrieb mit Methanol in Zellen mit saurem Membran-elektrolyten sind:

Anode: $CH_3OH + H_2O \rightarrow CO_2 + 6H^+ + 6e^-$
Kathode: $1{,}5\, O_2 + 6H^+ + 6e^- \rightarrow 3H_2O$
Zellreaktion: $CH_3OH + 1{,}5O_2 \rightarrow CO_2 + 2H_2O$

Die theoretische Zellspannung der Reaktion beträgt 1,214 V entsprechend einer freien Reaktionsenthalpie von $\Delta_R G^0 = -702.5$ kJ/Mol. Die Praxis allerdings sieht anders aus, aufgrund der Bildung von CO-Spezies als Intermediat auf dem Elektrokatalysator der Anode [12, 13] sind die Stromdichten deutlich niedriger als bei Wasserstoff verzehren-den Brennstoffzellen und die Zellspannung wird aufgrund der irreversiblen Prozesse vermindert. Ein wichtiger Aspekt ist die Methanolpermeabilität der Membran, die im Ruhezustand zur Bildung eines Mischpotentials an der Kathode der Brennstoffzelle führt, sowie die Entwicklung spezieller Katalysatoren, die eine beschleunigte Oxidation von CO und somit höhere Stromdichten der Methanoloxidation ermöglichen [14].

Zum Vergleich der beiden Brennstoffzellentypen, der DMFC und der mit Wasserstoff betriebenen PEFC kann am besten eine beispielhafte Strom-Spannungskurve herangezo-gen werden (Abb. 9.2).

Ein weiterer wichtiger Unterschied ist der in den Brennstoffzellen erreichbare Wir-kungsgrad. Während mit Wasserstoff als Energieträger 60 % im Teillastbetrieb erreich-bar ist, führen die mit der Methanolelektrode verbundenen Verluste zu deutlich niedrigeren erreichbaren Wirkungsgradwerten von nur etwa 25 %. Die Entwicklungs-anstrengungen der letzten Jahre haben zu ersten kommerziellen Systemen geführt. Im Leistungsbereich 40–500 W sind komplette Stromgeneratoren für militärische Anwen-dungen sowie die Bereiche Verkehrstechnik, Umwelttechnik sowie Camping und Freizeit von der Firma SFC auf Brennstoffzellenbasis verfügbar, die Distribution von Methanolkanistern wird derzeit etabliert. [15] Auch die Firma MTI Mico Fuel Cells und

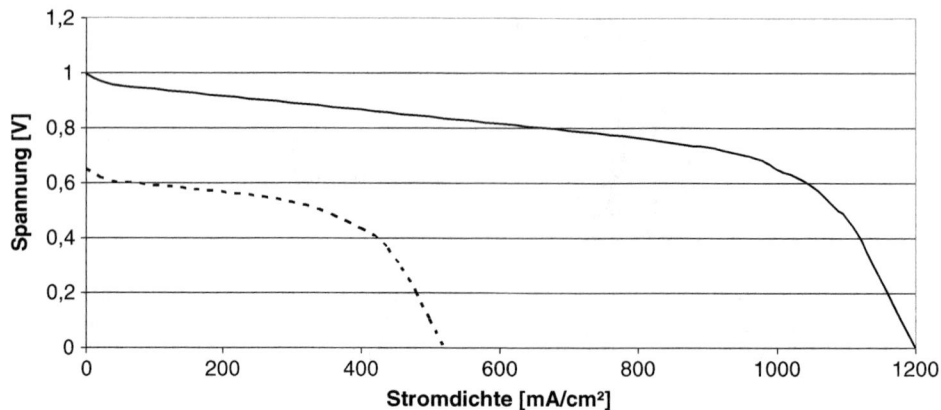

Abb. 9.2 Strom-Spannungskurven einer mit Wasserstoff betriebenen PEFC und einer DMFC, schematischer Vergleich

das Fraunhofer Institut für Solare Energiesysteme (ISE) engagierten sich in der Entwicklung der DMFC im Leistungsbereich von W - 100 W [16]. Der Betrieb von netzunabhängigen elektrischen Kleingeräten und der Consumerelektronik im Freizeitmarkt und anderen netzfernen Stromversorgungsaufgaben stehen im Fokus, das von Fraunhofer ISE entwickelte System ist eine passiv arbeitende, planare Mikro-Direktmethanol-Brennstoffzelle für den Einsatz in Langzeit-Elektrokardiogramm-Geräten (Abb. 9.3). Der Markt für solche Systeme ist allerdings erst in der Aufbauphase, so dass bisher nur einige tausend Brennstoffzellen hergestellt und verkauft wurden. Toshiba hat beispielsweise Ende 2009 in einer Auflage von 3000 Stück das System „DYNARIO" auf DMFC- Basis auf dem japanischen Markt verkauft [17].

9.2.1.3 Brennstoffzellensysteme mit vorgeschaltetem Reformer

Die Reformierungsreaktionen zur Herstellung von Wasserstoff sind Stand der Technik. Für portable Brennstoffzellen ist eine Miniaturisierung der Reaktoren erforderlich [18], die mit Mikrostrukturtechniken erreicht werden kann. Reaktoren mit Kanalstrukturen im Millimeterbereich oder auch darunter werden gefertigt und mit geeigneten Reformierungskatalysatoren, wie z. B. Edelmetallen oder Cu/Zn beschichtet. Methanol ist der bevorzugte Energieträger für die Herstellung eines wasserstoffreichen Reformates in Mikroreformern, da die Reformierungstemperatur mit ca. 300 °C niedriger liegt als für andere fossile Brennstoffe. Die Reformer beinhalten eine Verdampfungszone für das Methanol-Wasser-Gemisch und eine Reformierungszone. Verschiedene Konzepte zur Bereitstellung der Wärme für die beiden Prozesse wurden erprobt. Die katalytische Verbrennung von Methanol in der Startphase und von Anodenabgas in der Betriebsphase, eine elektrische Beheizung und die Übertragung von Abwärme aus der Brennstoffzelle – sofern eine Hochtemperaturmembran-Brennstoffzelle verwendet wird, sind die drei nahe liegenden Möglichkeiten. Erste

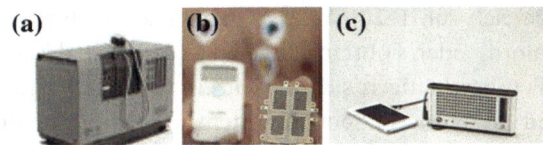

Abb. 9.3 Produkte mit DMFC (**a**) SFC, *Bildquelle* SFC Energy AG http://www.sfc.com/de, 4.1.2013, (**b**) *Bildquelle*: Fraunhofer- Institut für Solare Energiesysteme (ISE) (**c**) Toshiba, 2 W, 234 cm^3, 280 g ohne Kartusche, *Bildquelle* http://www.toshiba.co.jp, 4.1.2013

Produkte wurden auch bezüglich dieser RMFC (Reformed Methanol Fuel Cell) erprobt [19]. Hier liegen die Anwendungen in den Extremmärkten von Rettungsdienst und Militär.

Wenn der Brennstoff tatsächlich flächendeckend verfügbar sein soll, ist Flüssiggas nach wie vor die beste Wahl. Aus diesem Grund sind Reformersysteme zur Kombination mit PEFC entwickelt worden. Die Reformierungstemperatur von Flüssiggas allerdings liegt mit Werten um 650 °C relativ hoch, eine längere Aufheizphase ist unvermeidlich und die CO -Konzentrationen im Reformat sind durch nachgeschaltete Konvertierungs-Reaktoren und ggf. eine CO -Feinreinigung auf die für die Brennstoffzelle erforderlichen Werte abzusenken. Die Systeme werden dadurch komplex und erfordern einen erheblichen Aufwand an Steuerungs- und Regelungstechnik. Die ersten Systeme stehen derzeit vor der Markteinführung [20]. Im Leistungsbereich 200–300 W werden Ladesysteme für die Bordbatterie von Campingfahrzeugen angeboten, durch diesen Einsatz im Hybridsystem sind die verlängerten Startzeiten verkraftbar, die sich durch den Flüssiggas-Reformer ergeben.

9.2.1.4 Festoxidbrennstoffzellen kleiner Leistung

Da von portablen Brennstoffzellen im Gegensatz zu stationären Anwendungen häufige Start und Stoppzyklen verlangt werden, ist insbesondere ein robustes Design der Membran-Elektrodeneinheiten wichtig. Die häufigen thermischen Zyklen zwischen Raumtemperatur und der Betriebstemperatur von bis zu 600–800 °C stellen hohe Anforderungen an das Schichtsystem bestehend aus Anode, keramischem Elektrolyten und Kathode bezüglich der thermischen und mechanischen Stabilität. Seit vielen Jahren wurden Anstrengungen unternommen, röhrenförmige Mikrobrennstoffzellen zu entwickeln, ein kommerzielles Produkt ist daraus bisher nicht entstanden. Da für die SOFC neben einem Betrieb mit reinem Wasserstoff als Brenngas auch ein direkt-reformierender Betrieb mit z. B. Erdgas oder Flüssiggas in Frage kommt, wurden Untersuchungen zur Reduktion der Betriebstemperatur und gleichzeitig zur Umsetzung von Kohlenwasserstoffen an der Anode unternommen [21].

Die Betriebstemperatur bei Mikro-SOFCs liegt unterhalb von 600 °C und kann je nach Bauform auf 350 °C gesenkt werden. Dies kann durch dünne Membranen erreicht werden, die in MEMS Verfahren hergestellt werden. Die dünneren Membranen stellen eine kürzere Diffusionstrecke für die Sauerstoff-Ionen dar. Solche Mikro-SOFCs liegen in einem Leistungsbereich von 1–20 W. Als Träger solcher Membranen wird überwiegend Silizium (Stanford) oder Foturan eingesetzt [22]. Mit der Entwicklung solcher SOFC-Brennstoffzellen beschäftigen sich derzeit ein Schweizer Universitätskonsortium der ETH Zürich und die Firma Lilliputian Systems, die eine patentierte Silicon Power Cell™ vom Massachusetts Institute of Technology („MIT") Microsystems Technology Laboratory („MTL") einsetzen [23]. Der Hersteller Lilliputian Systems Inc. kündigte für das Jahr 2012 ein kleines tragbares SOFC- Brennstoffzellen System mit USB-Adapter an, mit dem es möglich sein soll ein Smartphon 10–14 Mal zu laden. Zur Brennstoffversorgung der SOFC-Zelle soll eine etwa Feuerzeug große mit Butangas gefüllte Wechselkartusche verwendet werden.

9.3   Wasserstoffspeicher

Im Leistungsbereich portabler Brennstoffzellen kommen verschiedene Wasserstoffspeicher in Frage. Die einfachste Option ist ein reversibel be- und entladbares Hydridmaterial, das in einem auf den maximalen Beladedruck ausgelegten Druckbehälter enthalten ist. Es handelt sich um Metalllegierungen mit Partikelgrößen im nm-Bereich. Die Legierungsbestandteile bestimmen das Druckniveau für die Be- und Entladungsprozesse. Die Möglichkeit, Hydride reversibel mit Wasserstoff be- und wieder entladen zu können, bedeutet, dass der Wert für die freie Reaktionsenthalpie der Reaktion $\Delta_R G \approx 0$ oder $\Delta_R H \approx \Delta_R S^* T$ mit T = 298 K [24] betragen muss. Da für die typischen, verwendeten Metalle und Metalllegierungen (Ni, La, Ti, etc.) die Reaktionsenthalpie beim Entladen in der Regel positiv ist, werden die Speicher beim schnellen Entladen kalt, der Entladeprozess dadurch verlangsamt. Der Speicher ist dadurch sicher. Der Nachteil von Hydridspeichern ist das relativ hohe Gewicht des Metallpulvers, das zu dem Gewicht der druckfesten Hülle hinzukommt. Die bekannten Metallhydride weisen eine Speicherkapazität von ca. 2 Gew.- % auf, so dass in einem Gramm Metallpulver 20 mg oder 224 ml Wasserstoff gespeichert werden können.

In der Entwicklung befinden sich komplexe Hydride, die höhere Speicherkapazitäten aufweisen können, allerdings wird oft ein spezieller Katalysator benötigt, um die Reversibilität der Zersetzungsreaktion zu erreichen, häufig sind auch höhere Temperaturniveaus erforderlich, um eine ausreichende Reaktionsgeschwindigkeit zu erreichen. Zurzeit scheint $NaAlH_4$ das beste komplexe Hydridmaterial zu sein mit einer reversiblen Speicherkapazität von 5.5 Gew.- % [25].

Die zweite Option sind Druckgasspeicher; hier wurden 700 bar Hochdrucktanks entwickelt, die aus Sicherheitsgründen ein innen liegendes Hochdruckventil besitzen. Diese Speicher – sowohl Druckgasspeicher als auch die Hydridspeicher werden derzeit zertifiziert und werden dann für Brennstoffzellensysteme zur Verfügung stehen. Inwiefern dadurch ein Markteintritt portabler Brennstoffzellensysteme mit Wasserstoff als Energieträger unterstützt und erreicht werden kann bleibt allerdings abzuwarten.

Abb. 9.4 Mikrobrennstoffzelle entwickelt am IMTEK, Freiburg, *Bildquelle* [26]

9.4 Mikrobrennstoffzellen

Mikrobrennstoffzellen sind derzeit noch nicht am Markt verfügbar. In der Forschung und Entwicklung sind diverse interessante Ansätze zu beobachten. Am interessantesten sind Brennstoffzellen, die zur Stromversorgung elektronischer Schaltungen direkt auf dem Chip integriert werden können. Bei der Realisierung von Mikrobrennstoffzellen auf Basis von Silizium werden in der Regel vorgelagerte CMOS-kompatible Prozesse der Halbleiterindustrie kombiniert mit nachgelagerten MEMS Prozessen zur Herstellung genutzt. Ein anderes Verfahren ist die Kombination des MEMS-Bauteils mit dem CMOS-Schaltungsteil über aus der Halbleiterindustrie bekannten Packing-Verfahren. In ersten Konzepten wurden planare Brennstoffzellen in der Ebene des Silziumchips über einem Palladium-Wasserstoffspeicher realisiert und die Funktionalität als Energieversorgung an einem autarken Temperatur-Feuchtesensor erprobt, siehe Abb. 9.4 [26]. Ohne zusätzliche elektrische Wandlung lassen sich bei Spannungen größer 6 Volt Leistungsdichten von 450 $\mu W/cm^2$ erzielen. Als Zielmärkte für solche Systeme werden autarke Mikrosysteme gesehen.

Literatur

1. http://www.udomi.de/, http://www.heliocentris.com, www.h-tec.com. Zugegriffen: 12. September 2012
2. http://www.aquafairy.co.jp/en/technology.html
3. http://www.horizonfuelcell.com
4. http://www.myfuelcell.se/
5. Fuel Cells Bulletin **2012** (2), 7–8. http://dx.doi.org/10.1016/S1464-2859(12)70045-7 (2012)
6. Rau, O.: Das Korrosionsverhalten metallischer passivierbarer Werkstoffe in der Polymerelektrolyt-Membran-Brennstoffzelle. Universität Duisburg (1999)

7. Makkus, R.C., Janssen, A.H.H., de Bruijn, F.A., Mallant, R.K.A.M.: Use of stainles steel for cost competitive bipolar plates in the SPFC. J. Power Sources **86**, 274 (2000)
8. Heinzel, Hebling, C.: -Portable PEM systems. In: Vielstich, W., Lamm, A., Gasteiger, H. (Hrsg.) Handbook of Fuel Cells, Bd. 4(2), S. 1142. Wiley, Chichester (2003)
9. Büchi, F.N.: Small-size PEM systems for special applications. In: Vielstich, W., Lamm, A., Gasteiger, H. (Hrsg.) Handbook of Fuel Cells, Bd. 4(2), S. 1142. Wiley, Chichester (2003)
10. Heinzel, A., Nolte, R., Ledjeff-Hey, K., Zedda, M.: Membrane fuel cells – concepts and system design. Electrochim. Acta **43**, 3817 (1998)
11. Lundblad, A.: US Patent US2011/0151345A1
12. Bagotsky, V.S., Vassilyev, Y.B.: Electrochim. Acta **9**, 869 (1964)
13. Bagotsky, V.S., Vassilyev, Y.B.: Electrochim. Acta **12**, 1323 (1967)
14. Liu, H., Zhang, J. (Hrsg.): Electrocatalysis of Direct Methanol Fuel Cells from Fundamentals to Applications. Wiley-VCH, Weinheim (2009)
15. http://www.sfc.com. Zugegriffen: 12. September 2012
16. Zedda, M., Oszcipok, M., Dyck, A., Groos, U.: Brennstoffzelle und Verfahren zu deren Herstellung. Patent DE 102008009414 A: 20080215
17. http://www.toshiba.com/taec/news/press_releases/2009/dmfc_09_580.jsp
18. Kolb, G.: Fuel Processing for Fuel Cells. Wiley-VCH, Weinheim (2008)
19. http://ultracellpower.com/rmfc.php. Zugegriffen: 12. September 2012
20. http://enymotion.com/,   http://www.truma.com/de/de/stromversorgung/brennstoffzelle-vega.php. Zugegriffen: 12. September 2012
21. Liang, B., Suzuki, T., Hamamoto, K., Yamaguchi, T., Sumi, H., Fujishiro, Y., Ingram, B., Carter, J.D.: Performance of Ni-Fe/gadolinium-doped CeO2 anode supported tubular solid oxide fuel cells using steam reforming methane. J. Power Sources **202**, 225 (2012)
22. Evans, A., Bieberle-Hütter, A., Rupp, J.L.M., Gauckler, L.: Review on microfabricated micro-solid oxide fuel cell membranes. J. Power Sources **194**, 119–129 (2009)
23. http://www.lilliputiansystemsinc.com
24. Andreasen, A.: Report Risoe-R-1484 (EN), Dezember (2004)
25. Bogdanovič, B., Felderhoff, M., Streukens, G.: Hydrogen storage in complex metal hydrides. J. Serb. Chem. Soc. **74**(2), 183 (2009)
26. Frank, M., Kuhl, M., Erdler, G., Freund, I., Manoli, Y., Müller, C., Reinecke, H.: An integrated power supply system for low power 3.3 V electronics using on-chip polymer electrolyte membrane (PEM) fuel cells. IEEE J. Solid-State Circuits (1), 205 (2010)

Nutzung von konventionellem und grünem Wasserstoff in der chemischen Industrie

Christoph Stiller

10.1 Einleitung

Wasserstoff wird heute weltweit als Grundstoff in einer Vielzahl von chemischen Prozessen in der Industrie eingesetzt. Das Gas wird in der Regel aus Erdgas oder anderen Kohlenwasserstoffen via Reforming oder partieller Oxidation hergestellt, teilweise auch durch die Spaltung von Wasser mittels Elektrolyse. Der weitaus größte Anteil des weltweiten Wasserstoffaufkommens wird direkt oder in der Nähe des Einsatzortes erzeugt und rohrleitungsgebunden zur Anwendung transportiert. Deshalb ist Wasserstoff für die Allgemeinheit weitgehend „unsichtbar".

Es wird erwartet, dass Wasserstoff zukünftig eine große „sichtbare" Bedeutung als sauberer Energieträger und Mobilitätskraftstoff erlangen wird, u. a. da bei seiner Verwendung keine Treibhausgase frei werden, da er sich aus einer Vielzahl von Primärenergieträgern herstellen lässt, da er sich speichern und transportieren lässt und, nicht zuletzt, da er in Brennstoffzellen effizient und kleinmaßstäblich verstromt werden kann. Vor diesem Hintergrund spielt seine Erzeugung aus erneuerbaren Energien (insbesondere erneuerbarem Strom und biogenen Rohstoffen) eine große Rolle, um die gesamte Energiekette klimaschonend zu gestalten. Der erzeugte „grüne" Wasserstoff kann auf verschiedene Weise gespeichert werden. Interessant in Gegenden mit den geologischen Voraussetzungen (z. B. Norddeutschland) ist vor allem die unterirdische Speicherung in Salzkavernen, da hier sehr große Mengen zu vergleichsweise niedrigen Kosten und ohne großen Flächenverbrauch sicher gelagert werden können und damit zum Beispiel auch eine strategische Reserve ähnlich der heute vorgehaltenen Erdgas- und Erdölmengen angelegt werden kann.

C. Stiller (✉)
Innovation Management, Linde AG, Seitnerstr. 70, 82049 Pullach, Deutschland
e-mail: christoph.stiller@linde.com

J. Töpler und J. Lehmann (Hrsg.), *Wasserstoff und Brennstoffzelle*,
DOI: 10.1007/978-3-642-37415-9_10, © Springer-Verlag Berlin Heidelberg 2014

Abb. 10.1 Wasserstoff heute und morgen

Es erscheint plausibel, dass diese zukünftige Rolle des Wasserstoffs und die damit verbundene Diversifikation auch Rückwirkungen auf den bestehenden Industriegasmarkt haben wird. Ein wichtiger Aspekt hier wird vor allem die Nutzung von „grünem" Wasserstoff in der Industrie sein, die unter anderem dazu beitragen kann, den „Product Carbon Footprint" von industriellen Produkten zu verringern. Dies ist hinsichtlich Wertschöpfung und Energieeffizienz eine sinnvolle Verwendung des „grünen" Wasserstoffs im Zusammenspiel mit seiner Verwendung in Mobilität und Energiesektor (Abb. 10.1).

Im vorliegenden Kapitel wird der heutige Stand der Nutzung von Wasserstoff in der Industrie beschrieben, die Potenziale und Hindernisse der Nutzung von „grünem" Wasserstoff in der Industrie erörtert und daraus der Handlungsbedarf für die Einführung dieser Nutzung abgeleitet.

10.2   Wasserstoff als Grundstoff für die chemische Industrie

10.2.1 Weltweite Nutzung nach Branchen

Wie eingangs erwähnt, wird der überwiegende Teil des industriell genutzten Wasserstoffs am Ort der Nutzung erzeugt. Grundsätzlich wird zwischen vom Verbraucher selbst produziertem („captive") und über den Handel von Industriegaseunternehmen bezogenem Wasserstoff („merchant") unterschieden. Dabei kann Handelswasserstoff durchaus auch am Ort des Verbrauchers („onsite") in einer von einem Gaseunternehmen betriebenen Anlage hergestellt werden. Der Anteil von Handelswasserstoff beträgt etwa 5 % des

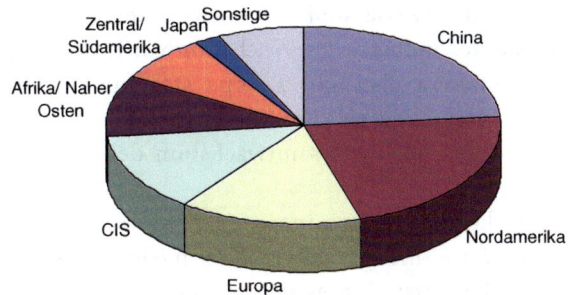

Abb. 10.2 Verteilung der Wasserstoffnutzung auf Weltregionen [2]

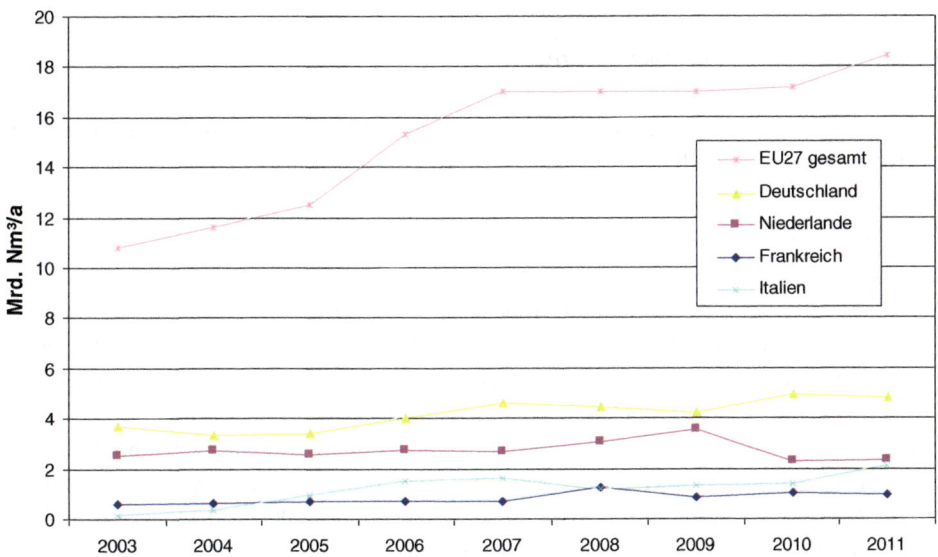

Abb. 10.3 Entwicklung der Wasserstoffproduktion in Europa [1]

Gesamtvolumens. Zur ingesamt weltweit produzierten und genutzten Wasserstoffmenge zeigen verschiedene Quellen (z. B. Europäische Produktionsdatenbank [1] sowie die Consultants IHS (ehemals SRI) [2] und Freedonia [3, 4]) deutliche Abweichungen, da Wasserstoffproduktion und -verbrauch in der Regel nicht meldepflichtig sind. Die Quellen [3, 4] berichten Gesamtverbräuche zwischen 242 und 430 Mrd. Nm^3/a zwischen 2010 und 2012.

Unstrittig ist in allen Quellen, dass der bei weitem größte Anteil für die Ammoniaksynthese und in Raffinerien verwendet wird. Methanolherstellung liegt mit etwas Abstand auf dem dritten Platz. Ebenso unstrittig ist, dass bei Raffinerien das größte Wachstum im Wasserstoffverbrauch erwartet wird, was zum einen in den verschärften Reinheitsanforderungen für Kraftstoffe (Schwefelgehalt) und zum anderen im steigenden Anteil von schweren (wasserstoffärmeren) Rohölbestandteilen begründet liegt.

Bei der Klassifizierung des Wasserstoffverbrauchs nach Weltregionen (s. Abb. 10.2) hat Asien durch sein starkes industrielles Wachstum vor kurzem den bis dato stärksten Verbraucher Nordamerika überholt. Europa steht an dritter Stelle. Freedonia erwartet, dass der Anteil von Asien bis zum Jahr 2016 auf 38 % ansteigt (Nordamerika 26 %; Westeuropa 15 %), bei einem Gesamtwachstum des Wasserstoffvolumens von 4 % im Jahr [4].

Abbildung 10.3 zeigt die Entwicklung in der EU27 sowie ausgewählten Ländern seit 2003 [1]. Die absoluten Werte sind um einen Faktor niedriger als andere veröffentlichte Zahlen, was darauf schließen lässt, dass es sich nur um eine Teilmenge des gesamt verbrauchten Wasserstoffs handelt. Nichtsdestotrotz wird davon ausgegangen, dass der in den meisten Ländern sowie in der EU27 insgesamt positive Entwicklungstrend repräsentativ ist.

10.2.2 Industrielle Anwendungen

Wasserstoff ist ein wichtiger Rohstoff für die chemische Industrie. In den meisten Fällen wird Wasserstoff entweder stofflich in die Produkte eingebracht („Hydrierung"), oder er wird genutzt, um Ausgangsstoffe zu reduzieren [5]. Die wesentlichen großtechnischen Anwendungen für Wasserstoff in der Industrie sind die folgenden:

- Erdölraffinierung: In Raffinerien werden Hydrierprozesse verwendet, um schwere Rohölfraktionen aufzubrechen („Hydrocracking") sowie den Wasserstoffanteil zu erhöhen und damit leichtere Fraktionen herzustellen. Ebenso werden unerwünschte Elemente wie Schwefel, Stickstoff und Metalle entfernt („Hydrotreating"). Die existierenden Raffinerien variieren stark in Größe und Konfiguration; je nach Kompexität der Raffinerie fällt ein Wasserstoffverbrauch bis max. etwa 40 Nm^3/barrel an. Der stündliche Wasserstoffverbrauch liegt typischerweise zwischen 10 000 und 150 000 Nm^3/h – in neuen großen und komplexen Raffinerien bis zu 400 000 Nm^3/h.
- Ammoniaksynthese nach dem Haber-Bosch-Verfahren: Wasserstoff reagiert bei Drücken von 150–250 bar und Temperaturen >350 °C katalytisch zu Ammoniak (3 H_2 + 2 $N_2 \rightarrow$ 2 NH_3). Wasserstoff und Stickstoff werden entweder getrennt voneinander gewonnen und gemischt, oder es wird durch eine Kombination von partieller Oxidation und Dampfreformierung ein mit Stickstoff angereichertes Synthesegas hergestellt. Typische Anlagenkapazität ist 1000–2000 t/Tag; hierfür werden stündlich 80 000–160 000 Nm^3 benötigt. Ammoniak ist Basischemikalie für die Herstellung von Harnstoff und anderen stickstoffbasierten Düngemitteln.
- Methanolsynthese: Synthesegas (v.a. Wasserstoff, Kohlenmonoxid und Kohlendioxid) reagiert katalytisch bei mittleren Drücken und mittleren Temperaturen (200–300 °C) zu Methanol. Typische Anlagenkapazität liegen bei bis zu 5000 t Methanol/Tag; bei einem Wasserstoffanteil im Synthesegas von 70 % und 2520 Nm^3/t Synthesegasverbrauch folgt

daraus ein stündlicher Wasserstoffverbrauch von 370,000 Nm³. Methanol dient als Chemierohstoff zur Herstellung von weiteren Chemikalien.

Darüber hinaus wird Wasserstoff in typischen Mengen von 50–1000 Nm³/h vornehmlich in den folgenden Prozessen eingesetzt:

- Stahlerzeugung: zur Direktreduktion in Kleinstahlwerken anstelle des Einsatzes von Koks, z. B. nach dem Midrex-Verfahren[1]
- Fett- und Ölhydrierung: Hydrogenierung von essbaren Fetten und Ölen, um diese haltbarer zu machen; z. B. zur Solidifizierung von flüssigen Ölen zu halbfester Margarine; Einsatz in der Herstellung von Seifen, Industrieölen und Fettsäuren
- Flachglasherstellung: Einsatz als Inertisierungs- bzw. Schutzgas
- Elektronikindustrie: Einsatz als Schutz- und Trägergas, bei Abscheidungsprozessen, zur Reinigung, beim Ätzen, in Reduktionsprozessen, etc.
- Metallverarbeitung: Einsatz vornehmlich zur Legierung von Metallen, zur Wärmebehandlung sowie für die Reduktion von Nicht-Eisen-Metallen
- Thermische Kraftwerke: Einsatz zur Generator-Rotor-Kühlung

10.2.3 Versorgungsinfrastruktur für Wasserstoff

Produktion von Wasserstoff aus fossilen Quellen Abb. 10.4 zeigt die heute bekannten Produktionsarten von Wasserstoff aus erneuerbaren und fossilen Rohstoffen. Die Produktion von Wasserstoff basiert heute größtenteils auf Kohlenwasserstoffen, allen voran Erdgas. Der industriell am häufigsten verwendete Prozess hierfür ist die Dampfreformierung, womit heute ca. 80 % des weltweit verbrauchten Wasserstoffs hergestellt werden. Hier werden die Kohlenwasserstoffe zunächst unter Dampfzugabe und externer Beheizung bei ca. 800 °C in Wasserstoff, Kohlenmonoxid und Kohlendioxid katalytisch aufgespalten. Daraufhin wird der Gasstrom gekühlt und bei ca. 250 °C wird in einem Gleichgewichtsreaktor ein Teil des Kohlenmonoxids zu Wasserstoff „geshiftet", bevor der Wasserstoff mittels Druckwechseladsorption von den restlichen Komponenten getrennt wird. Je nach Einsatzstoff und Skala rangiert der Wirkungsgrad des Gesamtprozesses zwischen 55 und 75 %. Die spezifischen Investitionskosten sind vergleichsweise gering im Vergleich zu Alternativen, und die Technologie ist in Skalen von unter 100 Nm³ bis über 120,000 Nm³/h verfügbar.

Eine weitere Reformierungstechnologie ist die partielle Oxidation, wo Sauerstoff zum Prozess hinzugefügt wird, um einen Teil der Kohlenwasserstoffe direkt zu oxidieren und so die nötige Reaktionswärme zu erzeugen. Prozesstemperaturen reichen von 1350–1600 °C

---

[1] Midrex-Verfahren: Verfahren zur Direktreduktion von Eisenerz auf Basis von Reduktionsgasen [6, 7].

bei Drücken bis ca. 80 bar. Dieser Prozess wird vorzugsweise eingesetzt, wenn neben Wasserstoff ein hoher Anteil Kohlenmonoxid produziert werden soll oder wenn Dampfreformierung nicht einsetzbar ist, z. B. beim Einsatz von höheren Kohlenwasserstoffen. Eine weitere Prozesskonfiguration heißt „autothermes Reforming" und stellt eine Kombination aus Dampfreformierung und partieller Oxidation dar.

Auch die in manchen Erdteilen intensiv angewendete Kohlevergasung greift auf partielle Oxidation zurück. Häufig wird der Wasserstoff jedoch nicht aus dem erzeugten Syngas herausgetrennt, wie z. B. bei der Herstellung synthetischer Kraftstoffe. Kohlevergasung spielt insbesondere beim sogenannten „Pre-Combustion CO_2 Capture" eine Rolle als Teilprozess.

Nur ein niedriger einstelliger Prozentsatz des Wasserstoffaufkommens wird heute durch Elektrolyse von Wasser erzeugt; dieser Prozess ist derzeit in der Regel nur dann interessant, wenn sehr preiswerter Strom verwendet werden kann oder kein Erdgas vorhanden ist und nur geringe Mengen H_2 benötigt werden.

Neben den genannten Erzeugungsverfahren fällt Wasserstoff in einer Reihe von Prozessen als Nebenprodukt an, speziell bei der Chlor-Alkali-Elektrolyse sowie der Herstellung von Ethen, Acetylen, Cyaniden, Styrenen und Kohlenmonoxid. Wo möglich, wird der Wasserstoff stofflich genutzt oder z. T. auch an Industriegaseunternehmen abgegeben; ein Teil wird jedoch auch thermisch verwertet. Sollte eine höherwertige Nutzung für den letztgenannten Anteil gefunden werden, so kann dieser Wasserstoff durch Erdgas ersetzt und zum Heizwertäquivalent „freigekauft" werden. Oft entspricht der Wasserstoff jedoch in der Qualität nicht den Anforderungen der Anwendung (z. B. Brennstoffzellen), wodurch zusätzlicher Reinigungsaufwand entsteht. Einer Abschätzung des europäischen HyWays-Projekts zufolge könnten in den 10 teilnehmenden europäischen Ländern ca. 2.2 Mrd. Nm^3/a verfügbar gemacht werden [7].

Transport und Distribution Falls der Wasserstoff nicht direkt am Ort des Verbrauches hergestellt wird, erfolgen Transport und Distribution von Wasserstoff von der Produktion zum Verbraucher je nach Menge, Entfernung und Produkteigenschaften auf unterschiedlichen Wegen:

- Bei hoher räumlicher Dichte größerer Verbraucher oder kurzen Abständen zwischen Erzeugung und Großverbrauchern werden Pipelines eingesetzt. Diese haben üblicherweise Druckniveaus zwischen 20 und 70 bar und Durchmesser von 10 bis 300 mm. Das größte existierende Pipelinenetz in Europa erstreckt sich von Rozenburg/Niederlande über Belgien bis nach Nordfrankreich; weitere Netze sind im Raum Leuna-Bitterfeld und im Ruhrgebiet vorzufinden [8].
- Flüssigtankwagen, die verflüssigten Wasserstoff teilweise oder komplett in vor Ort fest installierte Tanks umfüllen. Die Tankwagen können ca. 35–40.000 Nm^3 Wasserstoff aufnehmen, was den ökonomischen Transport über weitere Strecken bis etwa 1000 km ermöglicht. Jedoch fällt für die Verflüssigung des Wasserstoffs ein Strombedarf von 0,9–1,2 kWh/Nm^3 an. In Europa existieren derzeit drei Verflüssiger in Leuna,

Rozenburg (Niederlande) und Waziers (Frankreich) mit einer Gesamtkapazität von ca. 80 Mio. Nm³/a.

- Trailer (LKW-Auflieger), die fest mit Druckflaschen (vertikal) oder Druckröhren (horizontal) bestückt sind und je nach Bauart zwischen 3.000 und 6.000 Nm³ gasförmigen Wasserstoff bei üblicherweise 200 bar aufnehmen. Je nach Menge wird mit den Druckflaschen ein vor Ort beim Verbraucher fest aufgestellter Drucktank durch Überströmen befüllt oder der Trailer wird im Austausch gegen einen leeren Trailer abgestellt. Der Energieaufwand für die Verdichtung ist deutlich geringer als für die Verflüssigung; die geringe Kapazität der Trailer macht jedoch Fahrtstrecken von mehr als etwa 200 km in der Regel unrentabel. Verbesserung schafft hier ein Pilotprojekt der Linde AG, die mit Unterstützung des Nationalen Innovationsprogramms Wasserstoff- und Brennstoffzellentechnologie (NIP) einen 500 bar-Trailer mit einer Kapazität von mehr als 13.000 Nm³ entwickelt hat und derzeit erprobt.
- Kleine Mengen können über Druckflaschenbündel oder einzelne Druckflaschen verschiedener Volumina und Drücke bereitgestellt werden.

10.3 Nutzung von grünem Wasserstoff in der chemischen Industrie

10.3.1 Herstellung von grünem Wasserstoff

In Zukunft soll im Zuge der schrittweisen Umstellung der Energiesysteme auf erneuerbare Energien auch Wasserstoff zunehmend auf erneuerbarem Wege hergestellt werden, insbesondere, da dieser neben seiner Nutzung in der Industrie auch noch als Energieträger, Kraftstoff und Speichermedium eingesetzt werden kann. Im Folgenden werden die wichtigsten Wege der „grünen" Wasserstoffproduktion aus erneuerbaren Energien diskutiert.

Wie in Abb. 10.4 ersichtlich, bestimmt grundsätzlich die Herkunft der Einsatzstoffe die „Farbe" sowie den CO_2-Fußabdruck des Wasserstoffs. Verfügbare erneuerbare Einsatzstoffe sind grundsätzlich Grünstrom sowie gasförmige, feste oder flüssige nachwachsende Biomasse.

Je nach Art der Biomasse kommen dabei Vergasungs-, Reformierungs- oder Pyrolysetechniken zur Anwendung, die den genannten Prozessen für fossile Primärenergieträger ähneln oder gleichen.

Die Herstellung von grünem Wasserstoff aus Biogas oder Bioerdgas erfolgt mittels Dampfreformierung analog zu Erdgas. Dabei können kleinskalige Reformer direkt an Biogasquellen angeschlossen werden; hier müssen die Prozessparameter des Reformers wegen des hohen CO_2-Gehalts im Fall der Nutzung von nicht aufgereinigtem Biogas neu ausgelegt werden. Eine andere, technisch unaufwändige Methode ist die Nutzung von Bioerdgas, das ins Erdgasnetz eingespeist wurde. Dies kann ausschließlich bilanziell geschehen; daher können vorhandene Dampfreformer ohne technische Anpassungen

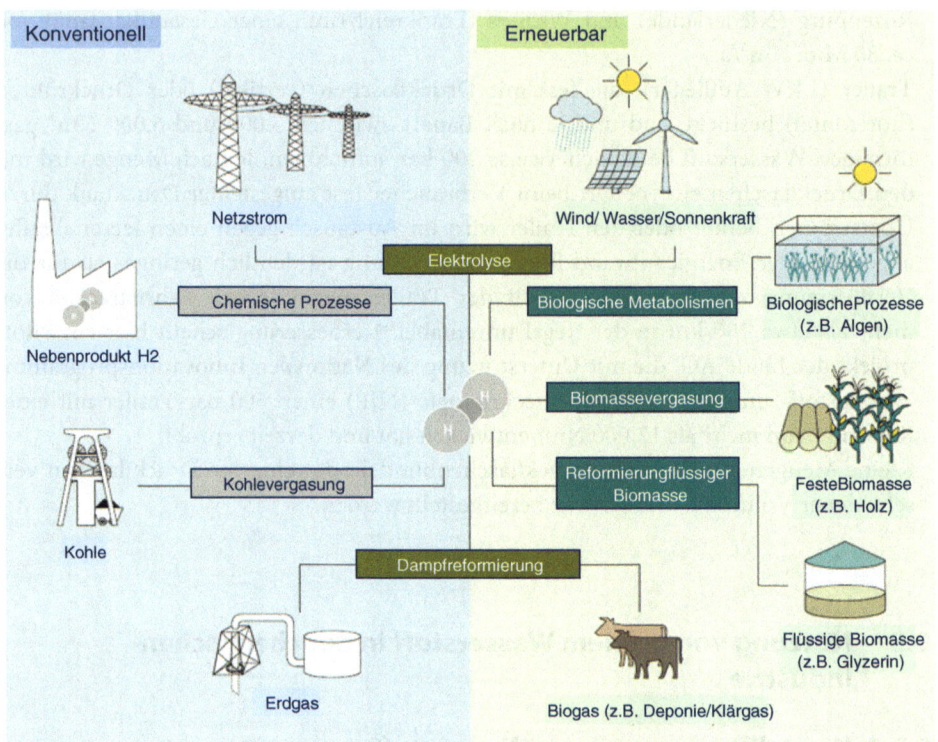

Abb. 10.4 Wasserstoffproduktion aus fossilen und erneuerbaren Quellen .*Quelle* Linde

teilweise oder ganz zur Produktion von grünem Wasserstoff verwendet werden. Ebenso zu erwähnen ist an dieser Stelle die pyrolytische Spaltung von Methan in Kohlenstoff und Wasserstoff; diese ist zwar bezogen auf den Wasserstoff nicht so ergiebig wie die Reformierung, jedoch kann als Ko-Produkt hochwertiger Koks gewonnen werden und beim Prozess selber entsteht kein CO_2. Auf diese Weise erzeugter Wasserstoff könnte also je nach Allokationsmethode auch bei Einsatz von Erdgas CO_2-neutraler Wasserstoff erzeugt werden. Die Methan-Pyrolyse wurde in den 1990er Jahren von Aker Kvaerner weiterentwickelt; neuerdings bestehen wieder verstärkt Aktivitäten im F&E-Bereich [9].

Flüssige Biomasse wird je nach ihrer Zusammensetzung verarbeitet. Leichte Flüssigkeiten wie (Bio-)Methanol und (Bio-)Ethanol können reformiert werden; für längerkettige Moleküle wie z. B. Glyzerin ist die Vorschaltung einer Pyrolysestufe notwendig, in der die längeren Ketten aufgebrochen werden. Das entstandene Spaltgas kann dann weiter reformiert werden. Linde hat hierzu ebenso mit NIP-Förderung den sog. Pyroreforming-Prozess entwickelt und betreibt am Produktionsstandort Leuna eine Pilotanlage mit einer Kapazität von ca. 50 Nm^3/h [10].

Schwere flüssige sowie feste Biomasse kann per Vergasung zu Wasserstoff gewandelt werden. Biomassevergasung basiert auf partieller Oxidation, die mit Sauerstoff oder

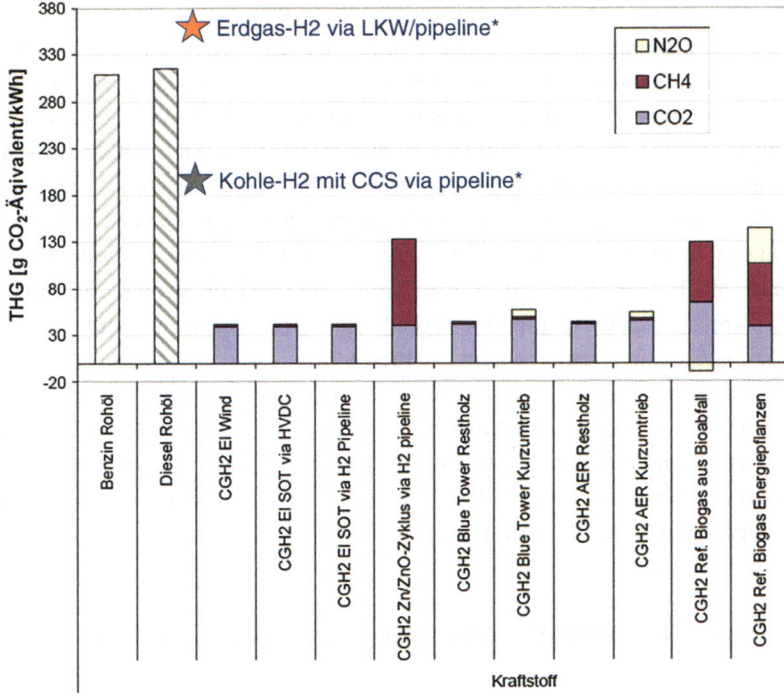

Quelle: LBST / FhG-IWES/ Hessen Agentur

Abb. 10.5 Treibhausgasintensität verschiedener Wasserstoffherstellungspfade J.-C. BeziatWasserstoff; El: Elektrolyse; SOT: Solarthermie; HVDC: Hochspanunungsgleichstromübertragung; AER:Absorption Enhanced Reforming. *Quelle* LBST/FhG-IWES/Hessen Agentur

Luft sowie Dampf betrieben wird. Verschiedene Reaktortypen und –Konzepte existieren (z. B. Festbett-, Wirbelschicht-, Flugstromvergaser), die sich im Wesentlichen durch unterschiedliche Verweilzeiten und unterschiedliche Zuführung der Biomasse (Hackschnitzel, Pellets, Staub) differenzieren [11]. Die genannten Verfahren sind heute in Prototypen demonstriert worden; es existieren jedoch noch keine kommerziellen Anlagen. Weiter wird derzeit an der hydrothermalen Vergasung geforscht, bei der Biomasse mit überkritischem Wasser reagiert. Hier kann auch feuchte Biomasse eingesetzt und zu einem hohen Grad umgesetzt werden [12].

Verfahren wie die biologische Produktion von Wasserstoff mit z. B. Algen oder Bakterien, sowie die direkte Spaltung von Wasser mittels Sonnenlicht, befinden sich noch in der Grundlagenforschung.

Der Elektrolyse wird im Zusammenhang mit überschüssigem erneuerbarem Wind- und Photovoltaikstrom eine große Bedeutung zur Produktion von grünem Wasserstoff beigemessen. In der Tat bietet sie das Potenzial, große Mengen von Strom effizient in den Energieträger Wasserstoff zu überführen und damit praktisch unbegrenzte Mengen von Energie zu speichern. Die i. d. R. niedrige Betriebstemperatur begünstigt Lastwechseldynamik und Teillastverhalten, was wichtige Voraussetzungen zur Stromnetzregulierung sind. Die größte Herausforderung liegt in der Wirtschaftlichkeit; Wasserelektrolyse ist eine teure Technologie, damit entsteht ein Zielkonflikt zwischen dem Wunsch nach hoher Auslastung der Elektrolysekapazität und der geringen zeitlichen Verfügbarkeit von Überschussstrom. Dies kann nur durch eine drastische Kostenreduktion der Elektrolyse gelöst werden. Neben der Weiterentwicklung der heute kommerziell verfügbaren alkalischen Druckelektrolyse ist hier die PEM-Elektrolyse Hoffnungsträger, die durch ihren einfacheren Aufbau und die höheren erzielbaren Stromdichten bei Massenfertigung Kosteneinsparungspotenziale bietet.

Als Nachweis der erneuerbaren Herkunft des Wasserstoffs sowie der CO_2-Reduktion gegenüber fossilen Erzeugungsmethoden (s. a. Abb. 10.5) werden, ähnlich wie in anderen Bereichen, Standards und Zertifizierungsprozesse benötigt. Heute bereits etabliert ist der Standard „GreenHydrogen" des TÜV Süd für grünen Wasserstoff aus Biomethan, Glyzerin oder erneuerbarem Strom [13].

10.3.2 Vergleich der Hauptnutzungsarten für grünen Wasserstoff

Die Ergebnisse eines Vergleichs der wesentlichen Merkmale der Nutzungsarten für grünen Wasserstoff (Power-to-gas, Verstromung, Mobilität mit Brennstoffzellen-PKW und Industrie) zeigt Tab. 10.1. Dargestellt ist, wie viel fossile Energie und wie viel Treibhausgasemissionen mit einer Kilowattstunde grünem Wasserstoff jeweils eingespart werden kann. Ebenso werden qualitativ Mengenpotenzial und Wirtschaftlichkeit und letztlich die wichtigsten technisch-regulatorischen Hindernisse aufgezeigt.

Unter den getroffenen Annahmen wird deutlich, dass der Substitutionshebel und THG-Einsparungen bei Power-to-gas und Verstromung deutlich niedriger ist als für Mobilität und Industrie, da Wasserstoff hier 1:1 zur Substitution von Erdgas verwendet wird, während bei der Mobilität die höhere Effizienz der Brennstoffzelle und beim Industrieeinsatz der eingesparte Energieverlust des Reformers zusätzliche Einsparungen mit sich bringt. Dies bringt in Mobilität und Industrie auch einen Vorteil bei der Wirtschaftlichkeit, die jedoch noch nicht ausreichend ist. Alle vier Nutzungsarten haben ein erhebliches Mengenpotenzial. Bei Power-to-gas ist dies durch die maximale H_2-Toleranz des Erdgasnetzes bzw. bei Methanisierung durch die Verfügbarkeit von CO_2 begrenzt, bei industrieller Nutzung durch die vorhandene Nachfrage. In beiden Nutzungsarten wird jedoch das Mengenpotenzial in den kommenden 10–15 Jahren voraussichtlich nicht das begrenzende Element sein. In der Mobilität ist der Bedarf heute sehr gering, jedoch zeichnet sich ab 2015 und in den darauf folgenden Jahren ein starker Zuwachs ab.

Es kann geschlussfolgert werden, dass die H_2 verbrauchende Industrie heute eine vergleichsweise attraktive und einfache Nutzung für grünen Wasserstoff darstellt, jedoch anders als z. B. Power-to-Gas in Politik und Öffentlichkeit nur wenig bekannt ist.

Tab. 10.1 Vergleich der Nutzungsarten für grünen Wasserstoff

	Substituierter fossiler Energieträger	Substitutionshebel[a] (kWh$_{foss}$/kWh$_{H2}$)	THG-Einsparung[b] (gCO$_{2eq}$/kWh H2)	Mengen-potenzial	heutige Wirtschaft-lichkeit	gesellschaftliche/politische Bewusstheit	technische u. regulatorische Hindernisse
Power-to-gas[c]	Erdgas	0,8–1	162–203	+	–	++	Einspeisevergütung; tech. Adaptionen; begrenzte H$_2$-Toleranz/CO$_2$-Verfügbarkeit, Dynamik des Methanisierungsreaktors
Verstromung[d]	Erdgas	1	203	++	–	+	Verfügbarkeit H$_2$-Gasturbinen, BZ-Kosten
Mobilität	Benzin, Diesel[e]	1,5–2,2	410–600	→++	–	+	aktuell niedriger Absatz
Industrie	Erdgas[f]	1,31	265	+	–	–	keine

[a] Alle energetischen Angaben auf Heizwert bezogen

[b] [14]; ohne Vorkette; Annahme, dass grüner Wasserstoff treibhausgasneutral ist (z. B. Elektrolyse-Wasserstoff)

[c] Mit und ohne Sabatier-Methanisierung ($4H_2 + CO_2 \rightarrow CH_4 + 2H_2O$); Wirkungsgrad Methanisierung 80 %

[d] Annahme: Verstromung von H$_2$ in GT/GuD-Kraftwerken analog Erdgas

[e] Annahmen Treibstoffverbrauch in MJ/100 km [15]: Direct hydrogen hybrid 83,7; Diesel (DICI mit DPF, 1.6 l hybrid) 129,0; Benzin (DISI) 187,9

[f] Annahme: Wasserstoff aus zentralem Steamreformer ohne CCS [14]

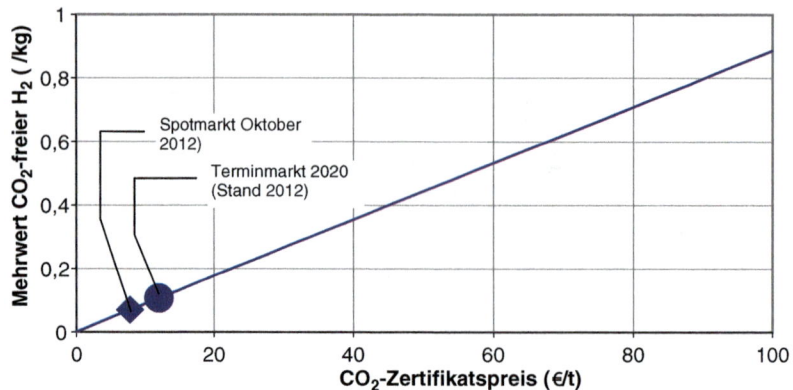

Abb. 10.6 Mehrwert von CO_2-freiem Wasserstoff über Zertifikatspreis

10.3.3 Chancen und Hindernisse der Nutzung von grünem Wasserstoff in der chemischen Industrie

Ein Umstieg auf die Nutzung von grünem Wasserstoff bietet den Unternehmen der chemischen Industrie verschiedene quantifizierbare wie nicht-quantifizierbare Mehrwerte.

Ein einfach zu quantifizierender Mehrwert ist die Einsparung von CO_2-Zertifikaten. Die chemische Industrie muss seit Januar 2013 am EU Emissionshandelsystem (EU-ETS) teilnehmen, d. h. auch die Emissionen der Produktion von Wasserstoff müssen durch Zertifikate abgedeckt sein. Bei CO_2-freier Produktion von Wasserstoff können diese Zertifikate eingespart werden. Der Mehrwert dadurch ist jedoch bei den aktuellen niedrigen Zertifikatspreisen von ca. 7 €/t sehr begrenzt; wie in Abb. 10.6 gezeigt, liegt er derzeit unter 0,10 €/kg; nach derzeitigen Markterwartungen wird sich dies bis 2020 nicht wesentlich ändern.

Ein weiterer, weniger leicht quantifizierbarer Mehrwert ist die Stärkung des Unternehmens/Produktimage durch die Reduktion des Carbon Footprints sowie durch die Anwendung innovativer Herstellverfahren. Neben der Verbesserung der „Corporate Responsibility" kann dies speziell bei Consumer-Produkten (wie z. B. Margarine) zu Wettbewerbsvorteilen führen. Ein entsprechendes CO_2-Label für Lebensmittelprodukte wurde in Großbritannien 2007 entwickelt, hat sich jedoch bis heute nicht sehr stark verbreitet. Anfang 2012 hat die Supermarktkette Tesco sich von Ihrem Ziel distanziert, alle Produkte mit dem Label zu versehen [16]. So ist auch dieser Mehrwert derzeit begrenzt.

Ein weiterer potenzieller Mehrwert ist die Nutzung von grünem Wasserstoff zur Erfüllung von Quoten wie der Biokraftstoffquote oder bestimmten CO_2-Reduktionsquoten. Insbesondere in Raffinerien besteht hier ein potenzieller monetärer Mehrwert, da bei entsprechender Anrechnung auf die Biokraftstoffquote der Import von teuren Biokraftstoffen eingespart werden kann; zudem hätte dies auch ökologische Vorteile (Stichwort „Tank-versus-Teller"). Die regulatorische Anrechenbarkeit von grün erzeugtem und in der Raffinerie eingesetztem Wasserstoff ist jedoch zumindest in Deutschland noch nicht gegeben. Ein erstes Pilotprojekt zur Qualifizierung dieses Pfades ist in Vorbereitung [17].

10.4 Handlungsbedarf

In Summe ist der Mehrwert von grünem Wasserstoff für die chemische Industrie heute noch zu gering, um die Mehrkosten gegenüber konventionell erzeugtem Wasserstoff aufzuwiegen, die von Produktionsart, Anlagengröße, verwendetem Rohstoff und weiteren Faktoren abhängig sind und typischerweise bei mehreren Euro pro Kilogramm liegen.

Um dieser energetisch und ökologisch sinnvollen Anwendung dennoch zu einer breiten Einführung zu verhelfen, sind zum einen Kostensenkungen durch die Weiterentwicklung bzw. Skalierung der Technologien zur Produktion von grünem Wasserstoff unumgänglich. Dies kann nicht zuletzt auch durch temporäre politische Anschubmechanismen ausgelöst werden. Denkbare Maßnahmen sind z. B. die genannte regulatorische Anerkennung von grünem Wasserstoff zur Erfüllung von Pflichten wie CO_2-Reduktionsquoten oder der Biokraftstoffquote, sowie Investitionszuschüsse für Anlagen zur Produktion von grünem Wasserstoff aus Biomasse oder erneuerbarem Strom und in Bezug auf Elektrolyse die Ermöglichung eines günstigen und zulagefreien Bezugs von Überschussstrom.

Literatur

1. EU Prodcom database: http://epp.eurostat.ec.europa.eu/newxtweb/ NACE Rev. 1.1 Production database; product 24111150 hydrogen
2. IHS, Englewood, Colorado, USA. Webseite „Hydrogen", aufgerufen September 2012. http://www.ihs.com/products/chemical/planning/ceh/hydrogen.aspx
3. Freedonia Group: World Hydrogen – Industry Study with Forecasts for 2013 & 2018 Study #2605, Februar 2010, Broschüre online verfügbar, aufgerufen Oktober 2012. http://www.freedoniagroup.com/brochure/26xx/2605smwe.pdf
4. Freedonia Group: World Hydrogen – Industry Study with Forecasts for 2016 & 2021 Study #2895, Juli 2012, Broschüre online verfügbar, aufgerufen Oktober 2012. http://www.freedoniagroup.com/brochure/28xx/2895smwe.pdf
5. Häussinger, P., Lohmüller, R., Watson, A.M.: Hydrogen, Chapter 6: Uses. In: Ullmann's Encyclopedia of Industrial Chemistry, Wiley-VCH Verlag GmbH & Co. KGaA, Weinheim, (2012). DOI: 10.1002/14356007.o13_o07
6. Stiller, C., Schmidt, P., Michalski, J., Wurster, R., Albrecht, U., Bünger, U., Altmann, M.: Potenziale der Wind-Wasserstoff-Technologie in der Freien und Hansestadt Hamburg und in Schleswig-Holstein. Langfassung, Ludwig-Bölkow-Systemtechnik (2010)
7. HyWays-The European Hydrogen Energy Roadmap. EC project under the 6th Framework Programme, Contract No SES-502596, 2004–2007. http://www.hyways.de
8. Barbier, F.: Hydrogen distribution infrastructure for an energy system: present status and perspectives of technologies. In: Stolten, D., Grube, T. (Hrsg.) 18th World Hydrogen Energy Conference 2010 – WHEC 2010; Parallel Sessions Book 1: Fuel Cell Basics/Fuel Infrastructures, Proceedings of the WHEC, May 16–21. 2010, Essen

9. Syngas from CO_2+H_2, in: Chemical Engineering, August 2013, p. 10, www.che.com
10. Tamhankar, S.: Green hydrogen by Pyroreforming of Glycerol, WHEC, Toronto, Canada – June 6, 2012. http://www.whec2012.com/wp-content/uploads/2012/06/Tamhankar-WHEC2012-HPA11-2R.pdf
11. Higman, C., van der Burgt, M.: Gasification. Elsevier Science (2003)
12. Kruse, A.: Hydrothermal biomass gasification. J. Supercrit. Fluids **47**(3), 391–399 (2009)
13. Erzeugung von grünem Wasserstoff (GreenHydrogen), TÜV Süd Standard CMS 70 (Version 12/2011)
14. Edwards, R., Larivé, J.-F., Beziat, J.-C.: Well-to-wheels Analysis of Future Automotive Fuels and Powertrains in the European Context. WTT APPENDIX 1: Description of individual processes and detailed input data (2011). doi:10.2788/79018
15. Edwards, R., Larivé, J.-F., Beziat, J.-C.: Well-to-wheels Analysis of Future Automotive Fuels and Powertrains in the European Context. Tank-to-Wheels Report Version 3c, (July 2011). doi:10.2788/79018
16. Hubbard, B.: Is there a future for carbon footprint labelling in the UK? In: The Ecologist, 3rd February (2012)
17. Dithmarscher Landeszeitung, 1. Feburar 2013: Raffinerie und erneuerbare Energie – Wasserstoff aus grünem Strom soll zur Ölverarbeitung genutzt werden

Elektrolyse-Verfahren

11

Bernd Pitschak und Jürgen Mergel

11.1 Einleitung

Die Sicherstellung einer zuverlässigen, wirtschaftlichen und umweltverträglichen Energieversorgung ist eine der größten Herausforderungen des 21. Jahrhunderts. Mit dem Energiekonzept formuliert die Bundesregierung Leitlinien für eine umweltschonende, zuverlässige und bezahlbare Energieversorgung und beschreibt erstmalig den Weg in das Zeitalter der erneuerbaren Energien. Es geht um die Entwicklung und Umsetzung einer langfristigen, bis 2050 reichenden Gesamtstrategie [1].

Mit dem Gesetz für den Vorrang Erneuerbarer Energien wird der Ausbau der erneuerbaren Energien an der Stromversorgung und deren vorrangige Integration in das Elektrizitätsversorgungssystem für den Zeitraum bis 2050 beschrieben [2].

Erneuerbare Energie wie Photovoltaik oder Wind leisten bereits heute einen deutlichen Beitrag an der Stromerzeugung in Deutschland. Aktuell werden ca. 25 % der deutschen Stromproduktion von diesen Energieerzeugern bereitgestellt. Ihr Anteil an der Stromerzeugung im Jahr 2020 wird auf ca. 40 % geschätzt [3].

Photovoltaik und Windenergie unterliegen bei der Stromerzeugung den Gesetzen der Natur. Abhängig von Wind und Sonne schwankt ihre Energiebereitstellung.

Energiespeicher schaffen hier Abhilfe. Zum einen kann überschüssige Energie gespeichert und zu Bedarfszeiten wieder bereitgestellt werden. Zum anderen wirken sie netzstabilisierend und –entlastend.

B. Pitschak (✉)
HYDROGENICS GmbH, Am Wiesenbusch 2, 45966 Gladbeck, Deutschland
e-mail: bpitschak@hydrogenics.com

J. Mergel
Forschungszentrum Jülich GmbH, Institut für Energie- und Klimaforschung,
52425 Jülich, Deutschland

J. Töpler und J. Lehmann (Hrsg.), *Wasserstoff und Brennstoffzelle*,
DOI: 10.1007/978-3-642-37415-9_11, © Springer-Verlag Berlin Heidelberg 2014

Abb. 11.1 Hydrogenics HyStat
60 Type V Elektrolyseur

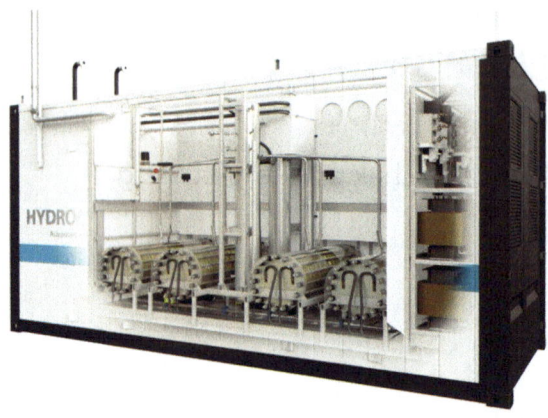

Energie kann in unterschiedlichen Formen und mit unterschiedlichen Verfahren gespeichert werden. Pumpspeicher und Druckluftspeicher sind bekannt und werden zum Teil schon seit Jahrzehnten betrieben. Ihr Speichervermögen liegt in der Größenordnung von Stunden. Im Rahmen der Energiewende werden jedoch größere Energiespeicher benötigt, die es ermöglichen nicht nur große Mengen an Energie zu speichern, sondern diese auch zeitlich und räumlich zu verteilen.

Wasserstoff bietet hierzu gute Voraussetzungen. In Form von Wasser ist er bekannt und weitreichend verfügbar. Die Wasserelektrolyse ist eine lange bekannte und in der Industrie seit Jahrzehnten eingesetzte Technologie zur Erzeugung von hochreinem Wasserstoff. Hierbei wird in einem Elektrolyseur (Abb. 11.1) Wasser durch elektrischen Strom in Wasserstoff und Sauerstoff zerlegt. Bei Einsatz von grünem Strom aus erneuerbarer Energie erhält man so einen emissionsfreien Energieträger – Wasserstoff, der bei der weiteren Umwandlung in thermische oder elektrische Energie keine Emissionen freisetzt. Es entsteht wieder Wasser.

Wasserstoff ist ein chemischer Energiespeicher und kann daher volumetrisch mehr Energie aufnehmen als Speicher potentieller Energie. Wasserstoff kann unter Druck, z. B. in Kavernen gespeichert werden. Zudem kann Wasserstoff auch in das Erdgasnetz eingespeist und verteilt werden, wobei er dann allerdings nur noch thermisch zu verwenden ist. Damit bietet Wasserstoff nicht nur einen Beitrag zur Lösung zur Energiespeicherfrage sondern auch zur Verteilungsfrage. Eine Studie des DVGW hat die Frage der maximalen Konzentrationsgrenzen von Wasserstoff im Erdgasnetz untersucht [4]. Als machbar, ohne weitere Anpassungsarbeiten an der Infrastrukturkette, ist heute eine maximale Wasserstoff Konzentration von 5 Vol.-% im Erdgas akzeptiert. Zurzeit werden 9,9 % angestrebt. Für die spezielle Anwendung als Kraftstoff in Erdgas-Fahrzeugen gilt eine Wasserstoffgrenze von 2 Vol % (DIN 51624 und UN ECE R 110).

Wasserstoff kann aber auch direkt mit hohem exergetischen Wirkungsgrad mit Hilfe der Brennstoffzelle für vielfältige Anwendungen, ggf. auch mit Kraft-Wärme-Kopplung, zur Stromerzeugung genutzt werden (s. Kap. 4, 5, 6, 7, 8 und 9) oder auch als Grundstoff in der chemischen Industrie Verwendung finden (Kap. 10).

Elektrolyseure sind das Bindeglied zwischen dem Stromnetz und allen weiteren Wasserstoff-Anwendungen, einschließlich der Nutzung über das Erdgasnetz. Sauberer Strom wird im letzteren Fall (Überkapazitäten) mittels Elektrolyse in Wasserstoff gewandelt und in das Erdgasnetz eingespeist. Der Begriff „Power to Gas" beschreibt diese Verbindung von Stromnetz über Elektrolyse zur gastechnischen Energienutzung.

Neben dieser neuen Anwendung von Elektrolyseuren werden diese seit Jahrzehnten in der Industrie eingesetzt. Typische Einsatzgebiete sind:

Glas-, Stahl- und Lebensmittelindustrie sowie Kraftwerke und die Fertigung von elektronischen Bauteilen.

11.2 Physikalisch-chemische Grundlagen

Die Herstellung von Wasserstoff und Sauerstoff aus Wasser mittels Elektrolyse ist ein technisch altes Verfahren, das seit über 100 Jahren weltweit etabliert ist. Jedoch werden derzeit jährlich ca. 600 Mrd. Nm^3 Wasserstoff überwiegend über Dampfreformierung von Erdgas, partieller Oxidation von Mineralöl oder Kohlevergasung produziert. Der Hauptteil davon wird direkt am Ort der Erzeugung in der chemischen Industrie verbraucht. Nur 4 % des Wasserstoffs weltweit werden momentan mittels Elektrolyse hergestellt [5]. Dies liegt insbesondere an den höheren Gestehungskosten des elektrolytischen Wasserstoffs gegenüber dem fossilen Wasserstoff.

Für die elektrolytische Zerlegung von 1 Mol Wasser in seine Bestandteile Wasserstoff und Sauerstoff benötigt man unter Standardbedingungen (298,15 K und 1 bar) eine Reaktionsenthalpie von $\Delta H_R = 285{,}9 \text{ kJ mol}^{-1}$, was der Bildungsenthalpie des flüssigen Wassers entspricht.

$$H_2O_{(l)} + \Delta H_R \rightarrow H_{2(g)} + \frac{1}{2} O_{2(g)} \qquad (11.1)$$

Entsprechend dem zweiten Hauptsatz der Thermodynamik kann man einen Teil der Reaktionsenthalpie als thermische Energie aufbringen, und zwar maximal die Energiemenge, die dem Produkt der thermodynamischen Temperatur T und der Reaktionsentropie ΔS_R entspricht.

$$\Delta H_R = \Delta G_R + T\Delta S_R \qquad (11.2)$$

Die freie Reaktionsenthalpie ΔG_R entspricht dem minimalen Anteil von ΔH_R, die als Elektrizität zur Verfügung gestellt werden muss.

$$\Delta G_R = \Delta H_R - T\Delta S_R = (285{,}9 - 0{,}163 \cdot T) \text{ kJ mol}^{-1} = 237{,}2 \text{ kJ mol}^{-1} \qquad (11.3)$$

Somit kann die minimale elektrische Zellspannung V_{rev}, bei der die elektrolytische Wasserzersetzung unter Standardbedingungen beginnt, aus der freien Reaktionsenthalpie $\Delta G_R = 237{,}2 \text{ kJ mol}^{-1}$ berechnet werden, gemäß

$$V_{rev} = \frac{\Delta G_R}{nF} = \frac{237{,}2 \text{ kJmol}^{-1}}{2 \times 96485 \text{ Cmol}^{-1}} = 1{,}23 \text{ V} \qquad (11.4)$$

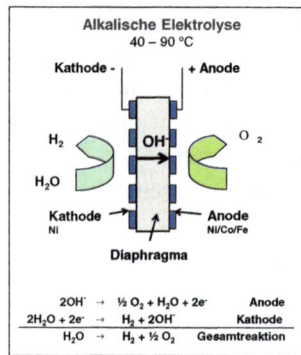
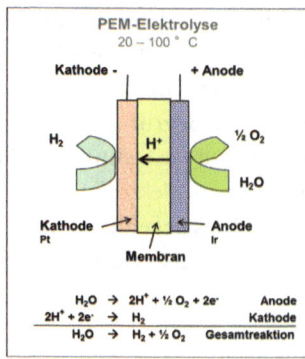
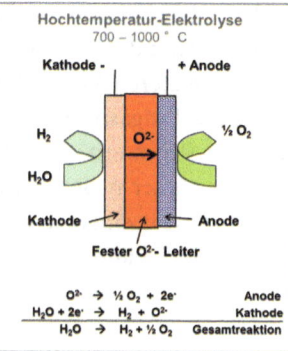

Abb. 11.2 Funktionsprinzip der unterschiedlichen Arten der Wasserelektrolyse

wobei n die Anzahl der Elektronen und F die Faraday-Konstante für ein Mol produzierten Wasserstoff ist. Dies setzt aber voraus, dass der Anteil für $T\Delta S_R$ in Form von Wärme in den Elektrolyseprozess integriert wird. Die reversible Zellspannung V_{rev} wird deshalb auch als *lower heating value* (LHV) bezeichnet, was einem Energieinhalt für gasförmigen Wasserstoff von 3,0 kWh/Nm^3 entspricht. Wenn die thermische Energie in Form von elektrischer Energie eingebracht wird, was der Normalfall in technischen Elektrolyseuren ist, dann spricht man von der thermo-neutralen Spannung V_{th}, die sich für flüssiges Wasser unter Normalbedingungen aus der Reaktionsenthalpie gemäß

$$V_{th} = \frac{\Delta H_R}{nF} = \frac{285,9 \, \text{kJ mol}^{-1}}{2 \times 96485 \, \text{C mol}^{-1}} = 1,48 \, \text{V} \tag{11.5}$$

ergibt, was einem Energieinhalt für gasförmigen Wasserstoff von 3,54 kWh/Nm^3 entspricht. Die thermo-neutrale Zellspannung V_{th} wird deshalb auch als *higher heating value* (HHV) bezeichnet, was einem Energieinhalt für gasförmigen Wasserstoff von 3,54 kWh/Nm^3 entspricht. Bei dieser Spannung ist die elektrische Energie gleich der gesamten Reaktionsenthalpie der Wasserzersetzung.

$$H_2O_{(l)} + \underbrace{237,2 \, \text{kJ mol}^{-1}}_{\text{Elektrizität}} + \underbrace{48,6 \, \text{kJ mol}^{-1}}_{\text{Wärme}} \rightarrow H_{2(g)} + \tfrac{1}{2}O_{2(g)} \tag{11.6}$$

Die Wasserzersetzung durch Elektrolyse besteht aus zwei Teilreaktionen, die durch einen ionenleitenden Elektrolyten getrennt sind. Durch den verwendeten Elektrolyten ergeben sich die drei relevanten Verfahren der Wasserelektrolyse, die in Abb. 11.2 mit ihren Teilreaktionen für die *hydrogen evolution reaction* (HER) und *oxygen evolution reaction* (OER), den typischen Temperaturbereichen und den Ionen für den entsprechenden Ladungstransport zusammengefasst sind:

- die alkalische Elektrolyse mit einem flüssigen basischen Elektrolyten,
- die ‚saure' PEM-Elektrolyse (PEM: proton exchange membrane) mit einem protonenleitenden polymeren Festelektrolyten und,
- die Hochtemperatur-Elektrolyse mit einem Festoxid als Elektrolyt.

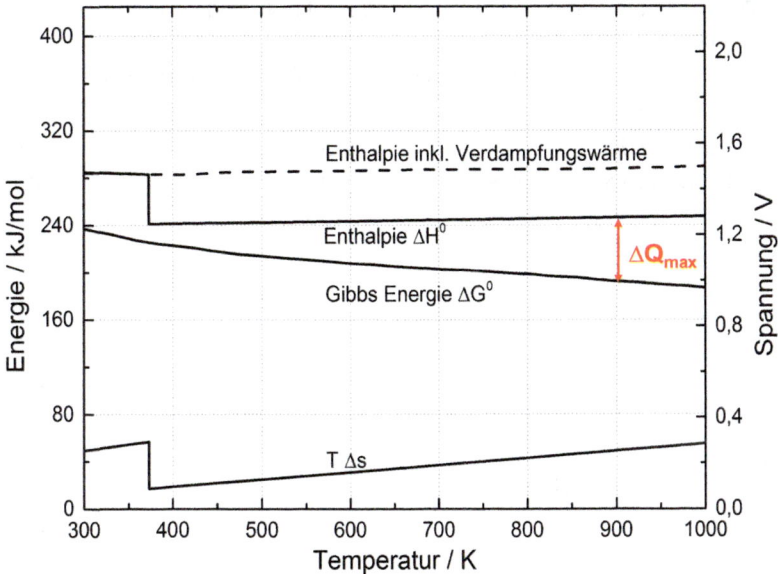

Abb. 11.3 Spezifischer Energieverbrauch der Wasserelektrolyse in Abhängigkeit von der Temperatur

Zurzeit gibt es kommerzielle Produkte nur in den Bereichen alkalische Elektrolyse, die schon seit mehreren Jahrzehnten in unterschiedlichen Baureihen bis ca. 750 Nm³/h Wasserstoff verfügbar sind, und PEM-Elektrolyse, bei der eine Produktentwicklung erst seit 20 Jahren existiert und daher nur wenige kommerzielle Anlagen (<30 Nm³/h) auf dem Markt sind. Die Hochtemperatur-Elektrolyse wird aktuell von der Industrie noch nicht verfolgt und es gibt daher noch keine kommerziellen Produkte.

Das Wasser wird bei der alkalischen Elektrolyse normalerweise an der Kathodenseite, bei der PEM-Elektrolyse an der Anodenseite zugeführt. Bei der Hochtemperatur-Elektrolyse wird der benötigte Wasserdampf an der Kathode zugeführt.

Abbildung 11.3 zeigt die Temperaturabhängigkeit der Reaktionsenthalpie ΔH_R und der freien Reaktionsenthalpie ΔG_R bei Normaldruck. Die Abhängigkeit zeigt, dass für Elektrolyseprozesse, die bei Temperaturen oberhalb 700 °C Wasserdampf elektrolytisch spalten, wie z. B. bei der Hochtemperatur-Elektrolyse, entsprechend der Beziehung $\Delta G_R = \Delta H_R - T \Delta S_R$ wegen der positiven Reaktionsentropie die aufzuwendende Zellspannung merklich sinkt, wobei aber der durch die Entropie der Reaktion bedingte Enthalpieanteil $T \Delta S_R$ als Prozesswärme in die Elektrolyse eingespeist werden muss. So beträgt beispielsweise die elektrische Energie ΔG_R für die Elektrolyse von Wasserdampf bei 1000 °C nur lediglich 0,91 V.

Tabelle 11.1 fasst die jeweiligen Werte für ΔH_R und ΔG_R mit den jeweiligen Spannungen für V_{th} und V_{rev} für unterschiedliche Temperaturen zusammen.

Die praktisch erzielbaren Zellspannungen in realen Wasserelektrolyseuren liegen jedoch erheblich über der theoretischen reversiblen Zellspannung. Dies liegt zum einen

Tab. 11.1 Thermodynamische Daten für die Wasserelektrolyse für verschiedene Temperaturen und Normaldruck [6]

	ΔH_R (kJ mol^{-1})	V_{th} (V)	ΔG_R (kJ mol^{-1})	V_{rev} (V)
Flüssiges Wasser bei 298.15 K	285.9	1.48	237.2	1.23
Wasserdampf bei 373.15 K	242.6	1.26	225.1	1.17
Wasserdampf bei 1273.15 K	249.4	1.29	177.1	0.92

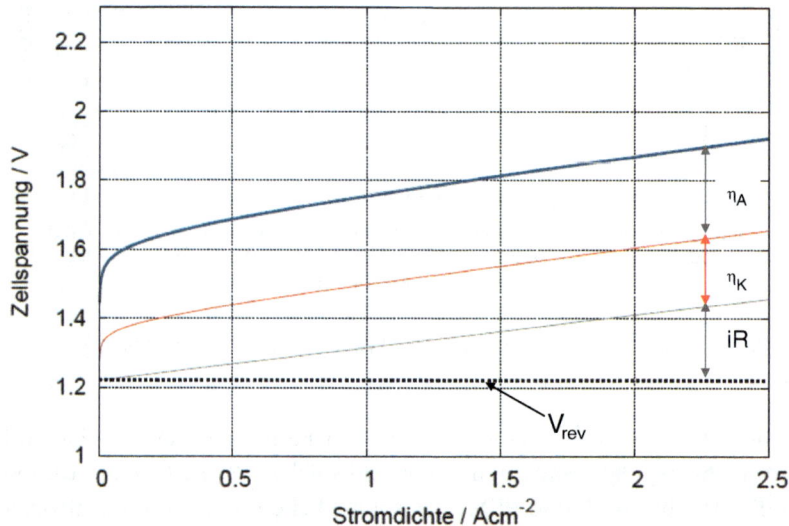

Abb. 11.4 Schematische Darstellung einer Stromspannungskurve einer PEM-Elektrolyse und die Aufteilung der verschiedenen Spannungsverluste während des Betriebs

an den sogenannten Überspannungen an den Elektroden, die aufgrund von Elektronendurchtrittshemmungen der elektrochemischen Reaktionen zustande kommen und deshalb auch Durchtrittsüberspannungen genannt werden. Zum anderen muss die Widerstandspolarisation überwunden werden, die durch den ohmschen Widerstand der Zelle (Elektrolyte, Separator und Elektroden) hervorgerufen wird. Somit setzt sich die reale Zellspannung V_{Zelle} bei einer Stromdichte i in Acm^{-2} aus der Summe der reversiblen Zellspannung V_{rev}, dem ohmschen Spannungsabfall iR und den Überspannungen der Anode η_{Anode} und Kathode $\eta_{Kathode}$ zusammen:

$$V_{Zelle} = V_{rev} + |\eta_{Anode}| + |\eta_{Kathode}| + iR \qquad (11.7)$$

Dabei sind η_{Anode} die Anodenpolarisation (auch Sauerstoff-Überspannung genannt), d. h. der auf der Anode entfallene Teil der Überspannung der Zelle, $\eta_{Kathode}$ die Kathodenpolarisation, die Überspannung der Kathode (Wasserstoff-Überspannung) und R der flächenspezifische Widerstand der Zelle in Ωcm^2. In Abb. 11.4 ist eine typische

Stromspannungskurve für eine PEM-Elektrolyse und ihre Aufteilung in die Polarisationskurven abgebildet.

Ein wichtiges technisches Bewertungskriterium für die Elektrolyseprozesse ist der Wirkungsgrad, d. h. das Verhältnis von Nutzen zu Aufwand für eine technische Elektrolyseanlage. Da es zurzeit nur kommerzielle Produkte in den Bereichen alkalische und PEM-Elektrolyse gibt, bei der das Wasser flüssig zugeführt wird, ist es sinnvoll zur Wirkungsgradbestimmung den Brennwert (*higher heating value*) bzw. die thermoneutrale Spannung $U_{th} = 1{,}48$ V zu verwenden.

Der auf den Brennwert von Wasserstoff ($3{,}54$ kWh Nm^{-3}) bezogene Wirkungsgrad gibt somit an, wie effizient der Elektrolyseur als technischer Apparat betrieben wird:

$$n_{HHV} = \frac{V_{H_2} \cdot HHV}{P_{el}} \tag{11.8}$$

Wird der im Elektrolyseur erzeugte Wasserstoff in einer nachgeschalteten Anwendung energetisch verwertet, z. B. durch Umwandlung in elektrische Energie in einer Brennstoffzelle, wird nur der Heizwert (*lower heating value*) des Wasserstoffs genutzt. Dann ist es sinnvoller den Wirkungsgrad des Elektrolyseurs auf die reversible Spannung $V_{rev} = 1{,}23$ V bzw. auf den Heizwert des Wasserstoffs ($3{,}00$ kWh Nm^{-3}) zu beziehen:

$$n_{LHV} = \frac{V_{H_2} \cdot LHV}{P_{el}} \tag{11.9}$$

Um eine Diskussion zwischen *LHV* bzw. *HHV* für die Berechnung des Wirkungsgrades zu umgehen, sollte für technische Anlagen zur Bewertung eines Elektrolyseurs nur der spezifische elektrische Energieverbrauch in kWh pro erzeugten Nm^3 Wasserstoff angegeben werden.

11.3 Alkalische Elektrolyse

Gegenüber der PEM-Elektrolyse, die erst seit etwa 20 Jahren eingesetzt wird, ist die alkalische Elektrolyse seit mehreren Jahrzenten in unterschiedlichen Größen und Bauformen bis 750 Nm^{3}H$_2$/h verfügbar. Alkalische Elektrolyseure arbeiten in der Regel mit einer wässrigen KOH-Lauge mit einer typischen Konzentration von 20–40 %. Die Betriebstemperatur liegt üblicherweise bei ca. 80 °C und die Stromdichten im Bereich von 0,2–0,6 A/cm^2. Jedoch sind seit der Einführung der Wasserelektrolyse vor über 100 Jahren bis heute nur wenige tausend Anlagen hergestellt worden. Als Resultat dieser vergleichsweise geringen Aktivitäten hat sich der Stand der Technik bei großen Elektrolyseanlagen in den letzten 40 Jahren nur marginal verändert [7].

So wurden größere Elektrolyseanlagen mit einer Kapazität bis 30.000 Nm^3/h Wasserstoff für die Ammoniaksynthese bzw. die Düngemittelherstellung (z. B. in Assuan, Ägypten) im letzten Jahrhundert nur dann realisiert, wenn preiswerte elektrische Energie aus Wasserkraft vorhanden war. Dabei kamen bei den damals realisierten Großanlagen

Abb. 11.5 Atmosphärischer Bamag-Elektrolyseur mit 100 Zellen und einer Kapazität von ca. 330 Nm^3/h Wasserstoff

Abb. 11.6 Lurgi-Druckelektrolyseur für 760 Nm^3/h Wasserstoff und eine Anlage in Zimbabwe für die Düngemittelherstellung mit 28 Elektrolyseure und einer Gesamtkapazität von 21.000 Nm^3/h H_2

zum größten Teil drucklos betriebene bipolare Elektrolyseure der Firmen Bamag, Norsk Hydro, BBC/DEMAG und DeNora zum Einsatz, deren Kapazität ca. 200 Nm^3/h Wasserstoff betrug. Es wurden rechteckige (Abb. 11.5) und runde Elektroden und Zellen mit einer aktiven Fläche von bis zu ca. 3 m^2 eingesetzt.

Nur die Firma Lurgi stellte Druckelektrolyseure her, die den Wasserstoff und Sauerstoff unter 30 bar bereitstellten [6]. Der Zellstapel besteht aus bis zu 560 Zellen mit einem Durchmesser von 1,60 m und ist entsprechend der Anzahl der Zellen bis zu 10 m lang. Die in Abb. 11.6 (links) gezeigte Lurgi-Druckelektrolyseur produziert eine Wasserstoffmenge von 760 Nm^3/h, was einer elektrischen Leistung von ca. 3,6 MW entspricht.

In den 80er und 90er Jahren des letzten Jahrhunderts gab es, hervorgerufen durch die zweite Ölkrise, große Forschungsprojekte mit dem Ziel, die Leistungsdichte der alkalischen Elektrolyse durch innovative Ansätze zu erhöhen. Dies versuchte man durch höhere Stromdichten, geringere Zellspannung und höhere Arbeitstemperaturen zu erzielen, um die Investitionskosten bzw. Betriebskosten für Elektrolyseanlagen zu reduzieren. Entwicklungsziele der sogenannten „fortgeschrittenen alkalischen Wasserelektrolyse" waren daher neuartige dünne Diaphragmen, um zusammen mit der Veränderung der Zellenkonfiguration die ohmschen Spannungsabfälle zu minimieren, die Entwicklung neuer billiger Elektrokatalysatoren, mit denen die Summe der anodischen und kathodischen Überspannungen bei gleichzeitiger Erhöhung der Stromdichten gesenkt werden können, und die Erhöhung der Prozesstemperatur, die ebenfalls zur Senkung der Überspannungen und des ohmschen Spannungsabfalls beitragen kann [8].

Die Möglichkeiten, die Überspannung der Wasserstoff- und der Sauerstoffentwicklung durch Modifizierung der Elektroden, nämlich durch Aufbringen geeigneter Elektrokatalysatoren abzubauen, sind damals sehr intensiv untersucht worden und haben zu einer Reihe erfolgreicher Aktivierungsverfahren geführt. Die Einsparpotentiale sind aber für Kathode und Anode recht unterschiedlich. Die Überspannung der Wasserstoffentwicklung ließ sich unter den Betriebsbedingungen um 150 bis 200 mV reduzieren, während man bei der Sauerstoffentwicklung nur eine Reduzierung von 80 bis 100 mV erreichen konnte.

So konnte zum Beispiel Lurgi in Zusammenarbeit mit dem Forschungszentrum Jülich zeigen, dass durch die Verwendung von aktiven Elektroden und NiO als Diaphragma mittels ‚zero gap' die Einzelspannung von 1,92 V @ 0,2 A/cm^2 auf 1,6 V bei konstanter Stromdichte bzw. auf 1,72 V @ 0,4 A/cm^2 bei doppelter Stromdichte reduziert werden konnte. Mit dieser Technik wurde im Rahmen eines öffentlich geförderten Projekts ein 1 MW Druckelektrolyseur mit 32 bar aufgebaut [9]. In weiteren nationalen Projekten (HySolar [10], SWB [11], PHOEBUS [12]) wurden ebenfalls unterschiedliche alkalische Wasserelektrolyseure entwickelt, aufgebaut und getestet. Das Know-how ist zwar noch erhalten, aber es hat seitdem keine neuen innovativen Ansätze in der alkalischen Wasserelektrolyse gegeben. So liegt laut der NOW-Studie des Fraunhofer Instituts für Solare Energiesysteme (ISE-Freiburg) zwar der Spannungswirkungsgrad für den Stack von kommerziellen Anlagen bei 62–82 % bezogen auf die thermoneutrale Spannung von 1,48 V (HHV: Higher Heating Value), aber die Stromdichten reichen nur von 0,2–0,4 A/cm^2 [7]. Die Kosten für alkalische Elektrolyseure in der MW-Klasse liegen im Bereich von ~ 1.000 €/kW installierte elektrische Leistung [7, 13]. Dabei handelt es sich um atmosphärische bzw. 30 bar Druck-Elektrolyseure. Für den Stack werden Laufzeiten bis 90.000 h angegeben, d. h., dass in der Regel alkalische Elektrolyseure alle 7–12 Jahre generalüberholt werden, wobei dabei die Elektroden und Diaphragmen ausgetauscht werden [7].

11.4 PEM Elektrolyse

Die PEM-Elektrolyse mit protonenleitenden Membranen (s. Abb. 11.2, Mitte), bei der eine Produktentwicklung erst seit 20 Jahren existiert und daher nur wenige kommerzielle Produkte (<30 Nm^3/h) für industrielle Nischenanwendungen (z. B. lokale Produktion hochreinen Wasserstoffs für die Halbleiterfertigung und die Glasindustrie) auf dem Markt sind, verwendet im Gegensatz zur alkalischen Wasserelektrolyse für

Abb. 11.7 Proton Onsite PEM-Elektrolyseur (*links*) der Serie HOGEN C für 30 Nm^3/h Wasserstoff und der dazugehörige Stack (*rechts*) mit einer aktiven Einzelelektrodenfläche von 213 cm^2 [28]

die Elektroden, die in den meisten Zellen direkt auf die Membran aufgebracht sind, Platingruppenmetalle.

Edelmetalle bzw. deren Oxide sind notwendig wegen des in der PEM-Elektrolyse verwendeten sauren, protonenleitenden Ionomers und des hohen Anodenpotentials. Die hohe anodische Überspannung für die Sauerstoffelektrode ist ein Grund für den erhöhten Energiebedarf bei der Wasserelektrolyse. Es ist daher wichtig, einen optimalen Katalysator für die Sauerstoffentwicklung zu identifizieren, um die Energieverluste zu minimieren. So haben z. B. einige Untersuchungen gezeigt, dass besonders Oxide wie RuO_2 und IrO_2 sich besser für Sauerstoffelektroden eignen als die entsprechenden Metalle bzw. andere Edelmetalle [14–16]. Einige dieser Metalloxide zeigen eine hohe Aktivität, eine adäquate Langzeitstabilität und geringe Leistungsverluste hervorgerufen durch Korrosion bzw. Vergiftung [17–26]. Grundsätzlich könnte auch Platin als Katalysator für die Anode verwendet werden, aber einer der Hauptnachteile ist die geringe spezifische Aktivität für die Sauerstoffentwicklung und die erhöhte Korrosion hervorgerufen durch die hohen Überspannungen. Daher wird für PEM-Elektrolyseure häufig IrO_2 als Anodenkatalysator eingesetzt, wegen seiner ausgezeichneten elektrochemischen Stabilität im Gegensatz zu RuO_2 oder deren Mischoxide [24] trotz der geringeren spez. Aktivität von auf IrO_2-basierten Katalysatoren gegenüber RuO_2, insbesondere bei geringen Überspannungen [24, 27].

In aktuellen kommerziellen Systemen werden auf der Anode etwa 6 mg/cm^2 Iridium oder Ruthenium und auf der Kathode etwa 2 mg/cm^2 Platin eingesetzt [29]. Unter den gegebenen Betriebsbedingungen arbeiten diese PEM-Elektrolyse-Systeme bei Spannungen von ca. 2 V bei Stromdichten bis etwa 2 A/cm^2 und bei Betriebsdrücken bis maximal 30 bar [30]. Dies entspricht zwar dem gleichen Spannungswirkungsgrad von ca. 67–82 % (bezogen auf das HHV), jedoch gegenüber der alkalischen Wasserelektrolyse bei wesentlich höheren Stromdichten (0,6–2,0 A/cm^2). Einen Vergleich der typischen Bereiche der Strom-Spannungskennlinien für alkalische und PEM-Elektrolyse zeigt Abb. 11.8.

Abb. 11.8 Typische Bereiche von Strom-Spannungskurven für alkalische und PEM-Elektrolyse

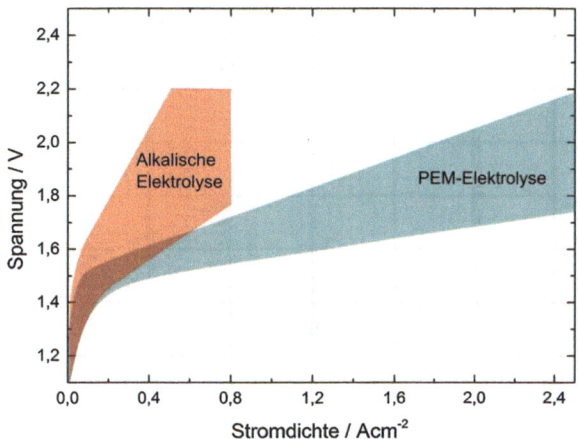

Für die Lebensdauer von PEM-Elektrolyse-Stacks werden im Gegensatz zur alkalischen Elektrolyse nur Langzeitstabilitäten von <20.000 h angegeben. Jedoch hat Proton Onsite kürzlich eine Lebensdauer von mehr als 50.000 h für Stacks erzielt, wie sie z. B. in den PEM-Elektrolyseuren der Serie HOGEN C (Abb. 11.7) eingesetzt werden [31]. Hydrogenics entwickelt aktuell einen 1 MW PEM Elektrolyseur mit einem einzelnen Stack mit einer Leistungsaufnahme von 1 MW [32].

Die PEM-Elektrolyse ermöglicht gegenüber der alkalischen Elektrolyse einen größeren Teillastbereich, was insbesondere für die Kopplung mit erneuerbaren Energien von Vorteil ist. Auf Zell- und Stackebene kann bis auf 0 % Teillast abgeregelt werden, in technischen Anlagen wird jedoch die untere Grenze auf ca. 5 % der nominalen Leistung wegen des Eigenverbrauchs der Peripheriekomponenten abgeschätzt [7].

11.5 Hochtemperatur-Elektrolyse

Neben einer schnellen Kinetik ist die Hochtemperatur-Elektrolyse auch aus thermodynamischer Sicht von Vorteil. Durch die hohe Verdampfungswärme des Wassers erniedrigt sich die thermodynamische Zellspannung beim Übergang von flüssigem Wasser zu Wasserdampf (Abb. 11.3). Der Gesamtenergiebedarf ΔH_R steigt nun zwar mit steigender Temperatur leicht an, doch fällt der Gesamtelektrizitätsbedarf ΔG_R deutlich, da ein zunehmender Anteil des Energiebedarfs durch Hochtemperaturwärme ΔQ_{max} eingekoppelt werden kann, um so den Aufwand an elektrischer Energie zu verringern.

Die Hochtemperatur-Elektrolyse von Wasserdampf wurde in Deutschland durch Lurgi und Dornier (HOT ELLY) in den Jahren 1975–1987 entwickelt [33–37]. HOT ELLY verwendete ein *electrolyte supported tubular concept* mit einem Yttrium-stabilisierten Zirkonoxid (YSZ) als Elektrolyt für die SOEC (solid oxide electrolysis cell). In Langzeitversuchen von Einzelzellen konnten Spannungen kleiner 1,07 V mit Stromdichten von 0,3 A/cm² erzielt werden. Auch konnte in einem 10 tube SOEC Stack zum ersten

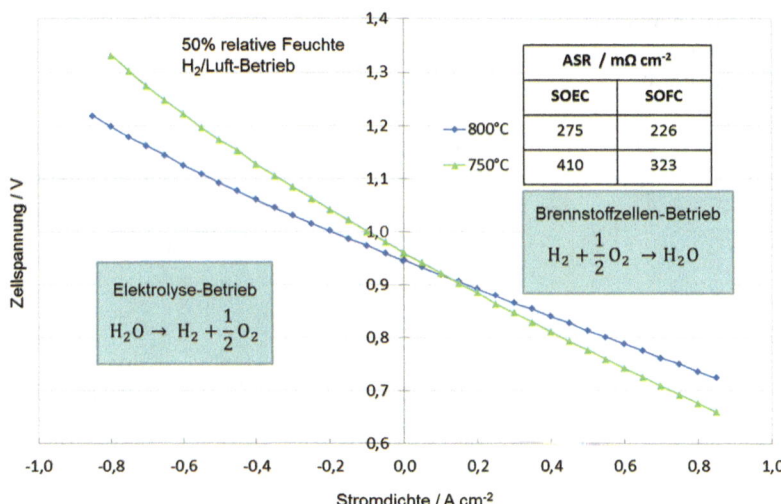

Abb. 11.9 Zellspannung gegen Stromdichte (U-i-Kennlinie) für Elektrolyse- und Brennstoffzellen-Betrieb einer Hochtemperatur-Elektrolyse bei unterschiedlichen Temperaturen

Mal ein reversibler Betrieb mit H_2/H_2O und CO/CO_2 demonstriert werden [37]. Diese Entwicklung wurde jedoch 1990 bei Dornier beendet.

Durch die Entwicklungen und großen Fortschritte im Bereich der Hochtemperatur-Brennstoffzelle (SOFC: Solid Oxide Fuel Cell) der vergangenen Jahre ist das Interesse an der Hochtemperatur-Elektrolyse (SOE: Solid Oxide Electrolysis) wieder deutlich gewachsen, da fast alle Festoxid-Zellen (SOC) grundsätzlich umkehrbare Zellen sind, die je nach Betriebsart als Festoxid-Elektrolysezellen (SOEC) oder Festoxid-Brennstoffzellen (SOFC) eingesetzt werden können. Dieser Trend spiegelt sich durch unterschiedliche Projekte in USA, Europa und Asien wider, die Entwicklung befindet sich aber immer noch im Stadium der Grundlagenforschung [38]. Bis heute sind die veröffentlichten Daten zu SOEC Performance normalerweise ausschließlich in Laborzellen und –stacks erzielt. Eine typische U-i-Kennlinie für Elektrolyse- und Brennstoffzellenbetrieb zeigt Abb. 11.9 für unterschiedliche Betriebstemperaturen. Zwar profitiert die SOEC Entwicklung vom SOFC Know-how, aber insbesondere im Bereich der Elektrodenmaterialoptimierung und der Verbesserung der Langzeitstabilität sind noch Entwicklungsarbeiten notwendig. Neben der reinen Materialforschung sind aber auch verfahrenstechnische Untersuchungen zur Bereitstellung der Heizwärme für Wasserverdampfung und Vorwärmung unbedingt notwendig.

Neben der reinen Wasserdampfelektrolyse ist momentan das Interesse an der sogenannten Ko-elektrolyse von Wasserdampf und CO_2 gestiegen, da sich nach folgender Gesamtreaktion

$$\underbrace{H_2O + CO_2 \rightarrow H_2 + CO}_{Kathode} + \underbrace{O_2}_{Anode} \qquad (11.10)$$

Tab. 11.2 Vor- und Nachteile von alkalischer, PEM- und Hochtemperatur-Elektrolyse (nach [40])

Alkalische Elektrolyse	PEM-Elektrolyse	Hochtemperatur-Elektrolyse
Vorteile		
etablierte Technologie keine Edelmetallkatalysatoren hohe Langzeitstabilität relativ niedrige Kosten Module bis 760 Nm³/h (3,4 MW)	hohe Stromdichten hoher Spannungswirkungsgrad einfacher Systemaufbau gute Teillastfähigkeit Fähigkeit zur Aufnahme extremer Überlast (Systemgrößen-bestimmend) extrem schnelle Systemantwort für Netzstabilisierungsaufgaben kompaktes Stackdesign erlaubt Hochdruckbetrieb	Wirkungsgrade über 100 % bezogen auf die thermoneutrale Zellspannung, da Wärme eingekoppelt werden kann keine Edelmetallkatalysatoren
Nachteile		
geringe Stromdichten geringer Teillastbereich Systemgröße und Komplexität („Footprint") Aufwändige Gasreinigung Korrosiver flüssiger Elektrolyt	korosive Umgebung hohe Investitionskosten durch kostenintensive Komponenten (Katalysatoren/Stromkollektoren /Separatorplatten)	Labor- und Versuchsstadium Langzeitstabilität (mechanisch) Wärmemanagement

eine interessante Alternative zur Herstellung von Synthesegas ergibt, um daraus synthetische Kraftstoffe nach dem Fischer-Tropsch Verfahren herzustellen [39].

Zusammenfassend sind in Tab. 11.2 die Vor- und Nachteile der hier beschriebenen Elektrolysetechniken gegenübergestellt, aus denen sich auch die Herausforderungen für die jeweiligen Techniken ableiten.

11.6 Stand der Technik

11.6.1 Alkalische Elektrolyse

Tabelle 11.3 gibt eine Übersicht der wichtigsten Hersteller/Entwickler von alkalischen Elektrolyseanlagen [7].

11.6.2 PEM-Elektrolyse

Tabelle 11.4 gibt eine Übersicht der wichtigsten Hersteller und Entwickler von PEM- Elektrolyseanlagen

Tab. 11.3 Übersicht der wichtigsten Hersteller/Entwickler von alkalischen Elektrolyseanlagen

Hersteller	Baureihe/Betriebsdruck	H₂-Rate Nm³/h	Status/Anzahl verkaufter Systeme
AccaGen (CH)	AGE (10/30/200 bar)	1–100	kommerziell, (<70)
	AGE light	0,25–2,0	kommerziell, in Vorbereitung
Acta (IT)	EL (15 bar)	0,1–1,0	kommerziell, in Vorbereitung
Avalence (US)	Hydrofiller (– 340 bar)	0,35–4,6	kommerziell, in Vorbereitung
	Hydrofiller 5000	139	
ELT (DE)	Bamag (atm)	3–330	kommerziell, (>400)
	Lurgi (30 bar) NeptunH2 (60 bar)	120 760	kommerziell, (>100) in Planung
H2 Logic (DK)	x.00 (4/12 bar)	0,66–42,6	kommerziell
Hydrogenics (CA)	HySTAT-A (10/25 bar)	10–60	kommerziell (~1200)
PERIC (CN)	CNDQ (15 bar)	5–10	kommerziell
	ZDQ (15–32 bar)	5–300	kommerziell (~500)
PIEL (IT)	Standard, MP, HP (3/8/18 bar)	1–16	alle Serien kommerziell
Sagim (FR)	BP-100, BP-MP, MP-8 (4/8/10 bar)	0,5–10	alle Serien kommerziell (~300)
Statoil HydrogenTechnologies (NO)	50xx (atm)	50–485	kommerziell (>500)
	HPE (15 bar)	10–65	Serie eingestellt
	PME/HPE (30 bar)	bis 570	Prototyp bis 60 Nm³/h
Teledyne Energy Systems (US)	TITAN HMXT (8–10 bar)	2,8–11,2	kommerziell
	Titan EC (8–10 bar)	28–56	kommerziell
Uralkhimmasch (RU)	FV (atm)	172–536	kommerziell
	BEU (10 bar)	125–250	kommerziell
	SEU		kommerziell, in Vorbereitung
Wasserelektrolyse Hydrotechnik (DE)	Demag (atm)	0,12–250	kommerziell, (>500)

Tab. 11.4 Übersicht der wichtigsten Hersteller/Entwickler von PEM-Elektrolyseanlagen

Hersteller	Baureihe/Betriebsdruck	H_2-Rate Nm^3/h	Energieverbrauch $kWh/Nm^3 H_2$	Teillastbereich %
Giner Electrochemical Systems	High Pressure/85 bar	3,7	5,4 (System)	keine Angaben
	30 kW Generator/25 bar	5,6	5,4 (System)	
Hydrogenics	HyLYZER/25 bar	1	4,9 (Stack)	0–100
			7,2 (System)	
	1 MW Elektrolyseur in Entwicklung	0–260	Noch nicht veröffentlicht	
Proton OnSite	HOGEN S/14 bar	0,25–1,0	6,7	0–100
	HOGEN H/15–30 bar	2–6	6,8–7,3	0–100
	HOGEN C/30 bar	10–30	5,8–6,2	0–100
H-TEC Systems	EL30/30 bar	0,3–3,6	5,0–5,5	0–100
ITM Power	HPac, HCore, HBox, HFuel 15 bar	0,6–7	4,9–5,5 (System)	Keine Angaben
Siemens	100 kW (300 kW Peak) Prototyp in Entwicklung 50 bar	~20	Keine Angaben	0–300

11.7 Beispiele für heutige Anwendungen

11.7.1 Power-to-Gas

Abbildung 11.10 zeigt den Überblick über den aktuellen Stand (Mai 2012) der Power-to-Gas Projekte in Deutschland [41].

Die Wertschöpfungskette von Power-to-Gas beschränkt sich dabei nicht nur auf die Erzeugung von Wasserstoff zum Zwecke der Energiespeicherung. Der Elektrolyseur stellt vielmehr eine schaltbare, variable Last am Netz zur Verfügung, die mit fluktuierender Energiebereitstellung betrieben werden kann und so zur Netzstabilisierung beiträgt. Zudem können Elektrolyseure an verschiedenen Standorten in einem Versorgungsgebiet zu einem Cluster zusammen gefasst und zentral gesteuert werden, was ihre Bedeutung für den Regelenergiemarkt erhöht. Der erzeugte Wasserstoff kann unterschiedlichen Verwendungen zugeführt werden. Im Rahmen der aufkommenden Wasserstoffmobilität stellt Wind-Elektrolyse-Wasserstoff den sauberen Kraftstoff der zukünftigen Mobilität dar. Brennstoffzellen Fahrzeuge, die mit grünem Wind-Elektrolyse-Wasserstoff betrieben werden, fahren bei vergleichbaren Reichweiten und Tankzeiten zu konventionellen Kraftstoffen, mit dem niedrigsten CO_2 Ausstoß.

Wasserstoff kann mit CO_2 zu synthetischen Methan umgewandelt werden. Als CO_2 Quellen sind u.a. Biogasanlagen geeignet. Synthetisches Methan entspricht in seinen Eigenschaften fossilem Methan und kann ohne Begrenzung in das Erdgasnetz eingespeist werden. Alle üblichen Verwertungen in Mobilität, Industrie, Gewerbe und Haushalt sind gegeben. Neben der

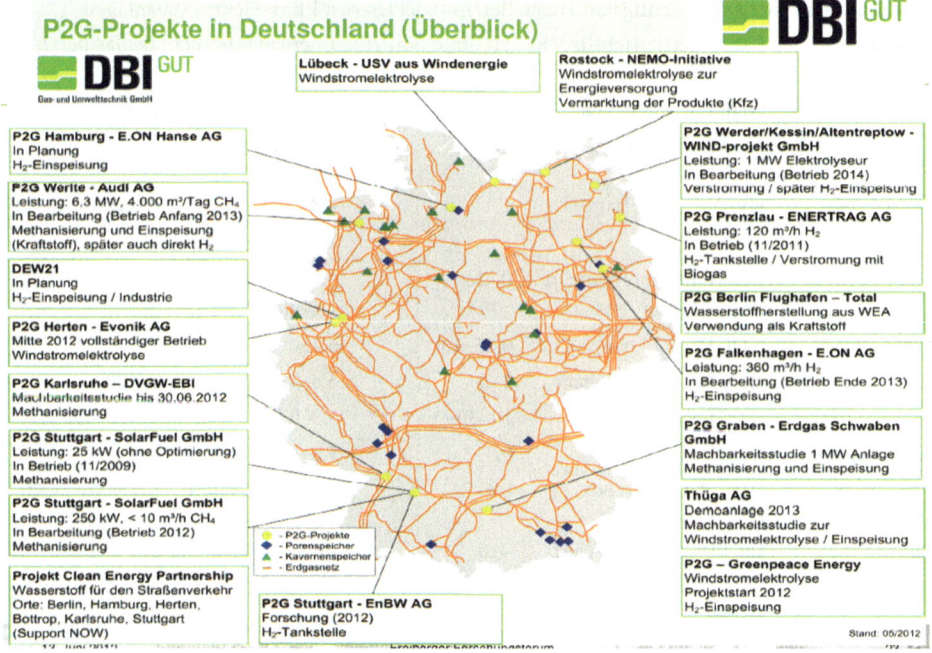

Abb. 11.10 Power-to-Gas Projekte in Deutschland

Reduzierung der CO_2 Emission durch Substitution von fossilem Methan optimiert die Methanisierung zudem die Biogasanlage durch eine deutlich gesteigerte CH_4 Produktion. Übliche Gaszusammensetzungen einer Biogasanlage von ca. 50 % CH_4 und 50 % CO_2 werden durch die Methanisierung mittels Wasserstoff in Richtung 100 % CH_4 verschoben. Neben dem Vorteile der besseren CH_4 Ausbeute der Biogasanlage bedeutet dies auch einen um den Faktor 2 reduzierten Flächenbedarf für die pflanzlichen Bioausgangsstoffe.

11.7.2 Tankstellen

Wasserstoff spielt im Rahmen der Elektromobilität heute und in Zukunft eine bedeutende Rolle. Zur Erreichung der langfristigen Klimaschutzziele der Bundesregierung wird regenerativ erzeugter Wasserstoff einen wichtigen Beitrag als emissionsfreier Kraftstoff leisten. Eine vertiefende Betrachtung zu diesem Thema liefert Kap. 4 dieses Buches, auf das an dieser Stelle verwiesen wird.

11.8   Ausblick

Die Energietechnik ist weltweit derzeit einem starken Wandel unterworfen. Die allgemein anerkannten Treiber sind Klimawandel, Energieversorgungssicherheit, industrielle Wettbewerbsfähigkeit und lokale Emissionen. Durch den Ausbau von regenerativer

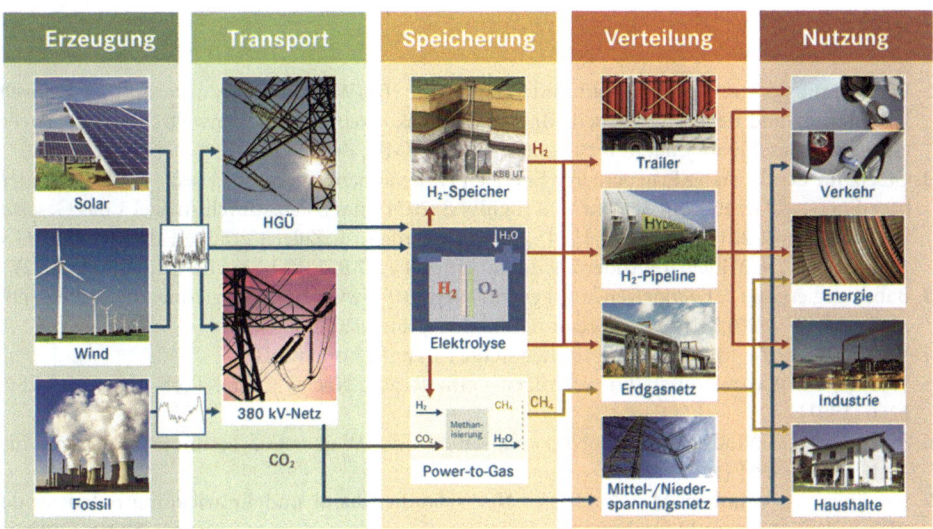

Abb. 11.11 Wasserstoff als Speichermedium für erneuerbare Energien (nach [42])

Energieerzeugungskapazität entstehen neue Herausforderungen hinsichtlich der Speicherung großer Energiemengen, da der zunehmende Ausbau erneuerbarer Energien zu einem rapiden Anstieg fluktuierender Energie aus Wind und Sonne im Stromversorgersystem führt. Neben elektrischen und thermischen Speichern kommt dabei der chemischen Speicherung in Form von sogenanntem Power-to-Gas, d. h. Wasserstoff bzw. synthetisches Methan, das mittels Elektrolyse (plus ggf. Methanisierung) gewonnen wird, eine hohe Bedeutung zu. Wie aus Abb. 11.11 ersichtlich ist, sind die möglichen Märkte für Wasserstoff der Verkehr, die direkte Rückverstromung, die Methanisierung und Einspeisung ins Erdgasnetz oder die stoffliche Nutzung in Industrieprozessen. Im Vergleich zu der direkten Einspeisung ins Erdgasnetz oder Einspeisung von Methan nach vorhergehender Methanisierung bietet die Nutzung des Wasserstoffs im Verkehr in hoch-effizienten Brennstoffzellenantrieben die größte CO_2-Ersparnis.

Um jedoch die Wasserelektrolyse realistisch und nachhaltig in den Massenmärkten der Wasserstofferzeugung mittels regenerativ erzeugtem Überschussstrom nach dem Jahr 2020 einsetzen zu können, sind weitere Forschungen an Materialien wie alternativen Katalysatoren und Membranen erforderlich. Kurz- und mittelfristig wird sicherlich die heute schon recht ausgereifte Technik der alkalischen Wasserelektrolyse den steigenden Bedarf an Elektrolyse-Wasserstoff decken, wobei dazu noch die Kosten gesenkt und gleichzeitig die Leistungsdichten erhöht werden müssen. Langfristig kann die PEM-Elektrolyse eine größere Rolle spielen, da sie durch ihre Vorteile gegenüber der alkalischen Elektrolyse auch für größere Anwendungen >1 MW Anlagengröße interessant ist.

Werden diese Ziele erreicht, so sind Wasserstoffgestehungskosten mit erneuerbaren Energien und Wasserelektrolyse in der Größenordnung von 2–4 €/kg-H_2 realistisch.

Literatur

1. Bundesministerium für Wirtschaft und Technologie (BMWi), Bundesministerium für Umwelt, Naturschutz und Reaktorsicherheit (BMU): Energiekonzept für eine umweltschonende, zuverlässige und bezahlbare Energieversorgung. BMWi, BMU, Berlin (2010)
2. Gesetz für den Vorrang Erneuerbarer Energien (Erneuerbare-Energien-Gesetz – EEG), Erneuerbare-Energien-Gesetz vom 25. Okt2008 (BGBl I S. 2074), das zuletzt durch Artikel 1 des Gesetzes vom 17. August 2012 (BGBl I S. 1754) geändert worden ist. Zuletzt geändert durch Art. 1 G v. 17.8.2012 I 1754. Mittelbare Änderung durch Art. 5 G v. 17.8. 2012 I 1754 berücksichtigt (2012)
3. Bundesregierung D.: Energiewende auf gutem Weg. http://www.bundesregierung.de/Content/DE/Artikel/2012/10/2012-10-11-eeg-reform.html Zugegriffen: 2012
4. V. DDVdG-uWe. Mit Gas-Innovationen in die Zukunft! Bonn (2010)
5. Wöhrle, D.: Wasserstoff als Energieträger – eine Replik. Nachr. Chem. Tech. Lab. **39**, 1256–1266 (1991)
6. Sandstede, G.: Moderne Elektrolyseverfahren für die Wasserstoff-Technologie. Chem. Ing. Tech. **61**, 349–361 (1989)
7. Smolinka, T., Günther, M., Garche, J.: NOW-Studie: Stand und Entwicklungspotenzial der Wasserelektrolyse zur Herstellung von Wasserstoff aus regenarativen Energien. NOW (2011)
8. Winter, C.J.: Wasserstoff als Energieträger: Technik, Systeme, Wirtschaft, 2. überarbeitete Auflage Springer, Berlin (1989)
9. Streicher, R., Oppermann, M.: Results of an R&D program for an advanced pressure electrolyzer (1989–1994). Fla. Sol. Energy Cent. 641–646 (1994)
10. Hug, W., Divisek, J., Mergel, J., Seeger, W., Steeb, H.: High efficient advanced alkaline water electrolyzer for solar operation. Int. J. Hydrog. Energy **8**, 681–690 (1990)
11. Szyszka, A.: Schritte zu einer (Solar-) Wasserstoff-Energiewirtschaft. 13 erfolgreiche Jahre Solar-Wasserstoff-Demonstrationsprojekt der SWB in Neunburg vorm Wald, Oberpfalz (1999)
12. Barthels, H., Brocke, W.A., Bonhoff, K., Groehn, H.G., Heuts, G., Lennartz, M., et al.: Phoebus-jülich: an autonomous energy supply system comprising photovoltaics, electrolytic hydrogen, fuel cell. Int. J. Hydrogen Energy **23**, 295–301 (1998)
13. Jensen, J.O., Bandur, V., Bjerrum, N.J.: Pre-Investigation of water electrolysis, S.196. Technical University of Denmark (2008)
14. Marshall, A., Borresen, B., Hagen, G., Tsypkin, M., Tunold, R.: Preparation and characterisation of nanocrystalline $Ir_xSn_{1-x}O_2$ electrocatalytic powders. Mater. Chem. Phys. **94**, 226–232 (2005)
15. Marshall, A., Tsypkin, M., Borresen, B., Hagen, G., Tunold, R.: Nanocrystalline $Ir_xSn_{1-x}O_2$ electrocatalysts for oxygen evolution in water electrolysis with polymer electrolyte – effect of heat treatment. J. New. Mat. Electr. Sys. **7**, 197–204 (2004)
16. Trasatti, S.: Electrocatalysis in the anodic evolution of oxygen and chlorine. Electrochim. Acta **29**, 1503–1512 (1984)
17. Andolfatto, F., Durand, R., Michas, A., Millet, P., Stevens, P.: Solid polymer electrolyte water electrolysis – electrocatalysis and long-term stability. Int. J. Hydrogen Energy **19**, 421–427 (1994)
18. Millet, P., Andolfatto, F., Durand, R.: Design and performance of a solid polymer electrolyte water electrolyzer. Int. J. Hydrogen Energy **21**, 87–93 (1996)
19. Yamaguchi, M., Okisawa, K., Nakanori, T.: Development of high performance solid polymer electrolyte water electrolyzer in WE-NET. In: Iecec-97 – Proceedings of the thirty-second Intersociety Energy Conversion Engineering Conference, Bd. 1–4, S. 1958–1965 (1997)
20. Ledjeff, K., Mahlendorf, F., Peinecke, V., Heinzel, A.: Development of electrode membrane units for the reversible solid polymer fuel-cell (Rspfc). Electrochim. Acta **40**, 315–319 (1995)

21. Rasten, E., Hagen, G., Tunold, R.: Electrocatalysis in water electrolysis with solid polymer electrolyte. Electrochim. Acta **48**, 3945–3952 (2003)
22. Ma, H.C., Liu, C.P., Liao, J.H., Su, Y., Xue, X.Z., Xing, W.: Study of ruthenium oxide catalyst for electrocatalytic performance in oxygen evolution. J. Mol. Catal. Chem. **247**, 7–13 (2006)
23. Hu, J.M., Zhang, J.Q., Cao, C.N.: Oxygen evolution reaction on IrO₂-based DSA (R) type electrodes: kinetics analysis of Tafel lines and EIS. Int. J. Hydrogen Energy **29**, 791–797 (2004)
24. Song, S.D., Zhang, H.M., Ma, X.P., Shao, Z.G., Baker, R.T., Yi, B.L.: Electrochemical investigation of electrocatalysts for the oxygen evolution reaction in PEM water electrolyzers. Int. J. Hydrogen Energy **33**, 4955–4961 (2008)
25. Nanni, L., Polizzi, S., Benedetti, A., De Battisti, A.: Morphology, microstructure, and electrocatalylic properties of RuO₂-SnO₂ thin films. J. Electrochem. Soc. **146**, 220–225 (1999)
26. de Oliveira-Sousa, A., da Silva, M.A.S., Machado, S.A.S., Avaca, L.A., de Lima-Neto, P.: Influence of the preparation method on the morphological and electrochemical properties of Ti/IrO₂-coated electrodes. Electrochim. Acta **45**, 4467–4473 (2000)
27. Siracusano, S., Baglio, V., Di Blasi, A., Briguglio, N., Stassi, A., Ornelas, R., et al.: Electrochemical characterization of single cell and short stack PEM electrolyzers based on a nanosized IrO₍₂₎ anode electrocatalyst. Int. J. Hydrogen Energy **35**, 5558–5568 (2010)
28. Ayers, K.E., Anderson, E.B., Capuano, C., Carter, B., Dalton, L., Hanlon, G., et al.: Research advances towards low cost, high efficiency PEM electrolysis. ECS Trans. **33**, 3–15 (2010)
29. Sheridan, E., Thomassen, M., Mokkelbost, T., Lind, A.: The development of a supported Iridium catalyst for oxygen evolution in PEM electrolysers. In: 61st Annual meeting of the International Society of Electrochemistry. International Society of Electrochemistry, Nice (2010)
30. Smolinka, T., Rau, S., Hebling, C.: Polymer Electrolyte Membrane (PEM) Water Electrolysis. Hydrogen and Fuel Cells, S.271-289. Wiley-VCH (2010)
31. Ayers, K.E., Dalton, L.T., Anderson, E.B.: Efficient generation of high energy density fuel from water. ECS Trans. **41**, 27–38 (2012)
32. Hydrogenics: Hydrogenics awarded energy storage system for E.ON in Germany. World's first megawatt PEM electrolyzer for power-to-gas facility, April 8th (2013)
33. Dönitz, W., Erdle, E.: High-temperature electrolysis of water vapor – status of development and perspectives for application. Int. J. Hydrogen Energy **10**, 291–295 (1985)
34. Dönitz, W., Streicher, R.: Hochtemperatur-Elektrolyse von Wasserdampf – Entwicklungsstand einer neuen Technologie zur Wasserstoff-Erzeugung. Chem. Inge. Tech. **52**, 436–438 (1980)
35. Isenberg, A.O.: Energy conversion via solid oxide electrolyte electrochemical cells at high temperatures. Solid State Lonics **3–4**, 431–437 (1981)
36. Dönitz, W., Dietrich, G., Erdle, E., Streicher, R.: Electrochemical high temperature technology for hydrogen production or direct electricity generation. Int. J. Hydrogen Energy **13**, 283–287 (1988)
37. Erdle, E., Dönitz, W., Schamm, R., Koch, A.: Reversibility and polarization behaviour of high temperature solid oxide electrochemical cells. Int. J. Hydrogen Energy **17**, 817–819 (1992)
38. Laguna-Bercero, M.A.: Recent advances in high temperature electrolysis using solid oxide fuel cells: a review. J. Power Sources **203**, 4–16 (2012)
39. Stoots, C.M., O'Brien, J.E., Herring, J.S., Hartvigsen, J.J.: Syngas production via high- temperature coelectrolysis of steam and carbon dioxide. J. Fuel Cell Sci. Tech. **6**, 011014 (2009)
40. Carmo, M., Fritz, D.L., Mergel, J., Stolten, D.: A comprehensive review on PEM water electrolysis. Int. J. Hydrogen Energy **38**, 4901–4934 (2013)
41. Henel, M.: Power-to-Gas – Eine Technologieübersicht. Freiberger Forschungsforum. Freiberg (2012)
42. Mergel, J., Carmo, M., Fritz, D.L.: Status on technologies for hydrogen production by water electrolysis. In: Stolten, D., Scherer, V. (Hrsg.) Transition to Renewable Energy Systems, S. 425–450. Wiley-VCH, Weinheim (2013)

Die Entwicklung von Großelektrolyse-Systemen: Notwendigkeit und Herangehensweise

Fred Farchmin

12.1 Einleitung

Vorliegendes Kapitel erläutert die Notwendigkeit für große PEM-Elektrolyse-Systeme im Unterschied zum Status der Anlagen, die sich momentan im Feld befinden. Es zeigt ferner die technologischen, technischen und logistischen Herausforderungen an eine Hochskalierung und Industrialisierung auf sowie Überlegungen zu notwendigen Service- und Sicherheitskonzepten. Abschließend liefert es Einblicke in die Vorgehensweise bei Siemens sowie Ausblicke auf Aktionspläne, Anwendungen und Applikationen.

12.2 Warum braucht man große Elektrolyse-Systeme und was bedeutet „groß"?

Die Reduktion des Ausstoßes von Treibhausgasen ist mittlerweile kein bloßes, kollektives Lippenbekenntnis mehr, sondern in harten Zahlen hinterlegt. Es geht darum, die CO_2-Emissionen bis 2050 um 80 Prozent zu reduzieren. (basierend auf den Werten von 1990) – dies ist von der Europäischen Union als Ziel definiert [1].

Entsprechende Maßnahmen sind in allen Bereichen einer Volkswirtschaft von Nöten: im Verkehr, im Rahmen industrieller Prozesse, im privaten Bereich und auch im Stromsektor. Im letzteren werden die größten Potenziale bei der originären Erzeugung von Strom mit Hilfe von sogenannten regenerativen Energien gesehen, wie etwa durch Wasserkraft, Wind, Sonnenenergie. Die nachhaltige Erzeugung von Strom gewinnt auch vor dem Hintergrund knapp werdender Ressourcen an Bedeutung.

F. Farchmin (✉)
Siemens AG, Berlin, Deutschland
e-mail: fred.farchmin@siemens.com

J. Töpler und J. Lehmann (Hrsg.), *Wasserstoff und Brennstoffzelle*,
DOI: 10.1007/978-3-642-37415-9_12, © Springer-Verlag Berlin Heidelberg 2014

Während Wasserkraft meistens kontinuierlich anfällt, sind es vor allem Wind und Sonne, die den Stromerzeuger auch mal ins Schwitzen kommen lassen, weil die Energiemenge naturbedingten Schwankungen unterliegt und deshalb nicht so verlässlich planbar ist, wie es zum Beispiel bei konventionellen Kohle- oder Gaskraftwerken der Fall ist.

Da aber Erzeugung und Verbrauch von Strom im Netz immer ausbalanciert sein müssen [2], kommt es immer wieder zu Zeitfenstern, in denen die vorhandene Energie nicht als Strom in unseren Netzen gebraucht wird beziehungsweise in denen bereits zu viel Strom im Netz existiert. Davon betroffen sind im Schwerpunkt Windkraftanlagen im Norden oder Osten der Bundesrepublik. Studien zufolge gingen im Jahr 2011 mehr als 400 GWh Windstrom verloren, eine Energiemenge mit der rund 116.000 Haushalte ein ganzes Jahr mit Strom hätten versorgt werden können [3].

Im Gegensatz dazu kommt es aber auch zu Situationen, in denen der reale Stromverbrauch höher ist, als der mittels regenerativer Energiequellen momentan erzeugbare Strom, weil die oft zitierte „dunkle Flaute" herrscht. Zwar stehen in diesem Fall vor allem flexible Gas- und Dampfkraftwerke zur Verfügung, um kurzfristig Nachfragespitzen zu decken, jedoch sinkt die Motivation der Betreiber aufgrund der Vorfahrtsregelung für regenerativen Strom beträchtlich. Denn eine wesentliche Größe für den wirtschaftlichen Betrieb einer Anlage neben der eigentlichen Investition ist immer auch die Auslastung der Anlage als Funktion der Betriebsstunden.

Überhaupt zeigt sich ein Paradigmenwechsel in der Stromwirtschaft, da sich bisher die Erzeugungskapazitäten nach dem Verbrauch richten konnten.

Ein weiteres, seit Kurzem häufiger auftretendes Phänomen ist das der „negativen Strompreise". Der Angebots-Nachfrage-Mechanismus funktioniert über die Strombörse in Leipzig (EEX: European Energy Exchange AG) und liefert Zeitabschnitte, in denen Abnehmer für den Verbrauch von Strom Geld bekommen, anstatt dafür zahlen zu müssen. Das machte im Jahr 2011 immerhin knapp zwei Prozent der Zeit aus.

Die vorangehende Betrachtung zeigt, dass zur nachhaltigen CO_2-Reduktion nicht nur eine CO_2-freie beziehungsweise CO_2-neutrale Stromerzeugung gehört, sondern dass der Ausbau erneuerbarer Energie mittelfristig auch Lösungen benötigt, Energie, die nicht in die Stromnetze eingespeist werden kann, trotzdem nutzen oder speichern zu können, um Diskrepanzen zwischen Erzeugung und Verbrauch zu kompensieren.

Dabei geht es weniger um kleine Energiemengen für kurzzyklische Prozesse.

Neuere Studien sprechen in diesem Zusammenhang von Bedarfen bis zu 40 TWh im Jahr 2040, die über Wochen und Monate gespeichert werden müssten [4].

Die vor diesem Hintergrund intensiv geführte Diskussion über Speicherlösungen und Speichermedien ist vielfältig. Die Eigenschaften, die es dabei zu bewerten und vergleichen gilt, sind vor allem die Menge an speicherbarer Energie, die Speicherdauer und die technische, politische und lokale Realisierungsmöglichkeit.

Pumpspeicherkraftwerke zum Beispiel sind unbestritten hocheffizient, besitzen aber geologische Restriktionen. Daneben werden sogenannte Druckluftspeicher (Compressed Air) und natürlich auch Batterielösungen analysiert.

Last but not least steht auch die elektrochemische Umwandlung von Energie in Wasserstoff mittels Elektrolyse auf der Agenda. Mit dem Medium Wasserstoff gelingt es anerkanntermaßen, große Energiemengen bis in den TWh-Bereich für einen Zeitraum über Monate nahezu verlustfrei zu speichern.

Das elektrolytische Prinzip, die elektrochemische Spaltung von Wasser in Wasserstoff und Sauerstoff, ist bekannt seit Beginn des 19. Jahrhunderts und geht auf den Wissenschaftler Johann Wilhelm Ritter zurück.

Doch Elektrolyse ist nicht gleich Elektrolyse. Unterschiedliche Technologien mit unterschiedlichen Eigenschaften haben je nach Anwendungsgebiet und Betriebsweise ihre besonderen Stärken.

In der Vergangenheit wurden alkalische Elektrolyseure verwendet, um mit kontinuierlicher Leistungsaufnahme ohne Schwankungen in der Energie- oder Wasserversorgung und ohne spontane Produktionspausen, permanent eine gewisse Menge Wasserstoff meist bei atmosphärischem Druckniveau herzustellen. Heutzutage unterliegen die Anforderungen an die technischen Eigenschaften von Elektrolyse-Systemen geradezu einer disruptiven Veränderung. Dynamik ist gefordert, statt Betrieb im Effizienzoptimum. Wind tritt in Böen auf, Sonne wird von Wolkenfeldern verdeckt. Das Ganze geschieht im Sekundentakt. Die Elektrolyse muss steilste Energiegradienten in kürzester Zeit nach oben und nach unten meistern können, dabei auch bei Bedarf über Stunden ganz abgeschaltet werden können, um mit plötzlichen Überlastsituationen fertig zu werden.

Die Elektrolyse dient dabei zum einen der Aufnahme von überschüssiger oder nicht ins Netz integrierbarer Energie, mit deren Hilfe dann das Speichermedium Wasserstoff hergestellt wird. Zum anderen muss die hohe Lastdynamik des Elektrolyseurs zusätzlich zur Netzstabilisierung, also als eine schnell zuschalt-/abschaltbare Last, genutzt werden können.

Die sogenannte PEM-Elektrolyse ist aufgrund ihrer technischen Eigenschaften geradezu prädestiniert für diese Anforderungen, dabei heißt PEM entweder Polymer-Elektrolyt-Membran oder Proton Exchange Membrane.

Im Gegensatz zur Kalilauge bei alkalischen Systemen nutzt die PEM–Elektrolyse eine elektrisch leitfähige Membran (s. Abb. 12.1), die für hohe Leistungsanforderungen, zum Beispiel Stromdichten sehr gut geeignet ist. Sie stellt darüber hinaus die gasdichte Trennung zwischen der Sauerstoff- und der Wasserstoffseite sicher und erlaubt den Druckbetrieb bis 100 bar und mehr.

Ferner muss der PEM-Elektrolyseur, anders als bei einem alkalischen System, nicht auf Betriebstemperatur gehalten werden, sondern kann vollständig ausgeschaltet werden. Das eliminiert die Betriebskosten im Ruhezustand. Eine Spülung mit Inertgas (extrem reaktionsträges Gas) oder das Anlegen einer Schutzspannung, um das Zersetzen der Elektroden zu verhindern, ist bei der PEM-Technologie ebenfalls nicht notwendig. Zudem startet das PEM-System beim Einschalten auch sofort, ohne eine Vorwärmphase und ist auch dadurch hochdynamisch.

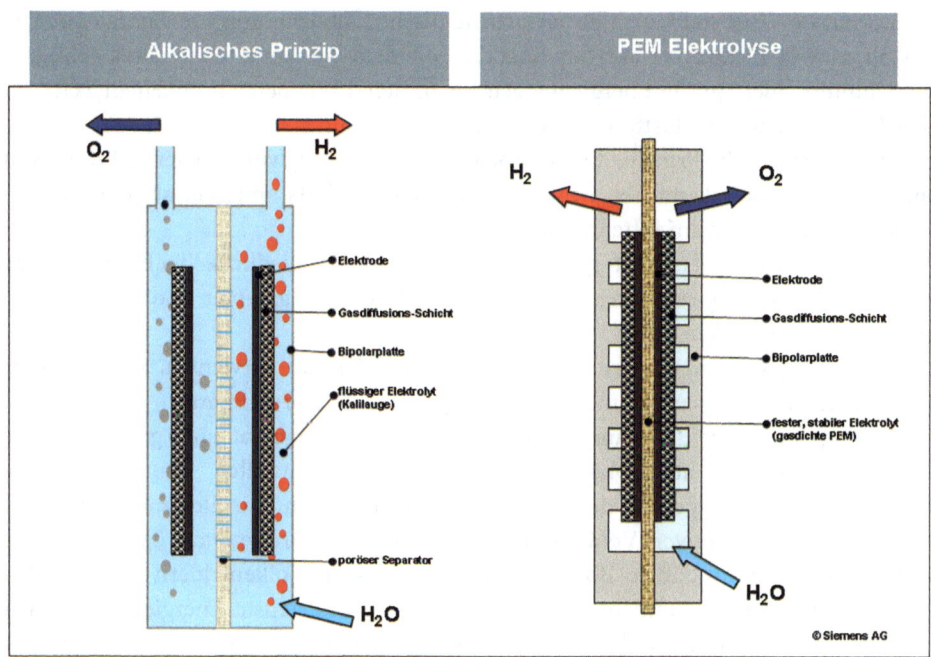

Abb. 12.1 PEM- und alkalische Elektrolyse: Prinzip und Unterschiede (© Siemens AG)

Allerdings sind die PEM-Elektrolyse-Systeme zurzeit noch in einer Leistungsklasse unter einem Megawatt und werden vielfach für den Laborbetrieb oder in medizinischen Bereichen eingesetzt.

Wasserstoffmengen größer als 100 Normkubikmeter (Nm^3) pro Stunde lassen sich damit kaum realisieren.

Lautete die Frage früher „groß oder PEM", so lautet die Forderung in Zukunft „groß und PEM". Auf der Basis langjähriger Forschung in der Elektrolyse-Technologie hat das Siemens-Management im Jahr 2010 beschlossen, vorhandene Laborsysteme für die industrielle Nutzung weiterzuentwickeln, um mittel- bis langfristig PEM-Elektrolyse-Systeme im dreistelligen Megawatt-Bereich zur Verfügung zu stellen.

Diese Großelektrolyseure können dann zum Beispiel überschüssigen Strom aus großen Windparks in Wasserstoff umwandeln und somit große Pufferspeicher möglich machen, die zum Gleichgewicht im Stromnetz beitragen. Wasserstoff lässt sich bei Bedarf mittels Gasturbinen rückverstromen. Er kann aber auch „pur" oder methanisiert ins Gasnetz eingespeist werden.

Darüber hinaus lässt sich der gewonnene Wasserstoff, im Gegensatz zu anderen Speichermedien, noch vielseitig einsetzen. Wasserstoff ist bei entsprechender Erzeugung mit regenerativen Energiequellen ein CO_2-freier Treibstoff, zum Beispiel für Brennstoffzellenfahrzeuge.

Auch bildet Wasserstoff einen essenziellen Baustein für viele industrielle Prozesse. 40 Prozent der jährlich weltweit verbrauchten 500 Milliarden Normkubikmeter Wasserstoff werden allein zur Herstellung von Düngemitteln verwendet, mit steigender Tendenz – analog zur Weltbevölkerung. Da Wasserstoff heutzutage aber noch zu zirka 95 Prozent mit dem CO_2-lastigen Dampfreformierungsprozess hergestellt wird, ist das große Potenzial für den Einsatz von Großelektrolyseuren und regenerativer Stromerzeugung auch hier zu erkennen [5].

Damit ist der Kreis geschlossen, denn es ist gezeigt worden, dass sich die bereits erwähnten CO_2-Einsparziele nur dann erreichen lassen, wenn Maßnahmen in allen Bereichen einer Volkswirtschaft eingeleitet werden.

Was bedeutet „groß"?

Für die PEM-Elektrolyse gilt ebenfalls die bereits auf Aristoteles zurückführende Erkenntnis, dass das Ganze mehr ist, als die Summe seiner Komponenten [6].

Umso wichtiger ist es, bei einer geplanten Hochskalierung einer neuen, innovativen Technologie nicht überall technologisches oder technisches Neuland betreten zu müssen, sondern dass man auf möglichst viel Erfahrung und bewährte Teilsysteme zurückgreifen kann.

„Groß" heißt nicht nur, groß denken zu können oder groß entwickeln zu wollen, sondern auch, bereits große Erfahrung bei der Auslegung und beim Bauen von Großsystemen und -anlagen zu haben.

Ein komplexes, integriertes PEM-Elektrolyse-System mit 100 Megawatt kann nicht nur ein großer Elektrolyse-Zellstapel (Stack) und eine Zusammenstellung von Komponenten sein. Es muss sich vielmehr um die Integration von Konstruktion, Materialauswahl und technischer Auslegung einerseits, dem Zusammenspiel von elektrochemischen und elektrotechnischen Teilsystemen andererseits handeln. Hinzu kommen außerdem die Verfügbarkeit von Produktions-Know-how im großen Stil, ein transparentes Sicherheitssystem und eine erfahrene und kompetente Inbetriebsetzungs- und Serviceorganisation. Gepaart mit über 15 Jahren Erfahrung aus der PEM-Elektrolyse-Forschung und -Entwicklung bilden diese Faktoren die solide Grundlage für die Umsetzung bei Siemens.

In den folgenden Kapiteln werden einige Detailaspekte im Rahmen der Entwicklung und Fertigung von Großelektrolyseuren erläutert.

12.3   Welche Erfahrungen aus anderen Bereichen müssen in die Entwicklung der Großelektrolyse-Systeme einfließen?

Die PEM-Elektrolyse, die bei Siemens entwickelt wurde, ist mittlerweile so ausgereift, dass sie ihre Anwendung in der Praxis findet. Die erste Generation wurde in Containerbauweise errichtet und erreicht eine Spitzenleistung von 0,3 Megawatt.

Seit Ende 2012 sind diese Elektrolyse-Systeme im Feld im Rahmen von Demonstrations- und anderen Pilotprojekten im Einsatz. Sie werden dort unter realen Bedingungen, aber auch mit speziellen Simulationsbetriebsmodellen gefahren, um die technischen Eigenschaften, wie etwa dynamischer Betrieb, Druckbetrieb, Start/Stopp-Betrieb, Wasserstoffproduktion, Wasserstoffqualität etc. zu verifizieren. Labordauertests mit der PEM-Technologie laufen bereits seit mehr als 60.000 Stunden. Neben der serienmäßig angestrebten 50 bar Druckvariante wurden auch Tests bei 100 bar erfolgreich durchgeführt. Es wurde nachgewiesen, dass ein höherer Betriebsdruck praktisch keinen Einfluss auf den Leistungsbedarf des Elektrolyseprozesses hat (Abb. 12.2).

Die Mitarbeiter von Siemens können zusätzlich auf das umfassende Know-how aus vierzigjähriger Erfahrung in der Elektrodenentwicklung und –fertigung zurückgreifen. Die Elektroden, das Kernelement bei der PEM-Elektrolyse, werden auf einer Membran aufgebracht (MEA: Membrane Electrode Assembly) und bilden mit je zwei Bipolarplatten (BIP) und der Gasdiffusionsschicht (GDL: Gas Diffusion Layer) eine Elektrolyse-Zelle. Dabei gilt für den Entwicklungs- und Fertigungsprozess die Faustregel: Die MEA verantwortet die Lebensdauer, die BIP verursacht die Kosten. Viele Zellen bilden zusammen das Herzstück des PEM-Systems: den Stack (s. Abb. 12.3).

Die Leistung eines PEM-Elektrolyse-Systems errechnet sich über die aktive Fläche pro Zelle, die Anzahl der Zellen, sowie dem Produkt aus Stromdichte in A/cm^2 und Zellspannung. Im Falle des abgebildeten Stacks bedeutet das bei einer Nennleistung von 25 kW, 40 Zellen mit je 300 cm^2 und einer Stromdichte von einem Ampere pro Quadratzentimeter Zellfläche eine Zellspannung von zirka 2,09 Volt.

Wie Abb. 12.2 aber bereits zeigt, liegen hier große Potenziale in der Konstruktion der Zellen, da bereits Spannungswerte erreicht werden konnten, die bei gleicher Stromdichte deutlich unter zwei Volt liegen. Das ist insofern wichtig, da die Zellspannung verantwortlich ist für den Wirkungsgrad der Zellen und die Stromdichte für die Wasserstoffproduktion des Systems. Niedrigere Zellspannung bei gleicher Stromdichte bedeutet, gleiche Wasserstoffausbeute bei niedrigerer Leistungsaufnahme, was einem höheren Wirkungsgrad entspricht.

Das Hochskalieren ist damit ganz einfach. Der Projektingenieur kann die aktive Zellfläche entsprechend vergrößern oder die Anzahl der Zellen pro Elektrolyse-Stack erhöhen. Natürlich lässt sich die Elektrolyse-Leistung auch noch über die Erhöhung der Stromdichte pro Quadratzentimeter oder der Zellspannung steigern.

Doch die Grenzen dieser Alternativen liegen auf der Hand. Während es im letzten Fall die physikalischen Gesetze sind, gerät die Realisierung beim bloßen Verlängern des Stacks durch das Aufstapeln weiterer Zellen irgendwann in statische sowie Versorgungsschwierigkeiten. Es bleibt realistisch gesehen also nur die Vergrößerung der aktiven Zellfläche und zwar von 300 cm^2 um mehr als den Faktor 30 auf rund 10.000 cm^2 (1 m^2) und darüber.

Die Konsequenzen für die Fertigungsprozesse und das Zelldesign sind dramatisch. Kleine MEAs können noch teilautomatisiert mit herkömmlichen Geräten von kompetenten Fachkräften in kleineren Werkstätten hergestellt werden. Eine

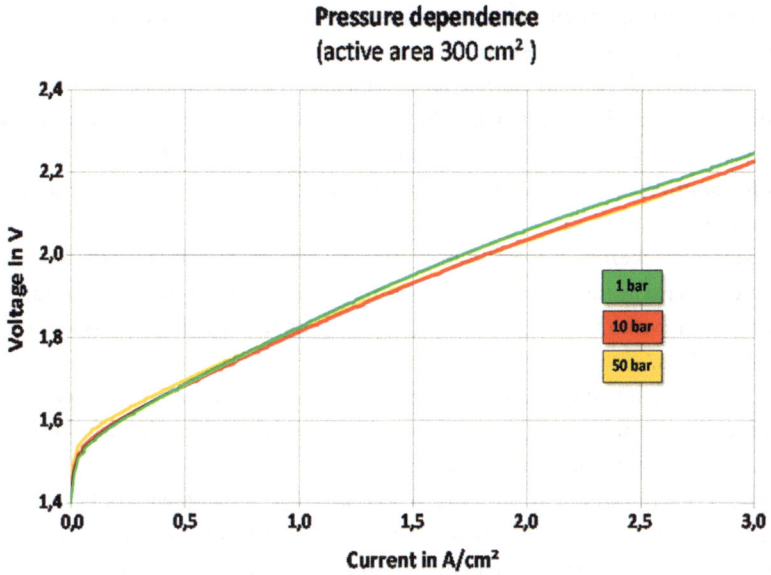

Abb. 12.2 Strom-Spannungskurven des Siemens-PEM-Systems bei unterschiedlichen Druckniveaus (© Siemens AG)

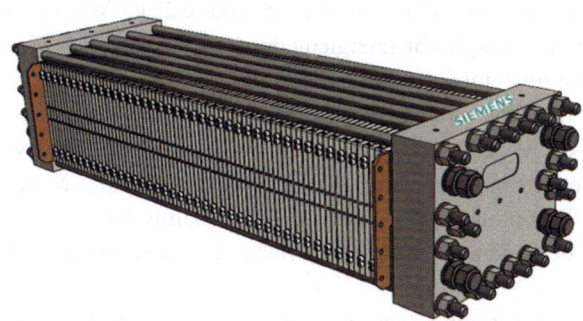

Abb. 12.3 PEM-Elektrolyse-Stack mit 40 Zellen (© Siemens AG)

Ein-Quadratmeter-Membran bedingt entsprechend große Fertigungsmaschinen, die es so noch nicht gibt. Das sogenannte Flow-field der BIP, das für die Medienversorgung und das Wärmemanagement entscheidend ist, wird um ein vielfaches komplexer, da unterversorgte Bereiche auf der MEA sofort zu „blinden Stellen" führen, die dann wiederum den Wirkungsgrad und auf Dauer auch die Haltbarkeit negativ beeinflussen. Es werden hochmoderne, automatisierte Fertigungsstraßen mit effizienter Steuerungstechnik benötigt. Die dabei für die MEA-Fertigung notwendigen Materialien, unter anderem Platin, liegen in Größenordnungen, die erfahrene und global vernetzte Beschaffungsexperten und Einkäufer voraussetzen.

Diese müssen wiederum an eingespielte, logistische Prozesse gekoppelt sein.

Die Fertigung der MEAs gilt beim Bau von Elektrolyse-Systemen als eine der know-how-intensivsten Disziplinen. Es geht nicht nur um die Auswahl der Materialien und Grundstoffe, sondern auch um die Mischung, die Art der Aufbringung und um die verwendeten Mengen.

Neben der aktuellen MEA-Fertigung für die 300 cm^2 Zellen wird bei Siemens in Deutschland bereits parallel die Produktion der MEAs für die nächste Zellgröße aufgebaut. Damit sind bereits heute die Voraussetzungen für den letzten Skalierungssprung auf 1 m^2 geschaffen.

Viele Dinge werden handhabbarer, wenn sie größer werden. Die technische Komplexität auf engstem Raum verliert sich in der industrialisierten Hochskalierung. Bei der PEM-Elektrolyse verhält sich das nur zum Teil so.

Neben dem Stack und der notwendigen Verfahrenstechnik spielt das Gas- und Wassermanagement ebenfalls eine wichtige Rolle bei den Skalierungsüberlegungen. Da im Rahmen einer Elektrolyse immer Wasser zerlegt wird, lohnt ein kurzer Blick auf den Wasserverbrauch.

Für die Elektrolyse ist vollentsalztes Wasser notwendig, und zwar rund 10 l Deionat (Demineralisiertes Wasser) für ein Kilogramm Wasserstoff. Allerdings wird der Prozess zur Erzeugung dieser Menge zirka 20 Liter Frischwasser benötigen. Das zusätzliche Wasser wird hauptsächlich für die Wasseraufbereitung verwendet und kann anschließend dem normalen Abwasserkreislauf zugeführt werden.

Somit benötigt die Speicherung von 10 kWh zirka 0,25 kg Wasserstoff und verbraucht etwa 5 l Leitungswasser – die gleiche Energiemenge (10 kWh) steckt in einem Liter Heizöl.

Diese Ergebnisse auf einen Großelektrolyseur mit 100 Megawatt projiziert, bedeutet einen ungefähren Wasserverbrauch von 36.000 l pro Stunde oder 600 l pro Minute. Das entspricht in etwa der Wasserdurchflussmenge von zwei großen Feuerwehrschläuchen bei Volllast [7]. Standardpumpen in dieser Größenordnung sind am Markt zwar vorhanden, allerdings wird ein Deionattank nötig sein, um den dynamischen Betrieb der PEM-Elektrolyse abzufedern beziehungsweise mögliche Druckschwankungen in der Wasserversorgung auszugleichen.

Zur Veranschaulichung soll folgendes Bild dienen: mit dem Wasser eines Wettkampfschwimmbeckens (50 m × 25 m × 2 m) kann ein 100-Megawatt-System knapp drei Tage mit Wasser versorgt werden [8]. Bezogen auf die Jahresstundenanzahl von 8.760 ist das allerdings nicht einmal ein Prozent.

Das Beispiel zeigt erneut, dass industrieübergreifendes, interdisziplinäres Wissen absolut notwendig ist, da auch Ionentauscher, Reverse-Osmose-Systeme oder auch Entsalzungsanlagen integriert werden müssen.

Und gerade, wenn ein System aus sensiblen, innovativen Teilsystemen und interdisziplinären Prozessen besteht, wie etwa die Verfahrenstechnik im Großelektrolyseur und der optimale elektrolytische Prozess, müssen alle anderen Teilsysteme zuverlässig und aufeinander abgestimmt sein.

Abb. 12.4 Hochstromgleichrichter von Siemens für Großelektrolyseure (© Siemens AG)

Leistungselektronik, Leitsystem und Netzanbindung bilden zusammen den elektro-technischen Teil einer Elektrolyse. Großelektrolyseure spielen auch hier in einer anderen Liga als die momentan verfügbaren Systeme im Feld.

Die Netzanbindung erfolgt nicht mehr über die normale „Haussteckdose" beziehungsweise über 400 V-Drehstrom, sondern an Mittel- oder Hochspannung.

Speziell in diesem Bereich kann Siemens auf seine eigenen Standardkomponenten und -systeme zurückgreifen, die sich über Jahrzehnte in allen möglichen Branchen und Anwendungen bewährt haben.

Neben diesen Komponenten wird speziell im Hochspannungsbereich auch eigens zertifiziertes Fachpersonal mit der geforderten Kompetenz, Erfahrung und Ausbildung benötigt. Fünfzig Jahre Erfahrung im Bau und in der Auslegung von Hochstromgleich-richtern (Heavy Duty Rectifiers), die für diese Großelektrolyse-Systeme erforderlich sind, bezeugen eine solide Basis (s. Abb 12.4). Das Elektrifizierungskonzept für die Großelekt-rolyse-Projekte steht und wird über Simulationsprogramme bereits heute im Zusammen-spiel mit den Netztransformatoren und reellen Windprofilen optimiert.

Die Leittechnik ist erforderlich für Überwachung, Steuerung und Regelung des gesamten Elektrolyse-Prozesses und stellt damit quasi das Gehirn des Systems dar. Die Leittechnikkomponenten inklusive aller sicherheitsrelevanten Sensoren und Aktoren werden von einer unterbrechungsfreien Stromversorgung gespeist. Dies sichert im Falle eines Stromausfalls ein geordnetes Herunterfahren des Elektrolysesystems sowie eine durchgängige Erfassung der Messwerte und Ereignisse.

Die Kommunikation mit einem übergeordneten Leitsystem muss mit unterschiedlichsten Protokollen und physikalischen Schnittstellen möglich sein.

Funktionalitäten wie Fernzugriff, Condition Monitoring und Ferndiagnose befinden sich bei den derzeitigen Elektrolyse-Projekten eher noch im Parallelmodus. Meist werden notwendige Analysen im Rahmen der bestehenden Pilotprojekte noch mit dem „Embedded Engineer" vor Ort quasi in Handarbeit durchgeführt. Doch spätestens bei Großelektrolyseuren mit 100 Megawatt und mehr müssen diese Optionen absolut systemimmanent werden, da sowohl die Größe des Systems, als auch Standortgegebenheiten oft einer schnellen Vor-Ort-Diagnose entgegenstehen.

Die weltweiten Projekterfahrungen mit dem Leitsystem Simatic PCS 7, das auch bei den Siemens-Elektrolyseuren zum Einsatz kommt, im Zusammenhang mit der „Common Remote Service Plattform CRSP", zeigen hier größtmögliche, bewährte Effizienz.

Das Leitsystem sowie umfassende sensorische Einrichtungen sind zur Überwachung und Regelung aller entscheidenden Systemparameter als auch für die erforderlichen Sicherheitsfunktionen erforderlich [9].

Die erfassten Signale müssen funktional verarbeitet sowie für spätere Analysen in festgelegten Zeitabständen archiviert werden. Höchst sicherheitsrelevante Signale werden neben der softwaremäßigen Verarbeitung auch in einen zusätzlichen hardwaremäßigen Auslösekreis eingebunden. Für den Anlagenbetrieb relevante Werte lassen sich darüber hinaus im Bediensystem visualisieren. Die dabei anfallenden Datenmengen führen lokale Speichermedien auch im Gigabyte-Bereich schnell an ihre Kapazitätsgrenzen. Hier werden zukünftig spezielle Cloud-Konzepte zu implementieren sein.

Das Leitsystem übernimmt weiterhin vielfältige Regelungsfunktionen im Elektrolysesystem, so zum Beispiel die Temperaturregelung in den verschiedenen Kühlkreisläufen und Sollwertregelung für den Gasdruck in den Sauer- und Wasserstoffkreisen. Dies sind nur einige der Herausforderungen im Material-, Fertigungs-, Komponenten- und Leitsystembereich. Nachfolgend werden noch Fragestellungen zum Sicherheitskonzept, zur Zulassung und zum betriebsbegleitenden Service erörtert als weitere wesentliche Bestandteile für das ganzheitliche Entwicklungskonzept eines Großelektrolyse-Systems.

12.4 Welche Sicherheitskonzepte für Großelektrolyse-Systeme werden erarbeitet?

Der Erfolg einer innovativen Technologie, wie es die PEM-Elektrolyse ist, und der Stellenwert, den Wasserstoff in der zukünftigen Energielandschaft einnimmt, hängt in hohem Maße von der öffentlichen Akzeptanz ab. Dies bedingt Transparenz bei der Entwicklung und Bewertung einer Technologie, Vertrauen und natürlich auch einen ungefährlichen und objektiv beherrschbaren Betrieb, ohne Folgerisiken in der Zukunft.

Oberste Ziele müssen daher die sichere Erzeugung und Weiterverwendung von Wasserstoff sein.

Dazu wurde bei Siemens ein Sicherheitskonzept eigens für komplette, autarke PEM-Elektrolyse-Systeme entwickelt, wobei sämtliche relevanten Richtlinien, Normen und Regularien Berücksichtigung finden.

Die Elektrolyse ist grundsätzlich zweigeteilt: ein elektrochemischer Teil, in dem die eigentliche Elektrolyse stattfindet sowie der elektrotechnische Teil, der bereits heute aus geprüften und zugelassenen Siemens-Standard-Komponenten besteht.

Das PEM-Gesamtsystem ist mit der CE-Kennzeichnung [10] versehen und dokumentiert damit seine Konformität mit einschlägigen Verordnungen, Richtlinien und Normen, zum Beispiel Druckbehälter VO 97/23/EC; Atex 94/9/EC; Maschinen VO 2006/42/EC.

Alle Ergebnisse und Erkenntnisse im Rahmen dieser Zertifizierungsprozesse können auf die nächsten Elektrolyse-Systemgrößen angewandt werden.

Lückenlose Transparenz, die Einhaltung sämtlicher Vorschriften sowie die Einbindung der wesentlichen Prüforganisationen bereits im frühen Stadium der Entwicklung bewirken eine sichere und zuverlässige Technik.

Konkret werden dabei Maßnahmen definiert und als primär, sekundär und tertiär dokumentiert [11].

Die primären Maßnahmen zielen auf die Beseitigung von Gefahrenmomenten oder den Schutz vor Risiken durch eigensichere Konstruktions- und Designmaßnahmen ab. Solche Risiken sind beispielsweise das Entstehen explosiver Atmosphären, Überdruck- oder Überhitzungszustände. Durch die Maßnahmen werden auch nachhaltig die präventiven Instandhaltungsanforderungen reduziert.

In diesem Zusammenhang werden alle Materialien, die im PEM-Elektrolyse-System eingesetzt werden so ausgelegt, dass sie der erwarteten thermischen, chemischen und mechanischen Beanspruchung standhalten. Bei kritischen Teilen werden darüber hinaus weitere Testzertifikate von Zulieferern eingefordert. Sämtliche Dichtungen und Verrohrungsbestandteile müssen den Anforderungen der Druckbehälter VO 97/23/EC genügen. Ferner sorgt ein entsprechend ausgelegtes, unabhängiges Ventilationssystem gepaart mit Leckagedetektion dafür, dass in keinem Betriebszustand explosive Gasgemische entstehen.

Die sekundären Maßnahmen dienen dazu, Folgen von unvermeidbaren Unsicherheitszuständen einzuschränken. Hierzu zählt in erster Linie eine umfangreiche Sensorik hinsichtlich Temperatur, Gasaustritt und Druckschwankungen. Aber auch auf dem ersten Blick triviale Maßnahmen wie zum Beispiel die Erdung des Systems und die Installierung eines Remote Control Systems fallen in diese Kategorie.

Die tertiären Maßnahmen sorgen schließlich dafür, dass Störfälle, die trotz aller primären und sekundären Maßnahmen eintreten, schnell erkannt, lokalisiert und in ihren Folgen eingedämmt werden können. Dazu gehören alle Arten von Detektoren für Feuer oder Wasseraustritt. Infrarotdetektoren zum Erkennen von Bränden, aber auch die exakte Definition und Kennzeichnung der Zutrittseinschränkungen zu den Verfahrens- und Elektroräumen helfen, das PEM-Elektrolyse-System sicher für Mensch und Umwelt zu machen.

Dieses „Safety Concept of a Self-Sustaining PEM Hydrogen Electrolyzer System" bildet die Basis für die Generation der Großelektrolyse-Systeme und wird im Zuge der Entwicklung und Fertigung sukzessive modifiziert und ergänzt [12].

12.5 Welche Services sind für den laufenden Betrieb dieser Großelektrolyse-Systeme notwendig?

Der Betrieb von Großelektrolyseuren bedeutet für den Käufer oder Betreiber eine große, nachhaltige Investition, an die auch große Erwartungen geknüpft sind. Neben der Investition sind es vor allem die Betriebs- sowie Instandhaltungskosten, die eine wesentliche Rolle bei der Wirtschaftlichkeit spielen. Im industriellen Umfeld werden meist die „Total Costs of Ownership (TCO)" betrachtet, wenn sich der potenzielle Betreiber über einen „Return on Investment (ROI)"-Zeitraum Klarheit verschafft, der in der Regel zwischen drei und fünf Jahren liegen sollte oder muss. Die entscheidende Größe dabei ist auch die in Abb. 12.5 dargestellte „Overall Equipment Effectiveness (OEE)" als das Produkt aus Verfügbarkeit, Produktivität und Qualität eines Produktionssystems.

Betriebskosten optimieren, Investitionen schützen, Verfügbarkeit sichern – das sind die großen Herausforderungen für den Service und Support speziell nach der Inbetriebnahme. Das setzt zunächst das lückenlose Vorhandensein einer Serviceorganisation voraus. Damit sind aber nicht die Spezialisten der internen Entwicklungsabteilung gemeint, die systemische Störungen in jedem Fall diagnostizieren und beheben können. Mit steigendem Feldbestand müssen lokale Servicefachleute bereitstehen mit dem notwendigen elektro- und verfahrenstechnischen Kompetenzmix.

Die Komplexität eines Elektrolyse-Systems muss sich in einem einfachen und effizienten Servicekonzept widerspiegeln. Dabei geht es nicht um Standardleistungen, wie eine Telefon-Hotline oder der reaktiven Einsatzplanung eines Service-Technikers bei Störungen.

Vielmehr ist das Ziel, derartige, ungeplante Stillstände komplett zu vermeiden und das über den gesamten geplanten Lebenszyklus.

Der Stack ist interessanterweise bei einer Analyse und Bewertung aller Komponenten hinsichtlich ihrer für die Gesamtverfügbarkeit relevanten Bedeutung am wenigsten kritisch. Es sind hier vorrangig die Komponenten mit mechanischer Beanspruchung, das „rotating equipment" zu nennen – also Pumpen, Lüfter, aber auch spezielle Ventile.

Präventive Instandhaltungsmaßnahmen, Erstellen und Abarbeiten von Wartungs- und Inspektionsplänen, Condition-Monitoring-Systeme und die Verfügbarkeit von Verschleiß- und Serviceteilen zu jeder Zeit und über die gesamte, geplante Lebensdauer sichern die Zuverlässigkeit der Elektrolyse-Systeme.

Erkenntnisse aus unterschiedlichen Instandhaltungsphilosophien müssen Eingang in die Servicestrategie finden. Die zuverlässigkeitsorientierte Instandhaltung (Reliability-centered Maintenance) ist dabei ein Verfahren zur Bestimmung der Maßnahmen, die sicherstellen, dass eine beliebige Komponente unter den gegebenen Betriebsbedingungen

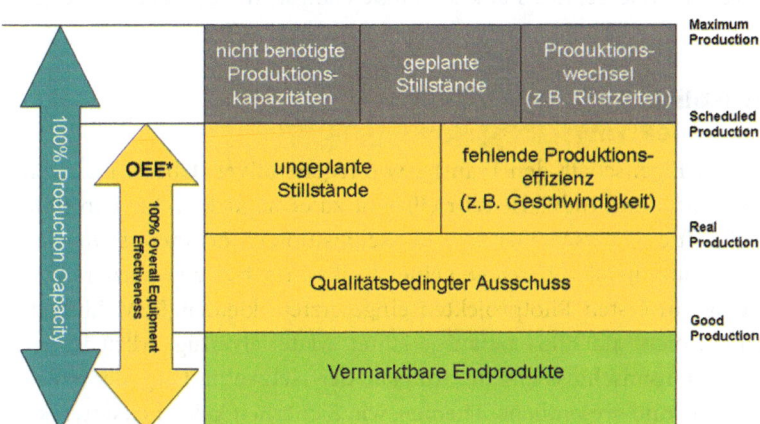

Abb. 12.5 Overall Equipment Effectiveness - Maßstab für die Bewertung von Systemen und Anlagen (© Siemens AG)

ihre vorgesehene Funktion erfüllt. Der Projektingenieur beantwortet nacheinander die Fragen, welche Funktion eine Komponente erfüllen muss, wie diese Komponente versagt, welche Ursachen es für die Störung gibt, was tatsächlich mit der Komponente bei der Störung passiert, was die kurzfristigen und langfristigen Folgen dieser Störung sind, welche Präventivmaßnahmen es gibt und was zu tun ist, wenn es keine Präventivmaßnahmen gibt [13]. Die Antwortschemata bilden dann die Grundlage für Instandhaltungspläne, Ersatzteilkonzepte, aber auch für notwendige Spezialtrainings beim Kunden und/oder für Service-Techniker. Je größer und komplexer Systeme werden, umso wichtiger sind diese Konzepte.

Speziell bei den Großelektrolyse-Systemen spielt auch das in das Leitsystem integrierte Remote-Service-Konzept eine entscheidende Rolle.

Das beginnt bereits bei der Verfügbarkeit sicherer Internetverbindungen.

Virus-Protektion, die vor dem Eindringen von Schadsoftware schützt, aber auch einfachere Features wie Diagnosetools, sogenannte automatische Ticket-Assistenten, und ein zuverlässiges Software-Update-Konzept müssen vor allem bei den großen PEM-Elektrolyse-Systemen der Zukunft integriert sein. Diese müssen dafür sorgen, dass unautorisierte Fremdzugriffe oder Sabotage vermieden werden. So kann die Leittechnik das Ziel einer maximalen Einsatzfähigkeit durch die Eliminierung von ungeplanten Stillständen unterstützen.

Nur mit einer Leittechnik, die über den gesamten Lebenszyklus mit der Weiterentwicklung der Systemtechnik Schritt hält, gelingt es, den Wert der Investition zu sichern und dem Betreiber Produktivität und Effizienz seines Systems zu liefern.

Mit der Simatic PCS7 kann Siemens auf seine eigene Plattform zurückgreifen, die bereits zig-fach im Markt etabliert ist und bei der die beschriebenen und notwendigen Remote- und Lifecycle-Service-Funktionalitäten längst zum Standard-Paket gehören [14].

12.6 Ausblick

Aufgrund ihrer Eigenschaft, den Transfer von regenerativer (Überschuss-) Energie in die Bereiche Mobilität und Industrie sehr effizient zu ermöglichen, können PEM-Elektrolyseure in Zukunft eine entscheidende Schlüsselposition einnehmen. Denn sie tragen dazu bei, CO_2 nachhaltig in allen Bereichen einer Volkswirtschaft zu reduzieren (s. Abb. 12.6). Die heutzutage in ersten Pilotprojekten eingesetzten, kleinen PEM-Einheiten sind auf Funktionalität, nicht auf Effizienz ausgerichtet. Materialverfügbarkeit ist kein Problem. Ein normaler Hausanschluss löst die Aufgabe der Netzanbindung, der Wasserdurchsatz ist übersichtlich und wesentliche Themen wie Sicherheit oder Leitsystemkonfiguration werden durch die Systemgröße relativiert.

Doch die Anforderungen des Marktes werden sich disruptiv ändern und Großelektrolyse-Systeme mit 50 Megawatt und mehr werden mindestens ab 2018 verfügbar sein müssen. Dabei sollte der Industriestandard ein Kostenoptimum bei gleichzeitiger Leistungseffizienz bereitstellen. Es wird um die „Total Costs of Ownership" gehen, nicht nur um Funktionalität. Und der „Grüne Wasserstoff" wird sich nur dann etablieren können, wenn seine Gestehungskosten vergleichbar sind mit heutigen Wasserstoffkosten.

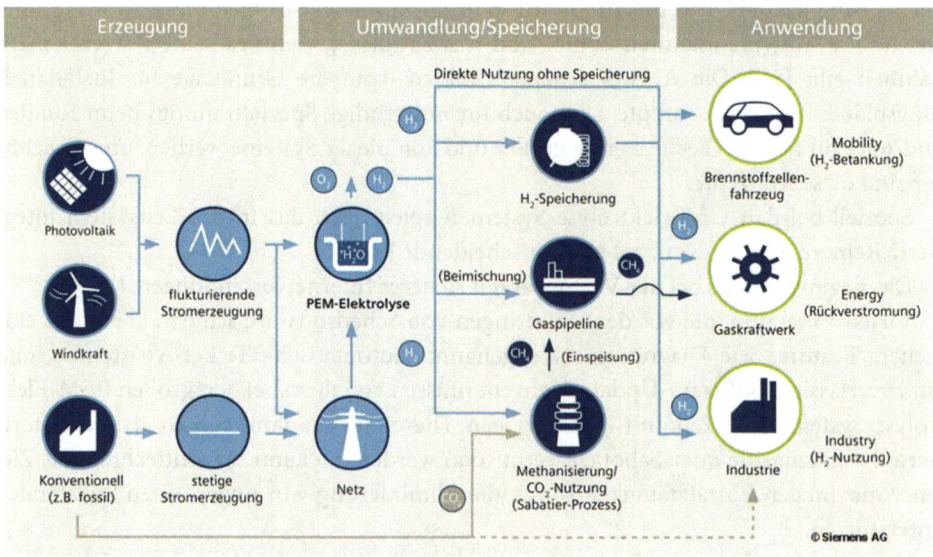

Anwendungsfälle und Einsatzbeispiele für die Wasserstoff-Elektrolyse

Abb. 12.6 Elektrolyse als Schlüsselsystem (© Siemens AG)

Basierend auf langjähriger Erfahrung in allen dafür notwendigen Disziplinen, angefangen bei der PEM-Technologie und der Elektrodenfertigung, den Hochstromgleichrichtern, der Leittechnik, Leistungselektronik sowie dem Aufbau von Produktionsprozessen, Industrie-Know-how und der Servicekompetenz wird Siemens die Hochskalierung von PEM-Elektrolyse-Systeme vorantreiben, um diese Forderungen zu erfüllen. Die Hausaufgaben dafür sind gemacht, die Anforderungen sind klar definiert.

Literatur

1. Europ. Kommission, Fahrplan für den Übergang zu einer wettbewerbsfähigen CO_2-armen Wirtschaft bis 2050, (8. März 2011)
2. https://www.regelleistung.net/ip/action/static/marketinfo
3. FOCUS: http://www.focus.de/immobilien/energiesparen/mehr-zwangsabschaltungen-von-windparks-strom-fuer-116-000-haushalte-verpufft-einfach-so_aid_869999.html. Zugegriffen: 28. November 2012
4. Auer, J., Keil, J.: Moderne Stromspeicher, DB Research, S. 1. (31. Januar 2012)
5. 100 MW Elektrolyse produziert ca. 20.000 Nm^3 Wasserstoff pro Stunde, d. h. zur Produktion von 500 Mrd. Nm^3 bräuchte man etwa 3.000 Systeme mit je 100 MW im Dauerbetrieb
6. Unter dem Begriff „Emergenz" werden in beinahe allen wissenschaftlichen Disziplinen ähnliche Zusammenhänge diskutiert; als Beispiel sei hier angeführt, dass Gase über Eigenschaften wie Temperatur oder Druck verfügen, wohingegen die das Gas bildenden Moleküle diese Eigenschaften nicht haben
7. zum Vergleich: 600 l/min liefern auch zwei der größtmöglichen Kombinationen aus Feuerwehrschlauch und Mehrzweckstrahlrohr unter Volllast; vgl. DIN EN 15182-3
8. Schwimmbecken für internationale Wettkämpfe: nach Bau- und Ausstattungsanforderungen für wettkampfgerechte Schwimmsportstätten, Deutscher Schwimm-Verband e.V., 1. Aufl. (Mai 2012)
9. Das sind im Einzelnen: Strom, Spannung, Leistung am Gleichrichterausgang; Zellspannung; Zelltemperatur; Fremdgasüberwachung; Füllstand in den Gasabscheidern; Wasserdruck d. Nachfüllleitung; Gasdruck v. Wasserstoff und Sauerstoff; Wasserstoff-Detektoren; Feuer- und Rauchdetektoren; Prozesswerte d. Kühlkreislaufs
10. CE-Zeichen bestätigt Konformität mit den EU-Richtlinien; quasi der „Reisepass" innerhalb der EU; EU-Verordnung 765/ (2008)
11. „Extended primary safety measures (EPSM)", „Extended secondary safety measures (ESSM)" und „Extended tertiary safety measures (ETSM)"
12. Hotellier, G., Becker, I.: Safety concept of a self-sustaining PEM hydrogen electrolyzer system, Siemens AG, Vortrag auf der ICHS International Conference on Hydrogen Safety. Brüssel (September 2013)
13. Moubray, J.: Reliability-centered Maintenance, 2. Aufl., S. 7ff, ISBN 0-8311-3146-2 (2001)
14. www.siemens.de/industry/lifecycle-services

Kosten der Wasserstoffbereitstellung in Versorgungssystemen auf Basis erneuerbarer Energien

13

Thomas Grube und Bernd Höhlein

13.1 Einführung

Die weltweite Energieversorgungssituation, die Umweltproblematik und der Klimawandel erfordern grundlegende Veränderungen bezüglich der Energiewandlungsverfahren und der Wahl der Energieträger für den Straßenverkehr. So muss bei der Nutzung der Endenergieträger für neuartige Fahrzeugantriebe gewährleistet sein, dass die eingesetzten Primärenergieträger langfristig, sicher, wirtschaftlich und umweltfreundlich bereitgestellt und in Endenergieträger umgewandelt werden können.

Derzeit wird weltweit an Konzept- und Serienfahrzeugen mit Batterien (*Battery electric vehicles*, BEV) und Brennstoffzellen (*fuel cell electric vehicles*, FCV) gearbeitet, die sich durch reduziertes Emissionsverhalten beziehungsweise lokale Emissionsfreiheit sowie deutlich erhöhte Antriebseffizienz gegenüber heutigen Fahrzeugen auszeichnen. In diese Diskussion gehören auch *Plug-in*-Hybridantriebe (*Plug-in hybrid electric vehicles*, PHEV), die bei Vorhandensein einer größeren Batterie an Bord sowohl die Bremsenergierückgewinnung als auch die Batterieladung aus dem Stromnetz erlauben, um Strom für den Antrieb zur Verfügung zu stellen.

FCV und BEV zeigen dann die niedrigsten spezifischen Treibhausgas- (THG) Emissionen, wenn der Wasserstoff aus regenerativem Strom (REG-Strom) hergestellt wird beziehungsweise der regenerative Strom direkt im Netz und damit auch für die Batterieladung zur Verfügung steht. Da dieser Strom intermittierend anfällt und nicht immer vollständig

T. Grube (✉)
Institute of Energy and Climate Research (IEK); IEK-3: Electrochemical Process Engineering,
Forschungszentrum Jülich GmbH, 52425 Jülich, Deutschland
e-mail: th.grube@fz-juelich.de

B. Höhlein
EnergieAgentur.NRW, Roßstr. 92, 40476 Düsseldorf, Deutschland

J. Töpler und J. Lehmann (Hrsg.), *Wasserstoff und Brennstoffzelle*,
DOI: 10.1007/978-3-642-37415-9_13, © Springer-Verlag Berlin Heidelberg 2014

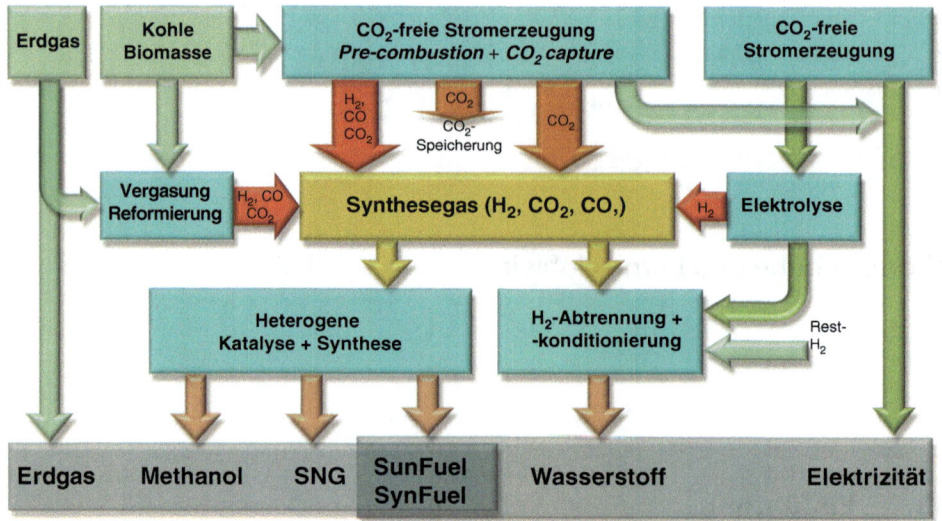

Abb. 13.1 Wasserstoff im Energiesystem der Zukunft [1].
Pre-combustion + CO₂-capture: Kohlevergasung mit anschließender CO₂-Abtrennung aus dem Synthesegas; *SNG*: Substitute natural gas; *SynFuel/SunFuel*: Flüssige Kraftstoffe aus Biomassevergasungsprozessen mit anschließender Synthese

im Stromnetz nutzbar ist, erweist sich dessen Speicherung in Form von Wasserstoff als vorteilhaft. Es wird davon ausgegangen, dass zukünftig beide Fahrzeugkonzepte in einem komplementären strom- und wasserstoffbasierten Versorgungssystem auf dem Markt sein werden. Aufgrund der niedrigeren spezifischen Speicherkapazität einer Batterie für BEV sind im Gegensatz zu FCV mit Wasserstoffspeicherung nur kürzere Fahrdistanzen zu erreichen. Die Energieumwandlung des REG-Stroms in Wasserstoff (zentral oder vor Ort an der Tankstelle) ist wegen der Elektrolyseure (etwa 70 % energetischer Wirkungsgrad) mit mehr Verlust behaftet als die direkte Durchleitung des REG-Stroms in die Batterie des Pkw.

13.2 Strom und Wasserstoff in einem komplementären Versorgungssystem

Unter Berücksichtigung der oben genannten Kriterien bei der Konzeption neuer Energieversorgungsstrukturen sollte zukünftigen Energieträgern für den Straßenverkehr, insbesondere Strom und Wasserstoff, erhebliche Bedeutung in der Energiewirtschaft zukommen, sofern sie langfristig und vor allem unter Einsatz regenerativer Primärenergieträger bereitzustellen sind (Abb. 13.1). Dabei sind fünf Voraussetzungen zu erfüllen:

- Verfügbarkeit hinreichender Potenziale für regenerativen Strom,
- Schaffung neuer Infrastrukturen (Netze und Speicher),

- Einrichtung neuer Energieumwandlungsanlagen (Elektrolyseure u. a.),
- Gewährleistung eines Schwankungsausgleichs für Wind- und Solarstrom sowie,
- Entwicklung geeigneter Speicher im Fahrzeug (Batterie, Wasserstoffspeicher).

Langfristig könnten Wasserstoff und Strom auch als Versorgungseinheit in einem komplementären System – überwiegend auf der Basis einer CO_2-freien Erzeugung – herausragende Bedeutung für den Verkehr erlangen. Einerseits lässt sich Strom direkt ins Versorgungsnetz einspeisen; andererseits ist Wasserstoff gegenüber Elektrizität durch seine bessere Speicherfähigkeit im Vorteil, da er insbesondere für mobile Anwendungen und die Übertragung fluktuierender Solar- oder Windenergie attraktive Lösungsmöglichkeiten bietet. Wasserstoff und Elektrizität sind wechselseitig konvertibel. Beide Energieträger lassen sich auf fossiler, nicht-fossiler und langfristig regenerativer Basis herstellen. Allerdings weisen sie unterschiedliches Speicherverhalten auf und erfordern unterschiedliche Infrastrukturen.

13.3 Herstellung von Wasserstoff

Die Auswahl geeigneter Konzepte zur Wasserstoffherstellung und Wasserstoffnutzung im Verkehr orientiert sich an Kriterien wie Wirtschaftlichkeit, Effizienz und Umweltwirkungen und hängt maßgeblich von fünf Parametern ab: Primärenergieeinsatz, Technologieanwendung, Dimensionierung der Herstellungsanlagen sowie Anforderungen an Wasserstofftransport und Wasserstoffspeicherung bis hin zur Auslegung der Abgabestationen. Aus diesen Parametern sind Energieaufwand, Treibhausgasemissionen und Wasserstoffkosten für die gesamte Bereitstellungskette – vom Primärenergieeinsatz bis zur Endenergienutzung – abzuleiten.

Wasserstoff als Chemiebasisprodukt wird heute weltweit konventionell zu 96 Prozent aus fossilen Energieträgern und dabei überwiegend aus Erdgas hergestellt. Nur zu 4 Prozent erfolgt die Wasserstoffherstellung via Elektrolyse auf Netzstrombasis. Demgegenüber erfordert die zukünftige Bereitstellung von Wasserstoff für den Energiemarkt neue Lösungsansätze.

Tabelle 13.1 vermittelt einen Überblick über die Kosten der Wasserstoffherstellung. Ausgangspunkt der Zusammenstellung sind Daten, wie sie von Trudewind et al. [2] im Rahmen einer umfassenden Analyse („Vergleich von H_2-Erzeugungsverfahren") erarbeitet wurden. Insgesamt werden danach die höchsten Herstellungskosten neben der noch in der Entwicklung befindlichen photobiologischen Erzeugung (hier nur Kostenprojektionen und Modellrechnungen) für die alkalische Hochdruckelektrolyse auf der Basis von Windstrom ausgewiesen. Die Erzeugungskosten für Wasserstoff in großen Erdgas-Dampf-Reformierungsanlagen werden mit bis zu 0,08 €/m^3 (i. N.),[1] entsprechend etwa 7,4 €/GJ oder 0,9 €/kg, angegeben. Dies entspricht dem von Höhlein et al. [3] für große

---

[1] i. N.: im Normzustand.

Anlagen mit einer Produktionsrate von 100–200 t Wasserstoff pro Tag angenommenen Aufwand bei Erdgaskosten von 4–5 €/GJ für Industriekunden. Zum Vergleich: der Börsenpreis[2] für Erdgas lag am 25. April 2013 bei 4,19 US$ je 1 Mio. British Thermal Units (BTU), entsprechend 4 US$/GJ.

In Beiträgen anlässlich der Plattform H2NRW des Netzwerks Brennstoffzelle und Wasserstoff präsentierten im November 2010 das DLR sowie die Firmen H2Herten und HYGEAR ergänzende Daten [4–6] zu den von Trudewind und Wagner [2] angegebenen Werten (siehe Tab. 13.1). Das DLR stellte in seinem Vortrag [4] Aktivitäten zur „Solaren Reformierung von Erdgas" vor, wie sie prinzipiell mit dem neu errichteten Solarturm in Jülich mit Heliostaten und zentralem Receiver möglich sind. Die Kostenangaben sind als Planungsangaben für die erwarteten Kosten großer Anlagen zu verstehen. Zum Vergleich wurden auch die heutigen Kosten der Wasserstoffherstellung mittels zentraler Erdgasreformierung und die Wasserstofferzeugung auf der Basis von Windstromelektrolyse und Biomasse, allerdings ohne nähere Erläuterung der Verfahren, genannt.

Die Firma H2Herten [5] erläuterte die Aktivitäten für eine dezentrale Strom- und Wasserstoffversorgung mittels Elektrolyse auf der Basis von Windstrom. Verschiedene H2Herten-Projektkonzepte führten zu Herstellungskosten von 8 bis 11 €/kg für eine Anlagengröße von 21.000 kg Wasserstoff pro Jahr.

Die niederländische Firma HYGEAR [6] nannte ihre Kostenplanungen für dezentrale Onsite-Erdgasreformer für Anlagengrößen von 11–550 kg Wasserstoff pro Tag oder ca. 3200–160.000 kg Wasserstoff pro Jahr – bei einer angenommenen Auslastung von rund 80 % und Erdgaskosten von 18,5 €/GJ.

Zum Vergleich: Eine H_2-Zapfsäule benötigt rund 320 kg Wasserstoff pro Tag beziehungsweise 120 t Wasserstoff pro Jahr – bei einer mittleren Betankungsfrequenz von vier Fahrzeugen pro Stunde, einer mittleren Betankungsmenge pro Fahrzeug von 5 kg Wasserstoff und 16 Stunden täglicher Öffnungszeit. Bei einem Verbrauch von 1 kg Wasserstoff je 100 km entspricht die genannte Menge von 120 t dem Wasserstoffbedarf von 1000 Pkw mit 12.000 km jährlicher Fahrleistung.

Des Weiteren sind in Tabelle 13.1 Daten von Tillmetz und Bünger [7] wiedergegeben, wie sie auf der WHEC2010 präsentiert wurden:

- zentrale Erdgasreformierung mit 216 t Wasserstoff pro Tag und Erdgaskosten von 8 €/GJ,
- dezentrale Reformierung mit 480 kg Wasserstoff pro Tag und Erdgaskosten von 11 €/GJ,
- Nutzung zentraler Elektrolyseure mit einer Produktionsrate von 43 t Wasserstoff pro Tag und Stromkosten (Onshore-Wind) von 0,065 €/kWh,
- Anwendung dezentraler Elektrolyseure mit Produktionsraten von 130 kg Wasserstoff pro Tag und Stromkosten von 0,10 €/kWh und
- Biomassevergasung in zentraler Anlage mit 183 t Wasserstoff pro Tag und Biomassekosten von 60–80 €/t (trocken).

---

[2] *Quelle* http://www.boerse.de

Tab. 13.1 Kostenbilanzen für die Wasserstoffherstellung.
Literaturangaben in US$ mit 1 US$ = 1 € wiedergegeben; Werte laut [8] für 2019, laut [9] für 2020;
Angaben laut [10] für zwei unterschiedliche Szenarien, bezogen auf das Jahr 2030

Verfahren/Prozess		Literaturwerte [€/kg]
Erdgasreformierung	zentral	0,7–1,0 [2]
		1,0 [4]
		1,5 [6]
		1,5 [7]
		1,2 [9]
		1,6-2,1 [10]
	dezentral	1,9–2,6 [2]
		4–17 [6]
		7,2 [7]
		2,8 [9]
Solare Erdgasreformierung	zentral (Planung)	1,4 [4]
Wasserelektrolyse (Windstrom)	zentral	4,9 [2]
		6–8 [4]
		5,2 [7]
		3 [8]
		6 [9]
	dezentral	8–11 [5]
		6,6 [7]
		12–16 [11], netzgekoppelt
		0,3–4 [11], netzunabhängig
Biomassevergasung/-reformierung	zentral	1,6–1,9 [2]
		3–4 [4]
		1,4–1,7 [7]
		2,5 [8]
		1,2 [9]
	dezentral	2,5–2,9 [7]
Photobiologisch	zentral (Planung)	6,0 [2]
Solar-thermochemischer Kreisprozess	zentral	8,3 [12]

Müller-Langer et al. zeigen in [9] Ergebnisse einer vergleichenden techno-ökonomischen Analyse von Wasserstoffherstellungsverfahren auf Basis von Reformierungs- und Vergasungsverfahren. Einsatzstoffe sind Erdgas, Kohle und Biomasse. Für konventionelle Erdgasreformierung liegen demnach die Herstellkosten bei 10 €/GJ oder 1,2 €/kg bei zentraler Großanlage mit Produktionsraten von bis zu 540 t Wasserstoff pro Tag. Bei kleineren Anlagen mit maximal 43 t Wasserstoff pro Tag liegen die Herstellkosten bei etwa

23 €/GJ oder 2,8 €/kg. Wird Wasserstoff in zentralen Biomassevergasungsanlagen mit bis zu 324 t Wasserstoff pro Tag hergestellt, liegen die Herstellkosten bei 10 €/GJ oder 1,2 €/kg. Hierbei wurden die Rohstoffkosten der Biomassevergasung mit 3,80 €/GJ geringer als die Erdgaskosten von 6,50 €/GJ im Falle der Reformierung angesetzt, so dass trotz erhöhter Anlagenkosten der Biomassevergasung vergleichbare Wasserstoffkosten ermittelt wurden. Die hier dargestellten Werte aus [9] gelten für den Zeithorizont 2020. Als weitere dezentrale Herstelltechnologie wurde die alkalische Wasserelektrolyse mit einer Produktionsrate von maximal 2,2 t Wasserstoff pro Tag bewertet. Für den Fall, dass Windenergie –mit nicht näher spezifizierten Kosten – eingesetzt wird, betragen die ermittelten Wasserstoffkosten 50 €/GJ oder 6 €/kg [9].

Gökçek et al. [11] geben für die netzunabhängige Wasserstofferzeugung auf Basis einer mit 6 kW$_e$ installierter Leistung deutlich kleineren Windenergieanlage und einer PEM-Elektrolyse mit 2 kW$_e$ Werte zwischen 12 und 16 US$/kg an. Bei gleicher Anlage aber netzgekoppeltem Betrieb des Elektrolyseurs wurden Kosten von 0,3 bis 4 US$/kg ermittelt [11]. Die hier aufgeführten Werte laut [11] beziehen sich auf eine Nabenhöhe von 36 m. Die jährliche Wasserstoffproduktionsmenge liegt bei 104 kg pro Jahr bei netzunabhängigem Betrieb.

Liberatore et al. [12] zeigen den Stand der Technik für einen thermochemischen Kreisprozess zur Wasserstofferzeugung auf Basis des Schwefelsäure-Jod-Verfahrens anhand einer Planungsrechnung für eine Anlage mit einer Produktionsrate von 100 t/d. Als Wärme- und Stromquelle kommt eine Kombination aus Parabolrinnenkollektoren und Heliostaten mit zentralem Receiver zur Anwendung. Eine Wirtschaftlichkeitsbetrachtung führt zu Wasserstoffkosten von 8,3 €/kg.

Schließlich sind Angaben von Lemus et al. [8] zur zentralen Biomassevergasung sowie zur zentralen Elektrolyse auf Windstrombasis in der Tabelle aufgeführt. Die angegebenen Werte beziehen sich auf den Zeithorizont 2019/2020.

13.4 Wasserstofftransport und -verteilung

Die Planung einer klimafreundlichen energetischen Herstellung und Nutzung von Wasserstoff ist mittel- bis langfristig mit dessen Herstellung auf der Basis erneuerbarer Energien verknüpft [13]. Die dafür erforderliche Wasserstofflogistik umfasst alle Elemente der Bereitstellung von Wasserstoff – vom Ort der Wasserstoffproduktion über die Konditionierung (flüssig, gasförmig) sowie die Speicherung und den Transport (Gasflaschen, Kryobehälter, Trailer, Pipeline) bis hin zur Betankung von Fahrzeugen. Eingeschlossen sind sämtliche Vorgänge an den Tankstellen.

Für die Wasserstoffbereitstellung an Tankstellen im zukünftigen Straßenverkehr mit FCV wurden auf der WHEC 2010 und im Wasserstoff-Arbeitskreis des Netzwerks Brennstoffzelle und Wasserstoff des Landes Nordrhein-Westfalen verschiedene Lösungsansätze vorgestellt, diskutiert und bewertet. Die daraus resultierenden Wasserstoffpfade sollen im Folgenden näher erläutert werden, wobei das Kostenthema in Verbindung mit den jeweiligen Möglichkeiten einer Treibhausgasabsenkung im Straßenverkehr gegenüber heutigen Ansätzen im Vordergrund steht.

Die für Europa erstellte EU Coalition Study [13] gibt die kollektive Ansicht von Arbeitsgruppen aus europäischen Unternehmen und Organisationen wieder. Gemäß dieser Studie sind die Kosten für den Wasserstoffinfrastrukturaufbau langfristig vergleichsweise gering, jedoch kurzfristig (bis 2020) mit 3 Mrd. € (für maximal 1 Mio. verkaufter Fahrzeuge pro Jahr) durchaus signifikant. Die Verteilung des zentral erzeugten Wasserstoffs erfolgt zunächst in Druckgasbehältern mittels Lkw; erst ab 2020 dürfte der Anteil des via Pipeline transportierten Wasserstoffs deutlich zunehmen.

In der einschlägigen Literatur werden die Wasserstoffverteilungskosten ausführlich von Tillmetz und Bünger [7] und Höhlein et al. [3] aufgeschlüsselt. Danach betragen die Verflüssigungs- und Verdichtungskosten, jeweils kombiniert mit Trailer-Einsatz über 150 km, etwa 1 €/kg [7]. Pipeline-Kosten sind schwieriger abzuschätzen, zumal die Nutzung vorhandener Pipeline-Systeme wie im Raum Rhein-Ruhr oder Leuna andere Kosten verursacht als der Neuaufbau eines Versorgungssystems (siehe [13]). Als besondere Unsicherheitsfaktoren gelten:

- spezifische Pipeline-Investition (€/m),
- erforderliche Länge der Rohrleitungen im Transmissionsnetz für den überregionalen Transport und im Verteilnetz für die lokale Verteilung sowie
- Auslastung des Pipeline-Netzwerks, vor allem in den sich teilweise überlagernden Zeiträumen für den Aufbau des Wasserstofffahrzeugbestands beziehungsweise der Infrastruktur.

Anhaltspunkte für ein Transmissionsnetz, also ohne Wasserstoffverteilung zu den Tankstellen, geben unter anderem Johnson et al. [14]. Hier wurde ein solches Rohrleitungsnetz für die vier US-Bundesstaaten Arizona, Colorado, New Mexico und Utah entworfen und wirtschaftlich bewertet. Für den reinen Wasserstofftransport wurden dabei Kosten von 0,41 bis 0,95 US$/kg Wasserstoff ermittelt.

Die an der Tankstelle entstehenden Kosten, bezogen auf 1 kg Wasserstoff, werden für alle Anlagengrößen mit 1,2 €/kg Wasserstoff angegeben [7]. In diesem Zusammenhang dürfte es noch einen stärkeren Einfluss des *Scale-up*-Faktors geben: Bei einem 10 %-Substitutionsszenario für eine Druckwasserstoff-Tankstelle sind etwa 0,75 €/kg und für eine Flüssigwasserstoff-Tankstelle nur etwa 0,26 €/kg anzusetzen [3]. Die Kosten für Tankstellen mit *Onsite*-Reformer oder -Elektrolyseur liegen – ohne die Herstellung in den *Onsite*-Anlagen – bei rund 0,8 €/kg.

Mithilfe von Daten, die der in abgewandelter Form aus [15] übernommenen Darstellung in Abb. 13.2 zugrunde liegen, können die Kosten des Wasserstofftransports von zentralen Produktionsanlagen bis zur Tankstelle mit 1 €/kg und die an Tankstellen zu berücksichtigenden Kosten mit 0,5 €/kg angegeben werden.

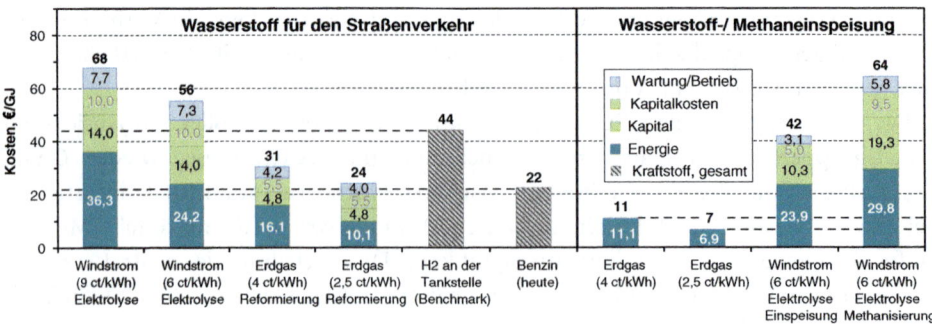

Abb. 13.2 Kostenvergleich von Wasserstoffnutzungsoptionen, nach [15]

13.5 Integration von Wasserstoff in Energiesysteme mit erneuerbaren Energien

Aktuell liegen bereits einige Studien vor, die sich mit Fragestellungen bezüglich der Rolle von Wasserstoff als integraler Bestandteil von Energiekonzepten beziehungsweise der Einbeziehung von Wasserstoff als Speichermedium in Energiesysteme mit hohen installierten Leistungen erneuerbarer Energieanlagen beschäftigen. In diesem Abschn. 13.5 werden zunächst Nutzungsalternativen von Wasserstoff aus erneuerbaren Energien, ausgehend von einem Energiekonzept für Deutschland, wie es am Forschungszentrum Jülich entworfen wurde [15], analysiert und bewertet. Nachfolgend werden anhand von zwei Beispielen Ergebnisse aktueller Studien wiedergegeben, die sich auf der Grundlage unterschiedlicher Analyseverfahren mit dem Potential der Wasserstoffnutzung bei verstärktem Windenergieausbau beschäftigt haben. Dies sind die Studien „Potenziale der Wind-Wasserstoff-Technologie in der Freien und Hansestadt Hamburg und in Schleswig-Holstein" [16] und „Integration von Wind-Wasserstoff-Systemen in das Energiesystem", für die erste Ergebnisse vorliegen [10, 17].

Nutzungsalternativen von Wasserstoff aus erneuerbarem Strom
In Ergänzung zu den oben genannten und diskutierten Kosten der Wasserstoffherstellung für unterschiedliche Produktionstechnologien sollen im Folgenden die Nutzungsalternativen von regenerativ, vor allem auf Windstrombasis erzeugtem Wasserstoff detaillierter dargestellt werden. Mit Bezug auf das steigende Aufkommen an regenerativ erzeugtem Strom (REG-Strom) und des im heutigen Verbrauchsprofil nicht verwertbaren Anteils werden zunehmend die folgenden Möglichkeiten der Nutzung diskutiert:

- Rückverstromung zum Ausgleich fluktuierender REG-Stromeinspeisung,
- Nutzung als Kraftstoff für Fahrzeuge mit hocheffizienten Brennstoffzellenantrieben (FCV),

- direkte Wasserstoffeinspeisung ins vorhandene Erdgasnetz,
- Methanisierung zur nachfolgenden Einspeisung ins vorhandene Erdgasnetz.

Die Nutzung von regenerativ erzeugtem Wasserstoff als Kraftstoff im Straßenverkehr kann dabei zu besonderen Vorteilen führen. Eingesetzt in Brennstoffzellenfahrzeugen sind deutliche Reduktionen der THG-Emissionen einerseits und des Sekundärenergiebedarfs des Verkehrssektors bei gleicher Transportleistung andererseits darstellbar. Durch die Substitution mineralölbasierter Kraftstoffe werden THG-Emissionen, die mit deren Bereitstellung und Nutzung zusammenhängen, vermieden. Die höhere Nutzungseffizienz des Brennstoffzellenantriebs trägt darüber hinaus zu einer deutlich reduzierten Kraftstoffnachfrage bei. Unter Nutzung von Angaben in [15] kann angenommen werden, dass der Kraftstoffbedarf von FCV im Vergleich zu benzinbetriebenen Fahrzeugen etwa um die Hälfte geringer ist. Es wird in [15] weiterhin angenommen, dass dieses Verhältnis der Verbrauchswerte auch in Zukunft Bestand hat.

Sowohl die Rückverstromung des Wasserstoffs als auch die Einspeisung – direkt als Wasserstoff oder nach vorheriger Methanisierung als Methan – trägt bei gleicher Nutzungseffizienz zur Reduktion der THG-Emissionen bei, nicht jedoch zu verringertem Endenergieträgereinsatz. Im Falle der Einspeisung von Methan sind zusätzliche Verluste bei der Methanisierung zu berücksichtigen.

Eine vergleichende Kostenabschätzung in [15] zeigt, dass auch die wirtschaftliche Bewertung für einen Einsatz regenerativ erzeugten Wasserstoffs zunächst im Verkehrssektor spricht (Abb. 13.2). Die Analyse beruht auf dem Entwurf eines Energiekonzepts für Deutschland, wobei von einem starken Ausbau der installierten Leistung von *Onshore-* und *Offshore-*Windenergieanlagen, sowie einer nahezu vollständigen Nutzung des Überschussstroms zur Wasserstofferzeugung für den Straßenverkehr ausgegangen wird. Für die Infrastruktur wurden mithilfe eines GIS[3]-basierten Modells Rohrleitungslängen im Transmissions- und Verteilnetz ermittelt. Diese und weitere erforderliche Infrastrukturkomponenten einschließlich der erdgasbasierten Erzeugungsanlagen zur Deckung der Residuallasten wurden schließlich wirtschaftlich bewertet. Annahmen und Methodik dieser Arbeit sind in [15, 18] dokumentiert.

Maßgeblich für die Bewertung laut [15] sind die Kosten der substituierten Energieträger. Im Transportsektor wurden Benzinkosten ohne Steuern in Höhe von 70 ct/l angesetzt. Dies entspricht 22 €/GJ oder 2,7 €/kg Wasserstoff. Bei dem oben genannten Kraftstoffbedarfsverhältnis ICV/FCV von zwei würden dann 44 €/GJ oder 5,3 €/kg Wasserstoff zu den Vergleichskosten der Kraftstoffnutzung führen. Aus Erdgas hergestellter Wasserstoff würde bei angenommenen Erdgaskosten von 11 €/GJ oder 4 ct/kWh zu Bereitstellungskosten von 31 €/GJ oder 3,7 €/kg führen, die unterhalb der Vergleichskosten liegen. Die Kosten regenerativ erzeugten Wasserstoffs wurden unter der Annahme von 6 ct/kWh Strom mit 56 €/GJ oder 6,7 €/kg beziehungsweise von 9 ct/kWh

---

[3] GIS: Geoinformationssystem.

Strom mit 68 €/GJ oder 8,2 €/kg angegeben [15]. Diese Werte liegen 26 % beziehungs-weise 55 % oberhalb der Vergleichskosten und enthalten bereits sämtliche Kosten der Errichtung und des Betriebs der notwendigen Umwandlungs-, Transport- und Distributionseinrichtungen.

Bezüglich der Wasserstoff- oder Methaneinspeisung wurden Wasserstoffkosten von 42 €/GJ oder 5,1 €/kg beziehungsweise Methankosten von 64 €/GJ unter der Annahme von 6 ct/kWh Strom ermittelt. Diese Werte sind etwa vier beziehungsweise sechsmal höher als die Vergleichskosten, die hier mit 11 €/GJ oder 4 ct/kWh Erdgas angesetzt wurden. Aktuell ist mit sinkenden Marktpreisen von Erdgas zu rechnen.

Diese Werte zeigen, dass die Verwendung von Wasserstoff auf Windstrombasis im Verkehrssektor günstiger ist, da die Vergleichskosten in diesem Falle höher liegen.

Aktuelle Studien

In Ergänzung zu den oben diskutierten Literaturdaten nach [19] ergeben sich entsprechend der von Ludwig-Bölkow-Systemtechnik GmbH (LBST) bearbeiteten Studie **„Potentiale der Wind-Wasserstoff Technologie in der Freien und Hansestadt Hamburg und in Schles-wig-Holstein"** aus dem Jahre 2010 [16] bei Annahme von *Onshore/Offshore*-Windstrom als Primärenergieträger für zentrale Elektrolyseure die nachfolgend erläuterten und auf das Jahr 2020 bezogenen Wasserstoffbereitstellungskosten für Hamburg und Schleswig-Holstein. In Schleswig-Holstein könnten im Jahre 2020 ca. 1–4 TWh als Überschussstrom anfallen und ohne geeignete Maßnahmen nicht genutzt werden. Diese Menge an Überschussstrom würde etwa 5–20 Prozent des erzeugten Windstroms entsprechen. Die Erzeugung von Wasserstoff stellt eine vorteilhafte und vielseitige Option zur Nutzung dieses Überschussstroms dar:

- Wasserstofferzeugung in Elektrolyseanalgen,
- Speicherung in Salzkavernen,
- Wasserstoffverteilung via Pipelines, Schiffen und Lkws,
- Rückverstromung sowie Nutzung in Industrie und im Verkehr.

Die notwendigen Investitionen für Erzeugung, Speicherung und Verteilung betragen entsprechend der LBST-Studie ca. 600 Mio. €. Die daraus resultierenden spezifischen Kosten der Wasserstoffbereitstellung aus Windenergie an der Tankstelle – ohne Kosten an der Tankstelle in Höhe von etwa 1 bis 2 €/kg – würden je nach Auslastung und Ort zwischen 0,54 und 0,75 €/m^3 (i. N.), entsprechend 50 und 69 €/GJ oder 6 und 8 €/kg, betragen. Dies ist etwa 3 bis 4 €/kg höher als für den anderweitig ohne Windstrom bereitgestellten Wasserstoff bezahlt werden müsste. Die Studie setzt sich ausführlich mit den günstigsten Transportoptionen in Abhängigkeit von Entfernung und Menge ausei-nander, erläutert die Wechselwirkung von dezentraler Wasserstofferzeugung und Spei-cheroptionen, Wasserstoffkosten für die industrielle Nutzung sowie den Einfluss der Kostentreiber Energie- und Investitionskosten.

Die Botschaft der Studie kann wie folgt zusammengefasst werden: Bei frühzeiti-ger Implementierung der elektrolytischen Wasserstoffproduktion sollte Wasserstoff aus Windenergie durch den zu erwartenden Anstieg der fossilen Energiepreise und die Reduktion der Elektrolyseurkosten nach 2020 wettbewerbsfähig werden.

In der Studie **„Integration von Windwasserstoff-Systemen in das Energiesystem"** wurden zukünftig mögliche Überschussstrommengen quantifiziert und die Rolle des Wasserstoffs bei deren Speicherung untersucht. Die Studie bezieht sich auf das Jahr 2030. Erste Ergebnisse liegen mit den Präsentationsunterlagen von der Vorstellung der Studienergebnisse vor, unter anderem in Michaelis et al. [10] und Stolzenburg [17]. Die Analyse erfolgte anhand zweier Szenarien, die unter anderem einen mehr („ambioniert") oder weniger („moderat") starken Ausbau erneuerbarer Energien sowie unterschiedliche Annahmen zu Kosten fossiler Primärenergieträger beinhalten. Weiterhin wird ausgehend von Einspeisepunkten aus *Offshore*-Windstromerzeugung zwischen einer Nordost- (NO-) Zone und einer Nordwest- (NW-) Zone unterschieden. Für die Betriebsweise des Elektrolyseurs wurde „überschussgesteuert" einerseits und „preisgesteuert" andererseits angenommen. Auch bei Letzterer wird Überschussstrom verwendet, allerdings nur dann, wenn dies wirtschaftlich von Vorteil ist. Diese Annahmen beeinflussen die anzusetzenden Stromkosten und die Jahresbetriebsdauer. Die Bewertung der Wasserstoffkosten erfolgt anhand einer Kraftstoffpreisparität zu versteuertem Benzin und Diesel. Der Vergleichswert wurde in der Studie mit 10 €/kg als Preis an der Zapfsäule angesetzt. Abzüglich Umsatzsteuer (1,60 €/kg), Tankstellen- (0,97 €/kg) und Transportkosten (1,74 €/kg) wird der zur Kostendeckung notwendige Grenzwert des Erlöses aus Wasserstoffabsatz frei Produktionsanlage mit rund 6 €/kg ermittelt. Der Transport zur Tankstelle erfolgt dabei per Lkw mit einer angenommenen mittleren Entfernung von 300 km. Eine Mineralölsteuererhebung wird demnach bei der Wasserstoffbereitstellung nicht berücksichtigt.

Die Herstellkosten für Wasserstoff aus zentraler Erdgasreformierung wurden in den beiden oben genannten Szenarien „moderat" und „ambioniert" mit 1,59 €/kg beziehungsweise 2,13 €/kg ermittelt. Beispielhaft wurden in [10, 17] Ergebnisse zu den resultierenden Wasserstoffkosten inklusive Umsatzsteuer vorgestellt. Demnach sind im Szenario „ambioniert" in der NO-Zone für die Betriebsweisen der Elektrolyseure „preisgesteuert" und „überschussgesteuert" mit 59.100 beziehungsweise 32.000 t pro Jahr unterschiedlich hohe Jahreserträge an Wasserstoff realisierbar. Die zur Kostendeckung notwendigen Erlöse ab Produktionsanlage betragen 2,06 €/kg beziehungsweise 2,92 €/kg. Der zweite Wert gilt für den Grenzfall, dass die Elektrolysestromkosten als Überschussstrom mit 0 €/MWh bewertet werden. Werden diese Kosten mit 80 €/MWh angesetzt, erhöhen sich die Wasserstoffkosten in der Betriebsweise „überschussgesteuert" auf 7,08 €/kg Wasserstoff. Zu dieser Arbeit werden in [10, 17] unter anderem folgende Schlussfolgerungen mit Bezug auf die Wasserstoffkosten gezogen:

- Im Vergleich zur Wasserstofferzeugung auf Basis zentraler Erdgasreformierung ist die allein auf Stromüberschüssen beruhende Wasserstoffbereitstellung wegen der geringeren Auslastung der Elektrolyse nicht vorteilhaft,
- Werden 10 €/kg als Preis an der Zapfsäule, entsprechend 6 €/kg Erlös frei Produktionsanlage, als Vergleichswert angesetzt, kann langfristig mit einem rentablen Betrieb eines Wasserstoffversorgungssystems auf Überschussstrombasis gerechnet werden,

- Szenarien auf Basis einer preisgesteuerten Betriebsweise der Elektrolyseure können deutlich schneller, auch im Vergleich zur erdgasbasierten Wasserstofferzeugung
wirtschaftlich betrieben werden, sofern der Strom zu den in der Studie angenommen
Konditionen verfügbar ist.

In Sensitivitätsanalysen wurden als für einen wirtschaftlichen Betrieb von Wasserstoff-
versorgungssystemen wichtige Kriterien unter anderem die Stromkosten, die spezifischen Investitionen in Systemkomponenten und die Volllaststunden der Elektrolyseure
identifiziert. Für die hier zitierten Werte gelten zahlreiche weitere, in der Studie getroffe-
ne Annahmen, die bisher nur zum Teil veröffentlicht wurden und, soweit sie bereits
öffentlich zugänglich sind, hier nur stark verkürzt dargestellt werden können.

13.6 Zusammenfassung

In Abb. 13.3 sind Wasserstoffbereitstellungskosten ohne Steuern auf Basis der zuvor zusam-
mengestellten Daten laut der Tabelle und im Vergleich zu aktuellen Superbenzinkosten an
der Tankstelle mit („brutto") und ohne („netto") Steuern wiedergegeben. Die Wasserstoff-
herstellkosten wurden mithilfe der mittleren Wasserstofftransportkosten für Pipelinetrans-
port gemäß [7] und der Tankstellenkosten gemäß [10] in Wasserstoffbereitstellungskosten
umgerechnet. Damit gilt für alle dargestellten Pfade mit zentraler Produktion ein Wasserstofftransport mit Pipeline. Die Darstellung wurde um Wasserstoffbereitstellungskosten
aus Tillmetz et al. [7], Michaelis et al. [10], Stolten et al. [15], Stiller et al. [16] sowie GermanHy [20] erweitert. Ebenfalls angegebene Werte aus der EU Coalition Study [13] gelten
für die dort angegebenen Jahreszahlen und Szenarien. Eine Zuordnung zu den, dem jeweiligen Pfad entsprechenden, Treibhausgasniveaus erfolgte auf der Grundlage von OPTIRE-
SOURCE [21, 22], soweit Angaben zu diesen Emissionen nicht vorlagen.

Die Nationale Organisation Wasserstoff- und Brennstoffzellentechnologie (NOW) bezif-
fert das heutige Kostenniveau für Wasserstoff an den wenigen bisher vorhandenen Tankstellen mit einem von der CEP (Clean Energy Partnership) gesetzten Preis von 9,50 €/kg.
Darüber hinaus gibt die von einem deutschen Konsortium verfasste Studie GermanHy [20]
– ausgehend von Kosten in Höhe von 6 €/kg Wasserstoff für das Jahr 2020 – Schätzwerte für
unterschiedliche Pfade und Randbedingungen an, unter anderem für Primärenergie- und
Infrastrukturkosten bezogen auf den Zeitraum 2020 bis 2050.

Die zuvor zitierten, aktuell verfügbaren Studien zum Thema der Wasserstoffbereitstellung auf der Basis von Strom aus erneuerbaren Energien, vor allem aus Windkraft,
weisen auf eine Vielzahl von Kriterien hin, die im Zusammenhang mit der Ermittlung
der Bereitstellungskosten zu beachten sind. Es stellt sich insbesondere die Frage nach der
Bewertung der Kosten des für die Elektrolyse verfügbaren Stroms. Wichtige Einflusspa-
rameter sind:

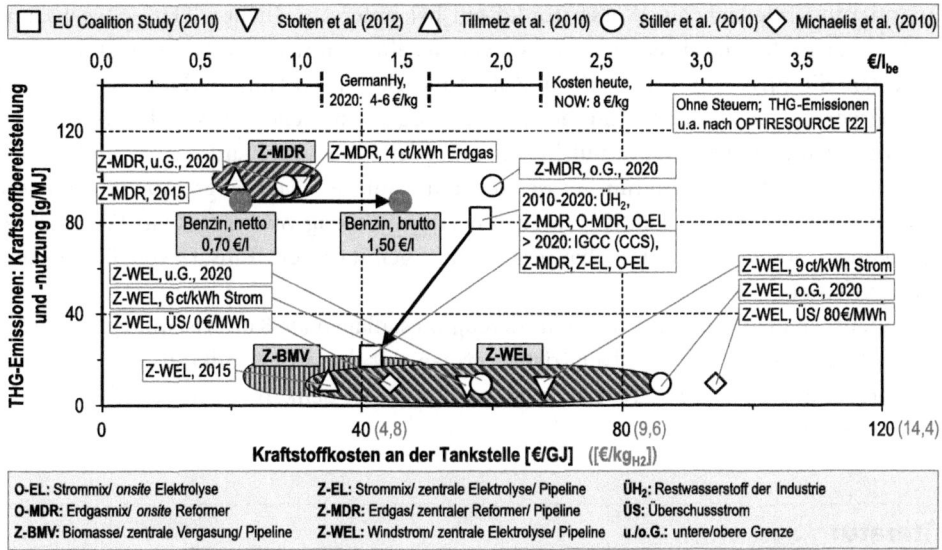

Abb. 13.3 Wasserstoffkosten an der Tankstelle, erweitert nach [19].
Werte auf Basis der Angaben in Tab. 13.1 für Erdgasreformierung, Windstrom-Elektrolyse und Biomassevergasung unter Ergänzung der Infrastrukturkosten laut [10] (schraffierte Bereiche); ergänzende Angaben nach [7, 10, 13, 15, 16, 20] (siehe Symbole im Bild); weitere Erläuterungen, siehe Text.
Anmerkung: Aufgrund der besseren Kraftstoffnutzung (MJ/100 km) von Pkw mit Brennstoffzellen
um etwa einen Faktor zwei im Vergleich zu Verbrennungsmotor-Pkw können für die hier betrachteten Pfade mit FCV wettbewerbsfähige Kosten je Kilometer abgeleitet werden

- Ausbaustufe der REG-Stromerzeugung,
- Übertragungskapazität des Netzes,
- zeitabhängige REG-Stromproduktion und Stromnachfrage der Endverbraucher und
  Industrie.

Als Fazit kann festgehalten, dass in Abhängigkeit der untersuchten Szenarien und
gewählten Randbedingungen wettbewerbsfähige Wasserstoffkosten bei Annahme eines
deutlichen Verbrauchsvorteils von Pkw mit Brennstoffzellen (FCV) gegenüber Pkw mit
Verbrennungsmotor möglich sind. Voraussetzungen dafür sind unter anderem niedrige
Stromkosten, das Erreichen von Kostenzielen für Elektrolyseure sowie eine Betriebsweise, die zu einer hohen Jahresbetriebsdauer führt.

Einschließlich der Studiendaten aus Stolten et al. [15], Stiller et al. [16] sowie aus
Michaelis et al. [10] und Stolzenburg [17] zeigt Abb. 13.3 Möglichkeiten der Wasserstoffbereitstellung für den Verkehr, wie sie in der Literatur derzeit diskutiert werden.
Kritisch ist anzumerken, dass nicht alle Quellen nähere Definitionen mit Bezug auf Sub-
stitutionsszenarien, Primärenergie- sowie Anlagenkosten mit Skaleneffekten, Transport-
pfade und Tankstellenkosten bieten. Die Darstellung ermöglicht dem Leser dennoch eine

Orientierung, wie sich die Wasserstoffkosten bei unterschiedlichen THG-Niveaus und noch unbekannten fiskalischen Vorgaben entwickeln könnten – in Relation zu den Benzinkosten, die zurzeit und erst recht in Zukunft stark in Bewegung sind und sein werden. Lösungsvorschläge für heute und morgen auf Erdgasbasis liegen im Vergleich zum Benzinniveau ohne Steuern höher mit Bezug auf spezifische THG-Emissionen und Kosten pro Gigajoule oder Kilogramm Wasserstoff am Tank des Fahrzeugs. Aus der höheren Effizienz von FCV lassen sich jedoch auch bei der Nutzung von Erdgas zur Wasserstofferzeugung Vorteile in der Treibhausgasbilanz gegenüber dem Einsatz von Benzin und Diesel ableiten.

Undeutlich bleibt, inwieweit *Onsite*-Erzeugungsanlagen als Kurzfriststrategie Eingang in den Markt finden werden. Langfristig vermag nur der aus Windkraft oder Biomasse erzeugte Wasserstoff die THG-Emissionen deutlich zu senken – bei weiterhin hohem Kostenniveau.

Literatur

1. Grube, T., Höhlein, B., Menzer, R.: Methanol als Energieträger. In: Proceedings Netzwerk Kraftwerkstechnik der EnergieAgentur. NRW, Workshop der AG 3, Gelsenkirchen (2011)
2. Trudewind, C., Wagner, H.-J.: Vergleich von H2-Erzeugungsverfahren. In: Proceedings 5. Internationalen Energiewirtschaftstagung & IEWT. TU Wien (2007)
3. Höhlein, B., Grube, T., Reijerkerk, J.: Hydrogen logistics – production, conditioning, distribution, storage and refueling. In: Proceedings 2nd European Hydrogen Energy Conference, 22.–25. November 2007, Zaragossa (2007)
4. Sattler, C.: Wasserstoff-Produktionskosten via solarer Reformierung von Erdgas. In: Proceedings Netzwerk Brennstoffzelle und Wasserstoff, Sitzung des Arbeitskreises H2NRW, Recklinghausen (2010)
5. Kwapis, D., Klug, K.H.: Wasserstoffbasiertes Energiekomplementärsystem für die regenerative Vollversorgung eines H2-Technologiezentrums. In: Proceedings Netzwerk Brennstoffzelle und Wasserstoff, Sitzung des Arbeitskreises H2NRW, Recklinghausen (2010)
6. Smolenaars, J.: Wasserstoff-Produktionskosten via Onsite-Steam-Reformer an der Tankstelle. In: Proceedings Netzwerk Brennstoffzelle und Wasserstoff, Sitzung des Arbeitskreises H2NRW, Recklinghausen (2010)
7. Tillmetz, W., Bünger, U.: Development status of hydrogen and fuel cells – Europe. In: Proceedings 18th World Hydrogen Conference, 2010, Forschungszentrum Jülich GmbH, Schriften des Forschungszentrums Jülich, Reihe Energy and Environment: ISBN 978-3-89336-655-2 Essen (2010)
8. Lemus, R.G., Martínez Duart, J.M.: Updated hydrogen production costs and parities for conventional and renewable technologies. Int. J. Hydrogen Energy **35**, 3929–3936 (2010)
9. Müller-Langer, F., Tzimas, E., Kaltschmitt, M., Peteves, S.: Techno-economic assessment of hydrogen production processes for the hydrogen economy for the short and medium term. Int. J. Hydrogen Energy **32**, 3797–3810 (2007)
10. Michaelis, J., Genoese, F., Wietschel, M.: Systemanalyse zur Verwendung von Überschussstrom. In: Proceedings Ergebnisvorstellung der Studie „Integration von Windwasserstoff-Systemen in das Energiesystem", Berlin (2013)
11. Gökçek, M.: Hydrogen generation from small-scale wind-powered electrolysis system in different power matching modes. Int. J. Hydrogen Energy **35**, 10050–10059 (2010)

12. Liberatore, R., Lanchi, M., Giaconia, A., Tarquini, P.: Energy and economic assessment of an industrial plant for the hydrogen production by water-splitting through the sulfur-iodine thermochemical cycle powered by concentrated solar energy. Int. J. Hydrogen Energy **37**, 9550–9565 (2012)
13. A Portfolio of Powertrains for Europe: a Fact Based Analysis – The Role of Battery Electric Vehicles, Plug-in-Hybrids and Fuel Cell Electric Vehicles. McKinsey & Co. (2010)
14. Johnson, N., Ogden, J.: A spatially-explicit optimization model for long-term hydrogen pipeline planning. Int. J. Hydrogen Energy **37**, 5421–5433 (2012)
15. Stolten, D., Grube, T., Mergel, J.: Beitrag elektrochemischer Energietechnik zur Energiewende. In: Proceedings VDI-Tagung Innovative Fahrzeugantriebe, 6.–7. November 2012, Dresden, VDI-Berichte 2183. ISBN 978-3-18-092183-9. VDI-Verlag, Dresden (2012)
16. Stiller, C., Schmidt, P., Michalski, J., Wurster, R., Albrecht, U., Bünger, U., Altmann, M.: Potenziale der Wind-Wasserstoff-Technologie in der Freien und Hansestadt Hamburg und in Schleswig Holstein. Ludwig-Bölkow-Systemtechnik GmbH, Eine Untersuchung im Auftrag der Wasserstoffgesellschaft Hamburg e. V., der Freien und Hansestadt Hamburg, vertreten durch die Behörde für Stadtentwicklung und Umwelt, sowie des Landes Schleswig-Holstein, vertreten durch das Ministerium für Wissenschaft, Wirtschaft und Verkehr (2010)
17. Stolzenburg, K.: Integration von Wind-Wasserstoff-Systemen in das Energiesystem: Zusammenfassung & Schlussfolgerungen. In: Preceedings Ergebnisvorstellung der Studie „Integration von Windwasserstoff-Systemen in das Energiesystem", Berlin (2013)
18. Baufumé, S., Grüger, F., Grube, T., Krieg, D., Linssen, J., Weber, M., Hake, J.-F., Stolten, D.: GIS-based scenario calculations for a nationwide German hydrogen pipeline infrastructure. Int. J. Hydrogen Energy **38**, 3813–3829 (2013)
19. Höhlein, B., Grube, T.: Kosten einer potentiellen Wasserstoffnutzung für E-Mobilität mit Brennstoffzellenantrieben. In et – Energiewirtschaftliche Tagesfragen, Bd. 61 (2011)
20. Studie zur Frage „Woher kommt der Wasserstoff in Deutschland 2050?". Deutsche Energie-Agentur GmbH (dena), Berlin (2010)
21. Wind, J., Froeschle, P., Höhlein, B., Piffaretti, M., Gabba, G.: WTW analyses and mobility scenarios with Optiresource. In: Proceedings 18th World Hydrogen Conference, Essen (2010)
22. Optiresource – Software zur Ermittlung einer Bewertung von Pkw-Antrieben einschließlich Kraftstoffbereitstellung (Quelle bis Rad). Daimler AG. http://www2.daimler.com/sustainability /optiresource/index.html (2013). Zugegriffen: 14. Mai 2013

Polymerelektrolytmembran-Brennstoffzellen (PEFC) Stand und Perspektiven

14

Ludwig Jörissen und Jürgen Garche

Brennstoffzellen sind Stromquellen, in denen Strom durch räumlich getrennte elektrochemische Reaktionen, nämlich der anodischen Oxidation eines Brennstoffs (z. B. Wasserstoff) und der kathodischen Reduktion eines Oxidationsmittels (z. B. Luftsauerstoff) erzeugt wird. Die bei diesen Prozessen umgesetzten Elektronen und Ionen werden auf getrennten Pfaden geführt. Im Fall von Polymerelektrolyt Membran Brennstoffzellen (PEFC) werden die Ionen (in der Regel Protonen) in einer gewöhnlich aus einem Ionenaustauschpolymer oder einer Membran bestehend aus einem mit ionisch leitfähigen, hochsiedenden Flüssigkeiten getränkten Matrixpolymer transportiert. Diese Polymerelektrolytmembranen können unter anderem aus den folgenden Polymerklassen hergestellt werden.

- Polymere, perfluorierte Sulfonsäuren (PFSA)
- Sulfonierte Polyarylverbindungen
- Mit Phosphorsäure dotierte Polybenzimidazole

All diese Materialien sind saure Protonenleiter.

Erst unlängst wurden anionenleitende Membranen für den Einsatz in Brennstoffzellen untersucht. Diese haben bislang jedoch nur geringe Verbreitung gefunden. Gründe dafür sind unter anderem ihre Instabilität bei Betriebstemperaturen über 60 °C sowie der Einbruch der Leitfähigkeit im Kontakt mit CO_2 aus der Atmosphäre, was eine Leistungsreduktion zur Folge hat. Es gibt jedoch Hinweise, dass bei bestimmten

L. Jörissen
Elektrochemische Energietechnologien, Zentrum für Sonnenenergie- und
Wasserstoff-Forschung, Baden-Württemberg, Helmholtzstr 8, 89081 Ulm, Deutschland
e-mail: ludwig.joerissen@zsw-bw.de

J. Garche (✉)
FCBAT, Badbergstrasse 18 a, 89075 Ulm, Deutschland
e-mail: garche@fcbat.eu

J. Töpler und J. Lehmann (Hrsg.), *Wasserstoff und Brennstoffzelle*,
DOI: 10.1007/978-3-642-37415-9_14, © Springer-Verlag Berlin Heidelberg 2014

Anionentauschern CO_2 aus der Membran durch Aufprägen eines geeigneten Stromprofils wieder entfernt werden kann.

Gewöhnliche PEFC-Betriebstemperaturen liegen um 80 °C. Neuere Membranentwicklungen zielen auf Betriebstemperaturen bis 120 °C. Noch höhere Betriebstemperaturen bis 180 °C können mit Phosphorsäure dotierte Polybenzimidazolmembranen erreicht werden.

Infolge der sauren Reaktionsumgebung der Protonenleiter, der daraus resultierenden langsamen Reaktionskinetik der Sauerstoffreduktion und der vergleichsweise geringen Betriebstemperatur erfordern PEFC den Einsatz edelmetallhaltiger Katalysatoren.

Verfahrenstechnisch kann man Brennstoffzellen als elektrochemische Durchflussreaktoren betrachten, die infolge der externen Reaktandenzufuhr und der Abfuhr der Reaktionsprodukte in die Umgebung als Primärelemente mit ausschließlich durch den Reaktandenvorrat begrenzter Kapazität betrieben werden. Aus diesem Grund sind inerhalb der Brennstoffzelle Strukturen zur Reaktanden- und Produktführung erforderlich. Abbildung 14.1 zeigt die Darstellung einer Brennstoffzelle als Abfolge funktionaler Schichten.

- Die protonenleitende Polymerelektrolytmembran zur Separation der Reaktionsräume und Reaktanden,
- Die Katalysatorschichten auf der Anoden- und Kathodenseite, an denen die jeweiligen elektrochemischen Reaktionen stattfinden,
- Die Gasdiffusionslagen, die einen gleichmäßigen Reaktandentransport zur Katalysatorschicht, das Wassermanagement sowie den elektrischen und thermischen Kontakt gewährleisten,
- Die Gasverteilungszone (flow field), welche Reaktanden und Produktwassertransport durch Strömung ermöglicht und,
- Die Kühllage zum Abtransport überschüssiger Reaktions- und Verlustwärme.

Durch die thermodynamischen Verhältnisse der Wasserstoffoxidation bei Umgebungstemperatur und -druck wird mit den Reaktanden Wasserstoff und Sauerstoff eine theoretische Zellspannung von 1.23 V erwartet. Die praktisch beobachtete Klemmenspannung einer PEFC im Leerlauf ergibt sich infolge von Oberflächenprozessen am Platinkatalysator der Sauerstoffelektrode sowie infolge von Wasserstoffspuren, die durch Elektrolytmembran diffundieren nur zu ca. 1 V. Unter Stromfluss beträgt die mittlere Einzelzellspannung in der Regel zwischen 600 und 750 mV. Um elektrotechnisch handhabbare Spannungen zu erreichen werden daher mehrere Zellen elektrisch in Reihe geschaltet. Dies geschieht gewöhnlich in so genannten bipolar verschalteten Zellstapeln (Stacks).

Die Zellverbinder, auch Bipolarplatten genannt, erfüllen als integrierte Baugruppe gleichzeitig die folgenden Aufgaben: elektrische Verbindung der Zellen, Gasverteilung über die Fläche der Platte, Gastrennung zwischen angrenzenden Zellen, Dichtung nach außen und Kühlung. Eine weitere, zum Stapelaufbau benötigte integrierte Baugruppe stellt die Membran-Elektroden-Anordnung (MEA, Membrane Electrode Assembly) dar.

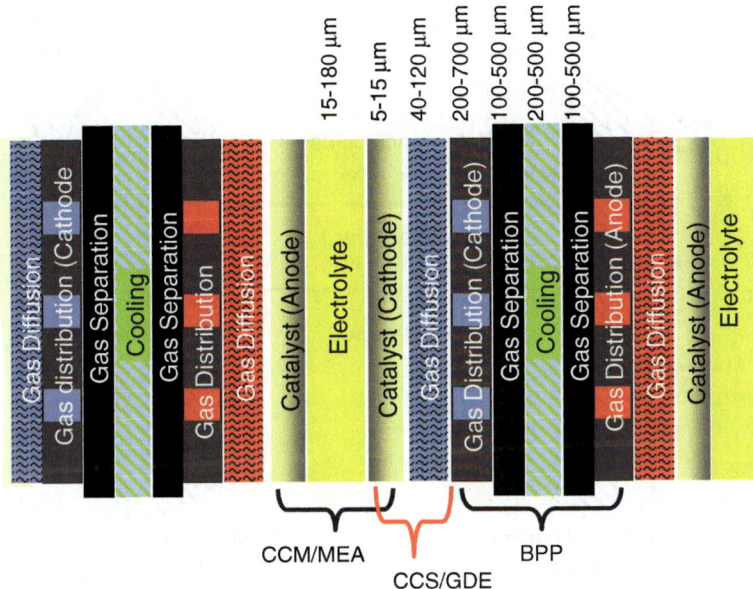

Abb. 14.1 Funktionale Schichten in einer Brennstoffzelle

Sie besteht aus der Elektrolytmembran, den anoden- und kathodenseitigen Katalysator-schichten sowie den Gasdiffusionslagen. Zum Schutz der Elektrolytmembran vor Konta-mination von außen sowie zum Schutz der oftmals wenig säurebeständigen Dichtungen und Bipolarplatten wird der Außenrand der MEA vielfach durch eine inerte Kunststoff-folie eingerahmt. Diese Schutzfolie erleichtert zusätzlich die Handhabung und verhin-dert ein Kriechen der Elektrolytmembran unter der Krafteinwirkung der Dichtung.

Im Betrieb einer PEFC laufen eine Reihe elektrochemischer Reaktionen und Trans-portprozesse ab, wie schematisch Abb. 14.2 [1] dargestellt sind:

1. Auf eine bestimmte Taupunkttemperatur konditionierter Wasserstoff wird als Brennstoff der Zelle zugeführt und durch Strömung flächig über die Verteilzone zur Gasdiffusionslage, der Grenzfläche zur Elektrode geführt.
2. Von dort werden Wasserstoff und Feuchtigkeit mittels Diffusion durch die poröse Elektrodenstruktur zur Katalysatoroberfläche, der eigentlich elektrochemisch akti-ven Grenzfläche transportiert, an der molekularer Wasserstoff durch Abgabe zweier Protonen und zweier Elektronen oxidiert wird.

$$2\,H_2 \rightleftarrows 4\,H^+ + 4\,e^-.$$

3. Die in diesem Prozess freigesetzten Elektronen werden durch das poröse Elektro-dengerüst zur Anodenseite der Bipolarplatte geleitet und dort weitergegeben.

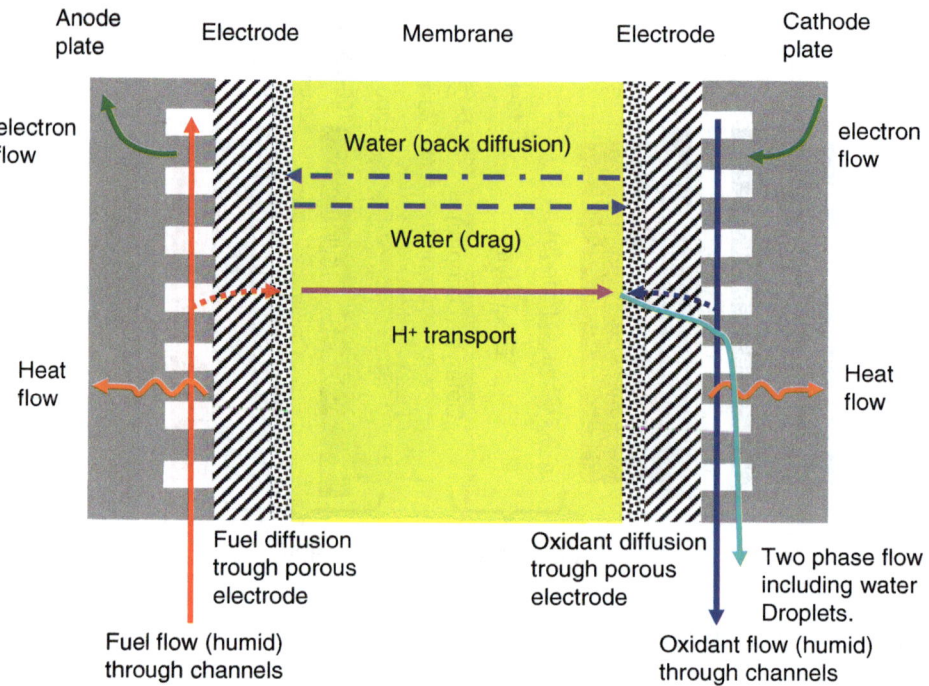

Abb. 14.2 Haupt-Transportprozesse in einer Polymerelektrolytmembran Brennstoffzelle mit saurem Protonentauscher [1]

4. Die anodenseitig freigesetzten Protonen treten in den sauren Polymerelektrolyten über, und werden dort unter Mitnahme einer koordinativ gebundenen Wasserhülle weitertransportiert.
5. Befeuchtete Luft wird als Sauerstoffquelle entlang der Fläche der Kathodenseite der Bipolarplatte zur Elektrodengrenzfläche geströmt.
6. Sauerstoff (und Stickstoff) aus der Luft diffundieren durch die kathodenseitige Gasdiffusionslage zur elektrochemisch aktiven Katalysatoroberfläche, an der Sauerstoff in einem in der Regel mehrstufigen Prozess vier Elektronen aufnimmt und mittels der Protonen aus dem Elektrolyten Wasser bildet.

$$O_2 + 4\,e^- + 4\,H^+ \rightleftarrows 2\,H_2O$$

7. Durch die hohe Wasseraktivität in der Kathode wird eine treibende Kraft für die Wasser-Rückdiffusion zur Anode aufgebaut.
8. Überschüssiges Wasser wird durch die Gasdiffusionslage in gasförmiger und flüssiger Phase zur kathodenseitigen Verteilerzone der Bipolarplatte transportiert.
9. Von dort wird das dampfförmige und flüssige Reaktionswasser durch den Gasstrom aus der Zelle ausgetragen.

10. Reaktions- und Verlustwärme fließen durch die poröses Gasdiffusionslage der Elektrode zur kathodenseitigen Gasverteilerstruktur der Bipolarplatte zur Kühlzone, von wo sie aus dem Stack ausgebracht werden.
11. Überschüssige Flüsse von Brennstoff und Oxidationsmittel verlassen die Zelle auf den dafür vorgegebenen Medienverteilerfelder.

Betrachtet man alle Prozesse simultan, so wird klar, dass ein stabiler Brennstoffzellenbetrieb eines präzisen Abgleichs von Brennstoff-, Oxidationsmittel-, Wärme- und Wasserflüssen bedarf.

Die Materialien, aus denen eine Brennstoffzelle hergestellt wird, müssen gleichzeitig verschiedenartige Anforderungen erfüllen.

* Die Polymerelektrolytmembran erfordert eine hohe Protonenleitfähigkeit während gleichzeitig elektronische Ladungsträger wirkungsvoll blockiert werden müssen. Sie muss ferner Wasserstoff und Sauerstoff sehr gut voneinander getrennt halten, während sie gleichzeitig den diffusiven Transport von Wasserstoff und Sauerstoff zum elektrochemisch aktiven Katalysatoroberfläche in einem Ausmaß unterhalten muss, um selbst bei hohen Stromstärken eine ausreichende Reaktandenversorgung zu gewährleisten.
  Die Elektrolytmembran muss chemisch gegen Wasserstoff und Sauerstoff sowie Wasser als Reaktionsprodukt beständig sein.
* Die porösen Elektroden müssen die Diffusion der Reaktanden durch die poröse Struktur zur Katalysator – Elektrolytgrenzfläche unterhalten und gleichzeitig den elektrischen Strom und Wärme in ausreichendem Maß leiten. Die Elektrode muss ausreichend hybrophobiert sein, um genügend offene Porosität für die Diffusion gasförmiger Reaktanden selbst unter kondensierenden Bedingungen zu gewährleisten und gleichzeitig Zonen für die Wasserkondensation bereitstellen.
  Die Elektroden müssen katalytisch aktives Material enthalten, um jeweils die elektrochemische Oxidation von Wasserstoff oder die elektrochemische Reduktion von Sauerstoff zu gewährleisten. Die Katalysatoren und ihre Trägersubstanzen müssen ferner unter den Potenzialen, der Feuchtigkeit und den pH-Werten, die im Lauf der Reaktion unter allen stationären und transienten Betriebsbedingungen der Brennstoffzelle auftreten, widerstehen können.
  Die Strukturmaterialien der Elektroden müssen gleichzeitig chemisch gegen die Reaktanden, mit denen sie in Kontakt sind und Wasser beständig sein.
* Die Gasverteilerplatten/Bipolarplatten müssen einerseits dicht gegen die Reaktanden sein und gleichzeitig eine gute elektrische und thermische Leitfähigkeit aufweisen. Ihre Benetzungseigenschaften müssen eine zügige Entfernung von flüssigem Produktwasser durch die Reaktandenströmung erlauben. Die Werkstoffe müssen unter den jeweiligen stationären und transienten Betriebsbedingungen der Brennstoffzelle korrosionsstabil sein. Außerdem sollen die Bipolarplatten möglichst keine elektrisch isolierenden Oberflächenschichten während des Betriebs und der Lagerung ausbilden.

Da einige der oben genannten Forderungen in sich widersprüchlich sind, ist es nicht zielführend, eine einzelne Eigenschaft, ohne Beachtung der Auswirkungen auf andere Parameter zu maximieren. Eine vernünftige Auslegung und Konstruktion von Brennstoffzellen erfordert im Rahmen einer gleichzeitigen Mehrparameteroptimierung stets anwendungsspezifische Kompromisse.

14.1 Allgemeine Gestaltung einer Polymerelektrolytmembran-Brennstoffzelle

In den folgenden Abschnitten werden die Hauptkomponenten der PEFC und die Materialien, aus denen sie hergestellt werden, beschrieben. Die Diskussionen sind auf die am häufigsten genutzten Komponenten und Werkstoffe beschränkt.

14.1.1 Die Membran-Elektroden-Anordnung (MEA)

Die Membran-Elektroden-Anordnung (MEA, Membrane-Electrode-Assembly) ist das Herzstück der PEFC. In ihr wird elektrischer Strom durch die anodische Oxidation des Brennstoffs (überwiegend Wasserstoff) und die kathodische Reduktion des Oxidationsmittels (üblicherweise Luftsauerstoff) erzeugt. Die MEA enthält die elektrochemisch aktiven Grenzflächen auf der Anode und der Kathode. Der Mittelteil der MEA wird durch die Elektrolytmembran gebildet, die gewöhnlich aus einer zwischen etwa 15 und 50 μm dünnen, stark sauren Kationentauscher-Polymerfolie besteht. In der Membran sind in der Regel Sulfonsäuregruppen ($R-SO_2OH$) verankert. Das Rückgrat wird oft durch ein langkettiges, perfluoriertes Polymer gebildet. Andere Möglichkeiten sind stabile aromatische Polymer (Polyarylene).

Die Elektrolytmembran ist im Kontakt mit einer Schicht aus platinhaltigen, auf Ruß geträgerten Katalysatoren. Die Schichtdicke beträgt zwischen 5 und 20 μm. Die Katalysatorschichten sind in elektrischem Kontakt mit jeweils einer Gasdiffusionschicht (GDL, Gas Diffusion Layer) mit einer Dicke im Bereich zwischen 100 und 250 μm. Die funktionalen Schichten Elektrolytmembran, anoden- und kathodenseitige Katalysatorschicht sowie Gasdiffusionslage bilden gemeinsam den aktiven Teil der MEA.

Um diesen mediendicht in einen Brennstoffzellenstapel integrieren zu können, muss der aktive Bereich durch einen elektrisch nicht leitenden Randbereich umgeben werden, der gleichzeitig Bestandteil des Dichtungskonzepts sein kann.

Der Begriff MEA ist nicht eindeutig, man unterscheidet die folgenden Ausführungsformen (Abb. 14.3):

- Katalysatorbeschichtete Membran (CCM, Catalyst Coated Membrane) bestehend aus der Elektrolytmembran und je einer anodenseitigen und kathodenseitigen Katalysatorschicht. Diese Ausführungsform wird gelegentlich Drei-Lagen MEA genannt (Abb. 14.3a).

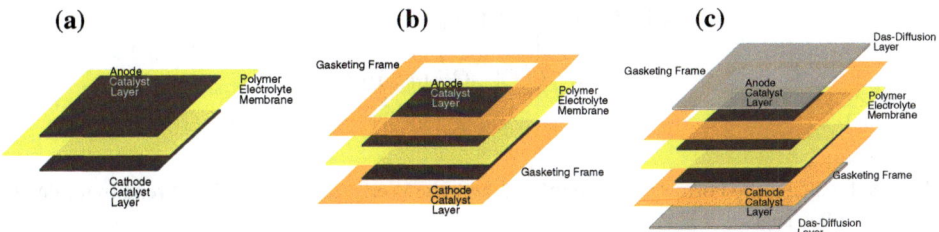

Abb. 14.3 MEA-configurations: **a** Katalysatorbeschichtete Membran (CCM, Drei-Lagen MEA); **b** CCM mit Handhabungsrand (Fünf-Lagen MEA); **c** Fünf-Lagen MEA mit aufgebrachten Gasdiffusionslagen (Sieben-Lagen MEA)

- Fünf-Lagen MEA bestehend aus der CCM, auf die auf jeder Seite eine inerte Randfolie aufgebracht ist (Abb. 14.3b).
- In einer Sieben-Lagen MEA wird die Fünflagen MEA durch Aufbringen je einer Gasdiffusionslage auf beiden Seiten komplettiert (Abb. 14.3c).

14.1.2 Komponenten einer Membran Elektroden Anordnung (MEA)

In den folgenden Unterkapiteln werden die Hauptbestandteile der MEA einzeln beschrieben.

Polymerelektrolytmembranen Die Hauptfunktionen der Polymerelektrolytmembran sind die Trennung der anoden- und kathodenseitigen Gasräume und der Transport ionischer Spezies.

Die am häufigsten genutzten Polymerelektrolytmembranen sind protonenleitende Polymere vom Typ perfluorierter Sulfonsäuren (PFSA, perfluorinated Sulfonic Acids), von denen die bekannteste Nafion® von DuPont ist. Den aktuellen Stand der Erkenntnisse über PFSA gibt ein Review Artikel von Mauritz and Moore [2] wieder.

Abbildung 14.4 zeigt einen Ausschnitt aus der chemischen Formel von Nafion®. Ionenleitende Polymere werden anhand ihres Äquivalentgewichts (EW, Equivalent Weight) eingeteilt, das dem Trockengewicht des Polymers pro Mol Protonen entspricht. Im Fall von Nafion® beträgt das gebräuchlichste Äquivalentgewicht $1\,100\,\mathrm{g} \bullet \mathrm{mol}^{-1}$, bei dem die sulfonierte Seitenketten durch ca. sieben $-(CF_2\text{-}CF_2)-$ Gruppen voneinander getrennt sind. Die Gesamtkettenlänge von Nafion® ist nicht genau bekannt, da die üblichen Methoden zur Molekulargewichtsbestimmung von Polymeren bei diesem Material versagen.

Ähnliche Materialien aus der PFSA-Klasse wurden von weiteren Firmen entwickelt. Hier sind unter anderem zu nennen: Asahi Chemical Company (Handelsname Aciplex), Asahi Glass Company (Handelsname Flemion), Solvay (Handelsnamen Hyflon bzw. Aquivion), Fumatech (Handelsname Fumion) sowie die Firmen 3M, Gore und Dow sowie andere, häufig in China ansässige Firmen. Die Materialien unterscheiden sich teilweise im Äquivalentgewicht sowie in Struktur und Länge der Seitenketten.

$$-[(CF_2-CF_2)_n-(CF-CF_2)]_m-$$
$$|$$
$$O-CF_2-CF-O-CF_2-CF_2-SO_3H$$
$$|$$
$$CF_3$$

Abb. 14.4 Chemische Formel von Nafion®. [2], typische Werte für n sind ca. 7 während m im Bereich 100 < m < 1 000 liegt

Im Allgemeinen bestehen PFSA aus einem langkettigen, perfluorierten Rückgrat, an das mittels Etherbindungen perfluorierte sulfonierte Seitenketten angebracht wurden. Die Polymerketten haben daher hydrophile und hydrophobe Regionen. Durch Aggregation der hydrophilen Teile bilden sich ionenleitende Zonen aus. Die Strukturstabilität des Polymers wird durch Clusterung der hydrophoben Polymerteile gewährleistet. Eine Mikrophasentrennung der hydrophilen und hydrophoben Polymerteile führt zu einem verbundenen hydrophilen, wasserhaltigen Netzwerk aus Nanoporen. Porengröße und Struktur des Nanoporennetzwerks sind von der Anzahl und der chemischen Struktur der Seitenketten und vom Wasergehalt abhängig. Das erste Mikrostrukturmodell wurde von Hsu und Gierke [3, 4] aus Röntgenkleinwinkel- und -weitwinkelstreudaten abgeleitet (Abb. 14.5).

Nafion® und andere perfluorierte Polymere wurden einer Vielzahl an Studien zur Struktur und Morphologie unterzogen. Diese Studien sind vor allem in Bezug auf das Quellungsverhalten schwer miteinander vergleichbar. Gebel [5] bildete den Prozess des Quellens und der Auflösung von PFSA modellhaft ab (Abb. 14.6).

In diesem Modell besteht die trockene Membran aus isolierten Ionenclustern mit ca. 1.5 nm Durchmesser im Abstand von ungefähr 2.7 nm. Sobald Wasser das Nanoporennetzwerk zu füllen beginnt, sammelt sich dieses in den durch Ansammlung von Sulfonsäuregruppen gebildeten Nanoporen, die mit zunehmendem Wassergehalt nach und nach ein durch Zylinderporen verbundenen Perkolationsnetzwerk bilden. In diesem Zustand ist die PFSA-Membran in der arbeitenden Brennstoffzelle. Eine Erhöhung des Wassergealts über 50 % führt zu einer Strukturinversion des Nanoporennetzwerks, das bei weiterer Erhöhung des Wassergehalts in ein offenes Netzwerk und schließlich eine Dispersion stabförmiger Polymere übergeht. Dieses Modell erklärt qualitativ das Verhalten von Nafion® und verwandter Polymere. Es kann jedoch nicht direkt aus energetischen Überlegungen abgeleitet werden und bietet keine Erklärung der Streudaten während der Strukturinversion bei hohen Hydratisierungsgraden [2].

Um hohe Werte für die Protonenleitfähigkeit zu erzielen, muss das hydrophile Nanoporennetzwerk mit Wasser gefüllt sein. Hierbei gilt: je höher der Hydratisierungsgrad desto höher die Protonenleitfähigkeit [6] (Abb. 14.7).

Im trockenen Zustand sind PFSA-Membranen sehr hygroskopisch, das heißt sie nehmen Feuchtigkeit aus der Umgebung auf. Bei hohem Hydratationsgrad wie er zum Beispiel durch Tempern in Wasser bei ca. 80 °C auftritt verlieren die so gequollenen

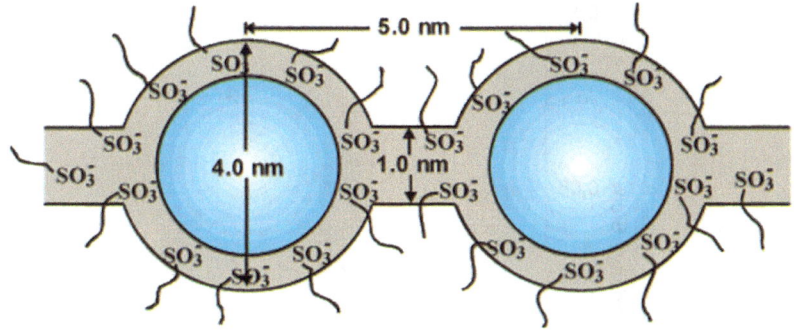

Abb. 14.5 Cluster Netzwerkmodell von hydratisiertem Nafion® [2, 4]

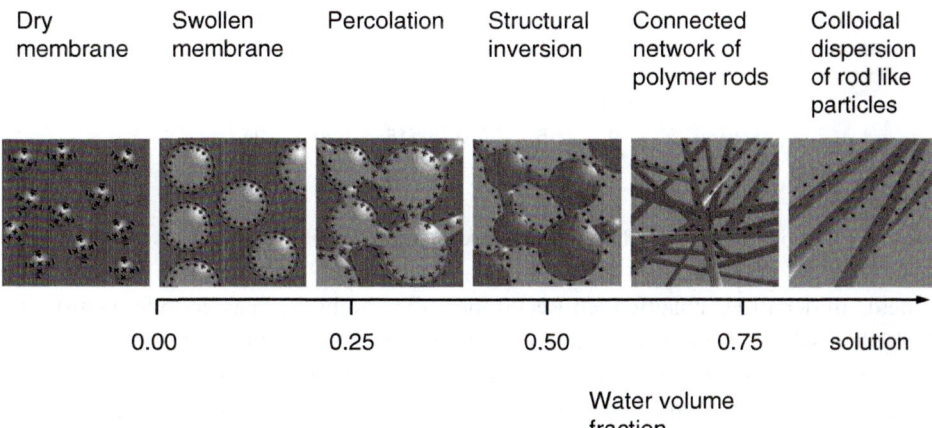

Abb. 14.6 Modellvorstellung der Reorganisation der ionenleitenden Bereiche in Nafion während zunehmender Quellung der Membran mit Wasser bis zum Stadium der Auflösung [2, 5]

Membranen Wasser an die Umgebung, selbst wenn die umgebende Gasphase Gasumgebung eine relative Feuchte von 100 % aufweist.

Um einen optimalen Wassergehalt der Polymermembran zu gewährleisten, sollten die Betriebsbedingungen so gewählt werden, dass stets eine kleine Menge an Flüssigwasser in der Nähe der Elektrolytmembran vorhanden ist.

14.1.3 Katalysatoren

Die elektrochemischen Reaktionen an den Elektroden führen zu einem Ladungsdurchtritt über die Phasengrenze der elektronenleitenden Phase (Elektrode) und der ionenleitenden Phase (Elektrolyt).

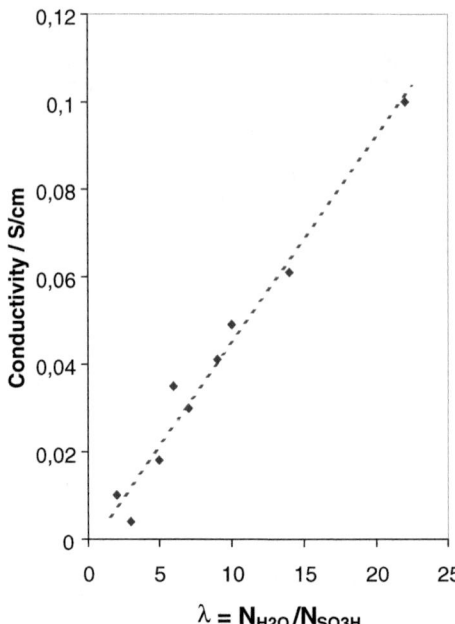

Abb. 14.7 Nafion Membranleitfähigkeit als Funktion des Membranwassergehalts [6]

Beide in der PEFC ablaufenden Reaktionen, die anodische Wasserstoffoxidation und die kathodische Sauerstoffreduktion erfordern eine katalytische Aktivierung, um die geforderten Stromdichten bei anwendungsrelevanten Spannungen zu ermöglichen.

Infolge der stark sauern Umgebung der PEFC sind extrem korrosionsfeste Katalysatoren erforderlich, was die Auswahl praktisch auf die Edelmetalle und ihre Legierungen begrenzt.

Anfänglich wurde Platinschwarz als Katalysator eingesetzt. Dadurch ergaben sich Edelmetallbeladungen, die mit einem kommerziellen Einsatz nicht verträglich waren. In der Zwischenzeit konnten beträchtliche Verringerungen der Platinbeladung durch die folgenden Innovationen erreicht werden [7]:

- Stabilisierung nanoskaliger Platinpartikel auf einem hochoberflächigen Kohleträger [8].
- Verbesserte Elektroden-Elektrolyt Grenzfläche durch Imprägnieren von Polymerelektrolyt in die gesamte Katalysatorschicht [9].
- Herstellung von Katalysatorschichten aus Katalysatordispersionen in additivhaltigen Polymerelektrolytlösungen [10].
- Optmierung der Katalysatorschicht im Hinblick auf Dicke und Zusammensetzung [11].
- Einführung von Legierungkatalysatoren [12, 13].
- Einführung so genannter Core-Shell-Katalysatoren [14].
- Abscheidung von Platin auf selbstassemblierten Nanofaserfilmen [15], die den Platinkatalysator in einer ganz dünnen Schicht mit ca. 300 μm Dicke nahe der Grenzfläche zur Elektrolytmembran konzentrieren.

Die hier aufgeführte Liste ist keineswegs vollständig und es werden weitere Innovations-schritte benötigt werden, um gleichzeitig die Leistungsdichte zu vergrößern, die Edelme-tallbeladung zu verringern sowie die Robustheit zu steigern.

Wasserstoffoxidation Die Wasserstoffoxidation im sauren Elektrolyten läuft an platin-haltigen Katalysatoren als mehrstufiger Prozess sehr schnell ab. Anfänglich wird moleku-larer Wasserstoff auf der Platinoberfläche adsorbiert.

$$H_2 \rightleftarrows H_{2,\,ad}$$

Der adsorbierte molekulare Wasserstoff wird in einer mehrstufigen Reaktion oxidiert, wobei er in einem ersten Schritt dissoziiert und zu zwei adsorbierten Wasserstoffatomen wird. Diese Reaktion wird auch Tafel-Reaktion genannt.

$$H_{2,\,ad} \rightleftarrows 2\,H_{ad} \qquad \text{(Tafel Reaktion)}$$

Ein weiterer Weg, zum adsorbierten Wasserstoffatom zu gelangen, ist die so genannten Heyrowsky Reaktion, in deren Verlauf aus molekularem Wasserstoff ein adsorbiertes Proton sowie ein Proton und eine Elektron erzeugt werden.

$$H_2 \rightleftarrows H_{ad} + H^+ + e^- \qquad \text{(Heyrovsky Reaktion)}$$

Adsorbierter atomarer Wasserstoff transferiert sein Elektron ins Metall und setzt ein Proton an der Katalysatoroberfläche frei. Diese Reaktion wird auch Volmer-Reaktion genannt.

$$H_{ad} \rightleftarrows e^- + H^+ \qquad \text{(Volmer Reaktion)}$$

Danach wird das erzeugte Proton in den Elekrolyten abgegeben. In wässrig-sauren Elektrolyten ist die Kinetik der Wasserstoffoxidation so schnell, dass keine physikalisch sinnvolle Bestimmung der geschwindigkeitsbestimmenden Teilreaktion in der Abfolge Tafel-Volmer oder Heyrovsky-Volmer möglich ist [16]. Dichtefunktionalrechnungen [17] legen in der Nähe der Gleichgewichtsspannung einen Tafel-Volmer Mechanismus nahe. Experimentelle Studien an Einkristallelektroden [18] zeigten signifikante Kinetik-Unterschiede in Abhängigkeit der jeweiligen Kristallfläche des Platinkatalysators.

Zieht man diese Befunde in Betracht, so kann man schließen, dass selbst Elektroden mit sehr niedrigen Platinbeladungen bereits in der Lage sind, beträchtliche Stromdich-ten für die anodische Wasserstoffoxidation zu erzielen. Im praktischen Brennstoffzel-lenbetrieb muss jedoch die Empfindlichkeit von platinhaltigen Katalysatoren gegen Vergiftung durch polare Substanzen wie CO, H_2S, NH_3 usw. [19, 20] mit in Betracht gezogen werden. Dies macht es empfehlenswert, einen gewissen Katalysatorüberschuss einzusetzen.

Abbildung 14.8 zeigt beispielhaft den Einfluss einer CO-Vergiftung auf die Strom-Spannungskurve der PEFC [21]. Es wird deutlich, dass bereits kleine CO-Konzentratio-nen einen signifikanten Einfluss auf die Leistungscharakteristik haben.

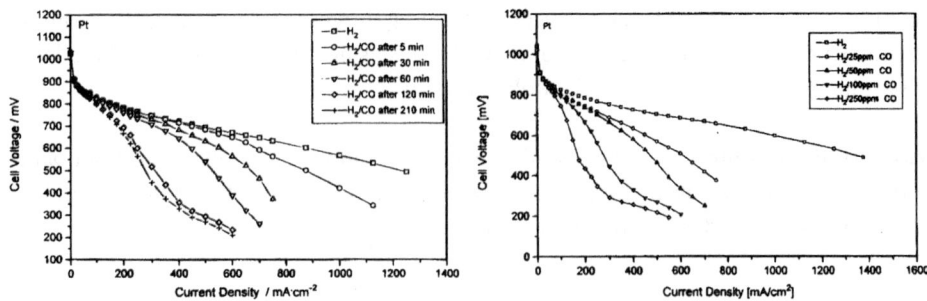

Abb. 14.8 Auswirkung der CO Vergiftung auf die Leistungscharakteristik einer PEFC mit platin-haltigen Anodenkatalysatoren [21], **a** zeitlicher Verlauf von U/I-Kurven bei 100 ppm CO; **b** Auswirkungen der CO-Konzentration auf die Kennlinien

CO blockiert die elektrochemisch aktiven Stellen auf der Katalysatoroberfläche durch Adsorption, so dass schlussendlich keine freien Adsorptionsplätze für die Wasserstoff-oxidation verbleiben. Bei den typischen PEFC-Betriebstemperaturen wird eine komplette Blockade der aktiven Katalysatorberfläche bereits bei einer CO-Konzentration in Wasserstoff von weniger als 10 ppm [22] erreicht. Glücklicherweise sind CO-Vergiftungen leicht reversibel. Eine Erhöhung der Temperatur oder die oxidative Entfernung durch Beimischung einer geringen Menge von Sauerstoff zum Brennstoff [23] oder eine durch pulsförmige Strombelastung erzielte Erhöhung des Anodenpotenzials sind in der Lage die Auswirkungen von CO auf die Leistungsdichte der PEFC zu begrenzen.

Platin-Legierungskatalysatoren, insbesondere Legierungen mit Ruthenium, sind ebenfalls in der Lage, die Wirkung von CO zu mildern. Allerdings können so nur geringfügig erhöhte CO-Mengen toleriert werden, während die Langzeitstabilität der Legierungskatalysatoren infolge der Ru-Auflösung in Frage gestellt werden kann.

Es gilt ebenfalls festzuhalten, dass in einer Wasserstoffatmosphäre CO_2 nicht als vollständig inert betrachte werden kann, da Platin die umgekehrte Shift-Reaktion katalysiert und so CO_2 an der Katalysatorobrfläche in Gegenwart von Wasserstoff zu CO reduziert werden kann.

Anodenvergiftungen durch H_2S oder NH_3-Spuren im Brennstoff sind erheblich schwerer reversibel als CO-Vergiftungen. Katalysatordeaktivierungen mit H_2S können durch oxidierende Bedingungen an der Anode und nachfolgendem Betrieb bei hoher Temperatur und Gasfeuchte teilweise rückgängig gemacht werden [24].

Spuren von Ammoniak zeigen vergleichsweise komplexe Effekte, die noch nicht vollständig verstanden sind [20]. Obwohl Vergiftungsauswirkungen unmittelbar nach der Zugabe von Ammoniak auftreten, können durch zyklische Voltammetrie keine Adsorbate auf der Katalysatoroberfläche nachgewiesen werden [25]. Andererseits beobachtet man einen langsamen Anstieg des Innenwiderstands, sofern man die PEFC über längere Zeit in Kontakt mit NH_3 hält. Aber auch dieser Effekt kann den Leistungsverlust nicht vollständig erklären. Ein Bestandteil der Erklärung könnte die veränderte

Wasserkoordination in der Membran bei Austausch der Protonen in der Membran gegen die größeren NH_4^+-Kationen sein [26].

Sauerstoffreduktion Die Reduktion von Sauerstoff gehört zu den meist untersuchten elektrochemischen Reaktionen. Es gibt grundsätzlich zwei Pfade zur Sauerstoffreduktion in sauren Elektrolyten. Dies sind der zu Wasser als Reaktionsprodukt führende so genannte Vierelektronenpfad.

$$O_2 + 4\,e^- + 4\,H^+ \rightleftharpoons 2\,H_2O$$

Der zweite Reaktionspfad führt zu Wasserstoffperoxid als Reaktionsprodukt und erfordert nur den Austausch zweier Elektronen.

$$O_2 + 2\,e^- + 2\,H^+ \rightleftharpoons H_2O_2$$

Das im Verlauf der „Zweielektronenreduktion" erzeugte Peroxid kann entweder freigesetzt oder in einem nachfolgenden Zweielektroneschritt weiter zu Wasser reduziert werden

$$H_2O_2 + 2\,e^- + 2\,H^+ \rightleftharpoons 2\,H_2O$$

Das in Abb. 14.9 dargestellte Ablaufschema zeigt die bedeutendsten Teilreaktionen der Sauerstoffreduktion. Der an metallischen Katalysatoren wahrscheinlichste Reaktionsablauf ist eine Folge von Zweielektronenschritten, die zunächst zu adsorbiertem Peroxid gefolgt von einem weiteren Zweielektroneschritt zur Bildung von Wasser führt [27]. Die sich in dieser Reaktionsfolge von der Katalysatoroberfläche lösenden Spuren von Peroxid tragen mit dazu bei, den radikalischen Abbau der Elektrolytmembran zu initiieren.

Die Wahrscheinlichkeit der Peroxidbildung und die Sauerstoffreduktionskinetik sind in sauren Elektrolyten mit adsorbierenden Anionen wie zum Beispiel Schwefelsäure (H_2SO_4) an unterschiedlichen Kristalloberflächen stark verschieden. In Elektrolyten, die nicht adsorbierende Anionen enthalten wie zum Beispiel Perchlorsäure ($HClO_4$) oder den perfluorierten Sulfonsäuren sind diese Unterschiede deutlich weniger ausgeprägt [27]. Spuren anderer adsorbierender Ionen wie zum Beispiel Kupfer oder Chlorid, die im Elektrolyten, dem Katalysator oder dem Katalysatorträger vorhanden sind, führen ebenfalls zu einer nennenswerten Reduktion der katalytischen Aktivität und Veränderungen in den Bildungswahrscheinlichkeit für Peroxid.

In Katalysator-Nanopartikeln hängt das Verhältnis der an der Oberfläche befindlichen Kristallflächen von der Partikelgröße ab und bietet daher eine mögliche Erklärung für die in Elektrolyten mit adsorbierenden Anionen beobachteten Partikelgrößeneffekten. Da es sich bei perfluorierten Sulfonsäuren um Elektrolyte mit nicht an der Platinoberfläche adsorbierenden Ionen handelt, treten Partikelgrößeneffekte in PEFC nicht so ausgeprägt auf.

Die Sauerstoffreduktionsreaktion in PEFC wurde unlängst in Review-Artikeln ausgiebiger behandelt [7, 28]. Die Oberflächenchemie des Platins, besonders die Bedeckung der Metalloberfläche mit sauerstoffhaltigen Spezies oberhalb eines Potenzials von 750 mV im Vergleich zum Potenzial der Wasserstoffelektrode im selben Elektrolyten führt zu

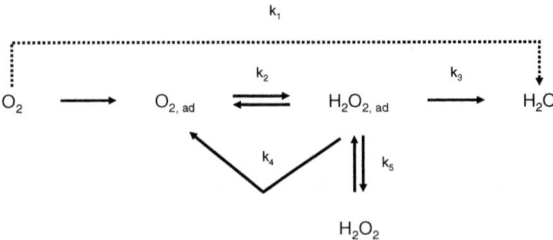

Abb. 14.9 Mögliche Reaktionspfade zur Sauerstoffreduktion an metallischen Katalysatoren [27]

Schwierigkeiten bei einer einheitlichen Behandlung der Sauerstoffreduktionskinetik. Man beobachtet abhängig vom Potenzial unterschiedliche kinetische Parameter.

Experimentell wurde gefunden, dass der Einsatz von Platinlegierungskatalysatoren zu einer Verbesserung der Sauerstoffreduktionskinetik führt. Dies kann sowohl durch eine Verringerung der Pt-Atomabstände an der Oberfläche als auch durch elektronische Effekte erklärt werden. Platinlegierungen mit Nicht-Edelmetallen wie Kobalt, Eisen, Nickel oder Chrom führen in langdauerndem Kontakt mit sauren Elektrolyten zur Ausbildung platinreicher Oberflächenschichten, die ebenfalls erhöhte katalytische Aktivität aufweisen. Redox-Mediator-Mechanismen zur Verbesserung der Sauerstoffreduktionskinetik durch Legierungs- oder Trägerelemente wurden ebenfalls vorgeschlagen [7].

In Langzeitversuchen wurde beobachtet, dass sich die leistungssteigernde Wirkung der Legierungselemente mit der Zeit verliert und sich das Leistungsvermögen von Platin und Platinlegierungskatalysatoren mehr und mehr annähert. Neben der Zusammensetzung haben auch Wärmebehandlungen des Katalysators oder des Katalysatorträgers einen nennenswerten Einfluss auf die Katalysatoraktivität und –stabilität [29].

14.1.4 Katalysatorschicht

Elektrochemische Reaktionen können nur an solchen Platinpartikels stattfinden, bei denen Katalysator, ionenleitende Phase und elektronenleitende Phase gleichzeitig in Kontakt mit den Reaktanden sind [30]. Abbildung 14.10 zeigt schematisch den Aufbau einer MEA und der zugehörigen Katalysatorschicht.

Elektronen werden durch den Katalysatorträger zu den Katalysatornanopartikeln geleitet während Protonen durch die Elektrolytphase zur Katalysatoroberfläche transportiert werden. Es ist daher notwendig, die Elektrolytphase in die Tiefe der Elektrode auszudehnen und die Zahl der Edelmetallpartikel zu minimieren, die entweder nicht mit der Elektrolytphase in Kontakt stehen oder mit einer zu dicken Elektrolytschicht umhüllt sind. Infolge der Löslichkeit und Beweglichkeit der Reaktanden in perfluorierten Sulfonsäureelektrolyten können diese nur durch eine dünne, die Katalysatoroberfläche bedeckende Polymerelektrolytschicht diffundieren. Diese Verhältnisse werden durch verschiedene Präparationstechniken erreicht. Dazu gehören unter anderem: Imprägnieren von Ionomerlösungen in eine Gasdiffusionselektrode [9], Präparation einer dünnen

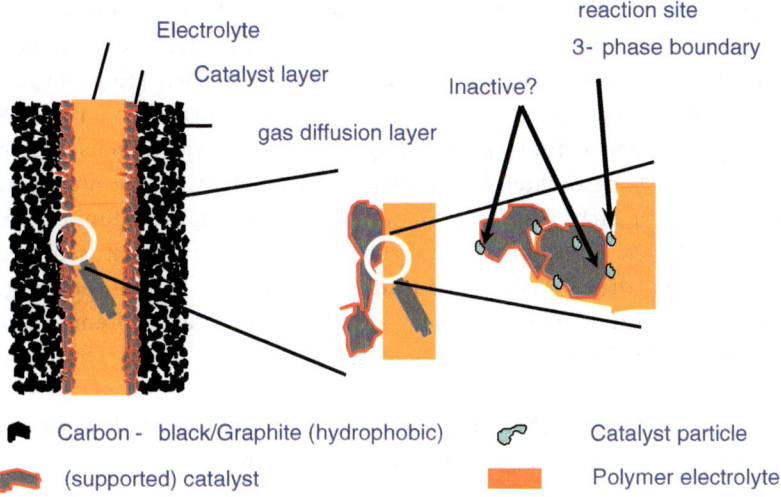

Abb. 14.10 Schema einer Membran-Elektroden-Anordnung (MEA)

Katalysatorschicht durch Beschichtung mit einer Suspension aus Katalysatorpulver, Ionomerlösung und eventuell weiterer Additive auf die Elektrolytfolie oder eine inerte Trägerfolie mit nachfolgendem Transfer auf die Elektrolytfolie [10]. Diese Prozesse werden sowohl im Labor als auch in der industriellen MEA-Fertigung eingesetzt.

Die Katalysatorschicht muss ebenfalls offene Poren enthalten, um einen gleichförmigen Transport der Reaktanden zu den Reaktionsorten zu ermöglichen. Hierzu können Additive zum Einsatz kommen, die einerseits offene, gegebenenfalls hydrophobe Poren zum Gastransport ermöglichen sowie Additive, die den Angriff von Radikalen auf die Ionomerphase unterdrücken. Die Stabilität des Ionomers und der Additive und die Verhinderung ungünstiger Wechselwirkungen der Additive mit den elektrokatalytischen Prozessen sind für die Lebensdauer und die Leistungsfähigkeit der Elektrodenschicht von großer Bedeutung. Das Verhältnis von Katalysator, Additiven und Ionomerphase erfordert daher eine sorgfältige Optimierung und hängt stark von der Gesamtmenge und der Partikelgröße von Platin in der Katalysatorschicht sowie vom der Art des Katalysatorträgers und dessen Verhältnis zur Platinmenge ab.

Abhängig von der in der Elektrode fließenden Stromdichte kann man davon ausgehen, dass eine örtlich ziemlich ungleichmäßige Nutzung der in der Elektrode verfügbaren Katalysatormenge vorliegt. Während bei niedrigen Stromdichten ionische Widerstände in der Katalysatorschicht vernachlässigbar sind und alle Katalysatorpartikel unabhängig von ihrer Platzierung zur Stromerzeugung beitragen, konzentriert sich die Reaktionszone bei hohen Stromdichten auf die Grenzfläche zur Elektrolytmembran, was zu einer suboptimalen Ausnutzung der in der restlichen Elektrode verfügbaren Platinmenge führt [31, 32]. Eine Verbesserung der Leistungsfähigkeit der Elektrode kann durch eine verbesserte Mikrostruktur sowie durch eine Gradierung der Platinkonzentration und Porosität in der Elektrode erreicht werden. Eine Konzentration der Platinbeladung nahe der Elektrolytgrenzfläche durch platinbelegte Nanofasern wurde von 3M vorgeschlagen [15]. Die Anhäufung des auf Nanofasern abgeschiedenen Platinkatalysators innerhalb von ca. 300 nm an der Elektrolytgrenzfläche führt zu ganz spezifischen Betriebseigenschaften, wobei einerseits hohe Leistungsdichten bei vergleichsweise hohen Temperaturen und niedrigen Gasfeuchten erreicht werden können. Anderseits neigt die dünne Katalysatorschicht bei niedrigen Temperaturen stärker zur Flutung. Eine Zusammenfassung der Besonderheiten dieses MEA-Typs findet sich in [33]. Durch Aufbringen einer zusätzlichen, konventionellen Katalysatorschicht konnte das Tieftemperaturverhalten verbessert werden [34].

Elektrodendegradation Es gibt zwei Prozesse, welche die Degradation aus geträgerten Katalysatoren aufgebauten Katalysatorschichten dominieren:

- Platinauflösung und
- Korrosion des Kohlenstoffträgers.

Selbst als Edelmetall ist Platin unter den Betriebsbedingungen der PEFC nicht vollständig inert. Zum Verlust den der Elektrodenaktivität tragen hauptsächlich drei Prozesse bei [28]:

- Platin-Auflösung bei hohen Potenzialen und seine Wiederabscheidung an größeren Partikeln (Ostwald Reifung).
- Agglomeration von Platin-Nanoteilchen infolge von Wanderung auf der Trägeroberfläche.
- Kontaktverlust oder Agglomeration von Platin-Nanoteilchen infolge von Korrosion des Kohlenstoffträgers.

Die Reaktionspfade der Platinauflösung können aus dem Pourbaix-Diagramm abgeleitet und wie folgt beschrieben werden [28]

- $Pt \rightleftarrows Pt^{2+} + 2\,e^-$ $E_0 = 1.19 + 0.029 \cdot \log \cdot [Pt^{2+}]$
- $Pt + H_2O \rightleftarrows PtO + 2\,H^+ + 2\,e^-$ $E_0 = 0.98 - 0.59 \cdot pH$
- $PtO + 2\,H^+ \rightleftarrows Pt^{2+} + H_2O$ $\log[Pt^{2+}] = -7.06 - 2 \cdot pH$

Die Geschwindigkeit der Platinauflösung steigt mit zunehmendem Potenzial und abnehmendem pH-Wert sowie zunehmender Temperatur. Ausgedehnte Verweilzeiten von PEFC-Elektroden bei hohem Potenzial sowie häufige Zyklisierung der Elektroden zu hohem Potenzial haben sich als besonders belastend erwiesen.

Gelöstes Platin kann in ionischer Form in die Elektrolytmembran eindringen und zur Anode wandern. Sobald die Pt-Ionen im Elektrolyten Zonen mit niedrigerem Potenzial erreichen, wird metallisches Platin abgeschieden, das bandförmige Ablagerungen innerhalb der Membran bildet [35]. Auch eine direkte Reduktion durch im Elektrolyten gelösten Wasserstoff ist möglich.

- $Pt^{2+} + H_2 \leftrightarrows Pt + 2H^+$

Als Folge der Platinauflösung verarmen die elektrolytnahen Bereiche der Kathode, die im Fall hoher Strombelastung den größten Anteil an der Stromerzeugung haben (Abb. 14.11).

Die Einführung rußgeträgerter Platinkatalysatoren war ursächlich für die starke Erhöhung der Leistungsdichte im Vergleich zu ungeträgerten Platinkatalysatoren. Das Porensystem des Rußträgers erlaubt hierbei die Erzeugung und Stabilisierung kleinerer Pt-Nanopartikel, was zu einer Erhöhung der spezifischen Platinoberfläche führt.

Infolge seiner Reaktionsträgheit ist Kohlenstoff für gewöhnlich selbst in sauren Elektrolyten chemisch und elektrochemisch beständig. Allerdings kann der in der Kathode eingesetzte Ruß unter den an der Sauerstoffelektrode herrschenden hohen Potenzialen durch die folgenden Reaktionen oxidativ angegriffen werden:

- $2\,H_2O \rightleftarrows O_2 + 4\,H^+ + 4\,e^-$ (Wasserelektrolyse)
- $C + O_2 \rightarrow CO_2$ (Kohlenstoffoxidation durch molekularen Sauerstoff)
- $C + 2\,H_2O \rightarrow CO_2 + 4\,H^+ + 4\,e^-$ (Kohlenstoffoxidation durch Wasser)

Der Verlust des Kohlenstoffträgers führt zur Entkopplung von katalytisch aktiven Platin-Nanopartikeln vom Leitfähigkeitspfad für Elektronen, was den Verlust elektrochemisch aktiver Oberfläche zur Folge hat. Hohe anodische Potenziale treten auf der Kathode bevorzugt während Start- und Stopp-Prozeduren auf, sobald eine Luft-Wasserstoff-Grenzschicht durch die Anode zieht. Hierbei wird an der Stelle der Wasserstoff-Luft-Front lokal ein Stromfluss in umgekehrter Richtung erzwungen (Reverse Current Effect, Abb. 14.12) [36, 37].

Der in den Anodenraum eindringende Wasserstoff wechselwirkt mit dem Katalysator und dem Elektrolyten unter Bildung von Protonen und Elektronen. Die Protonen können zur gegenüberliegenden Seite wandern und mit dem dort vorhandenen Luftsauerstoff unter Aufnahme von Elektronen zu Wasser reagieren. Da beim Start der PEFC normalerweise kein Stromfluss über den äußeren Stromkreis erfolgt, können die auf der Anode erzeugten Elektronen in der Elektrodenebene in noch luftgefüllte Bereiche fließen und dort unter Verzehr von Protonen und Elektronen zu Wasser reagieren. Auf der gegenüberliegenden Seite des Elektrolyten wird nun ein anodischer Prozess erzwungen, der seinerseits Protonen und Elektronen liefert. Im Fall des Einsatzes kohlenstoffgeträgerter Katalysatoren ist der naheliegendste Prozess die Kohlenstoffkorrosionsreaktion mit Wasser, welche bei häufiger Wiederholung der Start-Stopp-Vorgänge den Kohlenstoffträger zerstört. Oxidationsstabilere Träger z. B. die auf Farbstoffnanofasern geträgerten Katalysatoren [15, 33] sind gegen diese Art der oxidativen Trägerzerstörung unempfindlich.

Darüber hinaus sind noch weitere Prozesse wie zum Beispiel die peroxidinduzierte Membrandegradation möglich.

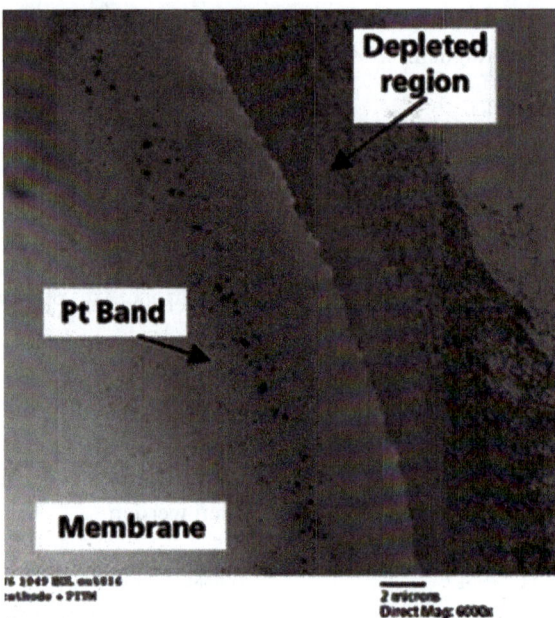

Abb. 14.11 Querschnitt einer degradierten CCM (Catalyst Coated Membrane) [35]

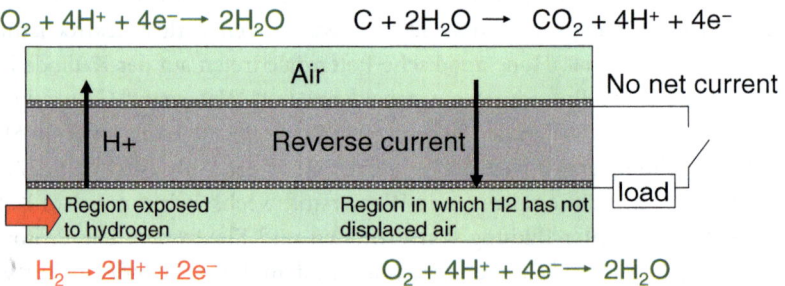

$$O_2 + 4H^+ + 4e^- \rightarrow 2H_2O \qquad C + 2H_2O \rightarrow CO_2 + 4H^+ + 4e^-$$

Abb. 14.12 Schematische Darstellung einer PEFC während des Durchlaufens einer H_2-Luft-Front mit Darstellung der wichtigsten elektrochemischen Reaktionen [37]

14.1.5 Gasdiffusionslagen (GDL)

Die Gasdiffusionslage (GDL) wird zwischen der katalytisch aktiven Schicht und dem Gasverteilerfeld der Bipolarplatte (Flow-Field) angebracht. Die GDL erfüllt eine Vielzahl von Funktionen:

- Mechanische Unterstützung der Elektrolytmembran und der daran anschließenden Katalysatorschicht,

- Gewährleistung einer gleichförmigen Reaktandenversorgung zur Katalysatorschicht durch Bereitstellung eines offenen Gasdiffusionspfads auch unter den Stegen des Gasverteilerfelds,
- Gewährleistung der Produktwasserentfernung,
- Ermöglichung eines möglichst gleichförmigen Stromtransports zwischen Katalysatorschicht und Bipolarplatte und,
- Wärmetransfer von der Katalysatorschicht zur Bipolarplatte.

Die Vielzahl der von der GDL zu erfüllenden Funktionen machen diese zu einer sehr komplexen Komponente mit sehr hohen Anforderungen.

- Die GDL benötigt einen hohen Anteil an großen, offenen Poren, um einen ungehinderten Gastransport von und zur Katalysatorschicht zu gewährleisten. Der Gastransport muss sowohl durch die GDL als auch in der Ebene der GDL möglich sein, um eine Reaktandenversorgung selbst unter den Stegen des Gasverteilerfeldes zu ermöglichen.
- Die GDL benötigt ausreichende Steifigkeit, um die Kanäle des Gasverteilerfeldes zu überbrücken, ohne nennenswert in sie einzusinken. Allerdings sollte die GDL eine hinreichende Flexibilität aufweisen, um mechanische Toleranzen ausgleichen und den thermischen und elektrischen Kontakt zwischen Katalysatorschicht und Bipolarplatte gewährleisten zu können.
- Die GL muss hinreichend dünn sein, um die zur Stromerzeugung erforderliche Gasdiffusion zur Katalysatorschicht auch unter Kompression nicht zu behindern.
- Die GDL muss hinreichend hydrophob sein, um eine Kondensation großer Wassermengen in den Poren zu verhindern.
- Die GDL sollte eine hinreichende Menge an hydrophilen Poren besitzen, um die Elektrolytmembran stets in Kontakt mit Wasser in flüssiger Phase zu halten.
- Die GDL sollte durch eine mikroporöse Schicht auf Seiten der Katalysatorschicht abgeschlossen werden, um eine glatte und gleichmäßige Kontaktfläche zu bilden und einen kontinuierlichen Übergang von der mikroporösen Katalysatorschicht zur makroporösen Struktur der GDL und der Kanalstruktur der Bipolarplatte bilden, und somit den Strom- und Wärmetransfer von der Katalysatorschicht zur Bipolarplatte zu erleichtern.

Die heutigen GDLs sind aus einem Kohlen-Fasersubstrat (Vlies, Papier oder Gewebe) mit hoher elektrischer und thermischer Leitfähigkeit, das mit einer so genannten mikroporösen Schicht bedeckt ist aufgebaut. Zur Verbesserung der Steifigkeit wird dem Fasersubstrat ein Kunsthatz zugesetzt, das seinerseits in einem Hochtemperaturprozess wieder carbonisiert wird. Zur Gewährleistung eines offenen Porensystems für den Gastransport und zur Verhinderung der Ansammlung von Flüssigwasser im Porensystem, werden sowohl das Fasersubstrat als auch die mikroporöse Schicht hydrophobiert. Dies geschieht in der Regel durch Imprägnieren des Fasersubstrats mit PTFE-Emulsion sowie durch die Verwendung von PTFE als Binder für die mikroporöse Schicht.

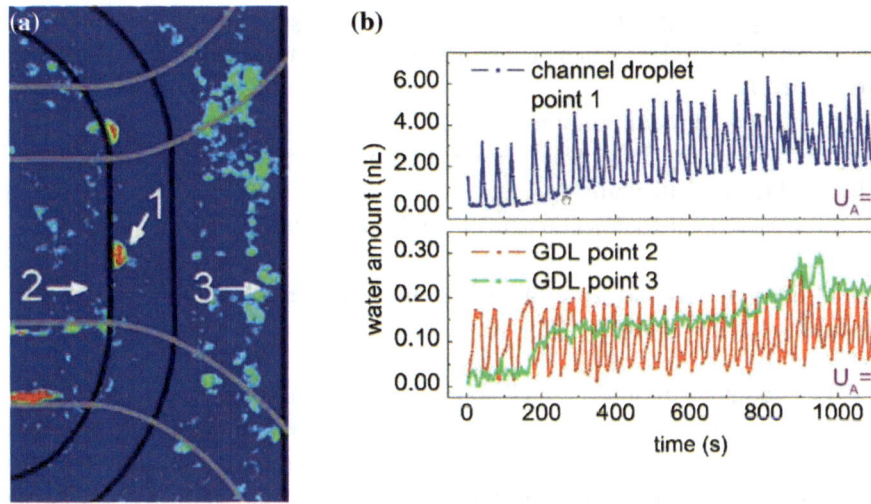

Abb. 14.13 Synchrotron Radiographie der Wasseransammlung in verschiedenen Regionen innerhalb der GDL [38]. **a** Draufsicht die Farbverläufe von blau bis rot repräsentieren unterschiedliche Mengen an Flüssigwasser. **b** Integrierte Intensitäten der Regionen *1* (*blau*), *2* (*rot*) und *3* (*grün*)

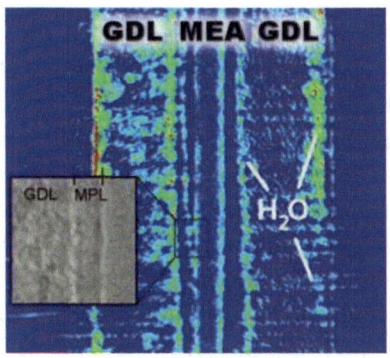

Abb. 14.14 Synchrotron Radiographie eines Querschnitts durch eine MEA. Der Wassergehalt steigt in einer Farbskala von blau bis rot [39]

Im Brennstoffzellenbetrieb wird infolge der elektrochemischen Reaktionen Wasser auf der Kathodenseite gebildet. Dieses diffundiert gemeinsam mit dem durch Elektroosmose transportierten Wasser zum Teil durch die Elektrolytmembran zurück zur Anode. Der Rest muss durch die GDL hindurch entfernt werden. Wie nicht anders zu erwarten, kondensiert Wasser zum Teil in der Porenstruktur der GDL, vor allem unter den Stegen des Gasvereiler-feldes, von wo es entweder durch Verdampfen oder durch Transport in flüssiger Phase entfernt wird. Die Bildung von flüssigem Wasser und dessen Entfernung durch die GDL und das Kanalsystem der PEFC kann sehr gut mittels bildgebender Verfahren (Radiographie und Tomographie) mit Neutronen- und Synchrotronstrahlung beobachtet werden [38–41].

Abb. 14.15 Aus einem Tomogramm mit Synchrotrostrahlung gewonnene dreidimensionale Darstellung einer bei 160 mA·cm^{-2} betriebenen PEFC. Die Anodenseite befindet sich links, die Kathodenseite rechts. Die Bildung und Ansammlung von Wassertropfen in den Gasverteilerkanälen ist
deutlich zu erkennen [40]

Abbildung 14.13a zeigt ein mittels Synchrotron-Radiographie aufgenommenes Bild der
Wasseransammlung in der Gasdiffusionslage. Man kann drei grundsätzlich verschiedene
Regionen unterscheiden. In Region 1 ist klar eine Tropfenbildung im Gasverteilerkanal zu
erkennen. Abbildung 14.13b (blaue Spur, oben) zeigt den zeitlichen Verlauf der Gesamtwas-
sermenge in Region 1 und gibt das periodische Auftreten von Wassertropfen wieder. Diese
Kurve ist stark mit der in rot gezeichneten Kurve in Abb. 14.13b (rote Spur, unten) korreliert, die phasenversetzt oszilliert und die Wassermenge in Region 2 wiedergibt. Die wasser-
gefüllten Poren in Region 2 entleeren sich schlagartig in die in Region 1 gebildeten Tropfen,
die bei Erreichen einer bestimmten Größe vom strömenden Gas mitgerissen werden.

Die unter den Stegen liegende Region 3 nimmt kontinuierlich Wasser auf und wird mit
der Zeit geflutet. Dies ist aus der unten in Abb. 14.13b in grün dargestellten Spur dargestellt. Das Erreichen einer Sättigungsgrenze in der kumulierten Intensität lässt vermuten,
dass die Wasserentfernung aus dieser Region kontinuierlich durch Verdampfung erfolgt.

Abbildung 14.14 zeigt einen mittels Synchrotronradiographie aufgenommenen Querschnitt durch eine MEA. Solche direkten Einblicke sind sehr hilfreich zur Lokalisierung
von Wasseransammlungen und Interpretation der teilweisen Flutung des Porensystems
der GDL.

Abbildung 14.15 zeigt ein mit Synchrotronstrahlung aufgenommenes Tomogramm, das Einblick in die Wasserverteilung innerhalb einer mit einer Stromdichte von
160 mA · cm^{-2} betriebenen PEFC bietet. Die Bildung von Wassertropfen, deren Verteilung und Ansammlung in den Gasverteilerkanälen auf der Anoden- und Kathodenseite
sind deutlich sichtbar.

Die neuen bildgebenden Verfahren geben direkte Einblicke mit hoher Auflösung in das Betriebsverhalten, die Wassererzeugung und Transportprozesse. Sie erlauben so eine Designoptimierung, eine Optimierung des Betriebsverhaltens sowie das Aufsetzen und die Validierung von numerischen Modellen zur Wassererzeugung, -transport und -verteilung in PEFC.

14.2 Bipolarplatten

Obwohl verschiedene Studien übereinstimmend zu dem Schluss kommen, dass bei großvolumiger Produktion die MEA und dort besonders der Edelmetallgehalt den größten Einfluss auf die PEFC-Kosten haben, tragen gegenwärtig die Bipolarplatten in ebenso großem Maßstab zu den Gesamtkosten bei. Diesem Umstand muss durch eine geeignete Konstruktion, Materialauswahl und Fertigungstechnologien Rechnung getragen werden [42, 43]. Die technischen Herausforderungen sind unter anderem Korrosionsbeständigkeit in wässrig-saurer Umgebung, elektrische und thermische Leitfähigkeit sowohl in der Plattenebene als auch durch sie hindurch, geringer Kontaktwiderstand, Gasdichtigkeit, geringes Gewicht, Formbarkeit usw. Die Gestaltung der Bipolarplatten, besonders des Gasverteilerfeldes und der Dichtungszone kann nicht unabhängig von den MEA-Anforderungen und den Randbedingungen des Brennstoffzellensystems betrachtet werden.

Die meisten PEFC werden als bipolar verschaltete Stapel in Filterpressenbauweise hergestellt. Andere Ausführungsformen wie zum Beispiel röhrenförmige Konstruktionen haben außerhalb von Forschungs- und Entwicklungsstudien noch keine weite Verbreitung gefunden.

14.2.1 Funktion und Eigenschaften von Bipolarplatten

Bipolarplatten vereinen die Funktionen der Reaktandenverteilung, der Stromsammlung und des thermischen Managements für jede Zelle. Aus diesem Grund enthalten die Bipolarplatten Verteilzonen (Flow-Fields) für Brennstoff (Wasserstoff oder Methanol), Oxidationsmittel (Luft oder Sauerstoff) und Kühlmittel. Die Konstruktion der Verteilzonen muss eine flächig gleichmäßige Reaktanden- und Kühlmittelverteilung über die gesamte Aktivfläche sowie die Abfuhr des Produktwassers gewährleisten.

In der Literatur wurden eine Vielzahl verschiedener Varianten für Medienverteilfelder beschrieben. Diese reichen von einer Verteilung von Noppen bzw. Pföstchen über Reihen paralleler Kanäle bis hin zu komplexen, mäanderförmigen Kanal- und Stegstrukturen. Der Medientransport in den Verteilstrukturen erfolgt gewöhnlich über Strömung während der Transport der Reaktanden zur Katalysatorschicht durch die GDL mittels Diffusion erfolgt.

Die Bipolarplatten sind integraler Bestandteil des PEFC-Wassermanagements. Um eine optimale Reaktandenversorgung und Produktentfernung aufrecht zu erhalten, muss die Flussgeschwindigkeit in den Kanälen hoch genug sein, um Wassertröpfchen im gesamten Betriebsbereich mitreißen zu können. Falls Wassertropfen im Verteilerfeld stecken bleiben, bilden sich Verarmungszonen aus, die sowohl die Leistungsfähigkeit als auch die Lebensdauer der PEFC negativ beeinflussen können.

Sowohl die Reaktandenverteilung als auch die Wasserentfernung aus der PEFC sind optimal in sogenannten „Interdigitated Flow Fields" realisiert. In diesen wird eine Gasströmung durch die Makroporen der GDL über die Stege des Verteilerfeldes erzwungen. Dies kann jedoch nur zu Lasten eines hohen Druckabfalls zwischen Ein- und Ausgang erfolgen, was aus systemtechnischen Erwägungen oftmals unerwünscht ist.

Die Gestaltung des Gasverteilerfeldes sowie die relative Orientierung der Reaktanden und Medienströmung (z. B. Gleichstrom, Gegenstrom oder Kreuzstrom) haben einen entscheidenden Einfluss auf die Leistungsfähigkeit und Lebensdauer der PEFC. An die physikalischen und chemischen Eigenschaften der Bipolarplatten werden sehr hohe Anforderungen im Hinblick auf elektrische und thermische Leitfähigkeit, Gasdichtigkeit, Gewicht und Dicke gestellt. Ferner ist die Integration einer Dichtfunktion erforderlich. Außerdem müssen die Bipolarplatten korrosionsfest unter den Einsatzbedingungen der PEFC sein und häufigen Temperaturwechseln zwischen der Einsatztemperatur im Bereich von 60 bis 80 °C und der sich teilweise unter dem Gefrierpunkt befindlichen Lagertemperatur widerstehen.

Ursprünglich wurden Bipolarplatten aus hoch dichtem Graphit hergestellt. Diese Platten wiesen zwar hohe Korrosionsfestigkeit sowie gute elektrische und thermische Leitfähigkeiten auf, sie waren aber sehr brüchig und mussten zur Versiegelung von Restporositäten mit Kunstharz imprägniert werden. Reingraphit findet heute außer in speziellen Laborzellen keine Anwendung mehr. Für praktische Anwendungen haben sich zwei Entwicklungslinien ergeben, die sich im Wesentlichen durch die Auswahl des Grundwerkstoffes unterscheiden.

- Bipolarplatten aus Graphit oder Kohlenstoff Compositmaterialien mit Kunststoff und
- Metallische Bipolarplatten.

Die Herstellung von Bipolarplatten erfordert die Einhaltung enger mechanischer Toleranzen im Hinblick auf Ebenheit und Planparallelität, da bereits kleine systematische Fehler in vielzelligen Stapeln zu großen Abweichungen von der gewünschten Geometrie führen. Außerdem sind gute mechanische Toleranzwerte hilfreich bei der Bewältigung der Herausforderungen, die sich durch Dichtung, elektrischen und thermischen Kontakt sowie Gleichverteilung des Medienflusses durch den PEFC-Stapel ergeben.

Graphit bzw. Graphit-Composit Bipolarplatten Graphit bzw. Kohlenstoff-Composit Bipolarplatten sind unter gewöhnlichen PEFC Betriebsbedingungen stabil gegen Korrosion. Außerdem treten, nach der Entfernung der während der Herstellung gewöhnlich entstehenden polymerreichen Schichten an der Plattenoberfläche, selbst nach längerer Betriebszeit keine weiteren schlecht leitenden Oberflächenschichten infolge von Korrosionseffekten auf. Man muss jedoch berücksichtigen, dass die Stabilität von Kohlenstoff bzw. Graphit nur eine Folge seiner Reaktionsträgkeit unter den üblichen PEFC Betriebsbedingungen ist. Aus rein thermodynamischen Gesichtpunkten könnte Kohlenstoff sowohl von Sauerstoff als auch von Wasser oxidiert werden, was unter Einfluss hoher Temperaturen oder Potenziale auch beobachtet wird. Dem zufolge kann Graphit unter dauerhafter Belastung langsam aus der Plattenoberfläche verschwinden. Gleichfalls muss die die Reinheit der zur Herstellung von Bipolarplatten eingesetzten Materialien in Erwägung gezogen werden, da bereits Spuren kationischer Verunreinigungen in die Elektrolytmembran transferiert werden könnten, wo sie einerseits die Protonenleitfähigkeit verringern und andererseits im Falle von Kationen mit mehreren möglichen Oxidationsstufen den radikalischen Abbau der Polymermembran katalysieren können.

Im Allgemeinen ist synthetischer Graphit von hoher Reinheit, aber sehr kostspielig, während Naturgraphit hohe Leitfähigkeit bei moderaten Kosten allerdings zu Lasten eines höheren Kationenanteils aufweist. Hoch leitfähige Ruße sind vergleichsweise preiswert jedoch zu Lasten der elektrischen und thermischen Leitfähigkeit.

Um den Anforderungen an hohe elektrische und thermische Leitfähigkeit gerecht werden zu können, müssen die Composite aus einem großen Anteil (70–80 %) an Graphit bzw. Kohlenstoff bestehen. Dem entsprechend gering ist der Binderanteil.

Zur Herstellung von Composit-Bipolarplatten wurden eine große Anzahl an Bindersystemen untersucht. Dazu gehören typische Thermoplaste (z. B. Polypropylen, PVDF, PPS oder Flüssigkristalle) und Duroplaste (z. B. Epoxide, Vinylester, Phenolharze etc.). Darüber hinaus wurden mit Kunstharz imprägnierte Folien aus expandiertem Graphit und selbst Kohlenstoff-Kohlenstoff-Composite, bestehend aus Kohlefasern und Graphitpulver in einer pyrolytisch erzeugten Kohlenstoffmatrix als Bipolarplatten eingesetzt. Die zur Herstellung von Composit-Bipolarplatten als Binder verwendeten Polymere müssen mit den thermischen, physikalischen und chemischen Eigenschaften des Füllstoffs kompatibel und darüber hinaus bei Betriebs- und Lagertemperaturen beständig gegen Feuchtigkeit und die Betriebsstoffe der PEFC sein sowie nicht mit den elektrokatalytischen Prozessen in der MEA interferieren.

Zur Herstellung von Composit-Bipolarplatten wurden eine Vielzahl von Fertigungsmethoden untersucht, wobei Heißpressen und Spritzguss die am weitesten verbreiteten Verfahren sind. Unabhängig davon wurden graphitbasierte Bipolarplatten durch Prägen von Folien aus exfoliiertem Graphit mit nachfolgender Kunstharzimprägnierung im Vakuum, durch Papiertechnik, durch Schlickerguß oder durch Prägen extrudierter thermoplastischer Compositfolien hergestellt.

Selbst Kohlenstoff-Kohlenstoff-Composite wurden hergestellt. Diese weisen nach der Herstellung noch offene Porosität auf, die vor dem Einsatz versiegelt werden muss. Dies konnte durch einen Hochtemperatur Infiltrationsprozess aus der Gasphase erreicht werden.

Prozesszeiten und Qualität der Formgebung sind Schlüsselfaktoren, welche die Kosten von Composit-Bipolarplatten beeinflussen. Composit-Bipolarplatten, die mit thermisch aktivierten duroplastischen Bindersystemen hergestellt werden sind hier vorteilhaft, da sie in kürzerer Zeit aus der Form entnommen werden können als Platten mit thermoplastischen Bindersystemen und so Herstellzeit einsparen [43].

Unabhängig vom gewählten Herstellprozess bildet sich während der Formgebung von Graphit-Kunststoff-Composit-Bipolarplatten eine dünne Polymerhaut auf der Plattenoberfläche, die vor dem Einsatz entfernt werden muss.

Für Graphit-Composit-Bipolarplatten ist die gleichzeitige Erfüllung der Forderung nach Gasdichtheit bei geringem Gewicht und Plattendicke bzw. Wandstärke sowie hoher thermischer und elektrischer Leitfähigkeit eine große Herausforderung. Eine nicht repräsentative Umfrage unter europäischen Herstellern von Graphit-Composit-Bipolarplatten ergab, dass zur Gewährleistung eines geringen Gasübertritts ein vergleichsweise hoher Polymeranteil und eine Mindestwandstärke von 0.4 mm zu bevorzugen wären. Anderseits wurden von einem japanischen Hersteller (Nisshinbo) Konzepte vorgestellt, welche die Reduktion der Mindestwandstärke auf 0.14 mm aussichtsreich erscheinen lassen.

Zusammengefasst: Graphit-Composit-Bipolarplatten wurden erfolgreich in verschiedensten PEFC-Anwendungen einschließlich dem Antrieb von Kraftfahrzeugen eingesetzt.

Konstruktiv erlauben Compositmaterialien große Flexibilität in der Konstruktion der Medienverteilfelder einschließlich der Möglichkeit die Verteilfelder der Reaktanden und des Kühlmittels vollständig unabhängig voneinander zu gestalten.

Gleichwohl bleiben sowohl die Material- als auch die Herstellkosten und die Mindestanforderungen an die Restwandstärke als Herausforderungen für die Herstellung von Graphit-Composit-Bipolarplatten in Großserien bestehen.

Metallische Bipolarplatten Mit Ausnahme der Edelmetalle sind die üblichen metallischen Werkstoffe unter den wässrig sauren PEFC-Betriebsbedingungen thermodynamisch nicht beständig und neigen in unterschiedlich starkem Ausmaß zur Korrosion. Dennoch wurden eine Vielzahl metallischer Werkstoffe wie Edelstähle, Aluminium, Aluminiumlegierungen, Kupfer, Nickel, Nickellegierungen, Titanlegierungen und selbst hoch korrosionsfeste Materialien wie Tantal, Hafnium, Niob und Zirkonium im Hinblick auf Korrosionsfestigkeit für den Einsatz in PEFC untersucht [43–46].

Während die Korrosion kohlenstoffbasierter Materialien zu flüchtigen Korrosionsprodukten führt, korrodieren Metalle in wässriger Umgebung entweder unter Auflösung (z. B. Nickel in saurer Umgebung), der Bildung poröser Oxidschichten (z. B. Eisen unter oxidierenden Bedingungen) oder durch Bildung einer unlöslichen, dichten Oxidschicht (z. B. Chrom). Der genaue Mechanismus der Metallkorrosion hängt vom Potenzial und dem pH-Wert der Umgebung ab. Metallauflösung führt zur Bildung mobiler Kationen, die in die Elektrolytmembran eingetragen werden können, wo sie die Protonenleitfähigkeit vermindern und zur Membrandegradation beitragen. Die Bildung dichter, unlöslicher Schichten schützt zwar das Metall, führt aber in der Regel zu einer Erhöhung des elektrischen Übergangswiderstands.

Ein spezieller Vorteil von metallischen Werkstoffen ist ihre intrinsische Gasdichtigkeit selbst bei sehr geringen Schichtdicken. Für Edelstähle (z. B. 1.4404 bzw. SS 316L) wurden Bipolarplatten mit Blechdicken bis hinunter zu 75 μm hergestellt, wodurch trotz der höheren Dichte des Edelstahls (~8 g $\cdot$ cm^{-3}) leichtere Platten hergestellt werden können als mit Graphit (Dichte ~2.25 g $\cdot$ cm^{-3}).

Edelstähle sind mit unter den am besten untersuchten Werkstoffen zur Herstellung von Bipolarplatten. Obwohl unbehandelte Edelstähle z. B. vom Typ 1.4404 bzw. SS 316L grundsätzlich zur Herstellung von Bipolarplatten für PEFC verwendbar sind, werden in den meisten Fällen zur Minimierung von Korrosionseffekten und Verbesserung des elektrischen Kontakts beschichtete Materialien eingesetzt. Als Beschichtungen werden unter anderem geringe Mengen an Gold, mittels CVD oder PVD aufgebrachte Schichten von Metallcarbiden oder diamantartigem Kohlenstoff bzw. Metallnitridbeschichtungen eingesetzt. Auch die direkte Nitrierung der Metalloberflächen oder Beschichtungen mit polymergebundenem Kohlenstoff oder Graphit wurden mit viel versprechenden Ergebnissen untersucht.

Edelstähle sind in der Regel unter sauberen Betriebsbedingungen sehr korrosionsbeständig. Kleine Mengen von Chlorid können jedoch erhebliche Korrosionseffekte initiieren. Es ist daher neben der Vermeidung von Wechselwirkungen mit den platinhaltigen Elektrokatalysatoren erforderlich, Chloridionen auch aus Gründen der Korrosionsverhinderung von der Zelle fernzuhalten.

Prozesse zur Formgebung metallischer Bipolarplatten beinhalten unter anderem Tiefziehen, Prägen, Ätzen usw. Zur Erfüllung der Gewichtsanforderungen bei Verwendung von Edelstählen ist es erforderlich, Bipolarplatten aus sehr dünnen Blechen mit Dicken im Bereich zwischen 75 und 150 μm herzustellen. Kaltumformung in Folgewerkzeugen sowie Hydroforming sind bewährte Herstellverfahren dafür. Die Einbringung der Verteilerstrukturen führt dabei zu starken Blechdeformationen. Eine sorgfältige Gestaltung der Verteilerstruktur und der Werkzeuge sowie die Wahl der Prozessparameter sind Grundvoraussetzungen für die Herstellung von Bipolarplatten hoher Qualität.

Durch die Herstellung von Bipolarplatten aus tiefgezogenen Metallblechen ergeben sich Beschränkungen hinsichtlich der Konstruktion der Medienverteilfelder. Anoden-Kathoden- und Kühlmittelverteilfeld sind nicht mehr länger unabhängig voneinander gestaltbar. Die Vermeidung von Seitenströmungen oder ungleichmäßiger Verteilung der Reaktanden bzw. des Kühlmediums in der Aktivfläche erfordert eine sorgfältige Auslegung.

Die Herstellung einer Bipolarplatte mit Anoden- Kathoden und Kühlmittelverteilfeld erfordert die Herstellung mindestens zweier Halbschalen, die dicht miteinander gefügt werden müssen. Löten und Laserschweißen sind etablierte Verfahren, die Halbschalen zu verbinden. Laserschweißen mit gepulsten Festkörperlasern ist hierbei der am häufigsten genutzte Prozess, da durch die kurzen Hochleistungs-Laserpulse die Wärmeverteilung und die Umgebung und die daraus resultierenden thermischen Belastungen während des Fügens minimiert werden. Neben der kontinuierlichen Abdichtung der Außenkanten und der Gasversorgungskanäle mittels durchgehender Schweißnähte, dienen Punktschweißungen auf der Aktivfläche zur Minimierung des elektrischen Widerstands und der Verbesserung der mechanischen Stabilität der Platte.

Die Leistungsfähigkeit und das Degradationsverhalten von PEFC Stacks mit metallischen und Graphit-Composit Bipolarplatten wurden im Rahmen des europäischen Forschungsprojekts DECODE eingehend untersucht [47].

Die im Rahmen des DECODE-Projekts verwendeten Bipolarplatten sind in Abb. 14.16 dargestellt. Die Aktivfläche betrug $100\,cm^2$ Die Platten waren mäanderförmig von zwölf parallelen Kanälen mit einer Länge von je 290 mm durchzogen. Die Platten wurden von der Firma Reinz Dichtungs GmbH, einem Unternehmen des DANA Konzerns hergestellt, und in 5-zellige Stapel integriert. Im Verlauf des Projekts wurden insgesamt 20 Stacks bei einer Stromdichte von $600\,mA \cdot cm^{-2}$ kontinuierlich über 1 000 Stunden betrieben und nachfolgend im Hinblick auf Korrosionseffekte und der Entwicklung des Übergangswiderstands an der Bipolarplatte untersucht.

Abbildung 14.17 zeigt die Entwicklung des Bipolarplattenwiderstands für unbeschichtete und goldbeschichtete metallische sowie Graphit-Composit Bipolarplatten. Bei goldbeschichteten Bipolarplatten sind kaum Unterschiede zu erkennen. Graphit-Composit Bipolarplatten zeigen eine geringe Widerstandszunahme.

Der Gesamtwiderstand unbeschichteter Edelstahlbipolarplatten ist deutlich höher, zeigt aber einen unterschiedlichen Verlauf während des Betriebs. Auffällig ist, dass der Widerstand bei Bipolarplatten aus SS 316 L im Verlauf des 1 000 Stundentests abnimmt, während Bipolarplatten aus SS 904 L nach 1 000 Stunden einen steigenden Übergangswiderstand zeigen. Der Effekt kann durch Veränderungen der Oberflächenschicht aus Chromoxiden erklärt werden (Abb. 14.17).

Der vielleicht überraschendste Befund im Rahmen des DECODE-Projekts war, dass mittels chemischer Analysen vergleichbare Mengen kationischer Verunreinigungen in den Elektrolytmembranen von Zellen mit metallischen Bipolarplatten und Graphit-Composit Bipolarplatten gefunden wurden. Hierbei traten nicht nur die Bestandteile von Edelstählen (Fe, Cr, Ni) auf sondern auch typische Ionen, wie sie in Leitungswasser vorkommen (Ca, Mg, Cu, Zn). Eine ortsaufgelöste Analyse des Kationengehalts der Membran zeigte Häufungen in der Nähe der Ein- und Auslässe des Kühlwassers. Aufgrund dieser Analysenergebnisse konnte geschlossen werden, dass die Kationen über den direkten Kontakt der Elektrolytmembran mit Kühlwasser im Bereich der Medienzufuhrkanäle in die Membran eingedrungen sind. Die Verhinderung des direkten Kontakts der Elektrolytmembran mit dem Kühlmittel führte zu einer signifikanten Reduktion des Eindringens kationischer Verunreinigungen in die Membran und zu einer reduzierten Leistungsdegradation.

Darüber hinaus konnten durch Strömungsanalysen Vorzugsbereiche für Produktwasserkondensation und -ansammlung identifiziert werden. Eine Veränderung zu trockeneren Betriebsbedingungen führte zu einer weiteren Verringerung der Leistungsdegradation.

Die Verwendung von Aluminium als Grundwerkstoff für metallische Bipolarplatten erfordert eine andere Herangehensweise. Aluminium weist den Vorteil einer mit Graphit vergleichbar geringen Dichte ($\sim 2.7\,g \cdot cm^{-3}$) und einer hohen elektrischen Leitfähigkeit auf. Allerdings wird Aluminium unter den wässrig sauren Betriebsbedingungen der PEFC angegriffen. Aus diesem Grund sind porenfreie, korrosionsfeste Beschichtungen erforderlich. Solche Beschichtungen wurden entwickelt, sind aber vergleichsweise aufwändig [42, 48].

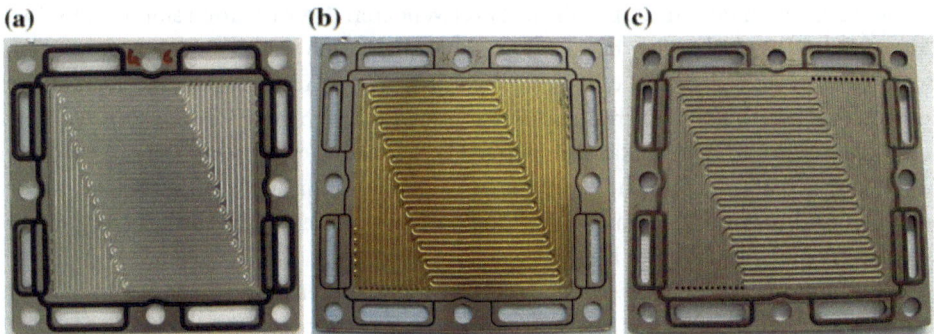

Abb. 14.16 Auswahl von Bipolarplatten mit identischem Gasverteilerfeld wie sie im europäischen Verbundprojekt DECODE untersucht wurden. **a** unbeschichtete metallische Bipolarplatte (0.1 mm SS 316 L), **b** goldbeschichtete metallische Bipolarplatte (200 nm Au on 0.1 mm SS 316 L), c) gefräste Graphit-Composit Bipolarplatte. Bilder mit freundlicher Genehmigung der Reinz Dichtungs GmbH, Neu-Ulm, DANA Corporation

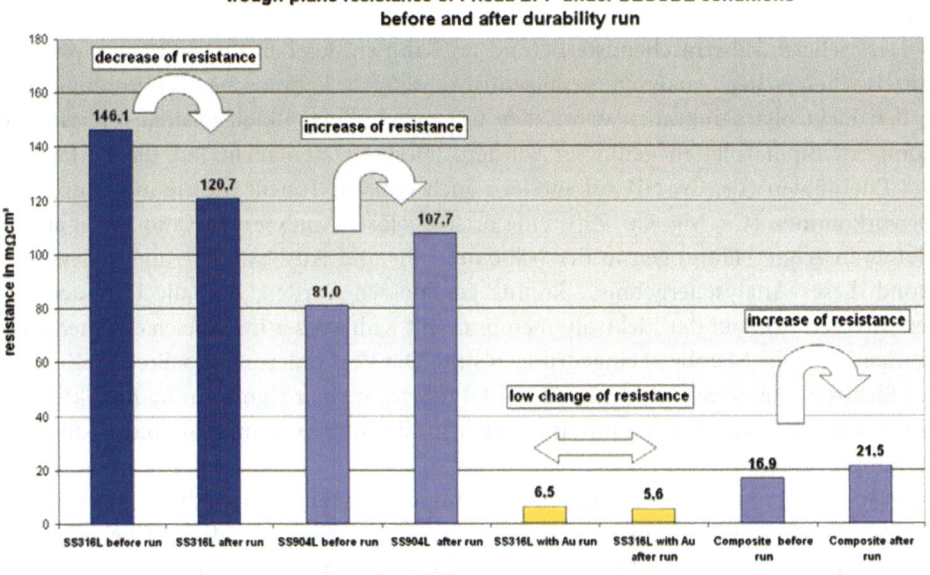

Abb. 14.17 Entwicklung des Bipolarplattenwiderstands nach kontinuierlichem Betrieb über 1 000 Stunden bei einer Stromdichte von 600 mA $\cdot$ cm^{-2}. Bilder mit freundlicher Genehmigung der Reinz Dichtungs GmbH, Neu-Ulm, DANA Corporation

14.2.2 Vergleich metallischer und Graphit-Composit Bipolarplatten

In den letzten Jahren wurden erhebliche Fortschritte bei der Entwicklung metallischer und Graphit-Composit Bipolarplatten erzielt. Gegenwärtig ist noch keine eindeutige Festlegung auf ein Konzept möglich. Für Anwendungen, die starken Beschränkungen

Tab. 14.1 Qualitativer Vergleich metallischer und Graphit-Composit Bipolarplatten [43]

Werkstoff	Graphit	Composit	Metall
Korrosionsfestigkeit	++	+	0 + (mit Beschichtung)
Elektrische Leitfähigkeit	+	0	+
Festigkeit	−	0	++
Flexibilität	−	+	++
Thermische Leitfähigkeit	++	0	+
Formbarkeit	−	+	++
Gas Durchlässigkeit	− −	−	++
Dichte	+	+	−
Kosten	− −	+	+
Massenproduktion	−	+	++

im Hinblick auf Gewicht und Volumen unterliegen ergeben sich gewisse Vorteile für metallische Bipolarplatten. Auch Kostenaspekte bei Massenherstellung legen den Einsatz metallischer Materialien nahe.

Andererseits sind die zur Erzielung hoher Stromdichten erforderlichen filigranen Kanalstrukturen schwierig in dünne Metallbleche einzuprägen. Tabelle 14.1 zeigt einen qualitativen Vergleich analog zur Darstellung in [43].

Aus den Ergebnissen des DECODE-Projekts kann geschlossen werden, dass die Ansammlung kationischer Korrosionsprodukte aus Edelstahl in der Elektrolytmembran wirksam durch eine geeignete Gestaltung der Randzone der Elektrolytmembran und der Verhinderung von Flutungszonen in Gasverteilerfeld unterdrückt werden kann. Besonders wichtig ist die Vermeidung des Kontakts der Elektrolytmembran mit Kühlwasser und Kondensatansammlungen. Außerdem gilt es, den Kontakt korrosionsfördernder Verunreinigungen wie zum Beispiel Chlorid mit metallischen Bipolarplatten zu verhindern.

Metallische Bipolarplatten verfügen über hinreichende Korrosionsbeständigkeit für die in Anwendungen im Fahrzeugantrieb geforderten Betriebsdauern von ca. 5 500 h. Aber es ist durchaus wahrscheinlich, dass Graphit-Compositmaterialien Vorteile beim Einsatz in stationären Anwendungen haben, in denen Einsatzdauern von 40 000 Stunden und mehr gefordert werden.

14.3 Dichtungen

Dichtungen sind ein wesentlicher konstruktiver Bestandteil des Brennstoffzellenstapels, der häufig zu geringe Aufmerksamkeit erfährt [49]. Abhängig von der Stapelkonstruktion werden zwei oder gar drei Dichtungen pro Zelle benötigt. Die Bedeutung der Dichtungen wird daran deutlich, dass eine einzelne fehlerhafte Dichtung den kompletten Stapel unbrauchbar macht. Dem entsprechend müssen an das Dichtungskonzept, die Dichtungsmaterialien und den Dichtungsprozess sehr hohe Anforderungen gestellt werden. Dennoch dürfen die Dichtungen nicht übermäßig zu den Stackkosten beitragen. Die Dichtungen müssen die folgenden Funktionen gleichzeitig erfüllen:

- Leckagen von Wasserstoff, Kühlmittel und Oxidationsmittel ineinander und in die Umgebung verhindern.
- Fertigungstoleranzen der Stackkomponenten ausgleichen.
- Die Rauhigkeiten der Komponentenoberflächen sicher versiegeln.

Dem entsprechend müssen die Dichtungskonzepte und Werkstoffe die folgenden Anforderungen zu erfüllen:

- In der chemischen Umgebung der PEFC (Wasserstoff, Luft, Wasser, Kühlmittelzusätze) langfristig beständig sein.
- Geringe Abmessungen haben, um die Aktivfläche zu maximieren.
- Eine möglichst geringe punktförmige Kraft auf die Werkstoffe ausüben.
- Den Anteil frei stehender Polymerfilme minimieren.
- Die physikalischen und chemischen Eigenschaften der Dichtwerkstoffe über die vorgesehenen Betriebs- und Lagerzeiten (z. B. 5 500 h für Anwendungen im Automobil, 40 000 h für stationäre Anwendungen bei einer kalendarischen Lebensdauer in beiden Anwendungen von mehr als 10 Jahren) beibehalten.

Das Dichtungskonzept und die nachfolgende Ausführung der Dichtung muss zur Gewährleistung eines zuverlässigen Aufbau des Brennstoffzellenstapels eine einfache Handhabung der Komponenten ermöglichen und gleichzeitig geeignet für die Massenfertigung sein. Die Dichtfunktion kann prinzipiell in der Bipolarplatte, der GDL oder der MEA integriert werden.

Verschiedene Lösungsansätze wurden in der Literatur berichtet. Dazu zählen unter anderem O-Ringe, Flachdichtungen, Klebedichtungen, spritzgegossene oder siebgedruckte Elastomerdichtungen auf Bipolarplatte oder MEA, spezielle Dichtrahmen oder in metallische Bipolarplatten integrierte Sickendichtungen [1, 50, 51].

Elastomere sind häufig Bestandteil des Dichtungskonzepts, wobei häufig EPDM-Materialien, fluorierte Werkstoffe und teilweise Silikone eingesetzt werden. [49, 52, 53].

Abbildung 14.18 zeigt eine Auswahl verschiedener Dichtungskonzepte. Für den Fall, dass in der Dichtzone entweder der Bipolarplattenwerkstoff (Abb. 14.18a) oder ein Elastomer (Abb. 14.18b) in direktem Kontakt mit der stark sauren Elektrolytmembran sind, müssen diese Materialien extrem korrosionsbeständig sein, um eine Membrankontamination oder Dichtungsversagen auszuschließen. Daher wird die Elektrolytmembran häufig durch eine auf die Oberfläche laminierte, inerte Polymerfolie geschützt (Abb. 14.18c,d). Die Applikation eines Elastomerrahmens an die MEA-Kante mittels Spritzguss ist in Abb. 14.18e dargestellt, wobei in Abb. 14.18f das Elastomer in die GDL eindringt. Dieses Konzept kann auch zum Komplettverguss eines PEFC-Stapels eingesetzt werden. Abbildung 14.18g zeigt eine Klebeverbindung zwischen MEA und Bipolarplatte. In Abb. 14.18h ist schließlich das Prinzip einer mit einer dünnen Elastomerschicht

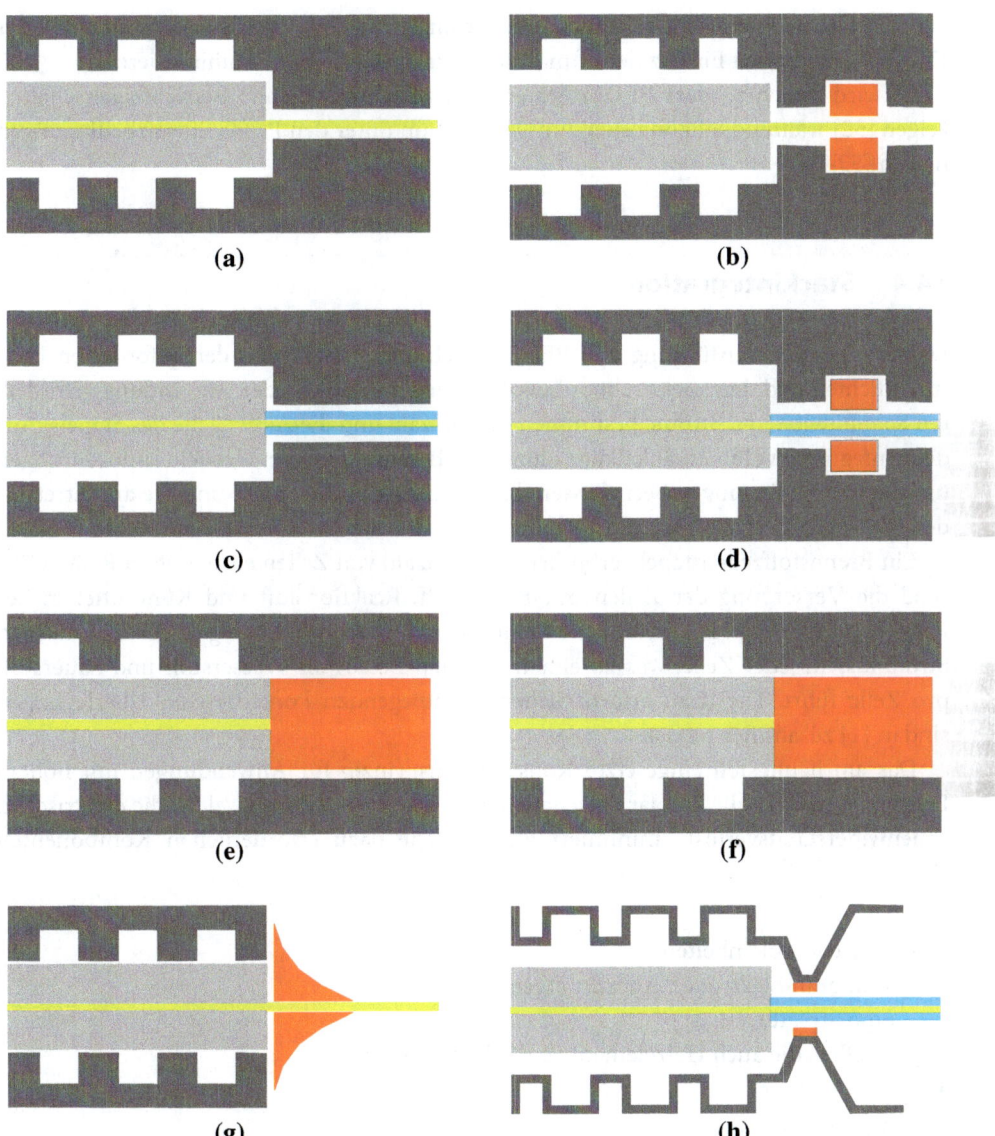

Abb. 14.18 Auswahl verschiedener Dichtungstechnologien [50], **a** die Membran selbst dient als Dichtung zwischen den Bipolarplatten. **b** eine separate Elastomerdichtung ist in direktem Kontakt mit der Elektrolytmembran. **c** eine inerte Polymerfolie (Subgasket) dient als Dichtung und Membranschutz. **d** Einsatz eines Subgaskets mit zusätzlicher Elastomerdichtung. **e** ein an die MEA angespritzter Dichtrahmen. **f** ein in die GDL eindringender Dichtrahmen. **g** eine fest an die Bipolarplatte gefügte MEA. **h** eine mit einer dünnen Elastomerschicht versehene, in die metallische Bipolarplatte geprägte Sickendichtung

beschichtete in eine metallische Bipolarplatte eingeprägten Dichtsicke dargestellt. Dieses Konzept erlaubt den Einsatz der oftmals sehr teuren Elastomere zu minimieren.

Es wird berichtet, dass EPDM-Materialien zufriedenstellende Betriebseigenschaften zeigen [52] während Silikone eher zur Degradation unter den PEFC Einsatzbedingungen neigen [53–55].

14.4 Stackintegration

Die konstruktive Ausführung von PEFC-Stapeln hängt stark von den geforderten Leistungsdichten und den angestrebten Einsatzfeldern ab. Die von der Anwendung geforderten Spannungen und Ströme bestimmen die Zellzahl und die Aktivfläche des Stapels. Aus dem Integrationvolumen ableitbare räumliche Beschränkungen, Gewichtsanforderungen und Betriebsbedingungen beeinflussen das Druckniveau des Stacks und die anzustrebenden Strömungsverhältnisse.

Ein Brennstoffzellenstapel verbindet eine Vielzahl von Zellen elektrisch in Reihe während die Versorgung der Zellen mit Brennstoff, Reaktionsluft und Kühlmittel in der Regel parallel erfolgt. Die elektrische Reihenschaltung erzwingt den gleichen elektrischen Stromfluss in jeder Zelle, was zu einem gleichen Bedarf an Wasserstoff und Sauerstoff pro Zelle führt. Die dazu erforderlichen grundlegenden konstruktiven Überlegungen sind in [1] zusammengefasst.

Das am häufigsten eingesetzte Konstruktionsprinzip für Anwendungen mit hohem Leistungsbedarf ist die bipolar verschaltete Stapelbauweise, durch welche die elektrischen Innenwiderstandsverluste minimiert werden. Die dazu erforderlichen Komponenten sind:

- Die Wiederholeinheiten
  - Membran Elektroden Anordnungen (MEA)
  - Bipolarplatte
- Endzellen, die auch Heizelemente enthalten können
- Stromsammler
- Verspanneinheit
- Endplatten
- Gehäuse einschließlich der elektrischen Leistungsschnittstellen, Medien- und Sensoranschlüsse.

Darüber hinaus kann eine Befeuchtungsfunktion mit in den Zellstapel integriert werden.

Der Brennstoffzellenstapel wird als elektrochemischer Durchflussreaktor betrieben, der unter Verzehr von Wasserstoff und Luftsauerstoff gleichzeitig elektrischen Strom,

Wärme und Wasser erzeugt. Die folgenden Schlüsselaspekte müssen bei Auslegung und Konstruktion des PEFC-Stacks berücksichtigt werden.

- Guter elektrischer Kontakt innerhalb des Stapels.
  - Homogene Verteilung der Anpresskraft über die Fläche.
  - Toleranz gegen thermische Ausdehnung.
- Guter Wärmeaustrag
  - Gewährleistung einer gleichförmigen Temperaturverteilung innerhalb des Stapels.
  - Gewährleistung eines kontrollierten Temperaturgradienten über die Zelle.
- Gleichmäßige Reaktandenverteilung
  - zu den Einzelzellen im Stapel und
  - über die gesamte Zellfläche
  - keine Blockade der Diffusionswege z. B. durch übermäßige GDL-Kompression.
- Keine Leckagen von Reaktanden und Kühlmittel
  - Nach außen und
  - Intern
- Minimale Innenwiderstandsverluste durch Auswahl hoch leitfähiger Werkstoffe und Vermeidung von Grenzflächenwiderständen.
- Beständigkeit
  - gegen Druckwechsel.
  - gegen externe Kräfte während Handhabung und Betrieb einschließlich Schwingungen und Schockbelastung.
  - gegen die Medien Wasserstoff, (Luft-)Sauerstoff, Reinswasser, Kühlmittel.

Die gleichförmige Reaktandenverteilung wird stark durch die Gestaltung der Versorgungskanäle entlang des Stapels, der Einströmzone in die Einzelzellen und des Gasverteilerfelds über die Aktivfläche der Einzelzellen bestimmt. Eine ungleichmäßige Strömungsverteilung über die Stacklänge und die Zellfäche führt zu ungleichen Zellleistungen infolge von Verarmungszonen, die ihrerseits eine beschleunigte Zellalterung bewirken. Zur Gewährleistung einer homogenen Reaktandenversorgung sollte der Druckabfall entlang der Versorgungskanäle für die Einzelzellen im Vergleich zum Druckabfall über die Einzelzellen in etwa 1:10 betragen [1].

Die konstruktive Ausführung des Gasverteilerfelds muss in Kombination mit der GDL eine gleichförmige Reaktandenversorgung über die gesamte Zellfläche gewährleisten. Gleichzeitig müssen ein Nebenstrom entlang der GDL-Außenränder und ein Überströmen der Stege im Gasverteilerfeld verhindert werden.

Die Reaktandenverteilung darf nicht durch Kondenswasser in den Gasverteilerkanälen oder durch GDL-Flutung behindert werden. Formgebung und Benetzungsverhalten der Wände des Verteilerfelds und der GDL haben einen entscheidenden Einfluss auf die Wahrscheinlichkeiten von Wasseransammlungen und Kanalblockaden und müssen dem entsprechend aufeinander abgestimmt sein.

Die Kanaldimensionen und Querschnitte beeinflussen den Druckverlust des Gasverteilerfelds. Die in Laborzellen üblichen Kanal- und Stegdimensionen betragen ca. 1 mm in der Tiefe und der Breite. In platzbeschränkten Hochleistungsanwendungen, wie sie für den Fahrzeugantrieb benötigt werden sind allerdings Kanaltiefen von 0.3 mm nicht ungewöhnlich, was zu deutlich unterschiedlichen Strömungsverhältnissen führt.

Neben der Kanaltiefe, spielen das Verhältnis von Kanal- und Stegbreiten und die Stegbreite an sich in Verbindung mit der GDL-Dicke eine entscheidende Rolle bei der Reaktandenversorgung der Katalysatorschicht. Der Einsatz kostengünstiger, dünner, vergleichsweise weicher, als Rollenware gefertigter GDL erfordert eine deutlich engmaschigere mechanische Unterstützung durch Flow-Field-Stege als die Verwendung steifer, geharzter GDLs auf Graphitpapierbasis. Außerdem ist die gesamte Kontaktfläche der Stege mit der GDL von entscheidender Bedeutung zur Minimierung der zellinternen Übergangswiderstände und zur Maximierung des Wärmetransfers. Hierbei muss der Einfluss von Biegeradien und Entformungsschrägen berücksichtigt werden.

Vom Standpunkt des thermischen Managements, kann der PEFC-Stapel als „stromerzeugender Wärmetauscher" betrachtet werden. Die Wärmeabfuhr aus dem Stapel kann auf verschiedene Arten und Weisen erfolgen.

- Nutzung eines im Zwischenraum von Anoden- und Kathodenseite fließenden flüssigen oder gasförmigen Kühlmedium.
- Nutzung des Kathodenluftstroms.
- Wärmeabfuhr von den Bipolarplattenkanten.
- Kühlung durch Verdampfung von Flüssigwasser (Nebel), welches über einen oder beide Reaktandenströme in die Zellen eingetragen werden.

Für Hochleistungsanwendungen, wie sie für den Fahrzeugantrieb benötigt werden, wird in der Regel eine Flüssigkühlung eingesetzt. In Anwendungen mit niedriger Leistungsdichte wie unterbrechungsfreie Stromversorgungen wird aus Gründen der Systemvereinfachung häufig eine direkte Kühlung durch den Reaktionsluftstrom angewandt.

Eine gleichförmige Stackverpressung über die Aktivfläche hat einen deutlichen Einfluss auf die Stackleistungsdichte. Die Stackkonstruktion muss eine Aufrechterhaltung einer ausreichenden Verspannkraft über die Aktivfläche und die Dichtlinien unter allen Betriebsbedingungen während der gesamten Lebensdauer des Stacks gewährleisten. Die Verspannkraft wird gewöhnlich über Verspannbolzen oder Spannbänder aufgebracht. Federn oder Hydraulikkissen gewährleisten eine gleichförmige Kraftverteilung bei variierenden Temperatur.

Eine ungleichmäßige Verpressung kann von einer Durchbiegung der Endplatten herrühren. Diese müssen entweder die entsprechende Steifigkeit aufweisen oder vor der Verspannung entsprechend vorgeformt sein, um eine Verformung nach erfolgter Verspannung zu kompensieren. Der Einsatz von Hydraulikkissen erleichtert zwar die Aufrechterhaltung homogener Anpresskräfte, hat aber in der Regel höhere Systemaufwendungen zur Folge.

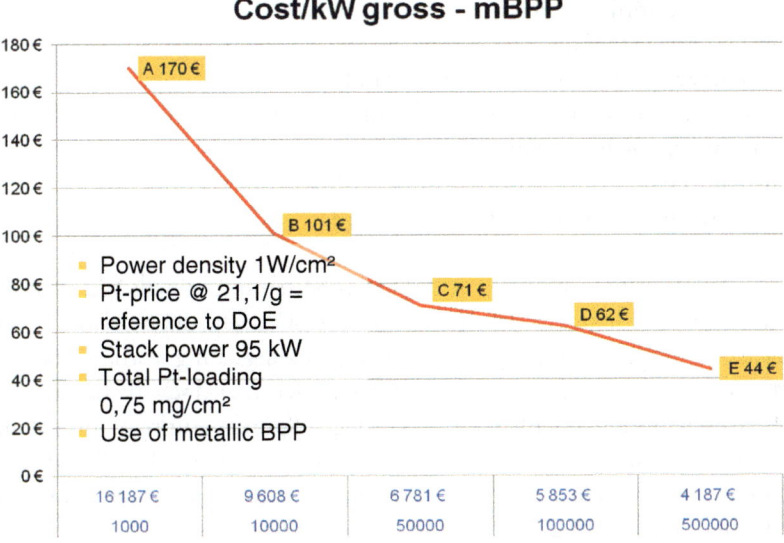

Abb. 14.19 Kostenschätzung für PEFC-Stacks für den Fahrzeugantrieb auf Basis von Angaben von Komponentenkosten der europäischen Zulieferindustrie [58]

14.5 Überlegungen zu Stackkosten

Die PEFC-Stack und Systemkosten werden regelmäßig im Auftrag des U.S. Department of Energy analysiert.

Im Jahr 2010 ergaben diese Analysen bei einem Produktionsvolumen von 500 000 Stacks pro Jahr spezifische Kosten von 25.3 US\$ $\cdot$ kW^{-1} während die Herstellkosten für PEFC-Systeme sich auf 51.31 US\$$\cdot$kW^{-1} beliefen. Weitere Kostenreduktionen um mehr als 20 % wurden für die weitere Zukunft vorhergesagt [56].

Im europäischen Forschungsprojekt Auto-Stack [57] wurde eine Schätzung für die Stackproduktionskosten auf Basis einer Befragung der europäischen Zulieferindustrie durchgeführt. Hierbei ergaben sich im Vergleich zur U.S.-Analyse durchschnittlich um den Faktor zwei höhere Stack-Produkionskosten.

Die aktuellen Einkaufsbedingungen bei geringen Stückzahlen führen zu beträchtlich höheren Kosten (Abb. 14.19).

14.6 Differenzierung zu anderen Brennstoffzellentechnologien

PEFC-Systeme werden für eine breite Auswahl an Anwendungen in Betracht gezogen. Diese sind zum Beispiel:

- Stromversorgung abgelegener Sensorstationen auf niedrigem Leistungsniveau.
- Netzferne Stromerzeugung und unterbrechungsfreie Stromerzeugung.

- Antrieb von Flurförderzeugen.
- Antrieb von Freizeitbooten.
- Bordstromerzeuger für Lastwagen und Omnibusse.
- Antriebssysteme für PKW, Lieferwagen und Omnibusse.
- Notstromerzeugung in der Luftfahrt.
- U-Boot-Antrieb.
- Stationäre Stromerzeugung bis zur MW-Klasse

Obwohl die Brennstoffversorgung von PEFC am besten mit reinem Wasserstoff erfolgt, können auch die Produktgase der Kohlenwasserstoff oder Alkoholreformierung nach angemessener Reinigung eingesetzt werden. Der zwangsläufig vorhandene Gehalt an CO_2 und sonstigen Spurenverunreinigungen beeinträchtigt jedoch die Leistungsdichte.

Die intrinsische Empfindlichkeit der PEFC gegen Spurenverunreinigungen im Brenngas und der Reaktionsluft führt zu vergleichsweise anspruchsvollen Standards für die Brennstoffqualität. Im Falle des direkten Einsatzes von Reformat ist es erforderlich, aufwändige Reinigungsverfahren für das Produktgas einzusetzen.

In den folgenden Kapiteln werden zum Vergleich die Eigenschaften anderer Brennstoffzellentechnologien dargestellt.

14.6.1 Alkalische Brennstoffzellen (AFC)

Alkalische Brennstoffzellen (AFC) nutzen gewöhnlich wässrige Kalilauge (KOH) als Elektrolyt. Ein Eigenschaftsvergleich von AFC und PEFC wurde in [58] dargestellt. Die AFC-Technologie wurde erfolgreich während der Apollo und Space-Shuttle Raumflugmissionen eingesetzt. Infolge des höheren pH-Werts steht eine weitere und kostengünstiger Auswahl an Katalysatormaterialien zur Verfügung. Selbst edelmetallfreie Katalysatoren sind einsetzbar.

Während die Kinetik der Sauerstoffreduktion im alkalischen Elektrolyten schneller ist als im sauren Elektrolyten, ist die Kinetik der Wasserstoffoxidation langsamer. Insgesamt können AFC-Systeme bei hohen Wirkungsgraden um 60 % betrieben werden.

Die Betriebstemperaturen von AFC und PEFC sind einander sehr ähnlich, obwohl die AFC-Betriebstemperaturen während der Apollomissionen bis 206 °C betrugen.

AFC können sowohl mit einem Flüssigelektrolytkreislauf als auch mit einem Matrixelektrolyt betrieben werden. Bei Zellen mit Flüssigelektrolytkreislauf kann dieser einfach zur Wärmeabfuhr genutzt werden. Die in AFC erzielbaren Leistungsdichten sind üblicherweise geringer als in PEFC. Dem entsprechend sind sowohl das Bauvolumen als auch das Gewicht von AFC-Systeme höher als in PEFC-Systemen. Dies hat zur Folge, dass die durch Verwendung kostengünstigerer Materialien erreichten Kostenvorteile teilweise kompensiert werden.

AFC erfordern zum Betrieb reinen Wasserstoff. Der direkte Einsatz von CO_2-haltigem Reformat würde zu einer signifikanten Reduktion der Elektrolytleitfähigkeit infolge

von Karbonatbildung führen und so den Innenwiderstand signifikant erhöhen. Karbo-
natisierung ist auch ein möglicher Schädigungsmechanismus der Luftelektrode bei AFC.
Dem kann jedoch in Systemen mit strömendem Elektrolyten durch angemessen häufigen
Elektrolytwechsel gegengesteuert werden.

Im Gegensatz zur PEFC mit saurem Elektrolyten erfolgt die Produktwasserbildung
bei der AFC auf der Anodenseite. Das in den Elektrolyten kondensierende Produktwasser muss durch Verdampfen aus der Flüssigphase entfernt werden.

Zusammenfassend betrachtet sind AFC vorteilhaft nur in einer begrenzten Anzahl an
stationären Anwendungen einsetzbar, bei denen Wasserstoff als Brennstoff zur Verfügung steht.

Gegenwärtig wird die AFC-Technologie weltweit nur von wenigen Arbeitsgruppen
weiter entwickelt.

14.6.2 Phosphorsaure Brennstoffzellen (PAFC) und Hochtemperatur PEFC

Phosphorsaure Brennstoffzellen (PAFC) werden bei einer Betriebstemperatur im Bereich
zwischen 160 und 200 °C betrieben. Der Elektrolyt, konzentrierte Phosphorsäure, ist in
einer mikroporösen Keramikmatrix aufgesogen. Bei den hohen Betriebstemperaturen
kann die PAFC eine beträchtliche Menge and Brennstoffverunreinigungen tolerieren wie
zum Beispiel bis zu 1% CO und 20 ppm H_2S, die aus der Aufbereitung fossiler Brennstoffe
mit entstehen. Aufgrund dieser Unempfindlichkeit werden PAFC-Systeme bis auf wenige
Ausnahmen mit reformierten Kohlenwasserstoffen, üblicherweise Erdgas, betrieben.

Die PAFC-Technologie wurde seit den mittleren 1960er Jahren entwickelt. In den
1970er und 1980er Jahren wurden beträchtliche Fortschritte in Bezug auf Leistungs-
steigerung und Reduktion des Katalysatorbedarfs gemacht. Die damals erreichten Edelmetallbeladungen von 0.25 mg·cm^{-2} auf der Anode und 0.5 mg·cm^{-2} auf der Kathode
entsprechen heute noch dem Stand der Technik. Die starke Adsorption von Phosphorsäure auf der Platinoberfläche beeinträchtigt vor allem die Kinetik der Sauerstoffreduktion. Daher arbeiten PAFC bei beträchtlich niedrigeren Leistungsdichten als PEFC. Der
elektrische Wirkungsgrad von PAFC-Systemen beträgt dennoch ca. 40 %. Bei Nutzung
der Prozesswärme ergibt sich ein Gesamtwirkungsgrad bis 90 %.

Systeme mit Leistungen im Megawattbereich wurden bereits realisiert. Das größte Kraftwerk mit 11 MW stand in Tokyo. Die am weitesten verbreiteten PAFC-Systeme mit einer
elektrischen Leistung von zuletzt 400 kW wurden unter dem Produktnamen „Purecell 400"
von UTC-Power, welches Anfang 2013 von Clear-Edge übernommen wurde, hergestellt
und vertrieben. Weltweit wurden mehr als 300 dieser Brennstoffzellensysteme installiert.
Die Gesamtbetriebszeit beträgt mehr als 9.4 Millionen Stunden, wobei die langlebigsten
Systeme bis zu 65 000 Stunden in Betrieb waren. Die PAFC-Technologie kann als vergleichsweise verlässlich und ausgereift bezeichnet werden. Infolge der moderaten Leistungsdichte und der geringen Stückzahlen sind jedoch die Kosten noch vergleichsweise hoch.

Phosphorsäure wird auch in den so genannten Hochtemperatur PEFC als Elektrolyt eingesetzt. In diesem Fall wird die Phosphorsäure in einer Polymermatrix aus Polybenzimidazol eingebracht und über ionische Wechselwirkungen fixiert, wodurch gleichzeitig Anionenwanderungen minimiert werden. Während das Flüssigelektrolytmanagement der PAFC eine sorgfältige Regelung der Druckdifferenz zwischen Anode und Kathode erfordert, sind Hochtemperatur PEFC Druckdifferenzen gegenüber toleranter. Hochtemperatur PEFC sind aus diesem und anderen Gründen eine attraktive Alternative zur PAFC.

Zusammenfassend: PAFC und Hochtemperatur PEFC sind attraktiv für stationäre Anwendungen, Bord- und Ersatzstromversorgungen, besonders wenn diese nicht mit reinem Wasserstoff betrieben werden können. Die Beschränkungen der durch die Adsorption von Phosphorsäure auf die Katalysatoroberfläche verursachte verringerte Leistungsdichte legt nahe, dass PAFC und Hochtemperatur PEFC nicht für den Antrieb von Straßenfahrzeugen eingesetzt werden.

14.6.3 Schmelzkarbonatbrennstoffzellen (MCFC)

Schmelzkarbonatbrennstoffzellen (MCFC) werden bei einer Temperatur um 650 °C betrieben. Sie nutzen als Elektrolyt eine Mischung aus geschmolzenem Lithium- und Kaliumkarbonat, die in einer mikroporösen Matrix aufgesaugt ist. Infolge der basischen Bedingungen und der hohen Betriebstemperaturen können die Sauerstoffreduktion und die Wasserstoffoxidation an nickelkatalysierten Elektroden stattfinden. Die hohe Prozesstemperatur erlaubt die Reformierung von Methan inerhalb der Zelle. Der Wärmebedarf der Reformierungsreaktion trägt dabei zum Kühlungskonzept der MCFC bei. Zur Vermeidung von Rußbildung müssen höhere Kohlenwasserstoffe vor der Zelle durch einen so genannten Vorreformer entfernt bzw. zu Methan gewandelt werden. Darüber hinaus kann das bei der Reformierung entstehende CO ebenfalls anodisch oxidiert werden, dies geschieht jedoch mit sehr viel geringerer Reaktionsgeschwindigkeit.

Die innere Reformierung erhöht den elektrischen Wirkungsgrad des MCFC-Systems auf über 50 %. Durch die hohe Betriebstemperatur kann aus der MCFC zusätzlich Hochtemperaturwärme ausgekoppelt werden, wodurch bei entsprechender Nutzung, der Gesamtwirkungsgrad des Systems weiter angehoben wird.

Der Ladungstransport im Elektrolyten wird durch an der Kathode durch Reduktion von Luftsauerstoff und CO_2 gebildete Karbonationen (CO_3^{2-}) gewährleistet. Aus diesem Grund muss dem Kathodengas stets CO_2 beigemischt werden. Dies geschieht in der Regel durch Zumischung des in einem Brenner nachverbrannten Anodenabgases zur Kathodenluftzufuhr. Die Erfordernis eines CO_2-Managements erhöht die Systemkomplexität der MCFC.

MCFC-Systeme werden für stationären Anwendungen mit einem Leistungsbedarf im MW-Bereich entwickelt. Der Einsatz der MCFC-Technologie wurde in verschiedenen Demonstrationsprojekten gezeigt. Die MCFC-Elektroden können nur bei vergleichsweise geringen Stromdichten betrieben werden. Dem zufolge müssen Zellen mit großer

Aktivfläche eingesetzt werden, die eine große Mengen an teurem Elektrodenmaterial und Strukturwerkstoffen benötigen.

Infolge der unterschiedlichen Brennstoffe, Betriebstemperatur und Leistungsdaten stehen PEFC und MCFC nicht in direktem Wettbewerb.

14.6.4 Oxidkeramische Brennstoffzellen (SOFC)

Oxidkeramische Brennstoffzellen arbeiten bei Temperaturen oberhalb von 700 °C und verwenden einen Elektrolyten aus sauerstoffionenleitender Keramik. In den letzten Jahren wurden durch die Verwendung sehr dünner, auf einem Elektrodensubstrat geträgter Elektrolyte und der Optimierung der Elektrodenmikrostruktur mit dedizierten mikroporösen Reaktionszonen und gröber porösen Transportzonen beträchtliche Fortschritte bei der Leistungsdichte erzielt.

Sowohl Hausenergieversorgungssysteme mit kleinen Leistungen als auch Hochleistungsstromversorgungen z. B. zur Versorgung von Rechenzentren wurden erprobt. Durch die hohe Prozesstemperatur kann reformiertes Methan unter anderem gewonnen aus Erdgas und selbst Grubengas, Deponiegas etc. der Zelle als Brennstoff zugeführt werden. Wie in MCFC sorgt die interne Reformierung dafür, Hochtemperatur-Abwärme in zusätzliche Brennstoffenergie zu wandeln. Allerdings werden durch die stark endotherme Reformierungsreaktion die Komponenten heftig beansprucht und erfordern daher ein sorgfältiges Zell- und Stackdesign zur Vermeidung thermischer Belastungen der Aktivkomponenten.

SOFC-Systeme können hohe elektrische Wirkungsgrade erreichen. Das von Ceramic Fuel Cells Ltd entwickelte System zur Hausenergieversorgung erreicht Berichten zufolge elektrische Wirkungsgrade von annähernd 70 %. Systeme mit höherer Leistung wie die von Bloom Energy eingesetzten Systeme zur Versorgung von Rechenzentren liegen bei Stromerzeugungswirkungsgraden um 50 %.

Kleine mit SOFC betriebene Notstromversorgungen für Telekommunikationseinrichtungen wurden ebenfalls in der Anwendung demonstriert. Trotz großer Anstrengungen zur Entwicklung einer SOFC basierten Bordstromversorgung für PKW, wurde bislang kein Produkte zur Einführung in den Markt entwickelt.

SOFC und PEFC stehen in verschiedenen stationären Märkten im Wettbewerb zueinander. SOFC weisen klare Vorteile auf, wenn Kohlenwasserstoffe oder Alkohole als Brennstoffe genutzt werden. PEFC sind im Vorteil bei Anwendungen, die häufige Start-Stopp-Zyklen mit längeren Stillstandseiten erfordern.

Literatur

1. Barbir F.: PEM Fuel Cells, Theory and Practice, 2. Aufl. Elsevier Academic Press, Burlington (2013)
2. Mauritz, K.A., Moore, R.B.: Chem. Rev. **104**, 4535–4585 (2004)

3. Hsu, W.Y., Gierke, T.D.: Perfluorinated ionomer membranes, Chap.13 In: Eisenberg, A., Yeager, H.L. (Hrsg.) ACS Symposium Series No. 180. American Chemical Society, Washington DC (1982)
4. Hsu, W.Y., Gierke, T.D.: J. Membr. Sci. **13**, 307 (1983)
5. Gebel, G.: Polymer **41**, 5829 (2000)
6. Zawodzinski, T.A., Deroin, C., Radzinski, S., Sherman, R.J., Smith, V.T., Springer, T.E., Gottesfeld, S.: J. Electrochem. Soc. **140**, 1041–1047 (1993)
7. Gottesfeld, S.: In: Koper, M.T.M. (Hrsg.), Fuel Cell Catalysis, a Surface Science Approach. S. 1–30. Wiley, Hoboken (2009)
8. Petrow, H.G., Allen, R.J.: U.S. Patent No. 4 044 193 (1977)
9. Raistrick, I.: Diaphragms. Separators Ion Exch. Membr. **86**, 172–178 (1986)
10. Wilson, M.S., Gottesfeld, S.: J. Electrochem. Soc. **139**, L28–L30 (1992)
11. Springer, T.E., Wilson, M.S., Gottesfeld, S.: J. Electrochem. Soc. **140**, 3513–3526 (1993)
12. Mukerjee, S., Srinivasan, S.: J. Electroanal. Chem. **357**, 201–224 (1993)
13. Mukerjee, S., Srinivasan, S., Soriaga, M.P., McBreen, J.: J. Electrochem. Soc. **142**, 1409–1422 (1995)
14. Zhang, J., Mo, Y., Vukmirovic, M.B., Klie, R., Sasaki, K., Adzic, R.R.: J. Phys. Chem. B **108**, 10955–10964 (2004)
15. Stahl, J.B., Debe, M.K., Coleman, P.L.: J. Vac. Sci. Techno. A **14**, 1761–1765 (1996)
16. Sheng, W., Gasteiger, H.A., Shao-Horn, Y.: J. Electrochem. Soc. **157**, B1529–B1536 (2010)
17. Nørskov, J.K., Bligaard, T., Logadottir, A., Kitchin, J.R., Chen, J.G., Pandelov, S., Stimming, U.: J. Electrochem. Soc. **152**, J23 (2005)
18. Markovic, N.M., Ross Jr P.: In: Wiekowski, A. (Hrsg.), Interfacial Electrochemistry: Theory, Experiment and Applications. S. 821–842. Marcel Dekker, New York (1999)
19. Borup, R., et al.: Chem. Rev. **107**, 3904–3951 (2007)
20. Yang, D., Ma, J., Quiao, J.: In: Li, H., Knights, S., Shi, Z., van Zee, J.W., Zhang, J. (Hrsg.), Proton Exchange Membrane Fuel Cells, Contamination and Mitigation Strategies. S. 115–150. CRC Press, Boca Raton (2010)
21. Oetjen, H.F., Schmidt, V.M., Stimming, U., Trily, F.: J. Electrochem. Soc. **143**, 3838–3842 (1996)
22. Yang, C., Costamagna, P., Srinivasan, S.: J. Power Sources **103**, 1–9 (2001)
23. Gottesfeld, S., Pafford, J.: J. Electrochem. Soc. **135**, 2651–2652 (1988)
24. Imamura, D., Hashimasa, Y.: ECS Trans. **11**, 853–862 (2007)
25. Soto, H.J., Lee, W.K., van Zee, J.W., Murthy, M.: Electrochem. Solid-State Lett. **6**, A133–A135 (2003)
26. Halseid, R.: J. Electrochem. Soc. **151**, A381–A388 (2004)
27. Markovic, N.M., Schmid, T.J., Stamenkovic, V., Ross, P.N.: Fuel Cells **1**, 105–116 (2001)
28. Xu, Y., Shao, M., Mavriakakis, M., Adzic, R.R.: In: Koper, M.T.M. (Hrsg.) Fuel Cell Catalysis, a Surface Science Approach., S. 271–315. Wiley, Hoboken (2009)
29. Bezerra, C.W.B., et al.: J. Power Sources **173**, 891–908 (2007)
30. Shen, P.K.: In: Zhang, J. (Hrsg.), PEM Fuel Cell Electrocatalysts and Catalyst layers, Fundamentals and Applications. S. 355–380. Springer, London (2008)
31. Eikerling, M.H., Malek, K., Wang, Q.: In: Zhang J. (Hrsg.), PEM Fuel Cell Electrocatalysts and Catalyst Layers, Fundamentals and Applications. S. 381–446. Springer, London (2008)
32. Wagner, F.T., Lakshmanan, B., Mathias, M.F.: J. Phys. Chem. Lett. **1**, 2204–2219 (2010)
33. Debe, J.: Electrochem. Soc. **160**, F522–F534 (2013)
34. Kongskanand, A., Owejean, J.E., Moose, S., Dioguardi, M., Biradar, M., Makkaria, R.: J. Electrochem. Soc. **159**, F676–F682 (2012)
35. Kundu, S., Cimenti, M., Lee, S., Bessarabov, D.: Membr. Technol. **10**, 7–10 (2009)

36. Reiser, C.A., Bregoli, L., Patterson, T.W., Yi, J.S., Yang, J.D., perry, M.L., Jarvi, T.D.: Electrochem. Solid State Lett. **8**, A273–A276 (2005)
37. Gu, W., Carter, R.N., Yu, P.T., Gasteiger, H.A.: ECS Trans. **11**, 963–973 (2005)
38. Manke, I., Hartnig, C., Grünerbel, M., lehnert, W., kardjilov, K., Haibel, A., Hilger, A., Banhart, J., Riesemeier, H.: Appl. Phys. Lett. **90**, 174105-174105-3 (2007)
39. Hartnig, C., Manke, I., Kuhn, R., Kardjilov, N., Banhart, J., Lehnert, W.: Appl. Phys. Lett. **92**, 134106-1–134106-3 (2008)
40. Krüger, Ph, Markötter, H., Haussmann, J., Klages, M., Arlt, T., Banhart, J., Hartnig, C., Manke, I., Scholta, J.: J. Power Sources **196**, 5250–5255 (2011)
41. Klages, M., Enz, S., Markötter, H., Manke, I., Kardjilov, N., Scholta, J.: J. Power Sources **239**, 596–603 (2013)
42. Bloomfield, D., Bloomfield, V.: In: White, R.E., Vayenas, C.G. (Hrsg.), Modern Aspects of Electrochemistry. Bd. 40, pp. 1–33. Springer, London (2007)
43. Cheng, T.: In: Wilkinson, D.P., Zhang, J., Hui, R., Fergus, J., Li, X. (Hrsg.), Proton Exchange Membrane Fuel Cells: Materials Properties and Performances. S. 305–342. CRC Press, Boca Raton (2010)
44. Kumar, A., Reddy, R.G.: Fundamentals of Advanced Materials and Energy Conversion Proceedings. In: Chandra, D., Bautista, R.G. (Hrsg.), S. 41–53. TMS, Seattle WA (2002)
45. Yuan, X.Z., Wang, J., Zhang, J.J.: J .New Mater. Electrochem. Syst. **8**, 257–267 (2005)
46. Karimi, S., Fraser, N., Roberts, B., Foulkes, F.R.: Adv. Mater. Sci. Eng. (2012). doi:10.1155/2012/828070
47. http://www.decode-project.eu, letzter Zugriff: Mai 2013
48. Mawdsley, J.R., Carter, J.D., Wang, X., Niyogi, S., Fan, C.Q., Koc, R., Osterhout, G.: J. Power Sources **231**, 106–112 (2013)
49. Frisch, L.: Sealing Technol. **93**, 7–9 (2001)
50. Ye, D.H., Zhan, Z.G.: J. Power Sources **231**, 285–292 (2013)
51. St-Pierre, J.: In: Garche, J. (Hrsg.), Encyclopedia of Electrochemical Power Sources. S. 879–889. Elsevier (2009)
52. Tan, J., Chao, Y.J., Wang, H., Gong, J., van Zee, J.W.: Polym. Degrad. Stab. **94**, 2072–2078 (2009)
53. Tan, J., Chao, Y.J., Li, X., van Zee, J.W.: J. Power Sources **172**, 782–789 (2007)
54. Schulze, M., Knöri, T., Schneider, A., Gülzow, E.: J. Power Sources **127**, 222–229 (2004)
55. Wu, J., Yuan, X.Z., Martin, J.J., Wang, H., Zhang, J., Shen, J., Wu, S., Merida, W.: J. Power Sources **184**, 104–119 (2008)
56. http://www.hydrogen.energy.gov/pdfs/review10/fc018_james_2010_o_web.pdf. Letzter Zugriff: Mai 2013
57. http://autostack.zsw-bw.de. Letzter Zugriff: Mai 2013
58. Kordesch, K., Cifrain, M.: In: Vielstich, W., Lam, A., Gasteiger, H.A. (Hrsg.), Handbook of Fuel Cells, Fundamentals, Technology and Applications. S. 789–793. Wiley, Chichester (2003)

Printed by Books on Demand, Germany